前　　言

药物和个人护理品（pharmaceuticals and personal care products，PPCPs）在水环境中的污染及治理技术是近年来发展起来的新方向。20世纪90年代，PPCPs污染才被正式提出，美国和欧洲已开始对此类污染进行调查研究。起初，国外关于PPCPs污染的研究主要集中在分析方法开发及水体中目标污染物的检测上。近年来，美国和欧洲研究者开始进行PPCPs在水环境中的行为、归宿和环境风险评价等方面的研究。我国对水体中PPCPs的研究从赋存现状调查、处理技术开发到生态毒理研究等方面逐步开展。由于我国经济处于快速发展阶段，复杂而多样的社会经济活动对环境中PPCPs污染物污染的贡献日新月异，这些污染物来源于历史污染的环境迁移累积和现代生产生活的集中排放累积，持续的生产和生活需求正在刺激其产量大幅度增长。

PPCPs类污染物具有来源广泛、存在痕量、效应隐蔽及风险滞后等特点，印度和巴基斯坦境内秃鹰因医用药物双氯芬酸而面临种群灭绝以及2010年南亚发现新型超级病菌NDM-1的事件都给我们敲响了警钟。我国现阶段还处在环境污染扩张期，国家对潜在的PPCPs威胁与明显产生危害的常规污染难于同时投入相等的力量及同等的关注。

本书初步解读了典型PPCPs在环境中的赋存现状及其环境健康效应，引导社会更加关注日益多样化的经济社会活动可能对生态系统的潜在损害；形成新环境管理领域，解决我国社会经济发展过程中出现的新型环境问题；提高水源水质的保障程度，建立健全水质安全应急处置体制机制，维护公众饮用水安全和社会稳定；最终为制定综合调控机制与措施奠定理论基础，实现环境效益和社会效益的双赢。

本书从我国现阶段保护人群健康的需求出发，提出水环境中典型PPCPs污染物的迁移转化与处理技术。由经济社会活动中典型PPCPs个例调查分析入手，提出我国PPCPs防控必须结合各地实际存在的经济社会活动方式，对各类源实行系统分类监测控制，对环境介质进行系统分类监测分析，开展突出识别、阻断PPCPs可能危害人群健康的主要途径的相关科学研究，从而促进生态环境的改善。同时，本书在国外先进研究成果的基础上，再结合本课题组及国内相关研究机构的研究成果，将国际前沿科学研究与我国当前社会的前瞻性需求有效融合。本书的出版有助于建立包括新型污染物的分析检测体系、损害阻断体系、污染控制体系等在内的新型污染物管理体系。

本书是作者在总结课题组多年研究成果的基础上撰写而成的，研究人员代朝猛、石璐、苑辉、陈家斌、桑文静参与了撰写和编辑工作。课题研究和本书的写作承蒙污染控制与资源化研究国家重点实验室提供了优良的条件，得到了国家自然科学基金项目（项目编号分别为51138009、41072172、41101480）的资助和科学出版社韩昌福先生的大力支持，在此一并致谢。

本书由同济大学顾国维教授主审，并得到了中国科学院生态环境研究中心曲久辉研究员、清华大学余刚教授的指导和帮助，在此表示由衷的感谢。由于药物和个人护理品涉及内容广泛，可供借鉴的理论和实践不多，书中难免有不当之处，还需进一步深入研究。但愿本书的出版有助于我国在相关领域研究水平的提高、并推动其在环境保护中的实践与应用。

目　　录

第 1 章 总论

药物和个人护理品（pharmaceuticals and personal care products, PPCPs）是一个非常庞大的化合物体系：药物，如各种处方药和非处方药（抗生素、类固醇、消炎药、镇静剂、抗癫痫药、显影剂、止痛药、降压药、避孕药、催眠药、减肥药等），其化合物种类超过 3000 多种；个人护理用品，如香料、护肤品、牙膏、肥皂、防晒用品、护发用品等，其化合物种类也在几千种以上，全世界年产量超过 1×10^6 t[1,2]。

个人护理品主要包括香料（如二甲苯麝香、酮麝香、佳乐麝香、吐纳麝香等）、防腐剂和杀菌消毒剂（如三氯生、甲基三氯生、三氯卡班）等。

按照药物作用机理和作用部位，可分为抗生素类（包括各类抗生素）、解热镇痛及非甾体抗炎镇痛药（主要包括阿司匹林、双氯芬酸、萘普生、布洛芬、对乙酰氨基酚等）、激素及内分泌调节剂（双酚 A、17α-乙雌醇、雌二醇和雌酮）、抗癫痫药物（如卡马西平、苯妥英钠、丙戊酸钠、苯巴比妥等）、抗肿瘤药（如环磷酰胺、氟尿嘧啶、呋喃氟尿嘧啶、氟铁龙等）、β-受体阻抗剂（如美托洛尔、阿替洛尔）、血压和血脂调节剂（如阿托伐塔汀、氯贝酸、苯氧戊酸）、抗组胺剂（雷尼替丁、西咪替丁）、精神调理药物（威博丁、舍曲林和萘法唑酮）和抑制细胞药物（安道生和异磷酰胺等）和碘化造影剂（如泛影酸钠、碘美普尔、碘帕醇和碘普罗胺等）等。其中抗生素类又可分为喹诺酮类抗生素（如环丙沙星、诺氟沙星、氧氟沙星、洛美沙星等）、磺胺类抗生素（如磺胺甲噁唑、磺胺嘧啶、磺胺乙酰、磺胺噻唑、磺胺甲基嘧啶、磺胺二甲嘧啶等）、四环素类（盐酸四环素、盐酸多西环素、盐酸土霉素、盐酸米诺环素）、大环内酯类（如红霉素、琥乙红霉素、阿奇霉素、罗红霉素、克拉霉素、吉他霉素、乙酰螺旋霉素等）、氨基糖苷类（如链霉素、庆大霉素、卡那霉素、妥布霉素等）、β-内酰胺类（如青霉素及其衍生物、头孢菌素、单酰胺环类、碳青霉烯和青霉烯类酶抑制剂等）、氯霉素类（如氯霉素、甲砜霉素和琥珀氯霉素）和林可酰胺类（如林可霉素、克林霉素）等。

另外，按照药物所含基团以及在不同 pH 的带电状态，药物也可分为酸性药物、中性药物和弱碱性药物等。酸性药物主要是指含有羧基和一个或两个酚羟基的药类化合物，如双氯芬酸、布洛芬、氯贝酸、苯扎贝特、茚甲新等；中性药物和弱碱性药物是指不含有酸性基团的化合物，其羟基和羧基部位已被质子化，包括各种消炎药、脂肪调节剂、抗癫痫药物、精神病药物、血管扩张剂等，常见的中性或弱碱性药物有卡马西平、安定、安替比林、丙基安替比林、二甲基氨基安替比林、乐果、环磷酰胺、咖啡因等。

1.1 国内外环境中 PPCPs 的污染概况

随着人类社会经济能力的普遍提升，医疗和护理意识逐渐增强，与之相应的 PPCPs 的使用量逐渐增大，使用范围也在急剧扩大，PPCPs 作为一类"新兴污染物"正在持续不断地进入水体、土壤和大气等环境介质中，并成为继典型环境污染物质 [如多氯联苯（PCBs）、滴滴涕（DDT）、二氧（杂）䓬和农药等] 之后又一个研究的焦点[3,4]。近年来，有关药物赋存、迁移转化、削减等技术的研究趋势如图 1.1 所示。2006 年 Alder 等的研究结果表明，世界范围内药物的人均年消费量大约为15 g，与此相对应的工业化国家的人均年消费量为 $50\sim150$ g[5]。生命体服用的大部分药物不能够完全降解，结果使得大部分药物组分及其代谢产物排泄后进入生态系统。全球生产的原料药品已达 2000 余种，年产量近 2×10^6 t，市场规模由 1996 年的近 100 亿美元扩展到 2000 年的 130 亿美元，2008 年已上升到 850 亿美元，每年以 8.8% 左右的速度递增。IMS（艾美仕）公司发布了"2008 年全球制药及医疗市场预测报告"。该报告显示，2008 年全球成品医药市场将以 5%～6% 的速度增长，同时该报告预测 2008 年全球医药市场规模将达到 7350 亿～7450 亿美元（2000 年世界处方药市场规模为3300 亿美元）。

2011 年全球药品销售额为 5%～7%，最高达到 8900 亿美元；2015 年全球药品市场将达到 1.1 万亿美元；2003 年中国已成为世界上最大的药物生产国，其中青霉素年产量为 2.8×10^4 t（占世界年总产量的 60%），土霉素年产量为 1×10^4 t（占世界年总产量的 65%），盐酸多西环素（四环素的一种）和头孢菌素的年产量均居世界第一，且数据表明其产量和用量仍在呈增长的态势。资料表明，2005 年中国的医药市场的市场规模为 93

亿美元，据第四届亚太地区医药产业圆桌会议上的预测，2010 年中国的医药市场规模将达到 240 亿美元，到 2020 年，中国药品市场规模将达到 1095 亿美元，其增长速度惊人。同时，随着我国经济的快速发展，居民可支配收入增长迅速、人口结构性变化（城镇化、老龄化）加快，从历史的角度来看，医药消费往往是随着收入的增长较先得到满足，同时城镇化和老龄化会带来用药需求的高涨。

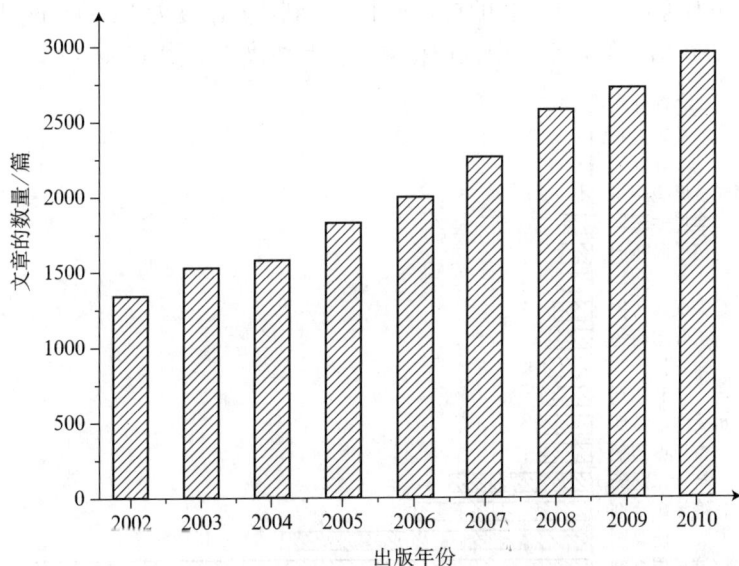

图 1.1　2002～2010 年主要环境类期刊发表药物削减相关文章的年累计量[6]

过去的 10 年间，研究工作者已在水生环境中检测到了大量的药物，分析技术的革新使得 ng/L 量级水平的污染物被逐一被检测出来[2,7~9]。各国的药物种类、消耗量和来源比较相似，以德国和英国为例，如表 1.1 和图 1.2 所示。药物残余通过不同的路径进入到水循环中（图 1.3），人类服用药物一般通过污水处理厂进入环境受纳水体中，相比之下兽类用药残余则直接排入生态系统。起初对 32 种目标药物在水体中残余的研究表明，近 80% 的药物在大部分污水处理厂（STP）均有检出，同时 20 种药物及其四种对应的代谢产物在河流和溪流中被检测到[10]。此外，药物的处置会使得药物经由其他的途径进入环境，Bound 和 Voulvoulis[11] 曾对此进行研究，受调查的 400 户英国家庭对未使用药物和过期药物的处置进行作答，结果表明有大约一半的受访者没有使用完他们的药物，并且这些人中有 63.2% 直接将未使用的药物丢弃在了垃圾箱中，21.8% 将未使用药物带回药房回收，11.5%将未使用药物丢弃在了水槽和厕所。据估计，在德国每年在医疗护理中要处置 16 000t 药物，其中 60%～80%的药物被丢弃在了厕所或随家庭垃圾丢弃[12]。而且，药物残余可通过过滤、渗滤或地下水回灌等途径进入到地下水中。例如，在地下水中就检测到卡马西平的浓度高达 610ng/L[13]。假设药物及其残余在饮用水处理工艺中不能被有效地去除，那么人类对药物的持续摄取将是不可避免的事情，如氯贝酸（脂肪调节剂的代谢产物）在柏林的自来水中检测到，其浓度为 10～165ng/L[14]；双氯芬酸在柏林的自来水中也被检测到，且浓度至少为 10ng/L[15]。

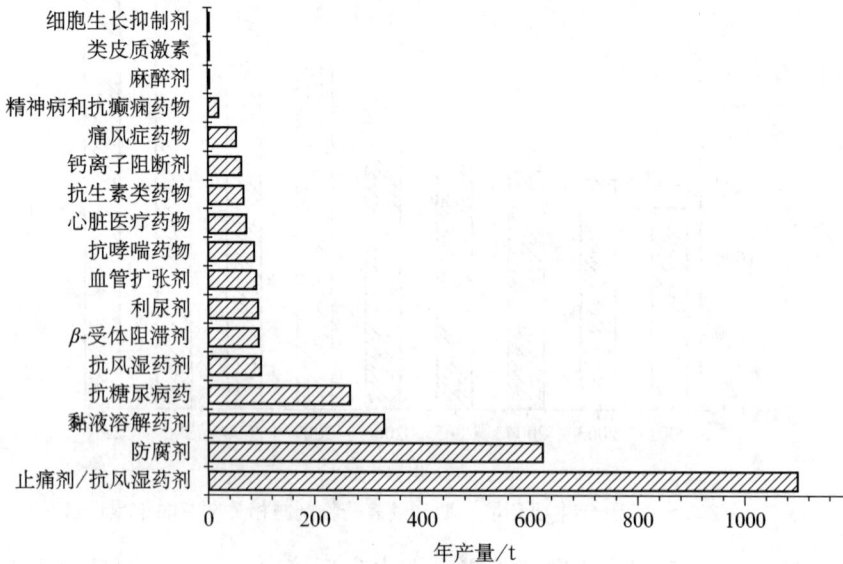

图 1.2　1999 年德国部分药物的预计消费量及来源

表 1.1　2000 年英国最常用（按质量）的 25 种药物汇总[16]

化合物名称	CAS 号	药物分类	年使用量/t
对乙酰氨基酚	103-90-2	镇痛剂	391
盐酸二甲双胍	1115-70-4	抗血糖药	206
布洛芬	15687-27-1	镇痛剂	162
阿莫西林	26787-78-0	抗生素	71
丙戊酸钠	1069-66-5	抗癫痫药	47
柳代磺胺吡啶	599-79-1	抗风湿药	46
美沙拉嗪	89-57-6	治疗溃疡性结肠炎	40
卡马西平	298-46-4	抗癫痫药	40
硫酸亚铁	7782-63-0	有机铁添加剂	38
盐酸雷尼替丁	66357-59-3	抗溃疡药	36

续表

化合物名称	CAS 号	药物分类	年使用量/t
甲腈咪胍	51481-61-9	H_2 受体拮抗剂	36
NPX	22204-53-1	抗炎剂	35
阿替洛尔	29122-68-7	β-受体阻滞剂	29
土霉素	79-57-2	抗生素	27
红霉素	114-07-8	抗生素	26
双氯芬酸钠盐	15307-79-6	抗炎和镇痛药	26
氟氯西林钠盐	1847-24-1	抗生素	23
苯氧甲基青霉素	87-08-1	抗生素	22
别嘌呤醇	315-30-0	抗痛风药	22
盐酸地尔硫卓	33286-22-5	钙拮抗药	22
甲磺双环脲	21187-98-4	抗高血糖药	19
阿司匹林	50-78-2	镇痛剂	18
硫酸奎宁	804-63-7	肌肉松弛剂	17
盐酸甲苯凡林	2753-45-9	抗痉挛药	15
甲芬那酸	61-68-7	抗炎药	14

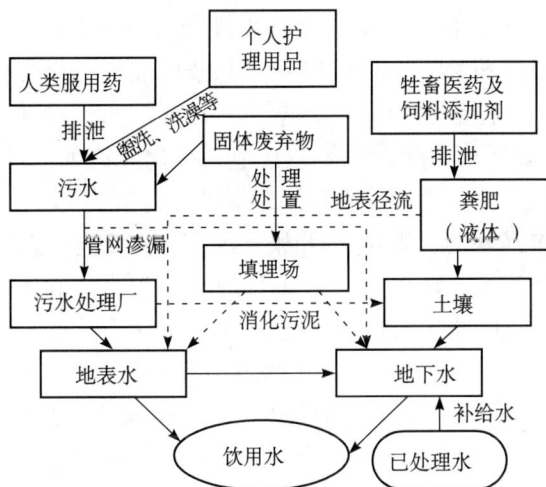

图 1.3 水环境中药物污染的路径

　　生命体服用的大部分药物不能够完全降解，结果使得大部分药物组分及其代谢产物排泄后进入生态系统。而相关药物中的 PPCPs 本身具有较强的持久性、生物活性、生物累积性和缓慢生物降解性的特点。大多数的 PPCPs 在使用过之后进入环境之前都要先进入污水处理厂。在污水处理厂，一方面大多数的 PPCPs 仍然存在污水处理厂的出水中，这是因为许多极性或持久性化合物只被部分去除，或者在一些情况下，没有任何的去除效果；另一方面，强吸附性的化合物通常是通过累积在污泥上而从水相中达到较大程度的去除。如果消化污泥用作肥料施于农田，这些化合物会迁移到陆地上，在土壤的表层累积下来。当进入到地表水或通过消化污泥施肥于农田经雨水冲刷以及通过污水处理厂的排放，那些强吸附性的PPCPs会累积在悬浮固体中（主要是吸附在小颗粒上）。如果持久性的PPCPs累积在悬浮物质或沉积物上，则会长期暴露在河流、溪流或湖泊中[17]。结果使得它们长期暴露于人体和水生、陆生生物体，因此这类物质的残留对水环境必然产生长期潜在的影响[3]。

目前，在污水处理厂进出水、地表水、地下水和饮用水中已发现多种PPCPs物质，浓度高达 $\mu g/L$ 水平[18,19]。在不同国家和地区的地下水中均不同程度地检测到了PPCPs组分。广州市政污水处理厂脱水污泥中喹诺酮类抗细菌药物（如环丙沙星、诺氟沙星、氧氟沙星等）最高可达17mg/kg[20]；唑类抗真菌药物（克霉唑、咪康唑、酮康唑等）浓度达2mg/kg[21]；三氯卡班、三氯生和双酚 A 则分别高达 5.1mg/kg、1.2mg/kg和0.14mg/kg[22]；污泥中还发现微量罗红霉素、脱水红霉素等大环内酯类抗细菌药物[20]、防腐剂对羟基苯甲酸酯类化合物、β-受体阻滞剂美托洛尔、普托洛尔和雌激酮等[22]。珠江广州河段和城市河流水体中 PPCPs 污染物分布广泛[21, 23,24]，其中一些化合物如双酚 A、三氯生、磺胺和大环内酯类抗生素等，浓度的数量级可高达 $\mu g/L$[21]，河流沉积物中也发现了氟喹诺酮类、微量大环内酯类及磺胺类抗生素[24]。在柏林的饮用水样品中已经发现浓度为 2.7ng/L 的氯贝酸[25]。在德国巴伐利亚进行的对饮用水设备的监测项目中，在 51 个样品中有 6 个样品发现了痕量新明磺，浓度为 13～45ng/L[26]。在饮用水源水中，氯贝酸的平均浓度为50ng/L、布洛芬为 450ng/L、布洛芬甲酯为 710ng/L。在已处理的饮用水中，布洛芬平均浓度为 120ng/L。Ternes 等在德国的地下水中检测到了 9种 PPCPs 组分，包括降血脂药（氯贝酸、菲诺贝特和苯扎贝特）、消炎止痛药（双氯酚酸、布洛芬、安替比林和吲哚美辛）、抗癫痫药（立痛定）和镇痛药（安定）[27]。柏林地下水中降血脂药氯贝酸的浓度高达 $4.2\mu g/L$的水平[28]。美国地质调查局（USGS）对 47 个地下水样品的普遍性调查结果显示，81%的地下水受到不同程度的 PPCPs 类物质污染，其中避蚊胺的最高浓度为 $13.5\mu g/L$，布洛芬的最高浓度也达到了 $3.1\mu g/L$[29]。我国上海地区的地下水中也不同程度地检测到了抗生素氟喹诺酮类物质（最高浓度达到 201ng/L）、抗癫痫药物卡马西平（136～563ng/L）、杀菌消毒剂三氯生（50.1～185.8ng/L）等 PPCPs 组分[30,31]。我国北京污水处理厂污泥中检测出双酚 A、天然雌激素雌二醇和雌激酮。

因此，污水处理厂出水是水体环境中 PPCPs 重要的点源污染源。经过污水处理厂处理后的水大多数都直接排入河流、小溪或湖泊中，这就给污水处理厂出水的直接或间接回用带来了问题，同样也给受纳环境介质带来了问题，使环境中的有机体直接暴露于 PPCPs。由于 PPCPs（尤其是药物）的原理是直接作用于特定的生物活动，因此有必要对作为水源的河流中的这些物质的环境行为和效应进行毒性风险评估。

1.2　国内外对 PPCPs 污染物的研究概况

PPCPs 对水环境的污染及其治理技术是近年来发展起来的新方向，20世纪 90 年代，PPCPs 污染才被正式提出，美国和欧洲已开始对此类污染进行相关的研究。起初，国外关于 PPCPs 污染的研究主要集中在分析方法开发及水体中目标污染物的检测上。例如，基于强界面如电喷雾离子化（ESI）、空气加压化学离子化（APCI）、空气加压光离子化（APPI）等的发展，液相色谱质谱得到广泛应用[32~35]。Calhill 等[36]于 2004 年用固相萃取-液相色谱-电喷雾离子化-质谱（SPE-HPLC-EIS-MS）对美国地表水和地下水进行常规检测，同时检测了 22 种不同类型的药物，回收率大于60%。该方法的检出限（MDLs）为 0.022µg/L。由于质谱价格昂贵，液相色谱连接紫外光或荧光检测器也同样成为某些物质的主要检测手段，如Turiel 等[37]建立了利用液相色谱-紫外检测（HPLC/UV）技术检测湖水和河水中 9 种喹诺酮类抗生素的方法，其对湖水和河水的检测限分别为8～15ng/L 和 8～20ng/L。Golet 等[38]用液相色谱-荧光检测器（HPLC/FLD）检测城市污水中的环丙沙星（CIP）和氧氟沙星（OFL），对污水处理厂污泥和土壤中的这两种抗生素进行检测，其检测限分别为0.145mg/kg 干重和 0.118mg/kg 干重[39]。环境中的 PPCPs 浓度相对较低，需要从样品基质中提取出来并预浓缩。此外，如果干扰基质如腐殖质在提取后仍存在于样品中，就需要更进一步的净化步骤（如硅胶柱净化）。为消除基体效应的影响，还必须加入标准物质进行定量。由于许多物质的极性、低挥发性且遇热不稳定，传统的气相色谱技术由于需要费时费力地衍生化步骤而受到限制，液相色谱质谱由于不需要衍生化在 PPCPs 的分析中得到广泛应用[40]。随着各种污染物在环境中的持续检出，仍需要开发对多种物质同时识别并具有良好的灵敏性和选择性的分析方法。

　　随着分析检测方式的不断进步，该方向的研究重点从分析检测逐步转为环境中 PPCPs 类污染物质的调查及迁移转化。过去的 10 年间，研究工作者已在水生环境中检测到了大量的药物，分析技术的革新使得 ng/L 级水平的污染物被逐一检测出来[2, 7~9]。在最近对加拿大 5 个城市 11 个污水处理厂的最后出水所做的调查中，被检测到的抗生素有环丙沙星、氧氟沙星、克拉霉素、红霉素- H_2O、四环素、新明磺和磺胺吡啶[6]；在对意大利波河的调查中发现环境中大范围地存在着药品[16]，沿着波河和兰布罗河的八个取样点都检测到了阿替洛尔、林可霉素、红霉素、克拉霉素、酮洛芬（KT）和呋塞米，浓度为 0.1~250ng/L；Barnes[29] 对 PPCPs 组分在水体中的迁移规律进行了研究，其中出现频率较高的布洛芬的最高浓度为 0.5μg/L，同时指出随着地下水位深度的增加，检测到药物的数量也随之减少；Karsten 等[30] 采用同位素示踪剂和化学示踪物对德国萨勒河畔哈雷市（区）地下水中的卡马西平、加乐麝香和双酚 A 的来源和迁移进行了研究，数据表明地下水体中这些物质的普遍存在与河流的渗滤、污水管道的渗漏和城市雨水回灌直接相关。在河流渗滤的迁移路径中，卡马西平的削减率为 0~60%，加乐麝香的削减率为 60%~80%。与此同时，污水管网渗漏的迁移路径中卡马西平和加乐麝香的削减率分别为 85%~100% 和 95%~100%，该路径中的高去除率很可能与污水中高浓度有机质和较长的迁移路径有关。对于双酚 A，尽管迁移路径中也有明显的削减，但城市雨水的回灌给其量化带来了一定的困难。Paul 等[31] 对抗生素类物质在土壤和地下水中的迁移和归趋进行了系统研究，发现在地面以下 120 cm 处检测到了溴化物镇静剂，这一结果证实了该种物质可以穿越土质进入到浅层地下水中；同时还研究了抗生素在土壤中的渗漏行为，并指出水文学迁移机理主要是通过垂直基质下向流的途径进入到浅层地下水的，但同时不排除通过大孔隙（如植物根茎或蠕虫孔穴）渗流的可能。日趋完善的地下水质模型使得土壤和地下水之间的流动状态、生物降解和吸附过程的精确推算成为可能。Yang 等[32] 开发的污染物质平衡和 Fenz 等[33] 对地下水中的抗癫痫药物卡马西平持续监测校准了地下水流动模型。

　　经过对 PPCPs 在水环境中的行为与归宿的初步研究发现城市污水处理厂常规工艺对不同 PPCPs 的去除率差别很大，对相当一部分物质没有明显的去除效果[1~4]。Vieno 等[5] 对芬兰 12 个污水处理厂进出水的 21 个样品进行检测分析，在进水的所有 21 个样品中均检测到了卡马西平和

β-受体阻滞剂，20 个样品中检测到了环丙沙星和氧氟沙星，13 个样品中检测到了诺氟沙星，由于进水中美托洛尔和环丙沙星的最高浓度达到了 4230ng/L，他们的平均浓度也高达 1060ng/L；在出水的 21 个样品中也普遍检测到了卡马西平和 β-受体阻滞剂，证明污水处理设施对这两种药物没有去除作用。

若城市污水处理厂对 PPCPs 不能有效地削减，则尾水会进入相应的受纳水体。Hirsch 等[9]首先调查废水处理设施出水以及河水中一些来自于大环内酯类、磺胺类、青霉素类和四环素类抗生素物质。他们观察到红霉素-H_2O、罗红霉素和新明磺的浓度常达到 6μg/L；在瑞士格拉特山谷分水岭调查了喹诺酮类抗菌剂的质量流量[10]；在城市废水和地表水格拉特河连接处，检测了在瑞士被消耗的主要的喹诺酮类，如环丙沙星和诺氟沙星；未处理污水和最终污水出水中测得各个浓度分别为 255~568μg/L 和 36~106ng/L；在格拉特河，喹诺酮类的浓度低于 19ng/L。有研究公布发现了 95 种有机污染物，其中包括在美国 139 条河流中检测到的药物[11]，在 31 种抗生素中（四环素、大环内酯、磺胺药物和氟喹诺酮），红霉素-H_2O 和新明磺的浓度分别达到 1.7μg/L 和 1.9μg/L。

近年来，美国和欧洲研究者开始进行 PPCPs 在水环境中的行为与归宿和环境风险评价等方面的研究。我国对水环境系统中 PPCPs 的赋存现状研究已经具备了一定的基础，有关这类物质的控制技术、环境风险评价技术等还处于起步阶段，但由于我国的经济处于跨越式发展阶段，经济社会活动与追求现代化生活对环境中 PPCPs 污染物污染的贡献日新月异，这些污染物来源于历史污染的环境迁移累积、现代生产生活的集中排放累积和非法生产的超常规堆积，持续的生产和生活需求正在刺激其产量大幅度增长；在污染控制领域，绝大部分 PPCPs 污染物处理工艺未能进入使用阶段；现阶段如何阻断环境痕量污染物对人体、生物健康损害的防控战略目标未明确，工程技术体系未形成。

1.3 水体中 PPCPs 的特点及削减过程中存在的问题

PPCPs 的大量使用及滥用，使得该类物质及其活性组分被持续不断地输入到水体环境中，PPCPs 的特性（旋光性、半挥发性、极性及高毒性等）和水体环境自身存在的演变规律决定了这些物质将在水体环境中进行持续不断地长距离迁移扩散，并形成普遍性累积，其归趋的不确定性给人类健康形成了不可预测的潜在风险。由于该类物质在被去除的同时也在源源不断地被引入到环境中，人们还将其称为"准持续性"污染物。近年来，PPCPs 的潜在影响和去向日渐受到人们的关注，主要有以下几个原因。

（1）人类使用 PPCPs 的量非常巨大且仍在呈持续增长的态势。全球生产的原料药品也已达 2000 余种，年产量接近 2×10^6 t。同时，随着我国人口结构性变化（城镇化、老龄化）加快，从历史的角度看，医药消费往往是随着收入的增长较先得到满足，而城镇化和老龄化会带来用药需求的高涨。

（2）PPCPs 的水生态干扰效应。PPCPs 具有环境激素效应、遗传毒性效应和生理生态毒性效应等，该类物质在水体环境中的转运和转归潜移默化地影响着水生态系统中生命体的生长规律、性征演变及物种结构，直接干扰了水生态系统的演替规律[39]。水环境中 PPCPs 的存在会对水生生物的多组分异生物素抗性（multixenobiotic resistance，MXR）产生抑制。MXR 机理是水生生物抵御内源性和外源性有毒物质的"第一道防线"。这种抑制的直接结果使得水生生物对大量异生物素，尤其是水环境中典型异生物素的化学敏感性增加[41]。

（3）PPCPs 残余对水质回用技术的开发形成障碍。污水处理设备和腐化系统的出水会持续地向环境水体中导入这些物质，PPCPs 残余及其未被代谢的活性组分具有较弱的降解性、较强的持久性和环境稳定性，独特的物化特性使得它们能够透过几乎所有的天然过滤介质或穿越污水处理的屏障进入水体环境，给废水回用系统及饮水处理系统造成了一定的压力。

（4）PPCPs 药物抗性的产生。水中低浓度的药物通过消化系统进入水生生物体内，在肠道内诱导出抗性细菌，由此诱导生命体内药物抗性基因的产生。水中抗性基因也可能通过水生细菌的水平基因转移进入其他生物体。有研究发现，药物抗性基因可以通过水生动物性食物链传递给高营养级的生物，人类食用鱼类等海产品可以使药物抗性转移到人体内。同时，抗性基因也可以从养殖动物向人体传递。生物污水处理厂的剩余污泥是微生物通过改变基因标识获得抗生素抗性的温床，PPCPs 抗性的产生迫使PPCPs 更新加速，给该类物质的开发提出了较高的要求。目前，国外关于PPCPs 污染的研究主要集中在分析方法开发、水体中目标污染物的检测及水环境中的行为与归宿等方面，我国研究者仅对某些药物的分析检测方法进行了初步研究。对 PPCPs 排放进入城市污水后的环境行为与归宿、PPCPs 的迁移转化规律、降解机理等科学问题尚缺乏系统的研究[42,43]。

水系统中 PPCPs 污染物削减存在以下几个问题。

(1) PPCPs 目标物质种类繁多，研究需要更系统、更全面。PPCPs 的种类除了抗癫痫类、抗生素类、抗炎类、三氯生、麝香类之外还有很多类别，如抗癌类、抗肿瘤类、碘化造影剂等。水系统中 PPCPs 并非单一的存在，多种 PPCPs 的共存可能发生交叉或交联反应，因此，在 PPCPs 的研究过程中必须注意 PPCPs 之间，以及 PPCPs 和其他污染物之间的共同效应，同时综合考虑 PPCPs 的效应和健全目标物质的种类，有利于更加准确地评估 PPCPs 对人类健康的潜在风险。

(2) 工艺有待更深入地研究，重点开展符合国内外水处理现状又能有效地去除 PPCPs 物质的技术研究。因为 PPCPs 是一类化学特性很强的物质，大多数属于常规污水处理工艺中有毒有害、难降解的那一部分。本课题关注的焦点是污水处理厂出水中不易降解的那部分和长期滞留在水体中不易被自然降解的那一部分，因此在工艺的选择和改进上就不同于常规工艺。在深度处理方面，简单的常规处理方法无法满足去除该类物质的要求，已有的数据表明氯消毒、单纯的紫外光降解效果不明显。

去除工艺要契合水处理的现状。我国的水质、水量、水处理的集中及分散程度等和国外都有极大的差别，国外大量使用的工艺如 UNITANK、ABR 等工艺在我国的某些地区并不适用，因此研究过程中要逐步改进工艺结构，使之既能有效地削减水体中的目标 PPCPs，又能和我国现有的水处理系统有效地衔接。这是今后该研究课题付诸应用的重要基础。

(3) 目前还没有建立快捷有效的检测体系。对仪器的依赖性太强是本研究的典型特点之一，有效的检测手段是了解水体目标污染物的存量、进一步开展去除工艺研究和准确评估健康风险的前提基础。目标物质检测对先进仪器的过于依赖增加了本研究的难度并影响了其进度。因此，如何开发出便捷、经济和准确的检测方法是本研究的关键也是研究能否快速开展的瓶颈。本研究的抗生素药物、抗炎药物和抗癫痫药物用简单易操作的液相色谱连接紫外检测器和荧光检测器的方法简便易行，避开了液相色谱和质谱联用所需要的高投入、大工作量的问题。对经济水平普遍较低的中国广大地区具有很好的示范作用。此外，PPCPs 的种类繁多，且不同类别之间物化特性差别很大，一类物质所建立的检测体系很难应用于另外其他的物质。因此，需要对检测的前期处理开展更深入的研究。例如，通过改变是从萘啶酸或吡酮酸演化而来的合成抗菌药物，其结构如图 2.1 所示。FQs 的化学结构 A 环是抗菌作用必需的基本结构，变化小，而 B 环可做较大的改变，可以是苯环、吡啶环、嘧啶环等。X 位的取代基在寻找高效、广谱喹诺酮类药物方面有重要作用。1 位上加入侧链可明显影响抗菌活性。诺氟沙星（NOR）和培氟沙星（PEF）引入了乙基，提高了抗菌作用；环丙基团的引入，进一步扩大了抗菌谱，提高了抗菌活性。在已用于临床的 FQs 药物中，环丙沙星（CIP）是抗肠杆菌和铜绿假单胞菌最有效的药物。C6 位上的氟是 FQs 结构的显著特点，6 位引入氟后增强了这些化合物抗革兰阴性致病菌的效力，扩大了抗革兰阳性菌谱，提高了与 DNA 螺旋酶的结合能力和对细胞的渗透力。7 位的结构主要影响药物的抗菌谱、作用强度及药代动力学。大量的构效关系研究表明，7 位上引入碱性且具有适当水溶性的取代基，有利于提高抗菌活性和改善药代动力学性质，常见的取代基为哌嗪基或甲基哌嗪。哌嗪环的引入（如 NOR）增强了抗铜绿假单胞菌的活性，甲基哌嗪环的引入（如 PEF）则增加了药物的脂溶性。C8 位的结构改造主要影响药物的药代动力学性质和光毒性。本研究所选取的 FQs 的性质见表 2.1。结合表 2.1 可知，FQs 药物有 2 个 pK_a 值，使其呈现出酸碱两性特征，lgK_{ow} 为 $-1.6\sim1.07$，说明该物质不易溶解于有机溶液，易溶于水相中。

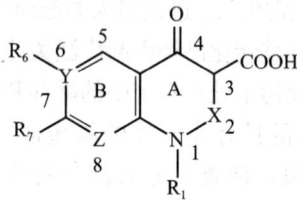

图 2.1　FQs 的一般结构式

2.1.2　氟喹诺酮类药物的来源、污染特性

FQs 作为一种广谱高效的抗菌药物，其污染的主要来源包括：水厂养殖业、医院废水、水处理厂进出水、地表水、污泥及土壤中。

FQs 应用于水产养殖细菌病的防治始于 20 世纪 70 年代，初期该类药物在我国南方养鳗业中开始使用，随着药物价格的下降，目前已被广泛应用于水生动物的疾病治疗。最近的资料显示，FQs 在水产养殖业中的用量呈逐年增长的趋势。投放到水中未被摄取及摄食后又随排泄物进入水体中的 FQs 组分将会形成严重的污染。Samuelsen 等[45]研究表明，1990 年挪

表 2.1 选取的 FQs 药物的性质[44]

名称	英文名称及缩写	CAS 号	化学结构式	分子式	摩尔质量/(g/mol)	pK_a	$\lg K_{ow}$
诺氟沙星	Norfloxacin (NOR)	70458-96-7		$C_{16}H_{18}FN_3O_3$	319.33	6.3 8.4	−1.3
环丙沙星	Ciprofloxacin (CIP)	85721-33-1		$C_{17}H_{18}FN_3O_3$	331.34	6.0 8.8	−1.1~0.4
培氟沙星	Pefloxacin mesylate dehydrate (PEF)	70458-95-3		$C_{17}H_{20}FN_3O_3 \cdot CH_4O_3S \cdot 2H_2O$	465.49	n. a.	0.27
洛美沙星	Lomefloxacin hydrochloride (LOM)	98079-52-8		$C_{17}H_{19}F_2N_3O_3 \cdot HCl$	387.81	5.8 9.3	−0.3
恩诺沙星	Enrofloxacin (ENRO)	93106-60-6		$C_{19}H_{22}FN_3O_3$	359.39	n. a.	n. a.
丹诺沙星	Danofloxacin (DANO)	112398-08-0		$C_{19}H_{20}FN_3O_3$	357.38	n. a.	−1.6~1.1
沙拉沙星	Sarafloxacin hydrochloride (SAR)	91296-87-6		$C_{20}H_{17}F_2N_3O_3 \cdot HCl$	421.83	5.6 8.2	1.07
双氟沙星	Difloxacin hydrochloride (DIF)	91296-86-5		$C_{21}H_{19}F_2N_3O_3 \cdot HCl$	435.85	6.1 7.6	0.89

n. a. not acquired, 未得到.

等[59]于 2002 年发现 NOR 和 CIP 在地表水中的浓度小于 19ng/L。

进入污水处理厂的 PPCPs 物质,有很大一部分被吸附在污泥中,没有被生物降解。目前关于污泥中 PPCPs 质量浓度的报道还很少,还不能明确分析污泥中的 PPCPs 对环境的影响。Golet 等[39]认为水处理系统中的污泥停留时间一般在几天到三十天,比许多 PPCPs 的半衰期要短。PPCPs 被吸附在污泥中的程度取决于化合物的固相-液相分配系数 K_d。固相-液相分配系数越大,PPCPs 越易被污泥吸附。

对于 FQs 类,在活性污泥法水处理中污泥的吸附作用是去除这些极性抗生素的主要途径。FQs 在污水处理厂在污泥中含量为 1.140~2.142g/kg 干重[39];在瑞典[58],NOR、OFL 和 CIP 在剩余污泥中的质量浓度分别为 0.1~4.2 g/kg 干重、0~0.7 g/kg 干重和0.5~4.8 g/kg干重,部分国家污水处理厂剩余污泥中 FQs 的含量见表 2.3。

表 2.3　部分国家剩余污泥中 FQs 的含量　（单位：μg/kg）

国家	NOR	PEF	CIP	LOM	DANO	ENRO	SAR	DIF	文献
澳大利亚	150	n. r.	230	n. r.	n. r.	n. r.	n. r.	n. r.	[57]
瑞士	n. r.	n. r.	270~2420	n. r.	n. r.	n. r.	n. r.	n. r.	[39]
瑞典	110~4200	n. r.	500~4800	n. r.	n. r.	n. r.	n. r.	n. r.	[52, 58]
中国	165~886	n. r.	n. r.	n. r.	n. r.	n. r.	n. r.	n. r.	[64]

污水处理厂的污泥和动物粪便经常用于农田施肥。如果污泥用作农田肥料,就会污染土壤。土壤中的 PPCPs 由于渗滤作用会进一步污染地下水。Picó 和 Andreu[69]在土壤中发现了兽药 ENRO 的残留。但是吸附在污泥中的 PPCPs 和动物粪便中代谢不完全的 PPCPs 会造成土壤的污染。目前关于土壤中 PPCPs 迁移转化规律的研究很少,Picó 和 Andreu[69]研究认为,进入土壤中的物质随着时间的推移在土壤中的质量浓度不断降低,可能是由于渗滤、挥发、非生物反应（如水解）、生物降解（好氧和厌氧降解）的原因。Golet 等[39]指出,从较长一段时间来看,FQs 在土壤中质量浓度规律为:开始一段时间由于光降解或生物降解的原因质量浓度是不断降低的;接下来的时间可能由于 FQs 与土壤颗粒结合或者 FQs 在土壤中的质量浓度超过了生物降解的极限,其质量浓度不断积累,表现为持久性。

2.1.3　氟喹诺酮类药物的环境危害

氟哇诺酮类药物是一类人工合成的广谱抗菌药,其开发始于 20 世纪 80 年代，在临床上广泛用于动物和人类的各种感染性疾病的治疗，其中诺氟沙星（NOR）、环丙沙星（CIP）等药物在全世界范围内广泛使用，另外一些药物如恩诺沙星（ENRO）、沙拉沙星（SAR）、双氟沙星（DIF）等仅作为兽用药物上市[70]。药物的残留除了其毒副作用可能对人类的直接危害以外，在动物性食品中残留较低浓度的药物容易诱导人类致病菌产生耐药性。自 FQs 被引入农业以来，CIP 耐药菌已在弯曲杆菌属、沙门氏菌属和大肠杆菌属中被相继报道[71]。目前在我国兽医临床上获准应用的药物品种较多，且滥用现象较严重。国际上对动物专用药物的代谢研究及其残留的安全性评价已有大量研究报道，并在食品添加剂联合专家委员（JCEFA）会上进行讨论和评估，制定了相应的残留标准。例如，为监控 FQs 在动物性食品中的残留，制定了达氟沙星在牛、猪、禽的最高残留限量（MRLs）。欧盟（EU）也在对 4 种动物专用FQs（DANO、DIF、ENRO 和 SAR）的 MRLs 作了规定，但对人用FQs 均未制定相应安全浓度或 MRL[72]。日本在食品中引入农业化学品残留物"肯定列表"制度。其中对既没有日本现行标准，也没有食品法典或外国标准的化学物，统一设定其 MRLs 为 $10\mu g/kg$。目前欧盟、美国等国家或组织对未制定的农用化学药品也采取类似一律标准进行处理，澳大利亚和新西兰食品标准法案则规定药物在动物性食品中不得检出[70]。

　　尽管在污水处理厂出水中检测出的浓度低于毒性试验所得到的微生物抑制浓度，但长期的暴露有可能对环境造成潜在的危害。有研究表明，FQs 在动物或人类用药后，以原形或代谢物的形式随粪、尿等排泄物排除，残留于环境中[71]。绝大多数药物排入环境以后，仍然具有活性，会对土壤微生物、水生生物及昆虫等造成影响。低剂量的抗菌药长期排入环境中，会造成敏感菌耐药性的增加，耐药基因不但可以储存于水环境中，而且可以通过水环境扩展和演化。进入环境中的兽药残留，在多种环境因子的作用下，可产生转移、转化或在动植物中富积。目前在废水中已发现了多种 FQs，特别是 NOR 和 CIP，其在废水中的浓度分别为 $45\sim120ng/L$ 和 $249\sim405ng/L$[38]，Golet 等[59]还发现 NOR 和 CIP 在地表水中的浓度小于 $19ng/L$。尽管这些浓度均远低于抗菌活性所需的浓度，但是由于 FQs 易在污泥、土壤和生物体内富集，其潜在和长期的影响不容忽视[73]。

2.2 氟喹诺酮类药物分析测定方法

2.2.1 氟喹诺酮类药物的前处理方法

由于环境样品中的PPCPs的浓度极低,富集、提取和净化都相当困难,因而要准确了解PPCPs的污染水平,首先要建立一套能够精确到ng/L水平的检测程序。对于环境中的PPCPs的分析,需要多步骤处理。对于液体样品中的PPCPs,一般采用固相萃取进行富集提取;对于固相样品,先用液液萃取、超声萃取、微波萃取等方法将固相中的分析物萃取出来,再依照分析物的性质,将萃出物溶于水中制成液态萃取物,再用液态萃取物的萃取步骤进一步处理。

固相萃取是富集液体样品中痕量FQs的首选方法。固相萃取一般分为活化、上样、淋洗和洗脱等步骤。萃取步骤如图2.2所示。

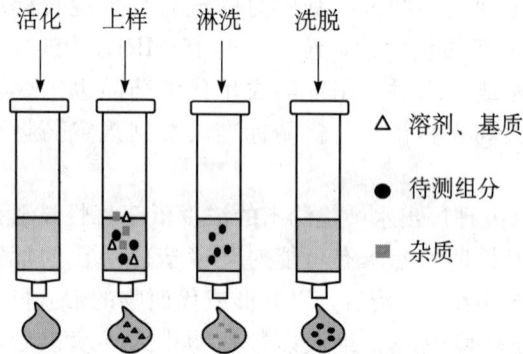

图 2.2 固相萃取的步骤

固相萃取步骤如下:固相萃取小柱预先分别经有机溶剂和去离子水活化,经由真空泵通过小柱,控制流速约为5mL/min。小柱用有机溶剂和去离子水淋洗,真空干燥30min以除去残留的水分,再用合适的有机溶剂将分析物从小柱中萃取出来,在温和氮气流中将萃出物吹干并定容至一定体积。

1. 固相萃取填料的选择

固相萃取填料的选择对回收率是一个很重要的因素。C18、WCX、HLB、MPC等各种固相萃取填料都应用于环境介质中FQs的提取,可萃取条件和回收率各异[38,53,70,74],而且某些固相萃取填料的价格还相当昂贵，不易获得。然而批次试验往往需要大量的固相萃取填料，固相萃取的填料的耗费成为课题研究相关物质检测分析的瓶颈，尤其在发展中国家。因此，有必要建立一种经济、稳定、高效的固相萃取体系。

为了筛选最适合提取该类物质的固相填料，选用了三大类固相萃取填料作为研究对象：①C18 固相萃取填料，如 LC‑18（supleco，500mg，3cc）、ENVI‑18（supleco，500mg，3cc）；②高分子聚合物类固相萃取填料，如 MEP（AnpelTM，60mg，3cc）、ENVI Chromp（supleco，200mg，3cc）和 Oasis HLB（waters，30mg，3cc）；③离子交换类型固相萃取填料，如 Oasis MAX（waters，30mg，3cc）、Oasis MCX（waters，30mg，3cc）。各种固相萃取填料的组成及萃取机理见表 2.4，在萃取 pH 3 和 pH 10 的体系时，进行加标回收率的实验，试验结果如图 2.3 所示。

表 2.4　所用固相萃取填料的组成和萃取机理

固相萃取填料		组成	萃取机理
C18 类	LC‑18	硅胶上接十八烷基	反相，吸附
	ENVI‑18	硅胶上接辛烷，含碳量大于 C18	反相，吸附
聚合高分子类	Oasis HLB	聚苯乙烯‑二乙烯基苯	吸附
	MEP	聚苯乙烯‑二乙烯基苯	吸附
	ENVI Chromp	高交联的、中性的、纯苯乙烯‑二乙烯基苯树脂填料，粒径 $80\sim160\ \mu\mathrm{m}$	吸附
离子交换类型	Oasis MAX	混合强阳离子交换，聚苯乙烯‑二乙烯基苯接二甲基丁胺	反相、阳离子交换
	Oasis MCX	混合强阴离子交换，聚苯乙烯‑二乙烯基苯接磺酸基	反相、阴离子交换

尽管 Turiel 等[75]用 C18 固相萃取填料在 pH 4.5 下对地表水中的 FQs 得到了较好的回收率（＞80%），但是由图 2.3 可知，在本实验条件下，C18 的表现不尽如人意，C18 填料的回收率低于 60%。当萃取体系为 pH 3 时，聚合高分子类的 Chromp、HLB、MEP 和固相萃取填料均有较高的回收率，分别达到了 72%～83%、64%～84% 和 87%～102% 的回收率，究其原因可能是由于聚合高分子类的高聚物基质的芳香环内产生 π‑π^* 的紧密相互作用，对极性分析物提供了更好的亲和组分[75]。

由表 2.4 可知，本研究采用的离子交换类固相萃取填料如 MCX（mixed mode cation exchanger）是一种混合相的离子交换剂，由聚苯乙

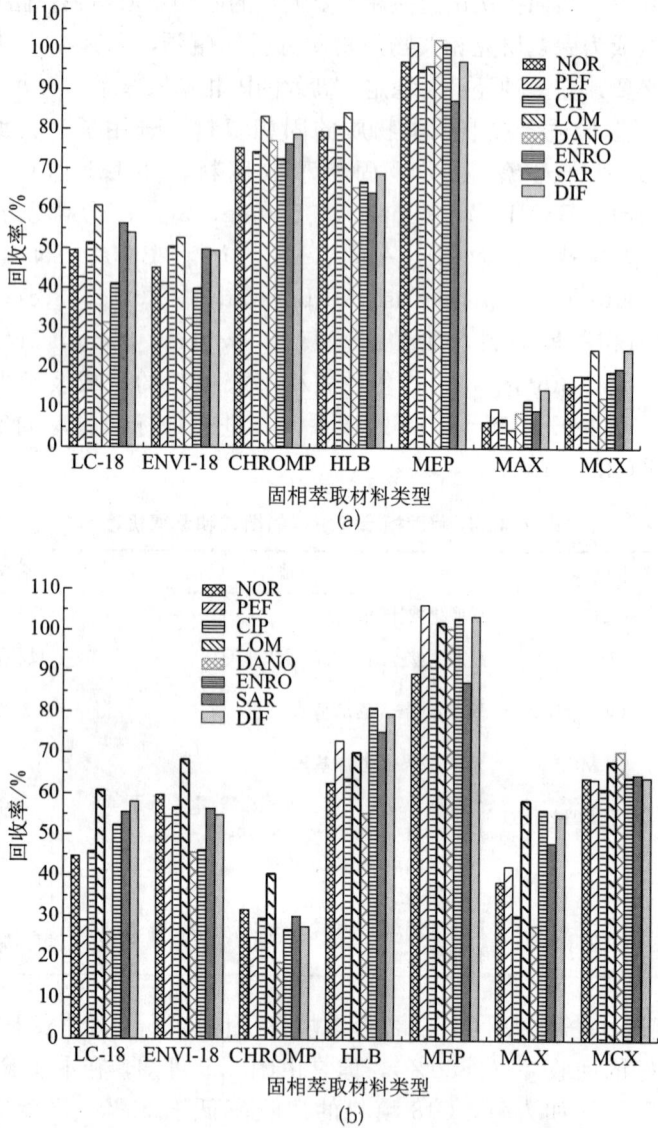

图 2.3　固相萃取填料对回收率的影响
(a) pH 3；(b) pH 10

烯-二乙烯基苯接强阳离子交换剂（如苯磺酸）组成，MAX（mixed mode anion exchanger）由聚苯乙烯-二乙烯基苯接强阴离子交换剂（如二甲基丁胺）组成，因此，它们萃取的机理为离子交换和吸附机理。当 pH 为 3

时，离子交换类的 MAX 得到了较好的回收效果（87%～106%），MCX
的回收率均很差（6%～15%）；当 pH 为 10 时，MCX 的回收效果较好，
为 61%～71%，但 MAX 只有 16～25%。这一点可以由不同 pH 环境中
FQs 的不同离子化状态来解释，当 pH 为 3 时，FQs 为强阳离子，因而
MAX 这种混合强阳离子的离子交换柱可以和 FQs 的强阳离子进行离子交
换，从而将 FQs 吸附到固相萃取填料上，反之，当 pH 为 10 时，FQs 为
强阴离子，因而适用于 MCX 的填料。

　　与硅基类型相比较，高分子聚合物的填料由于能够对极性的 FQs 有
良好的吸附性能，因而得到理想的回收率。而由于影响离子交换剂的因素
较多，相关的研究较少，得到的回收率也各异，如 32%[56] 或者大于
60%[75]，因此，本章未对离子交换型的固相萃取填料作进一步深入研究。
各种固相萃取填料的小柱的参考价格见表 2.5，综合回收率和经济因素，
MEP 价格不到 HLB 的一半，也只是 Chromp 的 60%，因此，选用 MEP
为固相萃取填料开展以下的试验。

表 2.5　国内市场上各种固相萃取填料的参考价格

SPE 小柱	LC-18	ENVI-18	HLB	CHROMP	MEP	MCX	MAX
价格/（元/支）	12	12	33	24	15	35	35

2. 萃取 pH 体系

　　由于 FQs 具有酸碱两性特征，pH 对固相萃取影响很大，因此试验对
萃取的 pH 体系进行了研究。试验采用 MEP 小柱作为研究对象，以
100mL 的去离子水加标 1ng/mL，pH 为 2～12 的去离子水用 BR 缓冲溶
液配置。需要调控的 pH 包括活化的去离子水、水样和淋洗的水溶液。不
同萃取 pH 体系下对 FQs 回收率的实验结果如图 2.4 所示。

　　由图 2.4 可知，当萃取体系的 pH 为 2～3 时，各种 FQs 达到高效的
回收率，回收率为 70%～94%。随着 pH 从 3 升高到 9，回收率下降得非
常厉害。当萃取体系的 pH 为 9 时，各种 FQs 的回收率最低，仅为 30%
左右，当 pH 大于 10 时，回收率又逐渐升高。

　　由于 FQs 具有酸碱的两性特征，它们有 2 个 pK_a 值，羧基的 pK_a 值
为 5.9～6.3，哌嗪环上的氨基的 pK_a 为 7.9～10.2，因此必须将萃取的
pH 调整到合适的范围，如远低于 pK_a 的强酸状态。当萃取的 pH 为 2～3
时，FQs 分子在填料上的离子化被抑制，因而能更好地保留在填料聚合物
上，随后被适当的溶剂洗脱出来。

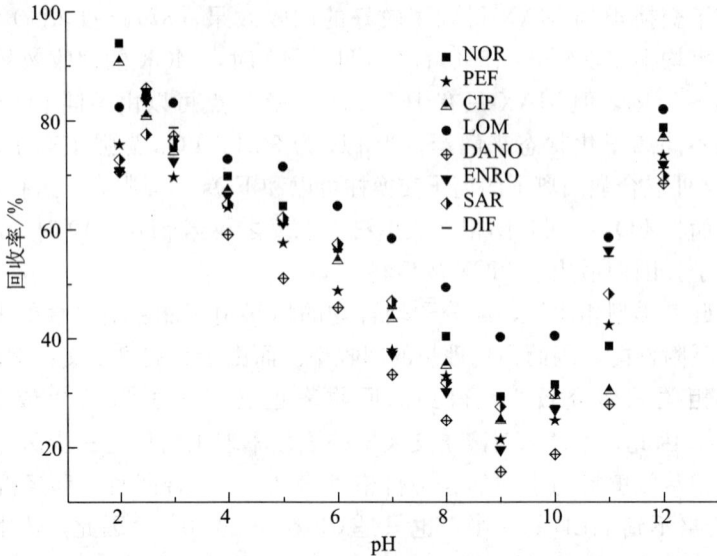

图 2.4 pH 体系对 FQs 固相萃取回收率的影响（100mL 的去离子水加标 1μg/L 的 FQs 混标，固相萃取小柱为 MEP，6mL 2%（体积分数）的甲酸/甲醇溶液为洗脱剂）

3. 洗脱剂类型及体积

由于 FQs 为弱酸性的极性物质，洗脱剂最好为偏极性的溶剂。在固相萃取中常采用的乙腈、甲醇、二氯甲烷、丙酮等非极性溶剂均不能有效地将 FQs 从固相萃取小柱中洗脱出来，回收率常低于 30%。因此，为了选择一种合适的洗脱剂，在有机溶剂中加入强极性的酸、碱或水溶液，使洗脱剂和待测物质的介电常数和极性接近，以达到良好的洗脱效果。本研究比较了乙腈、甲醇以及加酸或碱的甲醇和乙腈的复配等洗脱条件，试验结果见表 2.6。

表 2.6 不同洗脱剂对 FQs 回收率的影响

FQs	2.5mL 10mmol/L 氢氧化钾水溶液-乙腈（75/25）/%	2.5mL 氨水-甲醇-水（5/15/80）/%	6mL 1% 乙酸-乙腈/%	6mL 5% 氨水-甲醇/%	6mL 2% 甲酸-甲醇/%
NOR	100.1	87.2	74.6	74.9	95.0
PEF	93.0	82.3	68.0	76.3	93.6
CIP	97.0	88.8	70.9	71.0	90.8
LOM	88.0	92.7	85.5	75.9	94.5
DANO	108.8	82.0	57.0	70.4	95.9
ENRO	99.0	83.6	57.8	73.0	93.7
SAR	93.3	80.5	70.9	68.3	87.5
DIF	89.3	85.9	68.5	70.2	90.8

在洗脱的溶剂中加入氨水或强碱如氢氧化钾（KOH）可显著提高回收率，使用 2.5mL、10mmol/L 的氢氧化钾水溶液-乙腈（体积比，75/25）和 2.5mL 含 5％的氨水-甲醇-水（体积比，5/15/80）均可以得到理想的回收效果，分别达到 88％～108％ 和 80％～93％ 的回收率（表2.6）。尽管含水的洗脱剂相对于有机溶剂回收率较高，但含水的洗脱液很难用氮吹的方法来浓缩，只能直接进入色谱分析，然而，含有机相大于25％的样品不能达到良好的色谱分离，会使待测分析物质的色谱峰变宽从而对色谱保留造成影响。最终选择了 6mL 2％的甲酸-甲醇溶液为最佳的洗脱剂，可得到 87.5％～95.9％的回收率。

4. 在不同水样基质中的加标回收率

对去离子水和污水处理厂进出水的加标回收率试验结果见表2.7。由表2.7可知，100mL 污水处理厂进水加标 1ng/mL FQs 和 500mL 污水处理厂出水加标 100pg/mL FQs 分别达到了 79％～109％ 和 80％～105％ 的回收率，符合测定需求。

表 2.7　FQs 在不同水样基质中的加标回收率　　　　（单位：％）

FQs	100mL 去离子水加 FQs 混标		100mL 污水处理厂进水加标 1ng/mL FQs	500mL 污水处理厂出水加标 100pg/mL FQs	500mL 地表水加标 100pg/mL FQs
	200pg/mL	1ng/mL			
NOR	91.2	97.1	100.2	105.5	98.5
PEF	98.7	102.0	97.7	87.6	86.7
CIP	88.6	95.1	93.2	100.3	99.4
LOM	92.5	96.0	109.2	84.0	85.9
DANO	96.0	102.6	97.9	90.2	96.7
ENRO	94.4	101.5	97.4	96.5	97.5
SAR	84.6	89.4	79.2	96.2	87.4
DIF	92.7	97.3	85.2	80.0	89.0

实际水样中 FQs 的固相萃取步骤如下：5mL 二氯甲烷（DCM）、5mL 甲醇（MeOH）和 10mL 去离子水（pH 为 2～3）活化；水样（100mL 污水处理厂进水、500mL 污水处理厂出水或 500mL 地表水），用 1％（体积分数）的硫酸调整 pH 为 2～3，然后用 10mL 含有 5％（体积分数）的甲醇水溶液（pH 为 2～3）淋洗；小柱干化后，用 6mL 的含 2％（体积分数）的甲酸-甲醇溶液提取；温和氮气下吹干，溶解于 1.0mL 的初始流动相中（乙腈/10mmol/L 四丁基溴化铵溶液的体积比为 4∶96，其中四丁基

溴化铵的 pH 用乙酸调整为 3.0)。

5. 污泥样品 FQs 的萃取及其优化

污泥中的 FQs 提取采用微波辅助萃取，提取步骤如图 2.5 所示。冻干后的泥样碾碎后过 40 目筛，去除泥样中大粒径的杂质。称取适量 (0.1~0.5 g) 的污泥样品于四氟乙烯样品瓶管中。加 20mL 萃取剂（甲醇：0.04mol/L 的 BR 缓冲盐，体积比为 50/50，pH 2~3)，辐射温度为90℃，微波萃取 15min。污泥混合液于 3000 r/min 离心 10min，收集上清液。上清液经氮吹减小体积，加 100~200mL 去离子水，使有机溶剂的含量小于 5%，制成液态样品，用超声均匀化 5min，再用固相萃取来净化样品，固相萃取的步骤同水样。

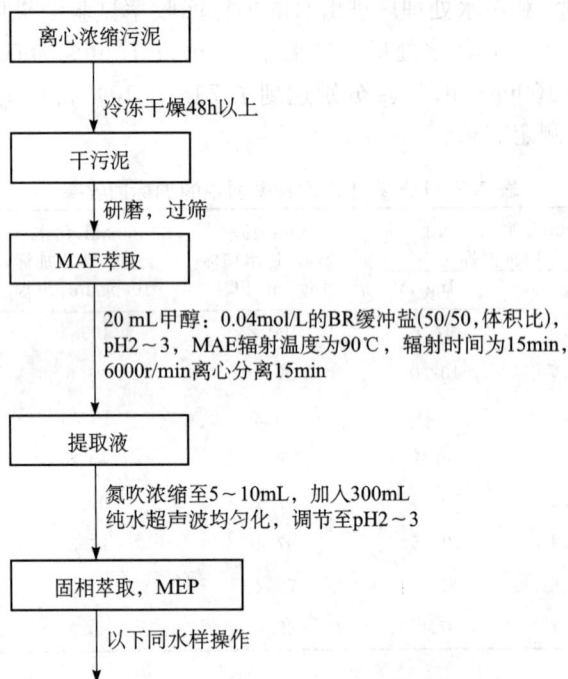

```
┌─────────────┐
│  离心浓缩污泥  │
└─────────────┘
       │ 冷冻干燥48h以上
┌─────────────┐
│    干污泥     │
└─────────────┘
       │ 研磨，过筛
┌─────────────┐
│   MAE萃取    │
└─────────────┘
       │ 20 mL甲醇：0.04mol/L的BR缓冲盐(50/50,体积比)，
       │ pH2~3，MAE辐射温度为90℃，辐射时间为15min，
       │ 6000r/min离心分离15min
┌─────────────┐
│    提取液     │
└─────────────┘
       │ 氮吹浓缩至5~10mL，加入300mL
       │ 纯水超声波均匀化，调节至pH2~3
┌─────────────┐
│  固相萃取，MEP │
└─────────────┘
       │ 以下同水样操作
```

图 2.5　污泥中 FQs 的提取步骤

在选定的微波萃取的条件下，以 0.1g 和 0.5g 污水处理厂剩余污泥样品，计算加标回收率。由表 2.8 可知，剩余污泥的加标回收率为 78.77%~101.48%，整个方法的 RSD 均小于 10%，具有较好的精密度。

表 2.8 污泥中 FQs 提取的加标回收率

FQs	0.5g 剩余污泥加标 500ng/g FQs/%	RSD ($n=3$)	0.1g 剩余污泥加标 500ng/g FQs/%	RSDs ($n=3$)
NOR	96.14	5.65	99.75	5.60
PEF	78.77	5.39	97.90	6.71
CIP	89.91	8.31	100.88	7.02
LOM	95.33	7.39	101.48	8.76
DANO	78.36	5.80	92.76	8.07
ENRO	90.23	7.03	101.33	7.39
SAR	87.42	6.32	89.17	8.27
DIF	76.74	5.83	99.95	6.41

2.2.2 氟喹诺酮类药物的检测方法

用于检测 FQs 的技术手段中 LC 为最常用的分析手段。一般有液相色谱紫外检测，液相色谱荧光检测和液相色谱质谱检测。

1. 液相色谱——FLD/UV

研究采用 Kromasil 液相色谱分离柱（250mm×4.6mm，5 μm）；流动相 A：乙腈；B：10mmol/L 四丁基溴化铵（冰醋酸调节 pH 为 3.0）；梯度洗脱程序为：4%A 保持 8min，然后在 8min 内将 A 线性增加至 15% 并保持 10min，5min 内将 A 线性增加至 25%，随后在 5min 内降低 A 至 4%，保持 5min。流速为 1mL/min；进样量为 20 μL；荧光检测的激发波长和发射波长分别为 280nm 和 450nm，DAD 的特征定量波长为 280nm，图 2.6 为 8 种 FQs 的色谱分离图。

将混合标样用初始流动相稀释至 0.1～0.01μg/L 并进样 6 次以上，检测 FQs 仪器相对标准偏差（relative standard deviation，RSD）；以标准偏差比上标准曲线的斜率乘信噪比 3 计算仪器检出限（instrument detection limits，IDL），以信噪比 10 计算仪器定量限（insturment quantity limit，IQL）。以 50μg/L 的 FQs 混合标准溶液在不同的实验日（$n=6$）进样，计算日间精密度；以富集倍数为 500 计算方法检出限（limit of detection，LOD）和方法定量限（limit of quantification，LOQ）；对 SPE - HPLC - FLD 测定水样的整个流程重复 3 次，计算出不同水样的方法精密度。试验结果见表 2.9。仪器对 FQs 的检出限 IDL 和定量限 IQL 分别为 0.16～1.06ng/mL 和 0.54～3.54ng/mL，日间精密度都小于 5%，方法的检出

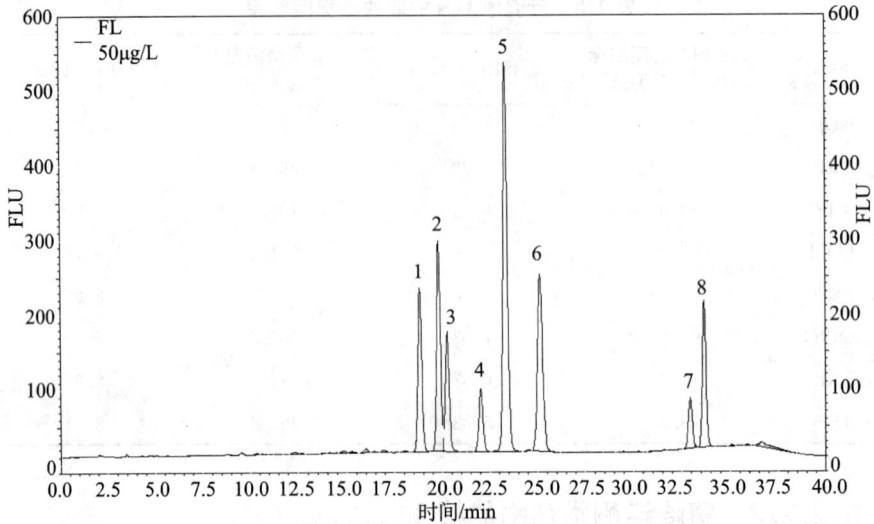

图 2.6　8 种 FQs 的色谱分离图

(FQs 混标的浓度为 50μg/L, 1. NOR；2. PEF；3. CIP；4. LOM；
5. DANO；6. ENRO；7. SAR；8. DIF)

限和定量限分别为 0.32～2.12ng/L 和 1.07～7.07ng/L, 对污水处理厂进水、出水和地表水的检测方法的相对标准偏差均小于 10%, 说明该方法对于各种水体中 FQs 的测定具有良好精密度。

表 2.9　定量参数及精密度

物质名称	(IDL/IQL) / (ng/mL)	(LOD/LOQ[a]) / (ng/L)	RSD
NOR	0.35/1.15	0.70/2.33	3.20
PEF	1.06/3.54	2.12/7.07	4.28
CIP	1.01/3.37	2.02/6.73	2.76
LOM	0.75/2.50	1.50/5.00	2.05
DANO	0.16/0.54	0.32/1.07	4.12
ENRO	0.19/0.62	0.38/1.27	4.43
SAR	0.88/2.92	1.76/5.87	4.80
DIF	0.29/0.96	0.58/1.93	3.55

　　a. LOD 和 LOQ 是用污水处理厂出水富集 500 倍数计算得到的。
　　RSD ($n=6$,%) 是进样日间的精密度, 以相对标准偏差表示。

　　在相同的流动相条件下, 采用荧光检测器和紫外检测器, 对 FQs 样品进行检测。结果见表 2.10。

表 2.10 不同厂家荧光检测器和紫外检测器的比较

测定方法	日立 HPLC-DAD	日立 HPLC-FLD	安捷伦 HPLC-UV	安捷伦 HPLC-FLD
仪器检出限/（μg/L）	100	0.16～1.16	50	1.94～3.25
方法检出限/（ng/L）	200	0.32～2.02	100	6.48～10.83
仪器线性范围/（μg/L）	100～2 000	0.25～500	100～5 000	2～1 000
R^2	＞0.995	＞0.995	＞0.998	＞0.998
方法线性范围/（ng/L）	200～40 000	0.5～1 000	200～10 000	4～2 000
选择性	较差	较好	较差	较好
仪器精密度 RSD，$n=6$，%	2.02～4.69	2.05～4.80	0.18～0.85	0.13～0.83

从表 2.10 可以看出，荧光检测器比紫外检测器的检出限低很多，其中以 Hitachi 的 FLD 检出限最低，其次是 Angilent HPLC-FLD，荧光检测器的检测限大约比紫外检测的要低一个数量级。Angilent HPLC-UV 比 Hitachi HPLC-DAD 要低，这是因为 DAD 是全波长范围的紫外-可见光的检测器，仪器检出限大约为 UV 的 2 倍。Angilent 的 FLD 不如 Hitachi，但精密度比 Hitachi 好。

2. 液相色谱双质谱检测

色谱条件：样品采用液相的色谱柱为：Zorbax extend-C18（100mm×2.1mm，1.8 μm）（封尾），100mm×2.1mm（内径），粒径5μm，美国安捷伦科技有限公司。保护柱为 Extend-C18，2.1mm ID×12.5mm，4-Pack，美国安捷伦科技有限公司。柱温：40℃。进样量：10 μL。

流动相 A 相为水/0.4％的乙酸，B 相为乙腈，检测过程中采用梯度洗脱，其中 B 相的变化为：5％保持 6min，并于 17min 内增加到 8％，2min 内增加至 12％，1min 内增加至 50％，1min 内降至 5％并保持平衡，流速为 200 μL/min。质谱仪检测器为 Thermo Accela TSQ Quantum Access。质谱条件设置如下：

离子化模式：大气压喷雾离子源，阳离子模式进行检测；

喷雾电压：4000 V；

鞘气压力为 30 Arb；

辅助气压力为 10 Arb；

离子传输毛细管温度：350℃；

氩气：1.5mTorr；

扫描模式：选择反应检测（SRM）；

扫描时间：0.05 s/SRM。

其中选择反应检测母离子、子离子和碰撞能量以及各目标物质的选择离子检测参数见表 2.11，总离子色谱图如图 2.7 所示。

表 2.11　FQs 的质谱检测参数

FQs	母离子	子离子	碰撞电压/eV	停留时间/min
NOR	320	276	17	7.94
PEF	334	290	19	8.82
CIP	332	288	19	8.62
LOM	352	265	23	9.85
DANO	358	340	26	11.26
ENRO	360	316	18	11.75
SAR	386	342	28	13.75
DIF	400	299	29	14.43

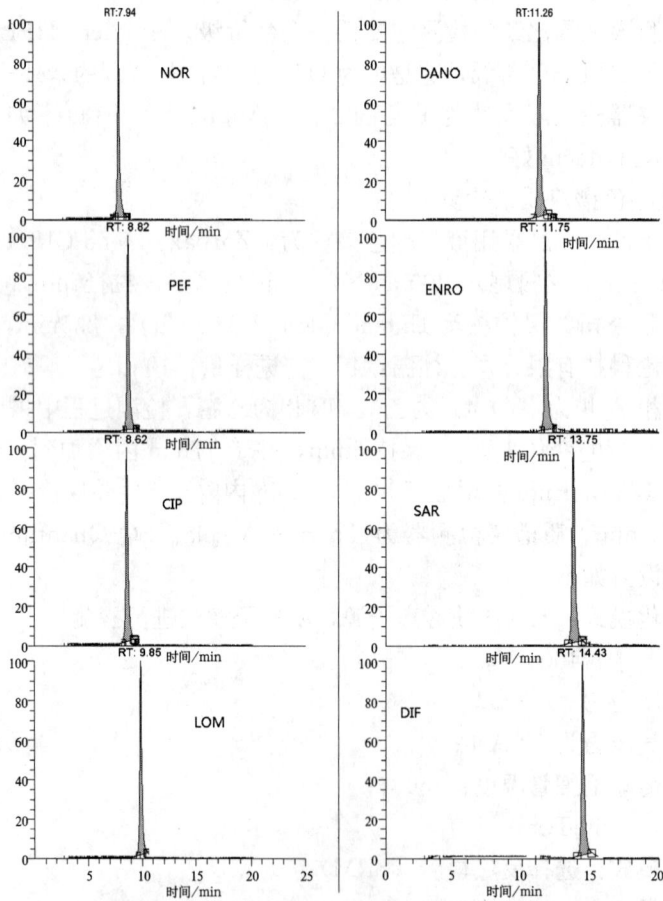

图 2.7　FQs 在液相色谱质谱上的离子色谱图

2.3 环境中氟喹诺酮类药物的赋存浓度和分析

为了了解 FQs 在环境中的赋存状况，对上海市 6 个典型污水处理厂以及地表水中的 FQs 的赋存状况进行了初步调查，也对污水处理厂剩余污泥以及污泥碱性消化液中的 FQs 进行了测定，并考察了污水处理厂各处理单元工艺对 FQs 的去除情况。

2.3.1 上海典型污水处理厂中氟喹诺酮类药物的赋存状态

1. 污水处理厂概况和采样点分布图

对上海市 6 个典型的污水处理厂和污泥中 FQs 的含量进行了初步的调查。污水处理厂分布如图 2.8 所示，STP-A、STP-B、STP-C、STP-D、STP-E 和 STP-F 分别为曲阳污水处理厂、东区污水处理厂、石洞口污水处理厂、竹园第一污水处理厂、竹园第二污水处理厂和城桥污水处理厂，各污水处理厂的分布及工艺见表 2.12，各污水处理厂的进出水水质见表 2.13。

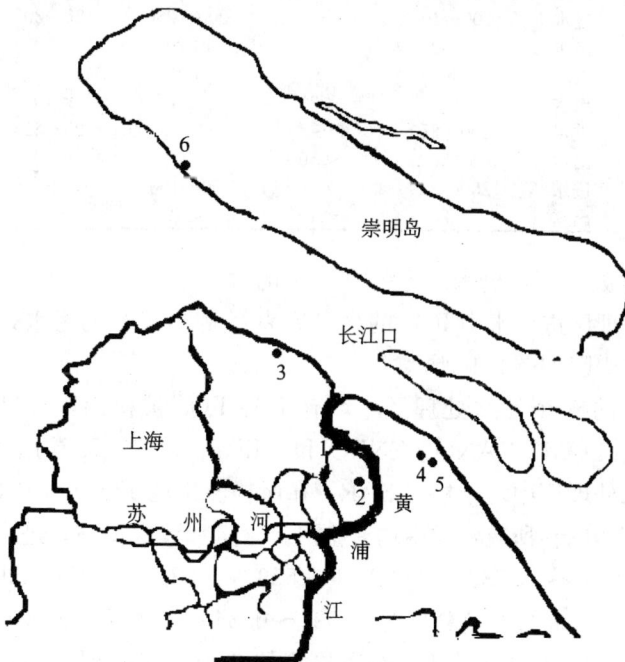

图 2.8 污水处理厂的采样点分布示意图

(图中 1~6 分别为 6 个污水处理厂的采样点)

表 2.12　污水处理厂的分布及处理工艺

编号	处理厂名称	行政区域	日处理量/($\times 10^4 \text{m}^3/\text{d}$)	进水水质成分	处理工艺	出水排放
A	曲阳污水处理厂	杨浦	5.67	生活污水	A/A/O[a]	地表水
B	东区污水处理厂	杨浦	3.11	生活污水	CAS[b]	地表水
C	石洞口污水处理厂	浦东	34.43	生活污水和工业废水	UNITANK[c]	地表水
D	竹园第一污水处理厂	浦东	170	生活污水和工业废水	CBF[d]	地表水
E	竹园第二污水处理厂	浦东	50	生活污水和工业废水	A/O[e]	地表水
F	城桥污水处理厂	崇明岛	5	生活污水	A/O	地表水

a. anaerobic/anoxic/aerobic，厌氧/缺氧/好氧；
b. Conventional activated sludge，传统活性污泥法；
c. UNITANK = Integrated activated sludge processing，一体化活性污泥法；
d. Chemical and biological flocculation，化学生物絮凝；
e. anoxic/aerobic，缺氧/好氧。

表 2.13　污水处理厂进出水水质　　　　　（单位：mg/L）

污水处理厂	项目	COD	BOD_5	SS	NH_4-N	TP
曲阳	进水	235~350	102~150	80~120	20~35	6~9
	出水	25~40	9~12	9~15	4~6	1.5~2.5
东区	进水	250~400	160~240	200~250	24	5.2
	出水	40~60	20~30	15~25	3.5	1.8
石洞口	进水	300~400	150~200	200~250	25~30	4~5
	出水	<60	<20	<20	<10	<1.0
竹园一厂	进水	250	120	150	30	4
	出水	<50	<30	<40	<10	≤1
竹园二厂	进水	200~250	60~80	90~100	25~35	2.8
	出水	<50	<40	30	<10	≤1
城桥	进水	250~350	150	90~100	—	—
	出水	<20	<10	<10	—	—

2. 污水处理厂进出水及污泥中 FQs 的含量

污水处理厂进出水中 FQs 的含量见表 2.14。典型的污水处理厂进水和出水的色谱图如图 2.9 所示。

所检测的 6 个污水处理厂中，有 7 种 FQs 被检出，分别是 NOR、PEF、CIP、LOM、DANO、ENRO 和 DIF。由于 SAR 常用于兽药中，在 6 个污水处理厂中均未检出 SAR。在所检测出的 FQs 中，NOR、CIP、LOM 和 DANO 在所有水样中均有检出，含量和频次最高，进水中的含量分别为 0.047~1.786、0.032~0.559、0.021~0.735 和 0.005~0.415μg/L，出水的含量分别为 0.022~0.340、0.017~0.064、0.024~0.405 和 0.003~0.026μg/L。在所检测的 6 个污水处理厂中，STP-E 检出的含量最低，其次是 STP-D、STP-F 和 STP-C。位于市区的 STP-A 和 STP-B 中，各种 FQs 的检出含量较高。究其原因可能由于 STP-C、STP-

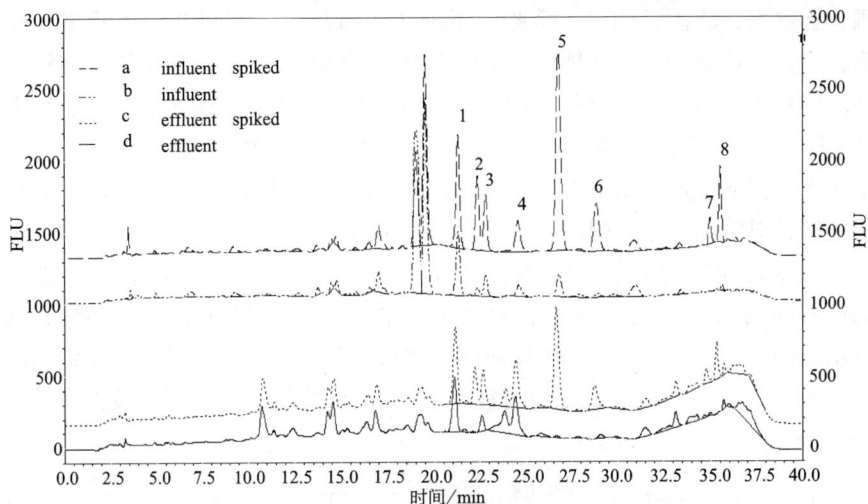

图 2.9　污水处理厂 STP-B 进水和出水的典型色谱图

a. 100mL 进水加标 1ng/mL，b. 100mL 进水，c. 500mL 出水加标 100pg/mL，d. 500mL 出水

D、STP-F 位于郊区，所接受的水体为工业废水和生活污水的混合废水，而 STP-E 位于崇明岛，相对居住人口较少，因而污染较轻。从以上分析可知，生活污水排放是污水处理厂 FQs 的一个主要来源。

表 2.14　上海 6 个污水处理厂 FQs 的含量比较　（单位：μg/L）

污水		NOR	PEF	CIP	LOM	DANO	ENRO	SAR	DIF
STP-A	进水	1.071	0.078	0.213	0.364	0.142	0.059	nd	0.039
	出水 1	0.226	0.010	0.078	0.109	0.073	0.012	nd	0.006
	出水 2	0.265	0.010	0.084	0.207	0.012	nd	nd	nd
STP-B	进水	1.352	0.130	0.502	0.563	0.123	0.128	nd	0.059
	出水	0.278	0.017	0.039	0.244	0.015	<LOD	nd	0.014
STP-C	进水	0.232	0.009	0.042	0.262	0.011	0.020	nd	0.016
	出水	0.121	<LOD	0.018	0.032	0.003	<LOD	nd	0.006
STP-D	进水	0.279	0.021	0.07	0.271	0.012	nd	nd	0.052
	出水	0.097	<LOD	0.014	0.036	0.002	nd	nd	0.018
STP-E	进水	0.133	0.008	0.032	0.305	0.007	0.007	nd	0.024
	出水	0.056	0.003	0.020	0.024	0.003	nd	nd	0.005
STP-F	进水	0.047	<LOD	0.039	0.198	0.007	0.011	nd	0.017
	出水	0.022	<LOD	0.017	0.038	0.005	0.003	nd	<LOD

nd. 暂无数据。

表 2.14 中，STP-A 出水 1 为 A/A/O 工艺出水，出水 2 为 MBR 工艺出水。STP-A 的进水和出水 1 为四次采样的浓度的平均值，STP-B 的数据为 3 次采样的浓度范围，其他均为 1 次采样所测定的值。由国内外相比可知，美

国、加拿大、法国、瑞典、希腊、西班牙、葡萄牙等国以及中国香港、北京、广州等城市的污水处理厂的进出水中都不同程度地检出了 FQs。在检出 FQs 的种类方面，以 NOR、CIP、LOM 和 DANO 为主。由于 ENRO、SAR 和 DIF 主要为兽用抗生素，许多国家并未将其列入考察的范围，因而鲜有在水体中残留的报道。从检出浓度来看，基本处于相同的数量级。但国内的测定数据相对偏高，这与国内对抗生素的相对滥用是分不开的。

　　污水处理厂的进出水常呈现出一定的季节性变化，污水处理厂采样点的设置如图 2.10 所示。曲阳污水处理厂的进出水的季节性变化如图 2.11 所示。由图 2.11 可知，夏季各种药物的检出频率和浓度均高于其他季节，冬季的检出浓度最低。该现象可能与 FQs 在夏季的使用量相对较大有关。

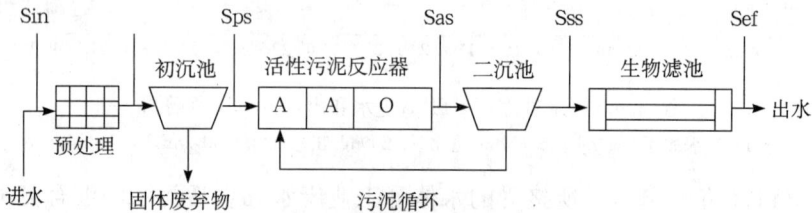

图 2.10　污水处理厂采样点的设置

Sin：进水口采样点；Sps：初沉池后采样点；Sas：活性污泥后采样点；
Sss：二沉池后采样点；Sef：出水口采样点

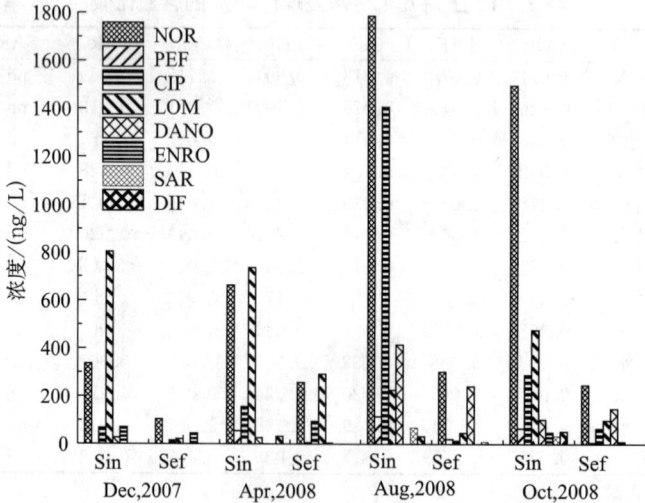

图 2.11　污水处理厂（STP-A）进水和出水的季节变化

　　以 STP-A、STP-B 和 STP-F 三个污水处理厂为研究对象，考察 FQs 在污水处理厂中的沿程变化及各工艺段对工艺单元 FQs 的去除效果。各污水处理厂的 FQs 的沿程变化和各工艺段的去除率如图 2.12 所示。从图 2.12 可以看出，污水处理厂对 FQs 的总的去除率为 80% 以上，其中初沉池占了 30%～50% 的去除率，说明 FQs 易于吸附在固体基质上。生化工艺对 FQs 的去除可达到 40%～60%，这可能是污泥吸附和生物降解的综合结果。二沉池对 FQs 的去除率常为负值，说明有一部分 FQs 从污泥中解吸到水相中。生物滤池单元对 FQs 的去除效果甚微。污水处理厂的工艺并不能完全地去除 FQs，出水仍有几十个 ng/L 的 FQs 残余。

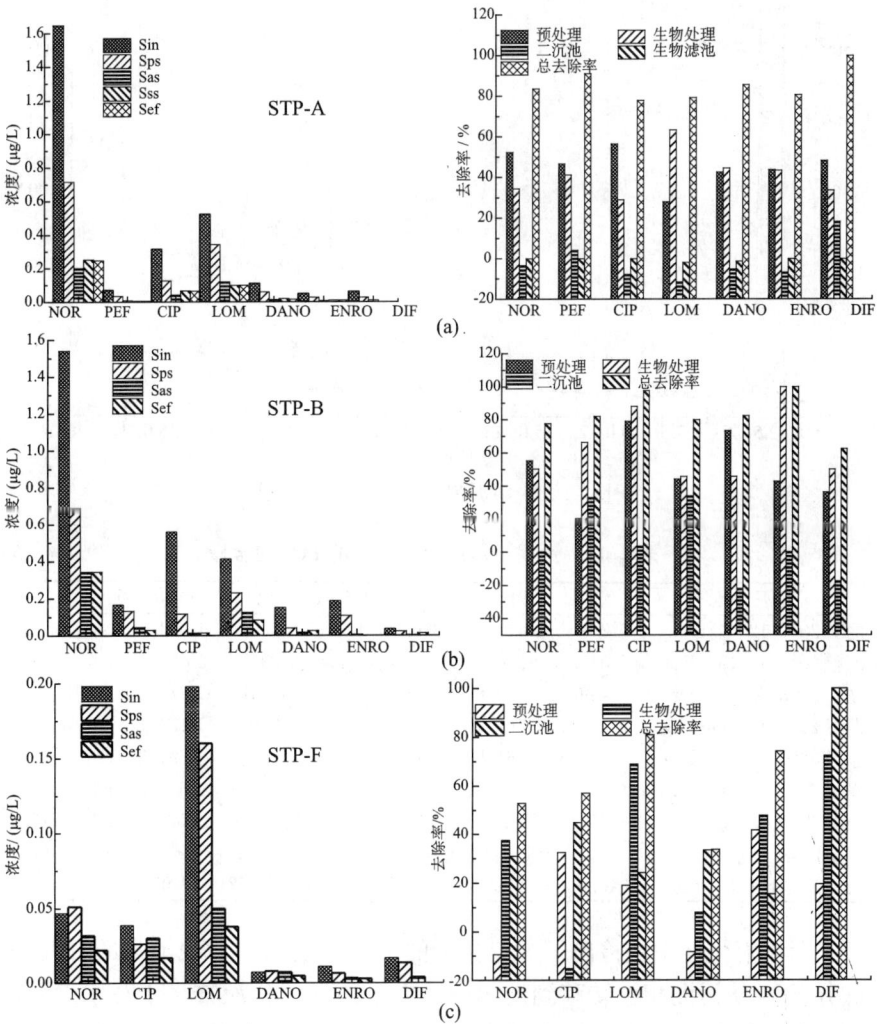

图 2.12　FQs 在污水处理厂中的沿程变化和沿程去除率

(a) STP-A；(b) STP-B；(c) STP-F

剩余污泥消化液的色谱图如图 2.13 所示，含量见表 2.15。污水处理厂剩余污泥中 FQs 的含量为 19～10 301 μg/kg。其中污泥中含量最高的 FQs 为 NOR 和 CIP，分别为 707～2040 μg/kg 和 1136～10 301 μg/kg。与国外剩余污泥的含量相比较，大约是国外同类型物质浓度的 5 倍左右，可见剩余污泥中的 FQs 不可忽视，这部分污泥通过填埋或消化势必又将回到环境中。

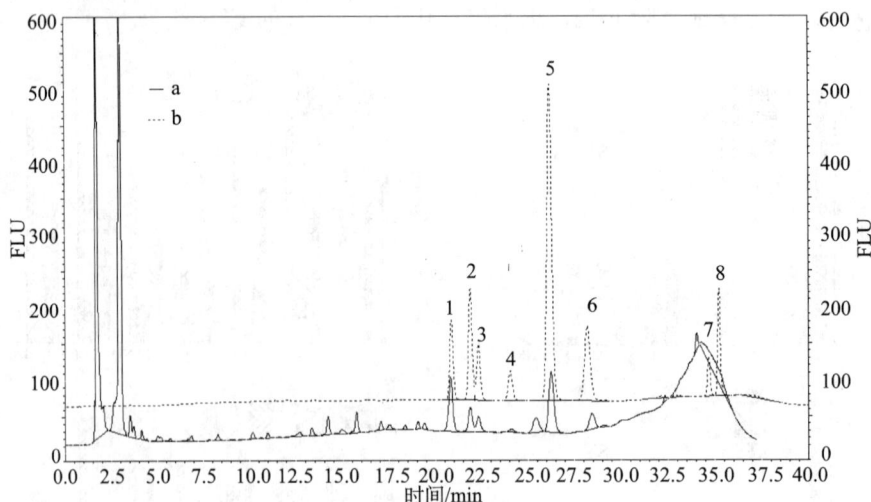

图 2.13　污泥消化液的液相色谱图

表 2.15　污泥与污泥消化液中的 FQs 的含量

污泥样品	NOR	PEF	CIP	LOM	DANO	ENRO	SAR	DIF
曲阳 2007.12/（μg/kg）	5 278.4	1 471.7	5 886.9	104.9	253.4	1 093.8	nd	1 435.2
曲阳 2008.4/（μg/kg）	7 040.7	2 376.3	9 505.3	242.9	630.2	1 934.4	nd	1 547.3
曲阳 2008.8/（μg/kg）	6 599.4	2 532.8	10 131.1	272.4	1 081.5	1 870.8	nd	1 480.4
曲阳 2008.10/（μg/kg）	4 425.1	1 367.7	5 470.8	322.6	369.7	1 189.1	nd	1 389.4
东区 2008.4/（μg/kg）	6 851.6	1 561.9	10 933.1	236.2	621.6	1 801.3	nd	1 720.1
东区 2008.10/（μg/kg）	6 217.3	993.2	7 945.9	356.3	432.1	2 607.6	nd	1 233.4
石洞口/（μg/kg）	1 067.4	276.7	1 937.1	35.1	217.0	453.8	nd	215.3
崇明城桥/（μg/kg）	707.7	190.4	1 136.3	18.7	89.2	224.2	nd	167.4
污泥消化上清液/（μg/L）	19.62	8.13	5.24	0.831 4	2.698	7.05	nd	nd

污泥消化液中也检出了一定含量的 FQs，说明在污泥消化的过程中，部分 FQs 从污泥相中转移到液相中。由于污泥消化液常用于污水处理厂中的添加碳源，导致这部分 FQs 有可能又重新循环到污水处理系统中，从而造成污水中 FQs 浓度的升高，该问题有待进一步研究。

污水处理厂不同工艺对 FQs 的表观去除率见表 2.16。从表 2.16 可知，各种工艺对 FQs 的表观去除率为 40%～100%。A/A/O 和 MBR 比 A/O 对 FQs 的去除率稍高一点。化学生物絮凝也取得了较好的去除率，说明 FQs 有可能吸附在絮凝体而被去除。在 STP-A 的同样进水条件下，A/A/O 工艺和 MBR 工艺的表观去除率相差不多，但 MBR 的出水比 A/A/O 的出水 SS 浓度低。污水处理厂的工艺不能完全地去除 FQs，依然有部分 FQs 通过污水处理厂的排水进入地表水体中。国内外的污水处理厂对 FQs 的去除率也处于相同的范围。例如，瑞士污水处理厂对 NOR 和 CIP 的去除率为 79%～87%，葡萄牙[51] 污水处理厂对 NOR、CIP、ENRO 的去除率分别为 85%～92%、54%～76% 和 53%～56%。瑞典[52] 污水处理厂对 CIP 和 NOR 的去除率分别为 88% 和 87%。

表 2.16　污水处理厂不同工艺的表观去除率　　　（单位:%）

STPs	工艺	去除率						
		NOR	PEF	CIP	LOM	DANO	ENRO	DIF
STP-A	A/A/O	61.4~83.2 (78.87)	82.3~91.3 (86.87)	39.2~78.0 (63.10)	60.4~100 (70.14)	42~100 (48.77)	79.6~87.0 (79.85)	79.4~100 (83.52)
	MBR	60.03	81.82	45.81	71.84	52.00	—	100
STP-B	CAS	77.9~81.4 (79.43)	81.9~95.6 (86.87)	85.6~97.5 (92.22)	43.1~79.9 (56.62)	82.7~96.8 (88.16)	100 (100)	61.1~100 (76.27)
STP-C	UNIT ANK	47.84	100	57.14	87.79	72.73	100.00	62.50
STP-D	CBF	65.23	100	80.00	86.72	83.33	100.00	65.38
STP-E	A/O	57.89	62.50	37.50	92.13	57.14	100.00	79.17
STP-F	A/O	53.19	—	56.41	80.81	28.57	72.73	100

其中，STP-A 中的 A/A/O 和 STP-B 括号中分别为 4 次和 2 次平均值。

2.3.2　上海地表水中氟喹诺酮类药物的赋存状态

地表水以黄浦江、苏州河以及崇明的南横引河、曹家河为研究对象，此外还采集了同济校园的校内循环河样品。

黄浦江位于太湖流域东南端，从淀山湖到吴淞口全长 113km，在吴淞口注入长江，是长江入海前的最后一条支流。黄浦江流经上海市区，是上海市重要的水道。黄浦江水体总体质量为Ⅱ类，是上海市的重要航道和工农业及生活用水水源地。上海大约 70% 的自来水水源取自黄浦江，如图 2.14 所示。

苏州河又称吴淞江，是太湖和黄浦江的主要联系水道之一，全长

125km，上海境内长度为 53.1km，市区内河段长 23.8km。苏州河起着引排水、通航、灌溉等作用，对抗洪排涝等方面也有贡献，同时又是生产和生活污水的主要收纳水体。

崇明岛内河网全部人工开挖，河道密布，纵横交错，负责全岛引水、排涝、城乡居民生活用水及工农业生产用水。南横引河是其中重要的一支河流，位于崇明岛南部，全长 74.8km，是崇明地区引淡除涝、水土运输的主动脉。曹家河属于南横引河的一段支流，附近多居民，主要接纳居民的生活污水，并承担一定的排洪灌溉的功能。

校内河为同济大学校园内循环河。

图 2.14　黄浦江采样点的分布示意图

其中苏州河水的色谱图如图 2.15 所示。地表水体和景观水体中 FQs 的含量见表 2.17。从表 2.17 可以看出，河流水体和景观水体也不同程度地存在 FQs 残余，一般低于 $0.040\mu g/L$，说明痕量的 FQs 在环境中普遍存在，不容忽视。其中南横引河和曹家河接受水体为崇明城桥污水处理厂的出水，其含量为污水处理厂出水的 30% 左右，说明地表水对污水处理厂出水中的 FQs 有一定的稀释作用。在所测的地表水中，苏州河中的 FQs 含量较高，说明生活污水排放的 FQs 是地表水中污染物的来源之一。美国检出地表水中 FQs 的浓度低于 44ng/L，西班牙检出 NOR 和 CIP 的浓度分别为 7.5ng/L 和 5.5ng/L，北京城郊的地表水浓度为 6.5 ～ 66ng/L[62]，芬兰检出地表水中 NOR 和 CIP 的浓度均低于 24ng/L[61]，而日本却没有在地表水中检测出该类物质[74]。

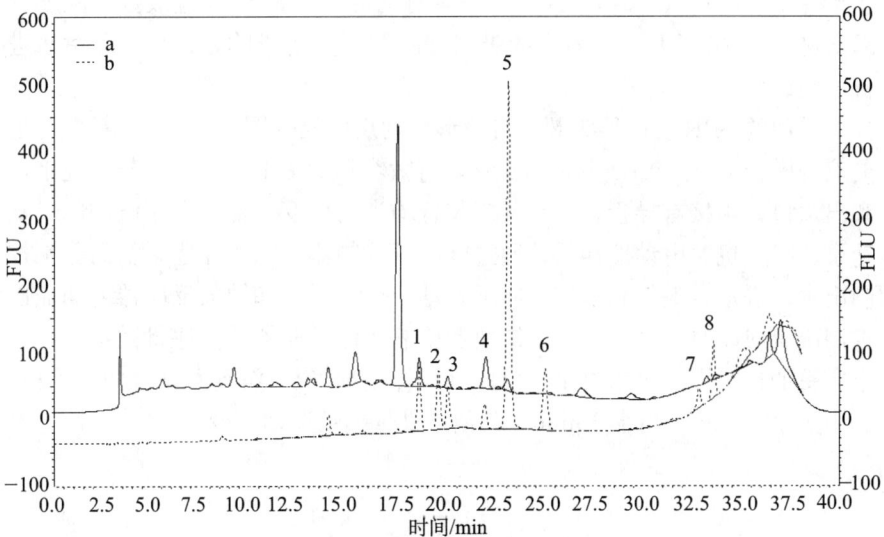

图 2.15　苏州河水色谱图

a. 苏州河水色谱图，富集 500 倍；b. 10μg/L FQs 标准溶液的色谱图

表 2.17　不同地表水和景观水体中 FQs 的含量　　（单位：μg/L）

FQs	南横引河	曹家河	黄浦江	苏州河	三好坞
NOR	0.007	<LOD	0.010	0.016	0.003
PEF	<LOD	<LOD	<LOD	<LOD	<LOD
CIP	<LOD	0.007	0.007	0.016	<LOD
LOM	0.011	0.027	0.029	0.040	0.010
DANO	0.002	0.005	0.005	0.003	0.002
ENRO	<LOD	<LOD	0.006	0.003	0.002
SAR	nd	nd	nd	nd	nd
DIF	nd	nd	nd	nd	nd

2.4 氟喹诺酮类药物的污染控制技术

2.4.1 氟喹诺酮类药物在 SBR 系统中的行为和去除

通过人工配水，以 8 种 FQs 混合标样加入到模拟城市污水作为 SBR 反应器的进水，研究 FQs 和 TCS 在 SBR 反应器中的吸附和降解行为，主要考察了污泥龄（SRT）、缺氧与好氧时间分配、A/O 反应级数、温度等因素对 FQs 在 SBR 反应器中的吸附和降解行为的影响，并用实际污水进行了验证。

采用的 SBR 反应器为圆柱直筒形生物反应器（图 2.16），材料为有机玻璃。内径为 0.14m，高为 0.52m，有效容积为 8 L。侧面有若干进水口和出水口并连接有导管。三套反应装置均为间歇反应器，采用电磁阀、蠕动泵、曝气机、电动搅拌器并通过微电子控制器与电源相连，从而分别控制出水、进水、曝气和搅拌，实现自动运行。厌氧和缺氧反应器需加盖以控制厌氧或缺氧条件。好氧、缺氧和厌氧污泥反应器均为序批式运行，一个完整的运行周期分为进水、反应（搅拌或曝气）、沉淀和排水四个阶段，其中进水 15min，出水 15min。其他条件依据情况而改变。

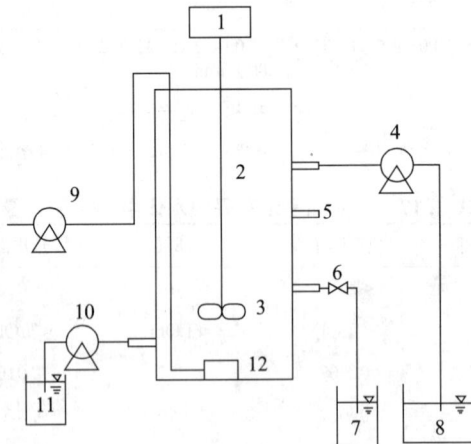

图 2.16 SBR 装置

1. 搅拌器；2. 反应器；3. 搅拌桨；4. 进水泵；5. 取样口；6. 排水电磁阀；
7. 出水桶；8. 进水桶；9. 曝气机；10. 排泥泵；11. 排泥桶；12. 曝气头

活性污泥采自上海长桥污水净化中心（缺氧-好氧工艺）和曲阳污水

处理厂（厌氧-缺氧-好氧工艺）的污泥回流池，放到相应的反应器中进行驯化，进水采用模拟城市污水（首先不加痕量 PPCPs），配方见表 2.18，反应器进水的水质情况见表 2.19。其中好氧和厌氧以 NH_4Cl 为氮源，缺氧以 $NaNO_3$ 为氮源。好氧反应器的溶解氧控制在 2～5mg/L，厌氧和缺氧反应器的溶解氧均低于 0.1mg/L。好氧、缺氧和厌氧反应器的污泥停留时间 SRT 分别为 15～25d、20～25d 和 30～40d。污泥浓度控制在2500～3500mg/L。污泥初始驯化时以 24h 为周期运行 2～3 个周后，当反应器中 COD 的去除率大于 50%，过渡为每天 2～3 个周期。各反应器运行 2 个月左右，污泥沉降性能良好，好氧、缺氧和厌氧反应器的污泥浓度 MLSS 分别为 2800～3100mg/L、2900～3300mg/L 和 3000～3300mg/L，污泥沉降指数（SVI）分别为 60～70、90～100 和 110～120。好氧、缺氧和厌氧出水 COD 稳定在 30～50mg/L、45～65mg/L 和 80～120mg/L，COD 去除率分别为 85%～90%、70%～80% 和 65%～75%。好氧反应器出水浓度 NH_4-N 低于 1mg/L，缺氧出水 NO_3-N 的去除率大于 90%。

表 2.18　人工配水的组分与浓度

成分	浓度/(mg/L)	成分	浓度/(mg/L)
葡萄糖	150	$NaHCO_3$	80
蛋白胨	150	EDTA	3
CH_3COONa	80	$FeCl_3 \cdot 6H_2O$	4500×10^{-4}
NH_4Cl（好氧与厌氧）	80	$MnCl_2 \cdot 6H_2O$	360×10^{-4}
$NaNO_3$（缺氧）	150	H_3BO_3	450×10^{-4}
KH_2PO_4	26	$ZnSO_4 \cdot 7H_2O$	360×10^{-4}
$MgSO_4 \cdot 7H_2O$	20	$CuSO_4 \cdot 5H_2O$	90×10^{-4}
$CaCl_2$	10.6	KI	540×10^{-4}

表 2.19　反应器进水水质情况表

反应器	COD	NH_4-N	NO_3-N	NO_2-N	TP	pH
厌氧及好氧/(mg/L)	250～400	25.5～31.5	<0.5	<0.5	6.1～6.9	7.0～7.3
缺氧/(mg/L)	250～400	5.5～7.5	35.7～42.3	<0.5	6.1～6.9	7.0～7.3

将 FQs 的混合标样加入模拟人工配水中作为 SBR 反应器的进水。SBR 以 8 h 为一个周期，按照进水（10min）—反应（300min）—沉淀（30min）—出水（10min）—闲置（130min）的程序运行。污泥龄控制在 15～25d，污泥浓度控制在 3000 mg/L 左右，反应器的有效容积为 6L，每周期进（出）水 3L，进水 COD、NH_4-N、TP 的浓度分别为 250～400 mg/L、25.5～31.5 mg/L 和 6.1～6.9 mg/L。FQs 的添加浓度分别为 $1\mu g/L$ 和

10μg/L。

1. SRT 对 FQs 去除的影响

SRT 对 SBR 系统中生物种群结构的优化有直接的关系，是影响 PPCPs 降解和去除的一个重要因素，对吸附在污泥上难降解物质的去除效果有重要影响。试验通过控制排泥量控制不同的污泥龄为 5 d、10 d、15 d、20 d 和 30 d，以考察 SRT 对 FQs 去除的影响，试验结果如图 2.17 所示。

由图 2.17 可知，SRT 的改变对 FQs 的去除效果的影响情况不一致。对于 CIP、NOR、ENRO 和 DIF，SRT 越大去除效果越好，这可能是由于这些物质主要是通过污泥吸附而被去除的，污泥龄越短，排泥量越多，对这些物质的去除效果越好。而对于 PEF、DANO 和 SAR，当 SRT 从 5 d 增大到 10~15 d 时，去除率增大得不是很明显，只增加了 1%~6%。当 SRT 增大到 25 d 以上时，物质的去除率甚至还有所下降。当 SRT 从 5 d 增大到 10~15 d 时，去除率的增加可能是因为 SRT 的增大促进微生物种群的变化，从而促进生物转化，而当 SRT 增大到一定的数值后，由于污泥活性的下降及排泥量的减少的双重作用结果，导致系统对物质的去除率减小。当然也存在当 SRT 增大，生物作用一直促进。由第 4 章吸附试验可知，由于 FQs 都容易吸附在活性污泥上，因此我们认为，对于 FQs 类物质，SRT 越大，污泥排放对去除的贡献越小，SRT 对去除效果的影响是生物转化和吸附双重作用的结果，但 SRT 在一定范围内对物质的生物降解有促进作用。

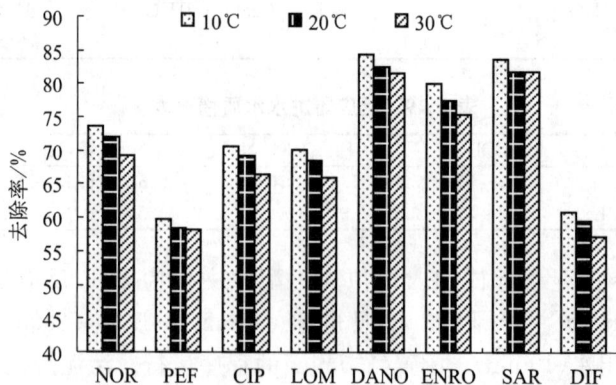

图 2.17　SRT 对 FQs 总的去除率

SRT 对各项常规指标的去除效果如图 2.18 所示。SRT 对 COD 的去除影响不大，不同 SRT 下 COD 的去除率均在 90％以上。TN 的去除效果随着 SRT 的增大而有所增高，在 15 d 时达到最大，达到 85％左右。NH$_3$-N 的去除效果变化不大，去除率在 79％以上，TP 的去除效果随着污泥龄的增大而降低。

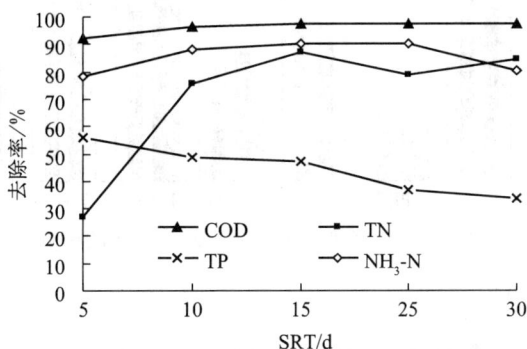

图 2.18　SRT 对常规指标的去除效果

综上所述，对于活性污泥、污水处理厂，在不影响常规指标达标排放的前提下，适当地增加污泥龄有利于 FQs 的去除，合适的污泥龄为 15～25 d。

2. 缺氧/好氧时间分配对 FQs 去除的影响

由于 FQs 在厌氧和缺氧活性污泥中不降解，因此为了提高它们在 SBR 系统中的去除效率，就必须保证一定的好氧时间，因此本研究以 FQs 的去除率为考核指标，考察了缺氧/好氧段时间的分配对 FQs 去除的影响，试验的工况条件见表 2.20。不同缺氧/好氧时间比对 FQs 的去除率的影响如图 2.19 所示。FQs 的去除率随好氧段时间的延长而增大，这说明 FQs 去除的增加是好氧污泥降解的结果。

表 2.20　SBR 系统不同缺氧/好氧时间比工况

工况	HRT/h	SRT/d	进水/min	缺氧/h	好氧/h	沉淀/h	出水/min	闲置/min
1	8	15	10	4	1	30	10	130
2	8	15	10	3	2	30	10	130
3	8	15	10	2.5	2.5	30	10	130
4	8	15	10	2	3	30	10	130
5	8	15	10	1	4	30	10	130

不同缺氧/好氧时间下对常规指标总的去除效果如图 2.20 所示。由图 2.20 可知，缺氧好氧时间比在 1∶4 到 4∶1 内，对 COD 的去除率影响不大，去除率大于 96％；TP 的去除效果随着好氧时间的增大而增高；TN 的去除率随好氧段时间的增大略有提高；对 NH$_3$-N 的去除率影响不大，

4. 实际污水运行对 FQs 的去除效果

由于实际污水来源广泛、成分复杂，可能会对 FQs 的去除效果有影响。本研究为考察实际城市生活污水水质对 SBR 去除 FQs 效果的影响，以曲阳污水处理厂的进水为 SBR 反应器的进水，按照三级 A/O SBR 工艺运行，具体运行参数见表 2.21。

实际废水对 FQs 的总的去除率见表 2.22。从表 2.22 可以看出，在本研究确定的工艺条件下，实际污水运行对 FQs 也有较好的去除效果，与模拟污水所测定的结果相一致，因此本研究所提出的工艺条件对 FQs 在实际废水中的去除是可行的。

表 2.22　实际污水运行对 FQs 的去除

指标参数	NOR	PEF	CIP	LOM	DANO	ENRO	SAR	DIF
实际污水进水/(μg/L)	1.046	0.087	0.245	0.466	0.162	0.149	nd	0.089
反应器出水/(μg/L)	0.247	0.022	0.094	0.101	0.045	<LOD	—	<LOD
去除率/%	76.39	74.71	61.63	78.33	72.22	100.00	—	100.00
加标污水进水/(μg/L)	2.008	1.103	1.246	1.455	1.198	1.136	1.044	1.101
反应器出水/(μg/L)	0.451	0.337	0.361	0.453	0.196	0.221	0.198	0.341
去除率/%	77.54	69.45	71.03	68.87	83.64	80.55	81.03	69.03
模拟污水去除率/%	73.83	65.2	72.14	74.26	83.67	76.47	83.52	68.82

实际生活污水运行 SBR 工艺下对 COD、TP、TN 和 NH_3-N 的去除率见表 2.23，由表 2.23 可知，实际污水运行 SBR 工艺对 COD、TP、TN 和 NH_3-N 总的去除率分别为 92.98%、84.03%、75.51% 和 89.69%。该工艺不但可以有效地去除 FQs，也能够保证常规指标处理效果。

表 2.23　三级 A/O SBR 工艺各阶段对 COD 和氮磷的去除效果

指标参数	进水	三级 A/O 第一级	三级 A/O 第二级	三级 A/O 第三级
COD 浓度/(mg/L)	245.5	24.2	21.6	17.2
COD 去除率/%	—	90.20	91.83	92.98
TP/(mg/L)	4.85	1.60	0.978	0.78
TP 去除率/%	—	72.08	79.92	84.03
TN/(mg/L)	19.91	5.67	4.97	4.88
TN 去除率/%	—	71.52	75.04	75.51
NH_3-N/(mg/L)	19.22	2.41	2.03	1.98
NH_3-N 去除率/%	—	87.45	89.43	89.69

5. FQs 在 SBR 反应器中的去除机理探讨

一般认为，物质在生物处理系统中的去除机理主要有空气吹脱、生物转化和污泥吸附[76,77]。由于 FQs 属于不易挥发的物质，因此去除的机理主要为吸附和生物转化。

$$\text{SBR 系统对物质的去除率 } R_{\text{T}} = \frac{c_{\text{w,in}} - c_{\text{w,ef}}}{c_{\text{w,in}}} \times 100\% \qquad (2.1)$$

式中，$c_{\text{w,in}}$ 和 $c_{\text{w,ef}}$ 分别为进水中和出水中物质的浓度，$\mu\text{g/L}$。

假设反应 5h 物质达到吸附平衡，则污泥对物质的吸附去除率参考式 (2.5)，在本章中，污泥对物质的吸附去除率

$$R_{\text{sor}} = \frac{c_{\text{s,ef}} \cdot \text{MLSS}}{c_{\text{w,ef}} + c_{\text{s,ef}} \cdot \text{MLSS}} \times 100\% \qquad (2.2)$$

式中，$c_{\text{s,ef}}$ 为反应结束后污泥中的物质含量，$\mu\text{g/kg}$。

SBR 系统为密闭系统，不考虑吹脱对 FQs 的影响，对 SBR 系统一个周期进行物质的物料平衡，则有

$$M_{\text{in}} = M_{\text{out}} + M_{\text{bio}} \qquad (2.3)$$

式中，M_{in} 为 SBR 系统进水后未反应时污水和污泥中物质的质量总和，μg；M_{out} 为反应结束时污水和污泥中物质的质量总和；M_{bio} 为生物降解的物质的质量，可得到 SBR 系统对物质的降解率 R_{bio}。

$$R_{\text{bio}} = \frac{M_{\text{bio}}}{M_{\text{in}} + M_{\text{s}}} \times 100\% \qquad (2.4)$$

式中，M_{bio} 为系统中污泥中物质的质量。

将 FQs 在 SBR 系统中的由于吸附、生物转化和其他因素所占的比例作图，如图 2.23 所示。由图 2.23 可知，生物吸附对 FQs 在 SBR 系统中的去除起到了很重要的作用，占到了 48%～63% 的比例。这与吸附试验得出的结果一致。由于 FQs 为难降解物质，FQs 在 SBR 系统中的生物转化率较低，仅为 8%～21%。

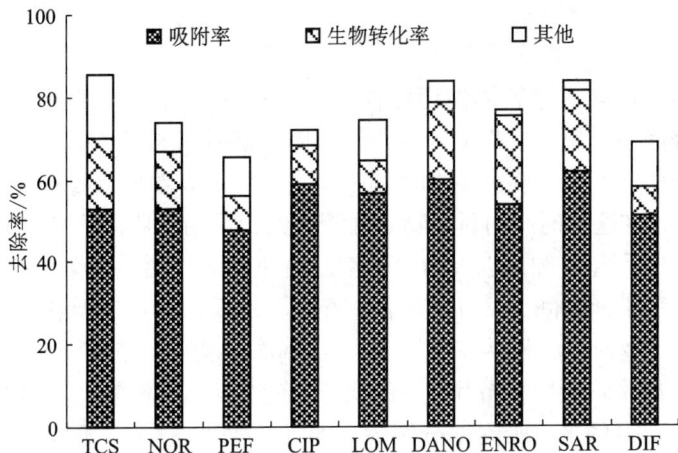

图 2.23　FQs 在 SBR 系统中的去除机理

2.4.2 氟喹诺酮类药物在污泥上的吸附行为

1. 吸附平衡时间

采用了三种污泥（灭活污泥、抑制污泥和活性污泥）来考察其吸附性能。其中灭活污泥采用高温失活的方法，从反应器中采集一定体积的污泥，清水洗涤 2～3 次，静置沉淀，弃去上清液，置于高压灭菌锅中于 121℃灭活 20min，待用；抑制污泥是采用加入抑菌剂来抑制微生物可能对物质的降解，在污泥中加入叠氮化钠，使用浓度为 1 mg/L；活性污泥即为反应器中取出的原污泥，清洗待用。

吸附试验采用摇瓶试验，每个锥形瓶中含一定体积的污泥混合液，以模拟城市污水为配水，污泥浓度为 2500～3500 mg/L，加入一定质量的物质。污泥吸附试验在摇床进行，摇床转速为 125r/min，分别在 0.25h、0.5h、1h、2h、4h 和 6h 取样。将泥水混合液于 6000r/min 离心 10min，泥水分离，测定水相和污泥相中的物质浓度。解吸试验同样在摇床中进行，吸附平衡后测液相平衡浓度 c_e。离心得到的污泥用不含物质的自来水稀释至原刻度，不同的时间段取样，泥水混合物分离，测定液相的浓度 $c_{e\text{-des}}$。

吸附率用式（2.5）计算：

$$吸附率 = \frac{c_0 - c_e}{c_0} \times 100\% \tag{2.5}$$

式中，c_0 为物质的初始浓度，$\mu g/L$；c_e 为吸附平衡后水相物质浓度，$\mu g/L$。

解吸率用式（2.6）表示：

$$解吸率 = \frac{c_{e\text{-des}}}{c_0 - c_e} \times 100\% \tag{2.6}$$

厌氧、缺氧、好氧活性污泥在不同状态（灭活、抑制和活泥）下对 FQs 的吸附情况类似。以 CIP 为例，吸附平衡时间如图 2.24 所示。

从初始浓度为 100μg/L 的吸附平衡实验中可以看出，吸附主要发生在前 30min，在这段时间内目标物质从液相到污泥相的吸附很快，在吸附前 15min 就几乎达到 62%以上的吸附率。在 30min 以后，吸附率变化不大。因此取吸附平衡时间为 2 h。吸附平衡后，好氧、缺氧与厌氧灭活污泥对 CIP 的平均吸附率分别为 70%、78%与 80%，好氧、缺氧与厌氧抑制污泥对 CIP 的平均吸附率分别为 75%、83%与 85%，好氧、缺氧与厌氧活性污泥对 CIP 的平均吸附率分别为 84%、85%与 87%。不同种类污泥对 CIP 的吸附存在差异，厌氧污泥对 CIP 吸附性能强于缺氧污泥，更强于好

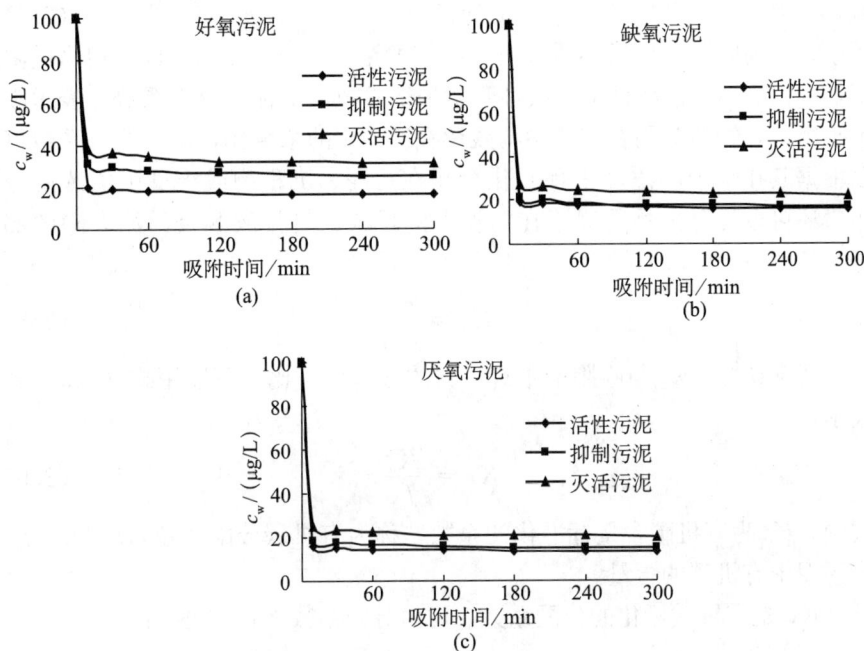

图 2.24　不同污泥对 CIP 的吸附平衡时间
(a) 好氧；(b) 缺氧；(c) 厌氧

氧污泥。活性污泥由于可能存在部分降解作用吸附去除率略大于抑制和灭活污泥。

不同种类活性污泥的有机碳与其吸附去除率呈正相关性，其中，好氧、厌氧和缺氧活性污泥的有机碳含量分别为 49.5％、52.5％和 55％，从而造成吸附率的差异。由于活性污泥为多孔的絮凝物，因此在污水处理初期，CIP 可通过吸附在污泥颗粒表面使污水中的物质浓度降低。

2. 吸附等温线

吸附模型是用来描述达到吸附平衡时水相中吸附质的浓度与固相中吸附质浓度的关系。吸附模型有以下两个重要要求：一是系统中吸附质的吸附解吸应达到平衡；二是系统中其他的物理化学参数应达到恒定不变。由于吸附质在系统中的吸附平衡受到温度的影响，一般情况下吸附模型都是在系统温度不变的情况下得出的，因此吸附模型也称为吸附等温线。通常用来描述吸附质行为的吸附模型主要有以下几种。

Henry 线性吸附等温线：线性吸附是水体中常见的吸附等温线之一[78]，其等温式为

$$c_s = K_d \cdot c_w \tag{2.7}$$

式中，c_s 为吸附平衡后物质吸附在固相的浓度，ng/kg；c_w 是水相物质浓度，ng/L。K_d 值为 Henry 线性吸附平衡常数，也称为分配系数，表示吸附平衡后，物质吸附在固相中与残留在液相中的浓度比，通过这一系数可以根据其在水中的浓度来预测化合物在污泥、沉积物或土壤中的浓度分布，还可以计算出物质吸附在污泥上的量与通过排放剩余污泥去除的部分。K_d 由式（2.7）推出：

$$K_d = \frac{c_s}{c_w} \tag{2.8}$$

通常认为，K_d 与吸附剂中有机碳的含量成正比，可以用式（2.9）来表示：

$$K_{oc} = \frac{K_d}{f_{oc}} \tag{2.9}$$

式中，K_{oc} 为有机碳含量标准化的系数，称为有机碳分配系数，L/kg；f_{oc} 为污泥中有机碳的含量。

K_{om} 是有机质标化的分配系数，可由分配系数 K_d 推出[79]：

$$K_{om} = K_d \cdot \frac{\text{MLSS}}{\text{MLVSS}} \tag{2.10}$$

式中，MLSS 为悬浮物质浓度，kg/L；MLVSS 为挥发性悬浮物质浓度，kg/L。

Freundlich 吸附等温线：物质在污泥表面吸附可以用 Freundlich 公式来描述[80]，Freundlich 吸附等温线取决于吸附平衡后物质在固相的浓度与水相的浓度。

$$c_s = K_F \cdot c_w^{1/n} \tag{2.11}$$

式中，c_s 为吸附平衡后物质吸附在固相的浓度，ng/kg；c_w 为水相物质浓度，ng/L；K_F 与 $1/n$ 为 Freundlich 吸附常数，$\mu g^{1-1/n} \cdot L^{1/n} \cdot kg^{-1}$。$K_F$ 与温度、吸附剂种类、采用的计量单位有关，$1/n$ 反映吸附的非线性程度，与吸附体系的性质有关。式（2.11）两边取对数，公式变形如下：

$$\lg c_s = \lg K_F + 1/n \lg c_w \tag{2.12}$$

Langmuir 吸附等温式是单分子层吸附模型[81]，公式如下：

$$c_s = \frac{Qb c_w}{1 + b c_w} \tag{2.13}$$

其线性形式如下：

$$\frac{c_w}{c_s} = \frac{c_w}{Q} + \frac{1}{bQ} \tag{2.14}$$

式中，Q 为物质的最大吸附容量，mg/g；b 为 Langmuir 吸附常数。以 c_w/c_s 为纵坐标，以 c_w 为横坐标作图，线性拟合得到斜率为 $1/Q$，直线与纵坐标的截距为 $1/(bQ)$，由此求出物质的最大吸附容量 Q 与 Langmuir 吸附常数 b。b 越大表示吸附在吸附剂表面的物质越多。

　　分别用 Henry 线性吸附模型和 Freundlich 吸附等温线对 CIP 在不同的温度下对好氧、缺氧、厌氧抑制污泥上的吸附进行拟合，分别如图 2.25 和图 2.26 所示。各种模型的参数总结见表 2.24。CIP 在不同污泥上的 Henry 线性吸附等温线如图 2.25 所示。由图 2.25 可知，不同温度下，好氧、缺氧与厌氧抑制污泥对 CIP 的吸附基本都符合线性吸附。温度对 CIP 的吸附分配系数 K_d 有很大的影响，三者分配系数均为 $K_d(10℃) > K_d(20℃) > K_d(30℃)$，低温比高温吸附性能好，说明吸附是一个放热过程。因此对于易于吸附的有机污染物，可降低温度使其吸附去除率增加。

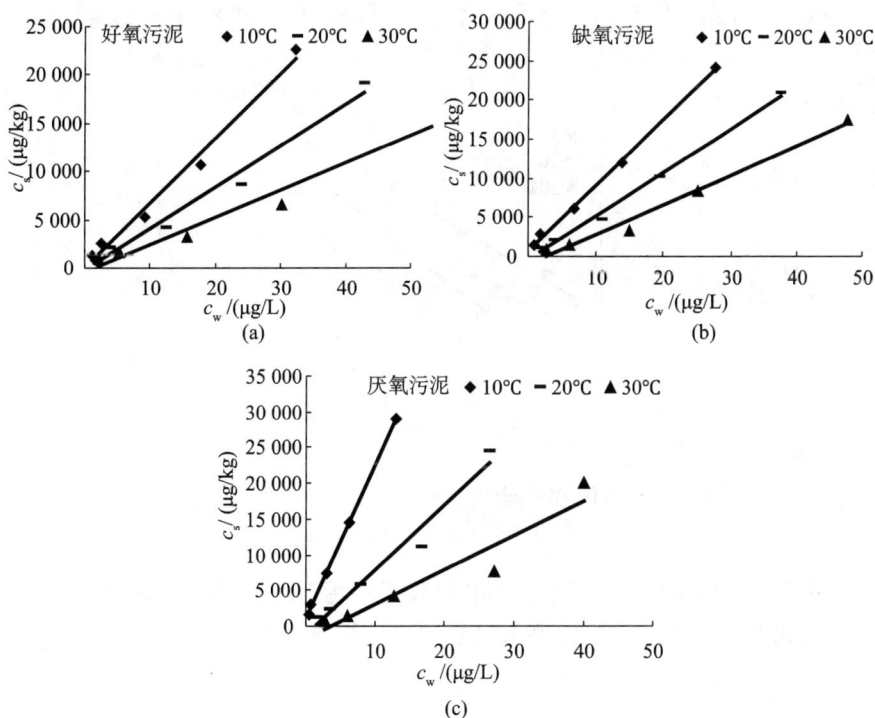

图 2.25　CIP 在不同污泥上的 Henry 线性吸附等温线
（a）好氧；（b）缺氧；（c）厌氧

CIP 在好氧、缺氧与厌氧抑制活性污泥上的 Freundlich 吸附等温线如图 2.26 所示。由图 2.26 可知，在不同温度下，好氧、缺氧与厌氧抑制活性污泥对 CIP 的吸附基本符合 Freundlich 吸附，不同温度下吸附常数 K_F 不同，K_F（30℃）$>K_F$（20℃）$>K_F$（10℃）。Freundlich 吸附常数 $1/n$ 的值都接近 1，表明是线性吸附，为恒定的分配吸附机理。

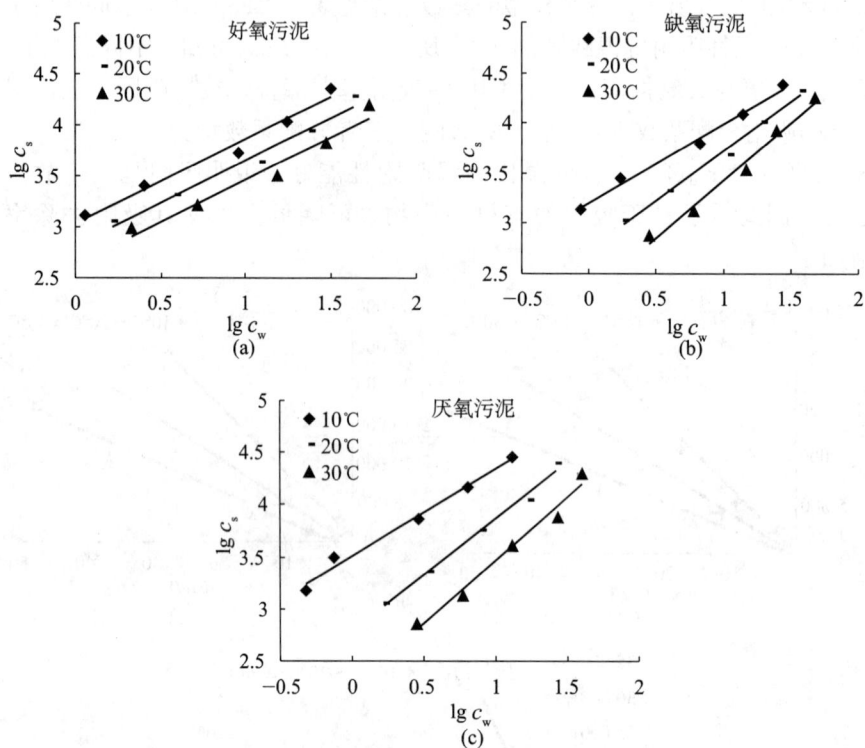

图 2.26　CIP 在不同污泥上的 Freundlich 吸附等温线

（a）好氧；（b）缺氧；（c）厌氧

将 20℃时吸附试验中测定的水相数据和污泥相中的数据用 Henry 线性模型和 Freundlich 吸附模型来分别拟合。结果见表 2.25。

表 2.24　不同模型拟合的 CIP 在不同抑制污泥上的吸附系数

污泥		Henry 线性吸附模型				Freundlich 吸附模型			Langmuir 吸附模型		
		$K_d/$ (L/kg)	R^2	$K_{om}/$ (L/kg)	$K_{oc}/$ (L/kg)	K_F ($\mu g^{(1-1/n)} L^{1/n}/kg$)	$1/n$	R^2	$1/Q$	$1/bQ$	R^2
好氧污泥	10℃	646.68	0.9936	862.24	1306.42	290.00	1.3264	0.9975	0.0152	3.3745	0.0825
	20℃	460.77	0.9899	614.36	930.85	157.32	1.8406	0.9989	0.0149	2.0132	0.1667
	30℃	333.87	0.9817	445.16	674.48	79.23	1.3897	0.995	0.016	1.1482	0.2866
缺氧污泥	10℃	844.49	0.9878	1055.61	1608.55	440.35	1.2125	0.9998	0.0192	0.7325	0.5766
	20℃	562.08	0.983	702.6	1070.63	216.32	1.289	0.9963	10.0013	1.9439	0.0073
	30℃	388.84	0.9758	486.05	740.65	99.06	1.3912	0.9979	−0.035	4.3897	0.6004
厌氧污泥	10℃	1278	0.9649	1558.54	2323.64	550.42	1.4649	0.9683	−108.05	3363.4	0.5078
	20℃	724.64	0.9776	883.71	1317.5273	235.50	1.3997	0.9895	8.9333	206.02	0.6368
	30℃	453.38	0.9797	552.90	824.33	105.17	1.4366	0.9962	6.019	624.78	0.7245

表 2.25　活性污泥、抑制污泥和灭活污泥吸附性能的比较

污泥		Henry 线性吸附模型			Freundlich 吸附模型			
		$K_d/$ (L/kg)	R^2	K_d 相对活泥的偏差/%	$K_F/$ ($\mu g^{(1-1/n)} \cdot L^{1/n}$/kg)	$1/n$	R^2	K_F 相对活泥的偏差/%
好氧污泥	活性	478.14	0.9833	—	159.43	1.8481	0.9882	—
	抑制	460.77	0.9899	3.63	157.3258	1.8406	0.9989	1.32
	灭活	418.72	0.9653	12.43	144.75	1.9637	0.9471	9.21
缺氧污泥	活性	589.48	0.9917	—	223.83	1.9821	0.9942	—
	抑制	562.08	0.983	4.65	216.3217	1.289	0.9963	3.35
	灭活	496.34	0.9324	15.80	204.23	1.8927	0.9621	5.59
厌氧污泥	活性	729.33	0.9614	—	241.96	1.0217	0.9938	—
	抑制	724.64	0.9776	0.64	235.5049	1.3997	0.9895	2.67
	灭活	705.46	0.9329	3.27	212.34	1.1367	0.9544	12.24

从表 2.25 可以看出，活性污泥与抑制污泥的吸附规律基本相同，而灭活污泥由于高温灭菌改变了污泥的形态，具有较大的偏差，最大的偏差为 15.8%，不能真实地反映吸附规律。因此可用抑制污泥代替活性污泥进行吸附实验研究，估算 PPCPs 物质在活性污泥上的吸附程度，研究有机污染物在污水处理过程中的分布、迁移转化、归趋和去除途径，从而避免了直接测定污泥中目标化合物烦琐的程序以及由此带来的较大误差。

3. 活性污泥中的解吸行为

1）pH 对吸附与解吸的影响

以 20℃时的好氧、缺氧和厌氧抑制污泥为研究对象，加入不同 pH 的生活污水，其中 CIP 的初始浓度设置为 $100\mu g/L$。pH 对 CIP 吸附的影响规律如图 2.27 所示。由图 2.27 可知，当 pH 为中性（6～8）条件时，CIP 在活性污泥上的吸附率最高，好氧、缺氧和厌氧的吸附率分别为 45.5%～47.3%、50.3%～51.7%和 52.4%～54.3%。当 pH 为酸性或碱性条件时，吸附去除率较低，一般均小于 20%。当 pH 小于 3 或 pH 大于 11 时，由于在污泥中加入较多的酸或者碱调节 pH，导致污泥成絮状，从而导致吸附去除率的增高。pH 对解吸率的影响和吸附相反，中性 pH 对解吸不利，酸性和碱性条件有利于解吸。究其原因与 CIP 在不同酸碱溶液中的溶解度和质子化形态有关。CIP 易溶于稀酸和稀碱溶液，更亲水相，因而在酸性和碱性条件下，吸附率相对较低，解吸率相对较高。

2）解吸模型

CIP 在好氧、缺氧、厌氧抑制污泥上达到吸附平衡后的解吸行为可用

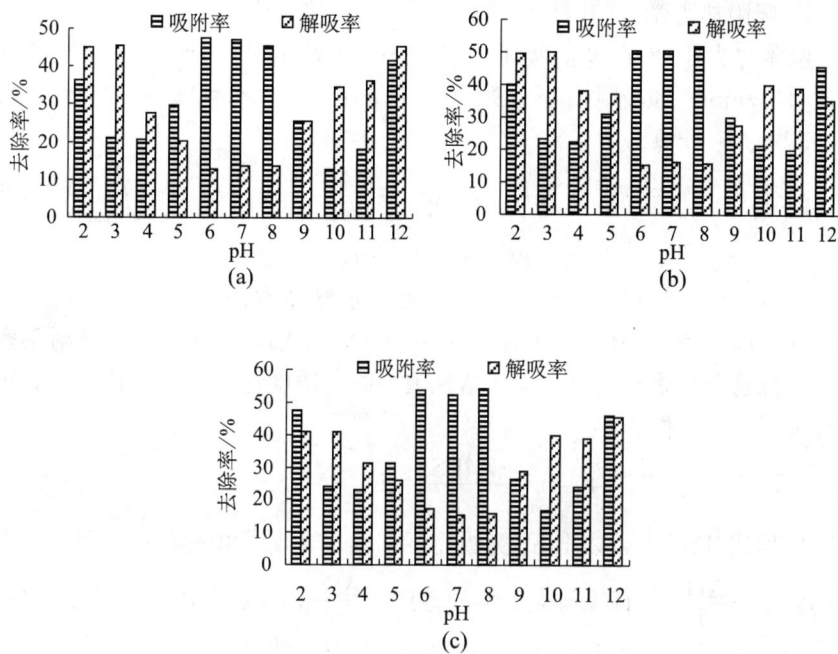

图 2.27　pH 对 CIP 吸附与解吸的影响

（a）好氧污泥；（b）缺氧污泥；（c）厌氧污泥

Henry 线性模型和 Frendlich 吸附模型来分别拟合。表 2.26 为 20℃时 CIP 在不同抑制污泥中的吸附参数。

　　由解吸试验可知，吸附在污泥上的 CIP 会重新解吸到水相中去，并且解吸行为可以用 Henry 线性模型和 Frendlich 吸附模型较好地拟合。从 CIP 的吸附和解吸行为来看，相应的吸附系数均小于解吸系数，表明解吸并非为完全可逆过程。其吸附的可逆过程预示着当含有 CIP 的污泥和污水之间可能会存在吸附和解吸的过程而对环境造成交叉污染，因此可以选择适宜的条件抑制污泥的解吸。例如，控制吸附条件在较低的温度以及保持中性的 pH 条件。

表 2.26　CIP 在不同抑制污泥中的解吸参数

污泥种类	Henry 线性吸附模型		Freundlich 吸附模型		
	$K_{d\text{-}des}/$ (L/kg)	R^2	$K_{F\text{-}des}/$ ($\mu g^{(1-1/n)} \cdot L^{1/n}/kg$)	$1/n$	R^2
好氧	515.916	0.9643	795.39	1.018	0.9964
缺氧	666.56	0.99357	658.54	1.001	0.9856
厌氧	1087.85	0.9925	728.41	1.156	0.9669

4. 吸附热力学

吸附热力学参数包括吸附焓变 $\Delta H^{\ominus}$（kJ/mol）、吸附自由能变化 $\Delta G^{\ominus}$（kJ/mol）和吸附熵变 $\Delta S^{\ominus}$ [kJ/（mol K）]，可由 Van't Hoff 方程与 Gibbs 方程计算：

$$\ln K_c = \frac{\Delta S^{\ominus}}{R} - \frac{\Delta H^{\ominus}}{RT} \tag{2.15}$$

$$\Delta G^{\ominus} = -RT\ln K_c \tag{2.16}$$

式（2.15）与式（2.16）中，R 为摩尔气体常量，8.314×10^{-3} kJ/（mol·K）；T 为热力学温度，K 和 K_c 为平衡吸附常数，是指吸附平衡后，目标物质吸附在固相中与残留在液相中的浓度比率，无单位量纲，可由分配系数 K_d 推导出：

$$K_c = \frac{c_s \cdot \mathrm{MLSS}}{c_w} = K_d \cdot \mathrm{MLSS} \tag{2.17}$$

依据式（2.17），以 $\ln K_c$ 为纵坐标，以 $1/T$ 为横坐标作图，线性拟合得到斜率 $-\frac{\Delta H^{\ominus}}{R}$，直线与纵坐标的截距为 $\frac{\Delta S^{\ominus}}{R}$，由此求出吸附焓变 $\Delta H^{\ominus}$ 与吸附熵变 $\Delta S^{\ominus}$ 以及吸附自由能变化 $\Delta G^{\ominus}$。

温度是影响污泥对有机物吸附的一个重要因素。根据式（2.12）计算出不同污泥对 CIP 的吸附热力学参数见表 2.27。CIP 在不同污泥上的吸附自由焓 $\Delta H^{\ominus}$ 均为负值，说明吸附是一个放热过程。不同污泥在不同温度下的 $\Delta G^{\ominus}$ 均小于 0，说明 CIP 在不同污泥上的吸附均属于自发的反应。而在同样的温度下，污泥的 $\Delta G^{\ominus}$ 的绝对值呈现厌氧污泥＞缺氧污泥＞好氧污泥的规律，说明厌氧污泥更有利于 CIP 的吸附，这与吸附试验测得的吸附系数的规律具有较好的一致性。

表 2.27　CIP 在不同抑制污泥的吸附热力学参数

污泥类型	温度/℃	$\Delta G^{\ominus}$/（kJ/mol）	$\Delta H^{\ominus}$/（kJ/mol）	$\Delta S^{\ominus}$/[kJ/（mol·K）]
好氧	10	−1.559		
	20	−0.789	−23.564	−0.078
	30	−0.004		
缺氧	10	−2.187		
	20	−1.273	−27.651	−0.090
	30	−0.388		
厌氧	10	−3.162		
	20	−1.892	−36.966	−0.120
	30	−0.775		

5. 吸附系数在污水处理中的应用

在污水处理系统中，污泥吸附是去除污染物的一条重要途径。因此研究污染物在污泥上的吸附行为对研究污染物在污水处理系统中的迁移转化十分重要。Clara 等认为，对于 $\lg K_d$ 低于 2 的化合物，其吸附作用可以忽略；然而对于 $\lg K_d$ 大于 4 的物质，污泥吸附是其去除的主要途径[25]。CIP 在不同污泥上的 $\lg K_d$ 为 2.45～3.33，由此推断污泥吸附在污水处理系统中起到了重要的作用，而通过测定的吸附分配系数 K_d 可以预测有机物在污水处理系统中的行为。

物质在污泥上的吸附率可用污泥上吸附的物质浓度与泥水混合液中物质总浓度之比来表示：

$$\text{物质在污泥上的吸附率 } R_s = \frac{c_s \cdot \text{MLSS}}{c_w + c_s \cdot \text{MLSS}} \times 100\% \tag{2.18}$$

如果物质在污泥上的吸附符合线性吸附模型，即 $c_s = K_d \cdot c_w$，那么式（2.18）变为

$$R_s = \frac{K_d c_w \cdot \text{MLSS}}{c_w + K_d c_w \cdot \text{MLSS}} \times 100\% = \frac{K_d \cdot \text{MLSS}}{1 + K_d \cdot \text{MLSS}} \times 100\% \tag{2.19}$$

同理，污水出水颗粒物质对物质的去除率

$$R_{ss} = \frac{K_d \cdot \text{SS}}{1 + K_d \cdot \text{MLSS}} \times 100\% \tag{2.20}$$

排放剩余污泥对物质的去除率

$$R_{es} = \frac{c_s \cdot \text{RESS}}{c_w + c_s \text{MLSS}} \times 100\% = \frac{K_d \cdot \text{RESS}}{1 + K_d \cdot \text{MLSS}} \times 100\% \tag{2.21}$$

式中，R_s 为物质在污泥上的吸附率，％；MLSS 为反应系统中的污泥浓度，kg/L，R_{es} 为排放剩余污泥对物质的去除率，％；RESS 为单位反应器体积排出的剩余污泥质量，kg/L。根据分配系数 K_d，可计算出吸附在污泥上的量与通过排放剩余污泥去除的部分。

从吸附平衡的实验可知，污泥吸附目标物质是一个快速吸附过程，主要发生在目标物质和污泥接触的前半个小时，达到吸附平衡约为 2 h，而一般城市污水生物处理工艺的水力停留时间均大于这个时间，可以认为目标物质在污水处理系统中已达到吸附平衡。由于污泥对 FQs 的吸附符合线性关系，因此可以通过式（2.21）来预测目标物质被污泥吸附的部分。

假定污泥处理系统中的 MLSS 为 3000 mg/L，则不同温度下好氧、缺氧和厌氧污泥对 CIP 在活性污泥系统中吸附到污泥上的比例预测见表 2.28。

表 2.28 CIP 在活性污泥系统中吸附到污泥上比例预测

温度/℃	好氧污泥/%	缺氧污泥/%	厌氧污泥/%
10	65.99	71.70	79.31
20	58.02	62.77	68.49
30	50.04	53.84	57.63

从表 2.28 中可以看出，在活性污泥系统中吸附到污泥上的 CIP 占了系统总量的 50%～79%。因此，在研究活性污泥系统中该类物质的去除行为时，必须考虑污泥的吸附作用。由污水出水中悬浮物质带出的 CIP 的去除率同样可由式（2.20）计算出。根据《城镇污水处理厂污染物排放标准》GB-18918—2002，污水 SS 排放的二级标准为 30 mg/L，表 2.29 为当污水处理厂出水为 30 mg/L 时，SS 上吸附的 CIP 所占比例预测。

表 2.29 污水处理厂出水中 SS 吸附所占比例预测

温度/℃	好氧污泥/%	缺氧污泥/%	厌氧污泥/%
10	0.94	0.95	0.96
20	0.93	0.94	0.95
30	0.91	0.92	0.93

从表 2.29 中可以看出，出水吸附到固体悬浮颗粒上的 CIP 所占比例小于 1%，因此可以忽略 SS 上吸附的部分。

此外，可通过式（2.21）来预测剩余污泥排放对污泥 CIP 的去除率。假设反应器内为泥水混合液体积为 6L，每周期排放剩余污泥 0.2 L，则每周期排放的剩余污泥的质量为 RESS＝0.2×0.003＝0.0006（kg/L），通过排放剩余污泥对 CIP 的去除率预测见表 2.30。剩余污泥排放所占比例大于 18%，因此对于 FQs 这类容易被污泥吸附的物质而言，必须考虑污泥排放对去除率的贡献。

表 2.30 污水处理厂排放剩余污泥吸附所占比例预测

温度/℃	好氧污泥/%	缺氧污泥/%	厌氧污泥/%
10	18.85	19.02	19.18
20	18.65	18.88	18.99
30	18.18	18.42	18.63

6. 各种 FQs 吸附性能的比较

1) 吸附去除率和吸附容量的比较

在 20℃下，好氧、缺氧、厌氧抑制污泥对 8 种 FQs（初始浓度为 100μg/L）吸附 2 h。吸附平衡后，计算 FQs 在不同种类污泥的吸附率和吸附容量见表 2.31。8 种 FQs 在好氧、缺氧、厌氧抑制污泥中的吸附率分别为 52.80%～61.67%、54.85%～67.43% 和 60.44%～72.43%，吸附规律均为厌氧污泥＞缺氧污泥＞好氧污泥，说明活性污泥对各种 FQs 的吸附性能相近。污泥对 FQs 的吸附率从小到大依次为 NOR＜ENRO＜LOM＜CIP＜DANO＜PEF＜DIF＜SAR。

表 2.31　各种 FQs 吸附率和吸附容量的比较

物质	好氧污泥		缺氧污泥		厌氧污泥	
	去除率/%	吸附容量/(μg/kg)	去除率/%	吸附容量/(μg/kg)	去除率/%	吸附容量/(μg/kg)
NOR	52.80	17 602	54.85	18 286	60.44	20 149
PEF	59.89	19 964	61.72	20 574	71.23	23 745
CIP	58.80	19 601	63.75	21 253	69.39	23 132
LOM	56.35	18 783	61.27	20 425	66.68	22 229
DANO	59.78	19 926	66.07	22 025	70.72	23 574
ENRO	53.59	17 866	55.67	18 560	61.35	20 451
SAR	61.67	20 558	67.43	22 477	72.43	24 144
DIF	60.80	20 270	65.90	21 967	71.11	23 703

2）吸附系数的比较

研究结果表明，8 种 FQs 的吸附均符合线性模型和 Freudrich 模型。将 20℃时各种吸附系数的比较列于表 2.32。

表 2.32　各种 FQs 的吸附系数的比较

污泥	吸附系数	NOR	PEF	CIP	LOM	DANO	ENRO	SAR	DIF
好氧污泥	K_d/(L/kg)	368.57	481.44	460.77	392.91	475.31	374.11	529.42	501.75
	K_{om}/(L/kg)	491.43	641.92	614.36	523.88	633.75	498.84	705.89	669.00
	K_{oc}/(L/kg)	744.59	972.61	930.85	793.76	960.22	755.76	1069.54	1013.64
	K_F/(μg$^{(1-1/n)}$·L$^{1/n}$/kg)	158.87	163.98	157.33	70.92	97.61	161.25	305.70	239.11
缺氧污泥	K_d/(L/kg)	395.51	585.59	562.08	495.37	633.33	401.44	678.78	630.05
	K_{om}/(L/kg)	494.38	731.98	702.6	619.21	791.66	501.8	848.48	787.56
	K_{oc}/(L/kg)	753.35	1115.41	1070.63	943.56	1206.3	764.65	1292.91	1200.10
	K_F/(μg$^{(1-1/n)}$·L$^{1/n}$/kg)	178.54	190.24	216.32	95.72	163.57	181.22	246.89	228.62
厌氧污泥	K_d/(L/kg)	509.51	792.93	724.64	637.57	751.73	517.15	844.75	806.93
	K_{om}/(L/kg)	621.35	966.98	883.71	777.52	867.96	630.67	1030.18	984.06
	K_{oc}/(L/kg)	926.37	1441.69	1317.53	1159.22	1294.05	940.27	1535.91	1467.14
	K_F/(μg$^{(1-1/n)}$·L$^{1/n}$/kg)	198.53	246.77	235.50	229.03	100.62	191.21	254.45	255.65

从表 2.32 可知，不同污泥对 FQs 的吸附系数也呈现规律性的变化。

对于 K_d、K_{om} 和 K_{oc}，均为厌氧污泥＞缺氧污泥＞好氧污泥，对于 K_F，则为好氧污泥＞缺氧污泥＞厌氧污泥。各种 FQs 的吸附系数（以 K_d 为例）从小到大依次为 NOR＜ENRO＜LOM＜CIP＜DANO＜PEF＜DIF＜SAR，与吸附率的规律一致。各种 FQs 的辛醇水分配系数的对数值 $\lg K_{ow}$ 分别为 NOR（-1.3）、ENRO（-1.1~-1.6，取-1.2）、LOM（-0.3）、CIP（-1.1~0.4，取 0.2）、DANO（未知）、PEF（0.27）、DIF（0.89）和 SAR（1.07），将各种物质的 $\lg K_{ow}$ 和三种污泥的吸附系数 K_d 作图，如图 2.28 所示。

由图 2.28 可知，FQs 的 $\lg K_{ow}$ 和它们的吸附系数 K_d 呈现正相关性，其相关性分别为：好氧污泥（$K_d = 64.001 \times \lg K_{ow} + 447.79$，$R^2 = 0.9256$）、缺氧污泥（$K_d = 114.99 \times \lg K_{ow} + 547.34$，$R^2 = 0.9804$）和厌氧污泥（$K_d = 138 \times \lg K_{ow} + 697.63$，$R^2 = 0.9265$）。由已知物质的 K_d 可以反算出其 $\lg K_{ow}$，将反算 $\lg K_{ow}$ 值列于表 2.33。由表 2.33 可知，各种 FQs 的文献值和反算值基本接近，除了 PEP 和 LOM 的数据的误差绝对值相差较大，其他误差基本小于 20%，这可能由于不同实验所带来的系统误差所致。

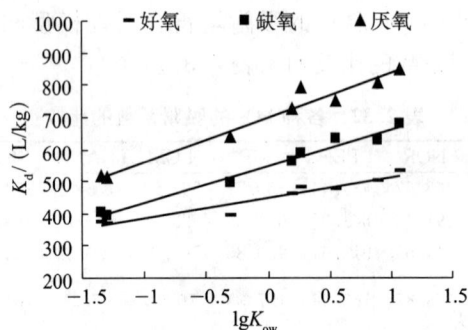

图 2.28 FQs 的 K_d 与 $\lg K_{ow}$ 的关系

表 2.33 FQs 的文献值 $\lg K_{ow}$ 和反算值的比较

$\lg K_{ow}$	NOR	PEF	CIP	LOM	DANO	ENRO	SAR	DIF
文献值	-1.3	0.27	0.2	-0.3	n.a.	-1.35	1.07	0.89
反算值	-1.24~ -1.36	0.33~ 0.68	0.11~ 0.21	-0.43~ -0.85	0.39~ 0.74	-1.15~ -1.30	1.06~ 1.27	0.73~ 0.84
误差绝对值范围/%	4.62	22.2~ 151.8	5.0~ 45.0	43.3~ 183.3	—	3.85~ 14.8	0.93~ 18.7	5.62~ 18.0

3）吸附热力学参数的比较

8 种 FQs 的吸附热力学参数列于表 2.34。由表 2.34 可知，各种 FQs 在不同污泥上的吸附自由焓 $\Delta H^{\ominus}$ 均为负值，说明其吸附是一个放热过程。$\Delta G^{\ominus}$ 基本小于 0，说明 FQs 在不同污泥上的吸附大多属于自发的反应，污泥的 $\Delta G^{\ominus}$ 呈现厌氧污泥<缺氧污泥<好氧污泥的规律，对于不同的 FQs，$\Delta G^{\ominus}$ 的绝对值大小也基本遵从 NOR<ENRO<LOM<CIP<DANO<PEF<DIF<SAR，与吸附系数的规律具有较好的一致性。

4）污水处理系统污泥排放比例预测

假定污泥处理系统中的 MLSS 为 3000 mg/L，污水处理厂出水为 30mg/L，反应器内为泥水混合液体体积为 6 L，每周期排放剩余污泥 0.3 L，则相应的污泥吸附去除率、污水 SS 排放去除率和反应器污泥排放去除率所占的比例见表 2.34。

表 2.34　8 种 FQs 的吸附热力学参数比较

污泥	热力学参数	NOR	PEF	CIP	LOM	DANO	ENRO	SAR	DIF
好氧污泥	$(\Delta G^{\ominus}, 20℃)$ / (kJ/mol)	−0.245	−0.896	−0.789	−0.401	−0.864	−0.281	−1.127	−0.996
	$\Delta H^{\ominus}$ / (kJ/mol)	−16.63	−27.01	−23.56	−5.136	−33.80	−16.53	−28.41	−23.83
	$\Delta S^{\ominus}$ / [kJ/(mol·K)]	−0.057	−0.089	−0.078	−0.016	−0.113	−0.055	−0.091	−0.078
缺氧污泥	$(\Delta G^{\ominus}, 20℃)$ / (kJ/mol)	−0.417	−1.373	−1.273	−0.965	−1.564	−0.453	−1.732	−1.551
	$\Delta H^{\ominus}$ / (kJ/mol)	−21.93	−35.39	−27.65	−9.263	−43.74	−20.47	−31.02	−26.88
	$\Delta S^{\ominus}$ / [kJ/(mol·K)]	−0.078	−0.118	−0.090	−0.028	−0.143	−0.068	−0.098	−0.084
厌氧污泥	$(\Delta G^{\ominus}, 20℃)$ / (kJ/mol)	−1.034	−2.111	−1.892	−1.580	−1.848	−1.070	−2.265	−2.154
	$\Delta H^{\ominus}$ / (kJ/mol)	−34.54	−45.99	−36.97	−21.99	−48.25	−37.09	−32.80	−28.32
	$\Delta S^{\ominus}$ / [kJ/(mol·K)]	−0.125	−0.149	−0.120	−0.070	−0.159	−0.123	−0.108	−0.091

表 2.35　各种 FQs 在污水处理系统污泥排放比例预测

污泥类型	去除率	NOR	PEF	CIP	LOM	DANO	ENRO	SAR	DIF
好氧抑制污泥	K_d	368.57	481.44	460.77	392.91	475.31	374.11	529.42	501.75
	$\lg K_d$	2.57	2.68	2.66	2.59	2.67	2.57	2.72	2.70
	$R_S/\%$	52.51	59.09	58.02	54.11	58.78	52.88	61.36	60.08
	$R_{SS}/\%$	0.92	0.94	0.93	0.92	0.93	0.92	0.94	0.94
	$R_{ES}/\%$	18.34	18.70	18.65	18.44	18.69	18.36	18.82	18.75
缺氧抑制污泥	K_d	3955	5856	5621	4954	6333	4014	6788	6300
	$\lg K_d$	3.60	3.77	3.75	3.69	3.80	3.60	3.83	3.80
	$R_S/\%$	54.27	63.73	62.77	59.78	65.57	54.63	67.07	65.40
	$R_{SS}/\%$	1.17	1.73	1.66	1.46	1.86	1.19	2.00	1.86
	$R_{ES}/\%$	18.45	18.92	18.88	18.74	19.00	18.47	19.06	18.99
厌氧抑制污泥	K_d	5095	7929	7264	6376	7517	5171	8448	8069
	$\lg K_d$	3.71	3.90	3.86	3.80	3.88	3.71	3.93	3.91
	$R_S/\%$	60.45	70.40	57.63	65.67	69.28	60.81	71.71	70.17
	$R_{SS}/\%$	1.51	2.32	1.43	1.88	2.21	1.53	2.47	2.36
	$R_{ES}/\%$	18.77	19.19	19.12	19.01	19.15	18.79	19.24	19.21

从表 2.35 可知，好氧、缺氧和厌氧污泥吸附对 FQs 的去除为 52%～61%、54%～67% 和 60%～71%，相同污泥对不同 FQs 的差异为 10%～13%。好氧、缺氧和厌氧污泥吸附对污水 SS 排放去除率为 1.09%～1.49%、1.17%～2.00% 和 1.51%～2.47%，在污泥排放 SS 达标的情况下，可以不考虑污水 SS 排放对 FQs 去除率的影响。好氧、缺氧和厌氧污泥反应器污泥排放去除率为 0.55%～0.79%、0.59%～1.01% 和 0.76%～1.25%，可以不考虑污泥排放对 FQs 去除率的影响。

Ternes 等研究认为[26]，尽管完整系统中的污泥吸附是吸附和解吸的动态平衡，但是对于污泥上的吸附比降解快得多的物质，在固液分离时可达到平衡状态。因此对于 FQs 这类容易吸附到污泥上的物质，可计算出 SBR 系统中活性污泥对 FQs 的固液分配系数 K_d。计算结果与模型模拟的结果比较见表 2.36。由表 2.36 可知，各种物质的实测值都和模拟值接近或处于相同的范围，说明 FQs 在活性污泥中的吸附符合线性模型。

表 2.36　K_d 实测值和模拟值的比较

物质	K_d 实测值	K_d 模拟值（20℃，好氧抑制活性污泥）
NOR	337～453	368.57
PEF	421～557	481.44
CIP	418～578	460.77
LOM	387～575	392.91
DANO	420～341	475.31

续表

物质	K_d 实测值	K_d 模拟值（20℃，好氧抑制活性污泥）
ENRO	341~459	374.11
SAR	335~483	329.42
DIF	468~605	501.75

2.4.3　氟喹诺酮类药物的紫外光解行为和去除

紫外装置为自行设计的紫外光降解反应装置。如图 2.29 所示。反应器外壳为双层玻璃，高压汞灯由反应器上方插入石英套筒中。反应器的有效容积为 3.7 L，反应器下方放置一个磁力搅拌器使反应的液体混合均匀。由于高压汞灯在使用过程中会发热，在使用过程中采用自来水循环冷却。为避免在光解过程中受到微生物的干扰，加入叠氮化钠溶液（使用浓度为 0.1%，m/v）抑制微生物的活动。

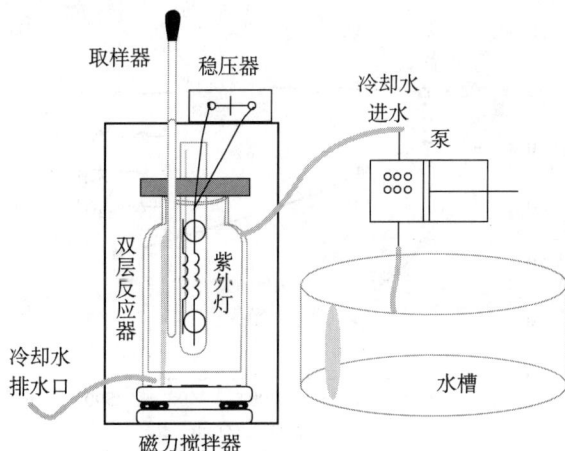

图 2.29　紫外光降解反应器

配置不同浓度的 FQs 水溶液，置于紫外光解装置或太阳光下进行反应。水样过 0.22 μm 水相滤膜后直接进行液相色谱分析。

$$光解率 = (c_{dark} - c_{uv})/c \times 100\% \tag{2.22}$$

式中，c_{dark} 和 c_{uv} 分别为黑暗对照的浓度和光解反应后的浓度，μg/L。

根据一级动力学公式，$c = c_0 e^{-kt}$　　　　　　　　　　(2.23)

式中，c 和 c_0 分别为 t 时刻和初始时刻 FQs 的浓度，μg/L；K 为光降解速率常数，min^{-1}；t 为反应时间，min。

两边取对数可得：$\ln c/c_0 = -kt + Q$　　　　　　　　　　(2.24)

由 c 对 t 作图，可求得光解速率常数 K。

光解半衰期 $T_{1/2} = \ln 2 / K$ (2.25)

1. 不同光源下的比较

移取 $50\mu g/L$ 混合 FQs 的水溶液 10mL 于具塞石英试管中，分别置于不同光源（太阳光、紫外光和日光）下进行光解反应。同时设置黑暗对照，于光照不同时间取样约 1mL，进行高效液相色谱检测分析。以 PEF 为例，由图 2.30 可知，高压汞灯下 FQs 的光解速率非常快，远大于太阳光，光解半衰期分别为 47.79min 和 217.61min，而在室内灯光下几乎不光解。导致这种现象的产生与不同光源的发射光谱分布及 FQs 的吸收光谱有关。高压汞灯在 200~600 nm 辐射不连续谱线，且主要能量集中在短波紫外区。太阳光大约 10% 的入射光在紫外区，而 FQs 的吸收光谱主要集中在紫外部分，其最大吸收峰在 280 nm。因此，它在紫外线辐射强烈的夏秋季节也可以有效地吸收太阳光辐射，从而产生光降解。

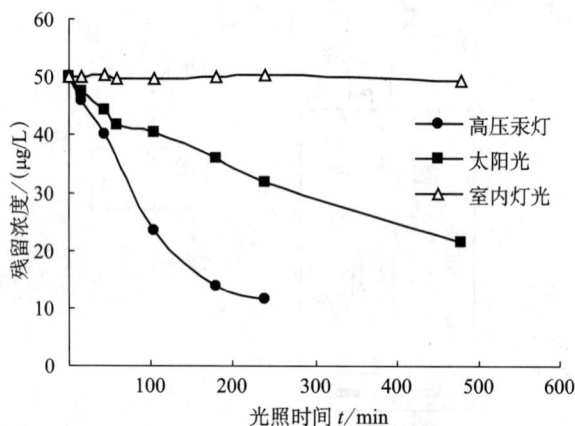

图 2.30   PEF 在不同光源下的光解特性（初始浓度为 $50\mu g/L$）

表 2.37   不同光源下 PEF 的光解动力学

光源	一级动力学方程	相关系数 R^2	光解速率常数 K/min^{-1}	半衰期/min
高压汞灯	$c_t = c_0 \, e^{-0.0145}$	0.9798	0.0145	47.79
太阳光	$c_t = c_0 \, e^{-0.0032}$	0.9806	0.032	217.61

从表 2.37 和图 2.30 可以看出，无论在哪种人工光源条件下，PEF 在两种光源下的光解动力学均很好地符合一级动力学规律，其相关系数分别为 0.9798 和 0.9806。其他的 FQs 也有类似的规律，实验所研究的 FQs 的

光解特性参数见表 2.38。从表 2.38 可知，FQs 在高压汞灯下的光解速率常数和半衰期的分别为 0.0061~0.0453min^{-1} 和 15.3~113.6min。不同的 FQs 的光解特性有所不同，LOM、ENRO、DIF 都表现出较快的光降解特性。其中以 LOM 的光解速率最快，其高压汞灯下的半衰期仅为 15.30min，放置在太阳光源下的半衰期也不到 1h。LOM 在污水处理厂中的表观去除率大于 64%，除去污泥的吸附部分，紫外线的降解同样不可忽视，因此为降低污水处理厂出水中 FQs 的浓度，可在污水处理厂的二次沉淀池后接紫外灯辐射的工艺。

表 2.38　FQs 的光解特性参数

FQs	高压汞灯		太阳光	
	光解速率常数 K/min^{-1}	半衰期/min	光解速率常数 K/min^{-1}	半衰期/min
NOR	0.0061	113.6	0.0017	410.25
PEF	0.0145	47.8	0.0032	217.6
CIP	0.0065	106.6	0.0018	385.0
LOM	0.0453	15.3	0.0125	55.2
DANO	0.0113	61.3	0.0031	221.5
ERRO	0.0225	30.8	0.0062	111.2
SAR	0.0083	83.5	0.0023	301.5
DIF	0.0213	32.5	0.0059	117.5

2. 不同初始浓度的比较

考察了不同初始浓度下 FQs 紫外光解的效果。初始浓度分别取 10μg/L、50μg/L、100μg/L、500μg/L 和 1mg/L。以 PEF 为例，不同浓度下的光降解动力学分析见表 2.39，不同初始浓度的光降解率的比较如图 2.31 所示，不同浓度下的光降解动力学曲线如图 2.32 所示。

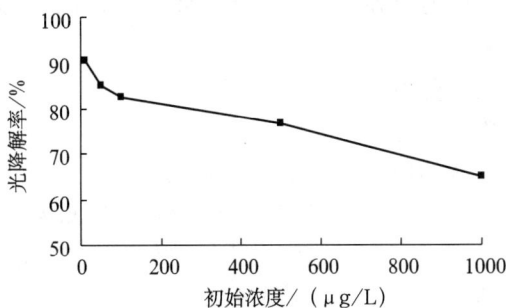

图 2.31　不同初始浓度的光降解率的比较

表 2.39 PEF 在不同初始浓度的光降解动力学分析

初始浓度 c_0/(μg/L)	光解速率常数 K/min^{-1}	半衰期/min
10	0.0194	35.72
50	0.0157	44.14
100	0.0147	47.14
500	0.0124	55.89
1000	0.0092	75.33

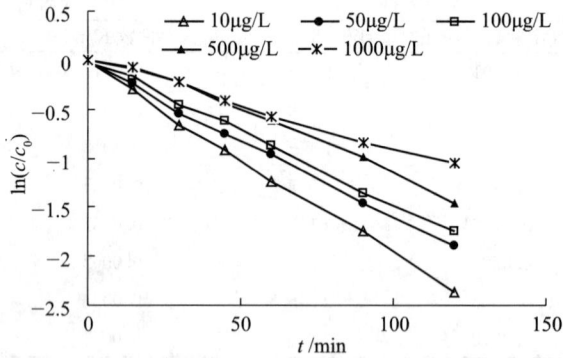

图 2.32 不同浓度下的光降解动力学曲线（PEF）

由图 2.32 可以看出，随着初始浓度的不断增加，光降解率呈现出下降的趋势，当浓度为 10μg/L 左右时，光降解率为 90.6%，而当浓度升高到 1000μg/L 时，光降解率下降到了 64.9%。由图 2.32 和表 2.39 可以看出，不同浓度下的光降解也符合一级动力学。随着初始浓度的增加，光降解的速率常数有减小的趋势，相应的半衰期则逐渐增大，说明该类物质的光解受浓度的影响。

3. 初始 pH 对光降解的影响

用 BR 缓冲溶液配置成不同 pH（3、4、5、6、7、8、9、10）的水溶液，考察 pH 对光解的影响。初始浓度取为 100μg/L，于 0min、15min、30min、45min、60min、90min 和 120min 分别采样测定。

不同 pH 下的 PEF 浓度随时间变化规律如图 2.33 所示，将光降解动力学曲线按一级动力学拟合，结果见表 2.40。

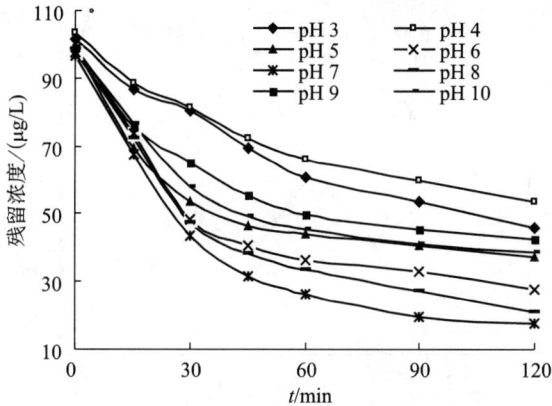

图 2.33 不同 pH 下 PEF 浓度随光解时间的变化

表 2.40 不同 pH 下光降解的动力学分析

pH	光解速率常数 K/min^{-1}	半衰期/min
3	0.0066	104.99
4	0.0053	130.81
5	0.0074	93.58
6	0.0099	70.02
7	0.0141	49.10
8	0.0123	56.30
9	0.0066	105.11
10	0.0074	93.61

由图 2.33 可以看出，PEF 的光降解动力学曲线在 pH 4 左右时最平坦，在 pH 7 左右最陡峭，因此可初步判断光降解速率在 pH 4 时最小，pH 7 时最大。可认为在偏酸的条件下，样品经光照后电子云未能较快形成激发态，再进一步对 8 位去氟的中间过程有较强的限速作用，当 pH 7 左右时，由于此时 PEF 为两性离子状态，此状态经光照后最容易发生电子云分布的改变形成激发态，进一步反应生成一系列降解产物。也可能由于溶剂溶解的作用，pH 可影响分子内部结构的电子云分布，在 pH 7 附近使之吸收某一波长产生共振，使能量增大最易降解。在 pH 4 左右时，光降解速率明显下降到最低点，这是由于在此 pH 条件下可使光降解的中间产物分子中的电子云重新分布而处于稳定的低能态，抑制了光降解反应的进一步发生。

从图 2.34 可以看出，PEF 在不同 pH 缓冲条件下的降解速率- pH 曲线为钟罩形曲线。中性条件下尤其在 pH 7 左右其光降解速率较酸性或碱

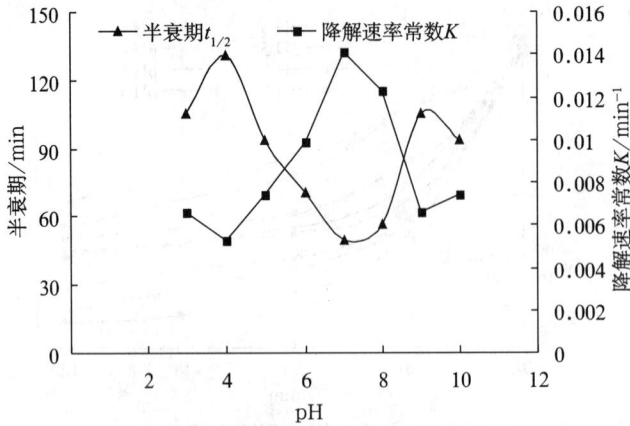

图 2.34 PEF 在不同 pH 下的光降解特征曲线

性环境条件下都快，半衰期约为 49min。这可能与其分子离子的存在形式
有关，即与羧基和二甲基哌嗪基的解离程度（第 2 章）有关，对光最不稳
定的分子形式是中性条件下的两性离子形式。也有人认为，这可能由于在
一定的 pH 条件下，FQs 类物质经光照后成激发态，8 位去氟后生成中间
体，再进一步生成了降解产物。

2.5 小结

本章选取了 8 种 FQs 为研究对象，建立了适合环境中水体和污泥的
痕量物质的分析测定方法，首次调查了上海部分污水处理厂、地表水体和
活性污泥中该类物质的赋存状况，得到了模拟城市污水中的 FQs 在活性
污泥上的吸附模型，了解了 FQs 在 SBR 活性污泥系统和污泥消化系统中
的吸附及降解行为以及 FQs 的紫外光降解行为。本章主要得到以下结论：

（1）分别建立了水样和污泥样品中 FQs 的固相萃取方法和微波辅助
萃取方法，并对方法进行了优化。该条件下对去离子水、污水处理厂进
水、出水、地表水和污泥的加标回收率分别为 84.6%～102.6%、
85.9%～109.2%、80.0%～105.5% 和 90%，建立了离子对液相色谱荧
光法检测 FQs，该方法准确可靠、重现性好，检出限和定量限分别为
0.32～2.12ng/L 和 1.07～7.07ng/L，对各种水体的相对标准偏差均小于
10%，对环境中 FQs 的残留分析和确证应用效果较好。

（2）对上海部分水体和污泥的调查表明 FQs 在环境中普遍存在。调

查结果显示，污水处理厂进水和出水 FQs 的浓度分别为 5～1786ng/L 和 3～405ng/L，地表水中 FQs 的检出浓度为＜377ng/L。剩余污泥中 FQs 的质量浓度为 19～10 301μg/kg，其中污含量最高的 FQs 为 NOR 和 CIP。研究结果表明，生活污水排放是污水处理厂中 FQs 的来源之一，对地表水中的 FQs 具有贡献作用。污水处理厂对 FQs 总的去除率大于 70%，去除主要发生在生化工艺阶段。

（3）对 FQs 在活性污泥上的吸附行为进行了研究。FQs 在不同污泥上的吸附等温线符合 Henry 和 Freundlich 模型。吸附系数（K_d、K_{om} 和 K_{oc}）从大到小依次为厌氧污泥＞缺氧污泥＞好氧污泥。FQs 的 lgK_{ow} 与 K_d 呈正相关性，可由已知物质的 lgK_{ow} 推断 K_d；通过吸附热力学的研究表明，FQs 在污泥上的吸附以分配为主；由 FQs 在污泥上的吸附系数，可以预测城市活性污泥污水处理系统中出水颗粒物质和污泥排放对目标物质的吸附比率。

（4）通过对 FQs 在 SBR 系统中的吸附和降解行为的研究，提出了在保证常规指标去除的基础上 SBR 工艺去除 FQs 的优化工艺参数。确定了 SBR 的优化工艺参数为：污泥龄为 15d、缺氧/好氧时间比为 2.5/2.5、三级 A/O 方式运行。三级 A/O SBR 工艺对 FQs 的去除率可达到 65%～85%，对实际生活污水中 FQs 的去除率可达 61%～100%，FQs 在 SBR 系统中的去除机理主要是污泥吸附，分别占总去除率的 51%～62%，而生物转化仅有 7%～21%。

（5）对 FQs 的紫外光降解行为进行了研究。研究结果表明，FQs 容易被紫外光降解，它们在太阳光和高压汞灯下的光降解近似于一级动力学过程；FQs 在高压汞灯下的光解速率常数和半衰期分别为 0.0061～0.0453min^{-1}和 15.3～113.6min。FQs 的光解为浓度依赖型，随着初始浓度的不断增加，光降解率呈现出下降的趋势，不同浓度下的光降解符合一级动力学；FQs 的光解受 pH 影响严重，在偏酸和偏碱的条件下稳定，中性条件下不稳定，光降解速率在 pH 4 时最小，pH 7 时最大。

第3章 酸性药物的环境污染和控制技术

酸性药物作为药物中较为常见的一类，广泛应用于人类的生活之中。例如，抗炎药布洛芬和萘普生常用于治疗感冒、疼痛或者关节炎等常见病症，使用量较大。我们日常生活中服用较多的止痛消炎药"芬必得"的主要成分就是酸性药物中的布洛芬。治疗类风湿性关节炎的"扶他林"的主要成分为双氯芬酸钠。随着世界人口老龄化趋势的加快，用于治疗动脉粥样硬化的安妥明铝盐的用量也随之增多，其主要成分为氯贝酸铝。这些药品均为我们日常生活中的常备药品，它们在经人体服用之后，并不能100％地被人体所吸收，其残余部分将随人体的代谢过程排出体外。酸性药物及其代谢产物在使用后首先进入到生活污水中，其中部分药品在传统的污水处理厂中去除效果较差，在随出水回到环境之后，对我们的生态系统将构成一定程度的威胁。因此，对于这些痕量药物的处理应引起人们的高度重视。

酸性药物在污水、地表水、地下水以及饮用水中均有检出，其浓度水平多为纳克级，且对环境存在一定程度的污染，它们的浓度、赋存状况、迁移转化规律、污染控制技术等越来越引起了人们广泛关注。本研究选取了6种常见的酸性药物，并对上海地区地表水、地下水、污水处理厂污泥中药物的赋存状况进行了较为全面的调查，对这些酸性药物在硝化反硝化系统、高级氧化过程中的迁移转化规律进行了研究，另外，还采用分子印迹技术，对氯贝酸（CA）和双氯芬酸（DFC）进行了选择性分离。

3.1 概述

3.1.1 酸性药物主要特性及其结构

酸性药物主要包括非甾类抗炎药（non-steroidal anti-inflammatory

drugs，NSAIDs）和调节血药（blood lipid regulators，BLRs），其 pK_a 多为 3.2～5.2。本研究选用的酸性药物的主要特性及其结构见表 3.1。

表 3.1　6 种常见的酸性药物主要特性及其结构

中文名称	双氯芬酸钠	布洛芬	氯贝酸
CAS 号	15307-79-6	15687-27-1	882-09-7
英文名称 缩写	Diclofenac sodium salt DFC	Ibuprofen IBP	Clofibric Acid CA
英文名称	2-[（2,6-Dichlorophenyl）amino]benzeneacetic	α-Methyl-4-(2-methylpropyl)benzeneacetic acid	2-(4-Chlorophenoxy)-2-methy lpropanoic acid
分子式	$C_{14}H_{10}Cl_2NNaO_2$	$C_{13}H_{18}O_2$	$C_{10}H_{11}ClO_3$
相对分子质量	318.82	206.28	214.65
分子结构			
水溶性	237.3 mg/L（25℃）	21 mg/L（不溶于水）	582.5 mg/L（25℃）
pK_a	4.2	4.52，4.4，5.2	3.2，3.0
辛醇-水分配系数（$\lg K_{ow}$）	4.5	3.5，3.97，4.0	2.84，2.57
用途	消炎镇痛药	解热镇痛及抗炎作用	调节血脂药
理化性质等	熔点：275～277℃ 沸点：228℃	熔点：75～78℃ 沸点：157℃	熔点：120～123℃ 沸点：324.1℃

中文名称	苯扎贝特	酮洛芬	NPX
CAS 号	41859-67-0	2207-15-4	2204-53-1
英文名称 缩写	Bezafibrate BEZ	Ketoprofen KT	Naproxen NPX
英文名称	2-[4-[2-[(4-Chlorobenzoyl)amino]ethyl]phenoxy]-2-methylpropanoic acid	3-Benzoyl-α-methylbenzeneacetic acid	(αS)-6-Methoxy-α-methyl-2-naphthaleneacetic acid
分子式	$C_{19}H_{20}ClNO_4$	$C_{16}H_{14}O_3$	$C_{14}H_{14}O_3$
相对分子质量	361.82	254.30	230.72
分子结构			
水溶性 pK_a	难溶于水，微溶于乙醇、丙酮、甲醇、易溶于二甲基甲酰胺。 3.6	微溶于水，易溶于丙酮乙酸乙酯，乙醇，三氯甲烷，乙醚 4.5	难溶于水，与乙醇 1:25 互溶，与三氯甲烷 1:15，与乙醚 1:40 互溶 4.2
辛醇-水分配系数（$\lg K_{ow}$）	4.25，4.2	3.12	3.2

续表

中文名称	苯扎贝特	酮洛芬	NPX
用途	调节血脂药	用于各种关节炎及软组织疾病所致的局部疼痛	抗炎、解热、镇痛
理化性质等	熔点：180～184℃ 沸点：572.1℃	熔点：93～96℃ 沸点：100℃	熔点：153～158℃ 沸点：403.9℃

3.1.2　水环境系统中酸性药物的来源

了解水环境系统中酸性药物的污染现状，首先需要对这些药物的生产与消耗现状进行调查。作为我们日常生活中的常用药品，酸性药物主要包括非甾体抗炎镇痛药和降脂类药品，由于使用量相对较大，且药效稳定，因此，大部分酸性药物均为非处方药品。在不同国家，6 种酸性药物的人均消耗量见表 3.2。据调查，风湿及类风湿性关节炎在美国的患病率大约为 1%，我国为 0.32%～0.36%，此外，日常的牙齿疼痛、创伤、发热等决定了此类药物较大的使用量。同时，随着人们生活水平的提高和城市人口老龄化进程的加快，我国高血脂患病人数已高达 1.6 亿，全球糖尿病患者人数以惊人的速度增长，根据 2003 年的流行病学调查显示，全球有近 2 亿糖尿病患者，估计到 2025 年这一数字将超过 3 亿，这一数字决定了降脂类药物的使用量；在德国每年约出售 75t 的非甾体抗炎镇痛药[10]，在这些非甾体抗炎镇痛药中，常用的药物如 DFC、NPX、IBP 等药品主要用于解热、镇痛、抗炎、抗风湿[82]。

表 3.2　不同国家对 6 种酸性药物的人均消耗量

[单位：mg/（人·年）]

药物名称 国家	IBP	NPX	DFC	KT	CA	BEZ	参考文献
澳大利亚（1998）	720.6	1159.9	222.8	225.34	nd	nd	[83]
奥地利（1997）	837.0	nd	767.9	nd	nd	559.3	[84]
芬兰（1999）	11610.0	nd	153.8	nd	nd	115.4	[85]
法国（1998）	2841.0	646.2	254.7	nd	nd	589.7	[86]
德国（2001）	1553.4	nd	594.7	nd	nd	315.5	[86]
波兰（2000）	1517.5	nd	540.9	nd	nd	21.4	[86]
西班牙（2003）	6391.2	986.1	747.7	nd	nd	92.6	[86]
瑞典（2005）	7864.3	nd	375.9	nd	nd	66.7	[86]
瑞士（2000）	2152.6	nd	532.5	nd	nd	215.6	[86]

注：nd 暂无数据。

　　目前，国内外常用的酸性药物包括 DFC、NPX、BEZ、KT、CA、IBP 等。近年来，DFC 的使用量呈增长的态势。1995 年全球的消费额为 13.2 亿美元，居全球药品销售额第九位[87,88]。在非甾体类抗炎药中，DFC 一直占据着非甾体类抗炎药市场的首要位置[88]。NPX 最早由 Harrison 等于 1968 年合成出来，美国辛迪斯制药公司首先获得专利权并投入工业化生产。辛迪斯公司作为世界上主要的生产商，1985 年产量就达到了 800t。目前，全世界有 30 多家企业生产 NPX，生产能力已达到 3000t。IBP 是迄今为止 11 种非甾体类抗炎镇痛药物中毒副作用较小的品种，且在治疗缓解关节疼痛方面有良好的作用，因此被大量使用。据统计，全球年产量几千吨的 IBP，在全球人类常用药品中居第三位[89,90]，并且绝大部分西方发达国家都将 IBP 作为非处方药销售。近几年，我国 IBP 的产量、外贸出口量增长较快，2003 年，IBP 的总产量为 1920t，2005 年已达到 2000 多 t，出口量达 1735.70t。目前，我国生产 KT 的厂家主要为湖北省武穴市迅达药业有限公司，其 KT 年产量可达 150t，其中的 98％用于出口。而在 Inotai 等[91]的调查中显示，波兰地区的 KT 作为处方药，2000 年，KT 的使用量为 5.84 日剂量／（1000 人·d），2004 年为 9.38 日剂量／（1000 人·d），2007 年就升至 12.52 日剂量／（1000 人·d），这期间其使用量增幅达 114.13％。据研究人员估计，海洋中就含有 48～96t 的 CA，而且每年都有 50～100t 的 CA 进入到海洋中[92]。据调查，在 1995 年仅德国地区就有近 30t 的 CA 被消耗[93]。而 CA 在美国地区鲜有检出，主要原因是降脂类的 CA 没有被广泛地使用，而在英国[94]、丹麦和澳大利亚[95]消耗量较大[86]。德国 1997 年 BEZ 的消耗量达到 45t[96]。

　　药物污染越来越引起人们的重视，其进入水环境的主要渠道包括制备过程、使用过程、代谢／排放过程等[97]。部分酸性药物经人体使用后，不能被人体完全吸收利用，大部分随尿液排出体外。据调查，DFC 被人体服用之后，并不能完全被吸收，大约 50％在肝脏代谢，40％～65％从肾排出，35％从胆汁、粪便排出。NPX 经人体口服吸收迅速而完全，在血液中 99％以上的 NPX 与血浆蛋白结合，在人体内的 $t_{1/2}$ 为 13～14 h，约 95％的 NPX 自尿中以原形及代谢产物排出。IBP 的用药浓度相对较高，成人为 600～1200 mg/d，而 IBP 药物进入人体后，其代谢浓度高达用药浓度的 70％～80％，或以母体化合的形式排出体外，还可以代谢产物的形式排出体外[98,99]；KT 药剂经人体摄入后，主要通过酰基酸化的过程代谢，经人体吸收利用后，约有 80％的计量是随尿液排出体外的[100]；口服

CA 后在肠道内迅速去酯化，并在肝脏内经首关代谢产生有活性的氯贝丁酸，口服剂量的 95%～99% 以游离型或结合型代谢物的形式经肾脏由尿液排泄，其中 10%～20% 为氯贝丁酸，60% 为葡萄糖醛酸结合物。

3.1.3 环境介质中酸性药物的污染特性

酸性药物不断在环境介质中的累积，将会对环境安全和人体健康造成危害及潜在风险。2003 年，仅德国地区合成的人类药品的消费量就有 6300 t，平均消费量为 79g/（人·年），其中 2/3 是医院处方药，目前，在水体、污泥、土壤以及生物体脂肪组织中均检测到有酸性药物的存在。部分国家和地区污水处理厂进水、出水中常见的 6 种酸性药物的浓度见表 3.3。

表 3.3 部分国家和地区污水处理厂进水、出水中 6 种酸性药物的浓度

物质	国家和地区	污水处理厂进水/（ng/L）	污水处理厂出水/（ng/L）	参考文献
双氯芬酸	英国	—	<50，289 med	[101] [102]
	韩国	10 ave	8.8～127	[103]
	德国	—	2100 max	[10]
	瑞士	—	990	[104]
	奥地利	905～4110	780～1680	[102]
	美国	0.33～0.49	Nd	[105]
氯贝酸	瑞士	—	90	[104]
	德国	—	1600 max	[10]
	奥地利	—	—	[102]
	英国	—	44med	[102]
布洛芬	韩国	5320 ave	10～137	[103]
	瑞士	—	1300	[104]
	奥地利	1200～2679	22～2400	[102]
	德国	—	3400 max	[10]
	英国	—	2972 med	[102]
	美国	9500～14 700	10～18	[105]
萘普生	韩国	262	20～438	[103]
	瑞士	—	2600	[104]
	德国	—	520 max	[10]
	奥地利	—	—	[102]
	美国	10 300～12 800	12～38	[105]
酮洛芬	瑞士	—	180	[104]
	德国	—	380 max	[10]
	奥地利	—	—	[102]
	美国	140～520	15～23	[105]
苯扎贝特	美国	—	239	[106]
	奥地利	1550～7600	nd-4800	[102]
	德国	—	4600 max	[10]
	瑞士	—	—	[104]

注：ave 为平均浓度；med 为中间浓度；max 为最大浓度。

　　这些药物在传统的城市污水处理厂处理过程中不能被完全去除掉，使得它们不断地进入到水环境系统中。这些药物在澳大利亚、巴西、德国、希腊、西班牙、瑞士、美国、中国等许多国家的河流、湖泊中均有检出，其浓度范围基本在 $\mu g/L \sim ng/L$ 的级别。部分国家和地区地表水中常见酸性药物的浓度见表 3.4。

表 3.4　部分国家和地区地表水中 6 种酸性药物的浓度

物质	国家和地区	河流、湖泊	地表水/（ng/L）	参考文献
双氯芬酸	德国	莱茵河	70～140	[10]
	瑞士	格里芬湖泊的主要支流	12～300	[97]
	英国	污水处理厂上游和下游	nd～568	[107] [101]
	加拿大	7 个污水处理厂下游水体	nd～89	[108]
	芬兰	Vantaa 河	10～55	[109]
	韩国	Han 河、Nakdong 河以及 Mankyung 河	1.1～6.8	[103]
	匈牙利	Damube 河	21～931	[110]
氯贝酸	美国	美国 139 条纳污河流	12～51	[111]
	巴西	地表水	1.0 max	[112]
	德国	莱茵河	nd～30	[10]
	瑞士	格里芬湖泊，北海及其支流	max 280	[97]
	瑞士	Moenchaltorf 河和 Uster 河	nd～50	[104]
	法国	Mediterranean river	nd	[113]
	加拿大	7 个污水处理厂下游水体	nd	[108]
布洛芬	美国	美国 139 条纳污河流	200	[111]
	德国	莱茵河	nd～20	[10]
	瑞士	格里芬湖及瑞士相关河流、高山湖泊等	nd～7.8	[90]
	韩国	Mankyung 河	nd～414	[114]
	英国	污水处理厂上游和下游	＜20～5044	[114]
	芬兰	Vantaa 河	12～69	[109]
	法国	Mediterranean river	nd～5600	[113]
	匈牙利	Damube 河	3.7～109	[110]
	加拿大	7 个污水处理厂下游水体	nd～6400	[108]
	中国	漳卫南运河	nd～23.58	[115]
酮洛芬	德国	莱茵河	nd	[10]
	瑞士	Moenchaltorf 河和 Uster 河	nd～1.5	[104]
	芬兰	Vantaa 河	8～28	[109]
	中国	漳卫南运河	nd～3.47	[115]
	匈牙利	Damube 河	＜LOQ～305	[110]
	加拿大	7 个污水处理厂下游水体	nd～79	[108]

续表

物质	国家和地区	河流、湖泊	地表水/（ng/L）	参考文献
苯扎贝特	德国	莱茵河	nd～200	[10]
	美国	圣劳伦斯河	63	[106]
	芬兰	Vantaa 河	3～20	[109]
	法国	Mediterranean river	max 780	[113]
	加拿大	7个污水处理厂下游水体	nd～470	[108]
萘普生	韩国	Han 河、Nakdong 河以及 Mankyung 河	1.8～18	[103]
	瑞士	Moenchaltorf 河和 Uster 河	0～400	[104]
	芬兰	Vantaa 河	nd～32	[109]
	匈牙利	Damube 河	5.7～74	[110]
	加拿大	7个污水处理厂下游水体	nd～4500	[108]
	中国	漳卫南运河	nd～3.92	[115]

注：max 为最大浓度；nd 为未检测到。

水环境系统中的药物会以不同的方式进入地下水环境中，其主要来源包括未经处理的污水排放和处理后污水的排放。许多文献都有提到药物在传统的污水处理厂中，不能被完全去除掉[90, 116]，使得药物通过渗滤等作用进入地下水环境，很多地区由于使用地下水作为饮用水水源，因此，这将对人类的健康构成潜在的威胁。一般地，药物是通过污水渗入到地下水环境中的，如垃圾渗滤液的排放、污水管道的泄露、工业点源、畜牧养殖、污水处理厂污泥填埋、暴雨等形成的地表径流、河流水的渗透、杀虫剂以及农业施肥等途径[117]。部分国家和地区地下水中常见酸性药物的浓度见表3.5。

表 3.5　部分国家和地区地下水中 6 种酸性药物的浓度

物质	国家和地区	地下水/（ng/L）	参考文献
DFC	德国	nd～380	[93]
	奥地利和波兰	24	[118]
CA	美国	nd	[119]
	德国	7300max	[93]
IBP	美国	nd～16000	[119] [120]
	奥地利和波兰	395max	[118]
	德国	nd～200	[93]
NPX	美国	8～nd	[119]
	奥地利和波兰	nd	[118]
KT	美国	190	[121]
	奥地利和波兰	2886max	[118]
BEZ	奥地利和波兰	nd	[118]

注：max 为最大浓度；nd 为未检测到。

3.1.4 环境介质中酸性药物的危害

许多研究都表明，这些抗炎药物在一定的浓度范围内对鱼类以及其他类别的水生生物都存在生物毒性。这些药物在鱼类体内的累积不但对水生生物有着不利的影响，同时水体中的微量药物大都可以在水生生物体内产生积累，因此会对水生生物的内分泌系统产生干扰作用，影响水生生物的生长；这些微量的药物残留通过食物链，也会对人的身体健康造成潜在威胁[122]。

酸性药物应用较为广泛，具有一定的生物毒性，易在生物体内蓄积。Sanderson 等[123]的研究表明，酸性药物中非诺贝特酸（$\lg K_{ow} = 5.19$）、吉非贝齐（$\lg K_{ow} = 4.77$）、CA（$\lg K_{ow} = 4.25$）、DFC（$\lg K_{ow} = 4.5$）、IBP（$\lg K_{ow} = 3.79$）、KT（$\lg K_{ow} = 3.00$）以及 NPX（$\lg K_{ow} = 3.10$）等的 $\lg K_{ow}$ 均大于 3。因此，在生物组织内容易蓄积（bioaccumulation potential＞3）。Schwaiger（2004 年）等的研究表明，虹鳟鱼的身体器官（如肾脏、腮）也有累积极性药物 DFC 的潜能[124]。Kallio（2010 年）等的研究发现，当把虹鳟鱼暴露在含有 $1.8\mu g/L$ 的 DFC 水溶液中时，在虹鳟鱼的胆汁中发现了对药物及其代谢产物的富集，该研究对其中主要的代谢产物如酰基葡糖苷酸和硫酸结合物等进行了测定[125]。而在暴露 28d 的组织病理学研究中发现，DFC 在虹鳟鱼的腮、肾和肝脏内的生物浓度高达 $2700ng/L$ [124]。在 Schwaiger 等[126]的研究中报道，虹鳟鱼的胆汁和肝脏中均积累有一定程度的 DFC，其生物富集因子高达 2700。虹鳟鱼暴露于 DFC 的组织病理学实验揭示了在 DFC 浓度降低到 $1\ \mu g/L$ 时肾（玻璃质小滴恶化，间质性肾炎）和腮（如柱细胞变坏）[127]的变化。近期的研究也表明，生活在城市污水处理厂排污河流或者暴露在处理后污水中的鱼类，对于抗炎药物都有一定程度的富集。在 Flioppin 等（2007 年）的研究中发现，在 IBP 溶液中暴露 6 周后日本青鳉鱼的产卵率及体内酶的活性会发生变化，结果显示随着 IBP 暴露浓度的增加，将会对青鳉鱼每次产卵数量产生影响，其每周的产卵次数会大为减少，并且雌性青鳉鱼肝组织中的酶活性也随着 IBP 浓度的升高而降低[128]。Jenny-Maria 将虹鳟鱼暴露于含有 NPX 的水溶液中（浓度约为 $1.6\mu g/L$），并对鱼胆汁内的 NPX 及其产物的含量进行了测定，其研究结果显示，鱼类对 NPX 及其代谢产物的生物浓缩指数（$BCF_{total-bible}$）为 500~2300，因此生活在下游及污水处理厂出水处的鱼类会对 NPX 及其产物进行富集，进而 NPX 在鱼类胆汁中的含量能够反映出鱼类所暴露在环境中的 NPX 含量[129]。Haasch 于 1996 年在蓝鳃鱼（*Lepomis macrochirus*）和鲶鱼（*Ictalurus punctatus*）体内注射了 CA 后发现，鱼体内过氧化氢酶不断增殖的同时出现了免疫蛋白反应[130]。

除了鱼类，部分酸性药物对水生微生物也存在一定的毒性。部分抗炎镇痛药对大型蚤也具有不同程度的急性毒性，其中 DCF、IBP、NPX 的 EC50 分别为 68.0mg/L、101.2mg/L 和 166.3mg/L[131]。根据欧盟委员会的规定，只有当 EC50 的值在 11～100mg/L 会对水生生物存在危害，由此可见，在一定程度上 DFC 对水生生物存在着潜在危害。Haap 等对 DFC 等抗大型蚤的急性毒性进行了测试，并发现休克蛋白 70（HSP70）的最低检出质量浓度为添加 0.6mL/L 二甲化砷的 30mg/L 的 DFC 或 40mg/L 的 DFC，其结果证明，在一定的浓度范围内，DFC 会对大型蚤产生影响[132]。Cleuvers 对 DCF、IBP、NPX 这三种酸性药物对水蚤的长期毒性进行了研究，结果显示，这些药物的混合毒性要远高于其单独作用的结果[133]。在 Quinn 等（2008 年）采用水螅（*Hydra attenuata*）对几种药物的急性毒性和持久毒性进行研究，其中包括 NPX、IBP、吉非贝齐以及 BEZ 这几种常用的酸性药物。其研究结果表明，大部分药物的 LC50 值较高，其中，IBP 和 NPX 的质量浓度最低也达到 22.36mg/L，按照欧盟分级标准（93/67/EEC），IBP 和 NPX 具有毒性，BEZ 具有潜在的毒性[134]。Ferrari 等在利用网纹水蚤（*Ceriodaphnia dubia*）进行繁殖，研究结果表明，根据 Stockholm 模型，DFC 的相关生物毒性 NOEC 为 1000 μg/L[135]，研究包括 DFC 的生物富集性、生物浓度因子（bioconcentration factor, BCF）、毒性等，其研究结果表明，DFC 符合所有环境持久性、生物富集性、毒性（PBT, persistence, bioaccumulation and ecotoxicity）标准。对于 CA 的毒性研究较为有限，早在 1997 年 Henschel 等[136] 采用 scenedesmus subspicatus 这种淡水绿藻对 CA 的毒性进行了研究，其 96h-EC50 测试的结果显示为 98mg/L。Kalbfuls 和 Kopf[137] 采用 *Photobacter phosphoreum* 海洋发光菌对 CA 的毒性测试结果显示，其 NOEC 的值为 5～40μg/L。Daughton 和 Ternes[138] 于 1999 年采用大型蚤对其的毒性进行测试，其结果显示 24h-EC50 的值为 106μg/L。

在生物体内 DFC 的代谢主要通过羟基化失活，尿液中的代谢物以 DFC 羟基化合物为主[139]，当用药过量时，会出现肝、肾功能损害等症状。环境中存在的药物残留主要由人体排出，通过生活污水排入江河湖海。Oaks 等[140]在《自然》杂志上的一篇文章中提到对巴基斯坦秃鹫（*O-riental white-backed vulture*）的尸体解剖发现其肾脏中含有 DFC，而其主要食物就是一些养殖的动物尸体，该文强调兽医使用的 DFC 残留物引起了秃鹫肾功能衰退，最终导致巴基斯坦秃鹰数量急剧下降了 95％。Peregrine 基金会和巴基斯坦鸟类协会的研究人员发现巴基斯坦国内秃鹰的肌肉组织里残留有 DFC。这种药物被广泛地用于家禽的治疗，而家禽恰好是秃鹰的主要食物来源。在印度，秃鹰的数量下降了 90％，秃鹰内脏型痛风现象在巴基斯坦和尼泊尔的许多地区都得到了确认，巴基斯坦经过检察的秃鹰中超过 87％都有类似的病况。这是整体次大陆首次发现野生动物因医用药物而集体中毒的事件，引起了人们对南亚秃鹰种群灭绝的担忧。另外，Murray 和 Brater[141]研究表明，部分酸性药物会引起哺乳动物的肾脏病变。

　　上述内容充分证明这类药物及其产物易在生物体内蓄积，并逐渐积累在鸟类、鱼类、微生物等生物体内并引发病变，这将直接或间接地对人类健康造成危害。

3.2　分析方法

　　本研究以 6 种常见的酸性药物作为研究对象，用固相萃取的方式富集水相中的待测物，通过建立灵敏、快速的 GC/MS 和 LC/MS/MS 检测方法，测定酸性药物在水环境系统中的浓度。实现环境水体中痕量酸性药物的定性和定量分析，为研究其在环境水体中的归趋提供分析手段。

3.2.1　酸性药物的前处理方法

1. 活化溶剂和洗脱剂的选择

　　活化小柱溶剂的选择对酸性药物的固相萃取过程存在一定程度的影响，但其影响较洗脱溶剂种类要小，研究发现采用 3mL 乙酸乙酯、3mL 甲醇、3mL 水（pH 2～3）对 SUPEL-SELECT HLB 固相萃取小柱进行活化效果较好，在对酸性药物固相萃取过程采用的洗脱溶剂进行优化的过程中，洗脱溶剂体积均为 6mL。洗脱溶剂包括：①6mL 甲醇；②6mL 乙酸乙酯；③6mL 甲醇＋乙酸乙酯（1∶1）；④6mL 正己烷。从图 3.1 的结果可以看出：各类有机溶剂对酸性药物的洗脱效果为，甲醇＋乙酸乙酯＞乙酸乙酯＞甲醇＞正己烷。除了 BEZ 以外，其他药物用甲醇＋乙酸乙酯

的洗脱效果要远大于其他的洗脱溶剂，其主要原因是甲醇＋乙酸乙酯
（1∶1）的混合溶剂具有适宜的疏水性和极性，对弱极性或中等极性的酸
性药物来说洗脱效果最佳，这与多数文献的报道一致[142,143]。正己烷对酸
性药物的洗脱效果最差，对部分药物基本上没有洗脱效果，对 CA 的回收
率仅为 8.39％，因此不适宜用作洗脱溶剂。因此选择甲醇＋乙酸乙酯
（1∶1）作为酸性药物的洗脱溶剂。

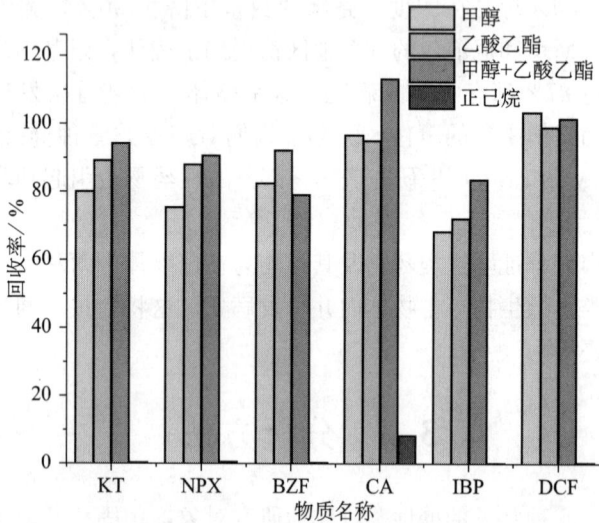

图 3.1　4 种洗脱溶剂对酸性药物的回收率

2. 洗脱体积对酸性药物回收率的影响

洗脱体积对酸性药物的富集过程也存在一定程度的影响，采用甲醇＋
乙酸乙酯（1∶1）的混合溶剂进行洗脱，洗脱体积分别为：①6mL；
②8mL；③10mL；④12mL。

从图 3.2 的结果可以看出，随着洗脱溶剂体积的增大，各种酸性药物
的回收率明显增大，但是 10mL 洗脱溶剂与 12mL 洗脱溶剂相比，回收率
增幅并不明显，为了更加有效地提高酸性药物的回收率，因此选择 10mL
甲醇＋乙酸乙酯（1∶1）的混合溶剂作为酸性药物固相萃取过程的洗脱
溶剂。

综上所述，6 种常见酸性药物的固相萃取方法可以概括为以下几种。

（1）活化：3mL 乙酸乙酯、3mL 甲醇、3mL 水（pH 2～3）对
SUPEL-SELECT HLB 固相萃取小柱进行活化，并用 5mL 去离子水平衡；

（2）上样：将 500mL 水样（水样 pH 2～3）在真空泵的作用下，以

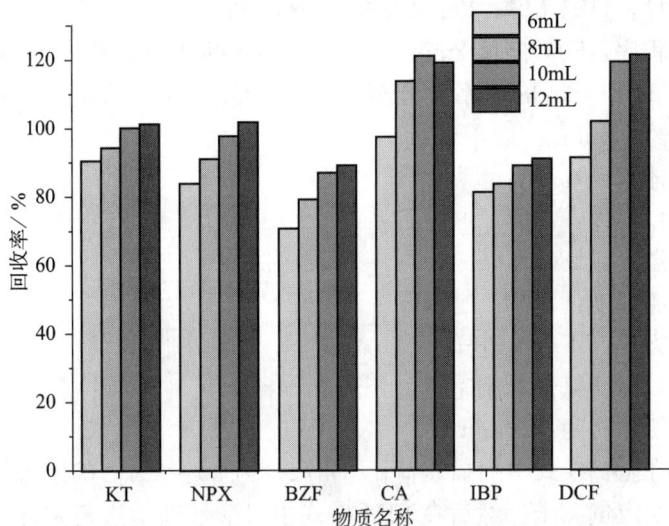

图 3.2　不同洗脱体积酸性药物固相萃取回收率的影响

1mL/min 的流速通过 SPE 小柱；

（3）淋洗：采用 pH 2～3 的去离子水 6mL 淋洗小柱，真空抽干；

（4）洗脱：采用 10mL 甲醇＋乙酸乙酯（1∶1）进行洗脱。若采用 GC/MS 进行测定，则采用 6mL 乙酸乙酯在 1mL/min 的流速下洗脱酸性药物，洗脱液收集于棕色瓶子中。

最后，将洗脱液于 35～40℃ 的水浴中用温和的氮气吹至近干，随即采用 950μL 的初始流动相定容残留物，并加入 50μL 的内标物 2，4，5 - 涕丙酸，涡旋混匀，使用 0.22μm（过滤器膜孔径）的水相针式滤器进行过滤，供液相质谱进行测定。若采用 GC/MS 进行测定则需要对洗脱溶剂进行衍生化，由于衍生化受水分影响比较大，因此洗脱液再用无水硫酸钠干燥，确保样品中没有水分，再用氮气吹干。加入 200μL 的衍生化试剂 N -（特丁基二甲基硅烷）- N -甲基三氟乙酰胺（MTBSTFA）和 100μL、1ppm 的内标 2，4-DCPA，用乙酸乙酯定容到 1mL，然后把样品瓶放入 70℃ 的烘箱中反应 60min。

3.2.2　酸性药物的检测方法

1. 气相色谱-质谱法

酸性药物在 Trace GC2000 气相色谱仪中分离，以 DSQ2 质谱仪检测，具体分析检测方法如下。

色谱柱：HP5-MS（30m×0.25mm×0.25μm）；

升温程序：50℃停留 2min；以 20℃/min 的速率上升至 185℃，停留 5min；以 10℃/min 的速率上升至 210℃；再以 20℃/min 的速率上升到 280℃，停留 5min。

进样体积：1μL

进样口温度：250℃

接口温度：280℃

离子源温度：250℃

进样方式：不分流进样

载气：高纯氦气，流速为 1mL/min

溶剂切除时间：10min

首先在全扫模式中扫描质荷比（m/z）为 50～500，确定每种酸性药物的定性及定量离子。然后在 SIM 模式中对酸性药物进行定性、定量分析。一般采用丰度高、质量数大的碎片离子为首要定量离子，同时，另外选取两个碎片离子辅助定性。酸性药物的离子碎片见表 3.6，其 GC/MS 谱图如图 3.3 所示。

表 3.6　6 种酸性药物的离子碎片表

化合物	停留时间	相对分子质量	首要定量离子	辅助定性离子
CA	14.56	215	143	185 271
2，4-DCPA	15.08	205	261	159 263
IBP	15.24	206	263	161 264
NPX	19.87	230	287	185 288
KT	20.78	254	311	295 312
DFC	21.61	318	352	214 354

注：2，4-DCPA 为内标。

将酸性药物标准液逐级配成 10～500μg/L 的系列质量浓度溶液，衍生化后进行 GC/MS 检测，以定量离子的峰面积对质量浓度线性回归，样品方法检出限（$S/N=3$）和定量检出限（$S/N=10$）见表 3.7。取水样 500mL，加标 100ng 酸性药物，做回收率实验，平行测定 6 遍，回收率和标准偏差见表 3.7。由表 3.7 可知，酸性药物的标准曲线线性关系好，检测限低，回收率为 75%～110%，RSD 小于 10%，可见，该 GC/MS 方法能满足环境痕量检测的需要。

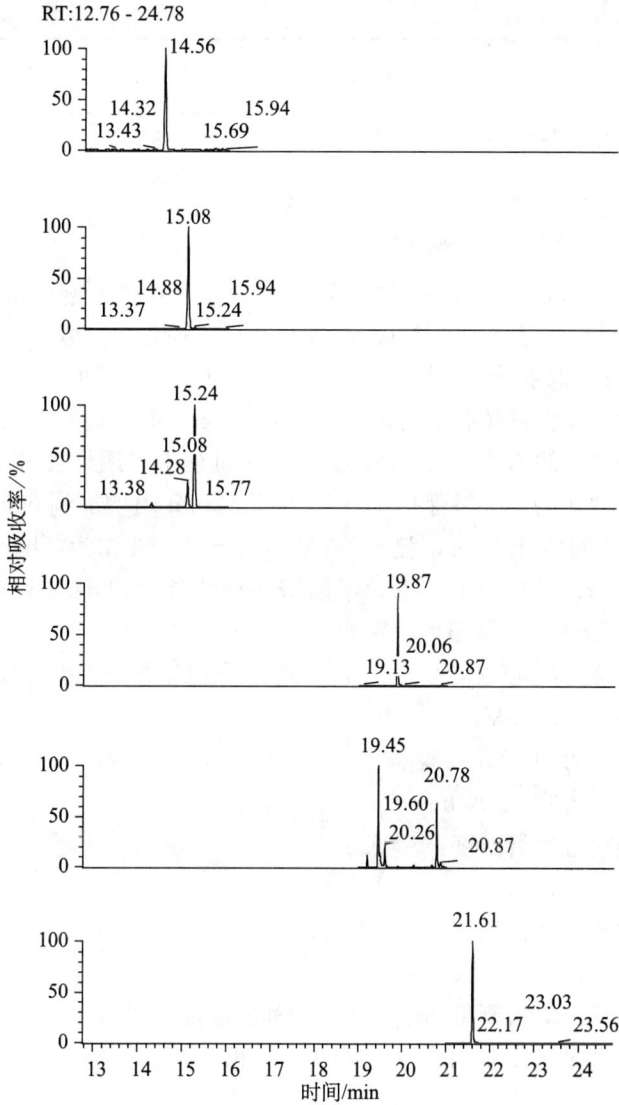

图 3.3 100μg/L 酸性药物的 GC/MS 谱图

表 3.7 酸性药物的标准曲线、检出限、回收率和相对标准偏差

化合物	线性方程	相关系数	LOD / (μg/L)	LOQ / (μg/L)	回收率 /%	RSD/%
CA	$y=59\ 337x+165\ 400$	0.9976	0.09	0.31	76.49	8.31
IBP	$y=24\ 786x+7501.8$	0.9976	0.38	1.25	85.29	5.45
NPX	$y=9927.9x+3643.2$	0.9953	0.03	0.09	95.45	1.44

续表

化合物	线性方程	相关系数	LOD /（μg/L）	LOQ /（μg/L）	回收率 /%	RSD/%
KT	$y=4630.1x-26179$	0.9997	0.09	0.29	108.54	9.14
DFC	$y=2320.4x+2291.8$	0.9981	0.03	0.11	107.65	8.87

2. 液相色谱质谱/质谱联用法

样品采用液相的色谱柱为：Zorbax extend-C18（100mm×2.1mm，1.8μm）（封尾），100mm×2.1mm（内径），粒径为 5 μm，美国安捷伦科技有限公司。保护柱为 Extend-C18，2.1mm（内径）×12.5mm，4-Pack，美国安捷伦科技有限公司。柱温为 40 ℃。进样量为 10 μL。流动相 A 相为水/0.4%的乙酸，B 相为乙腈，检测过程中采用梯度洗脱，其中有机相 B 相的变化为：38%保持 1min，并于 12min 内增加到 60%，接着在 17～20min 内稳定至 38%，流速为 200 μL/min。液相为 Thermo 高压液相系统（Thermo Accela UPLC），质谱仪检测器为 Thermo Accela TSQ Quantum Access。质谱条件设置如下：

离子化模式：大气压喷雾离子源，阴离子模式进行检测，[ESI（一）]；

喷雾电压：3500V；

鞘气压力为 40 Arb；

辅助气压力为 10 Arb；

离子传输毛细管温度：300℃；

氩气：1.5mTorr；

扫描模式：选择反应检测（SRM）；

扫描时间：0.05s/SRM。

其中选择反应检测母离子、子离子和碰撞能量以及各目标物质的选择离子检测条件见表 3.8，图 3.4 为 50μg/L 酸性药物的质谱图。

表 3.8 质谱扫描各酸性药物（50μg/L）的检测条件

名称	CA	NPX	BEZ	IBP	DFC	KT	2，4，5-涕丙酸
保留时间/min	5.82	5.01	5.47	10.30	10.24	4.86	12.28
母离子	214.65	230.72	361.82	206.28	294	254.30	269.51
子离子	85，127	167，185	85.2，155.8	161	214	209	160
碰撞电压/eV	10	10	25	9	20	10	20

混合药物系列标准工作溶液按逐级稀释法进行配制：100 μg/L、

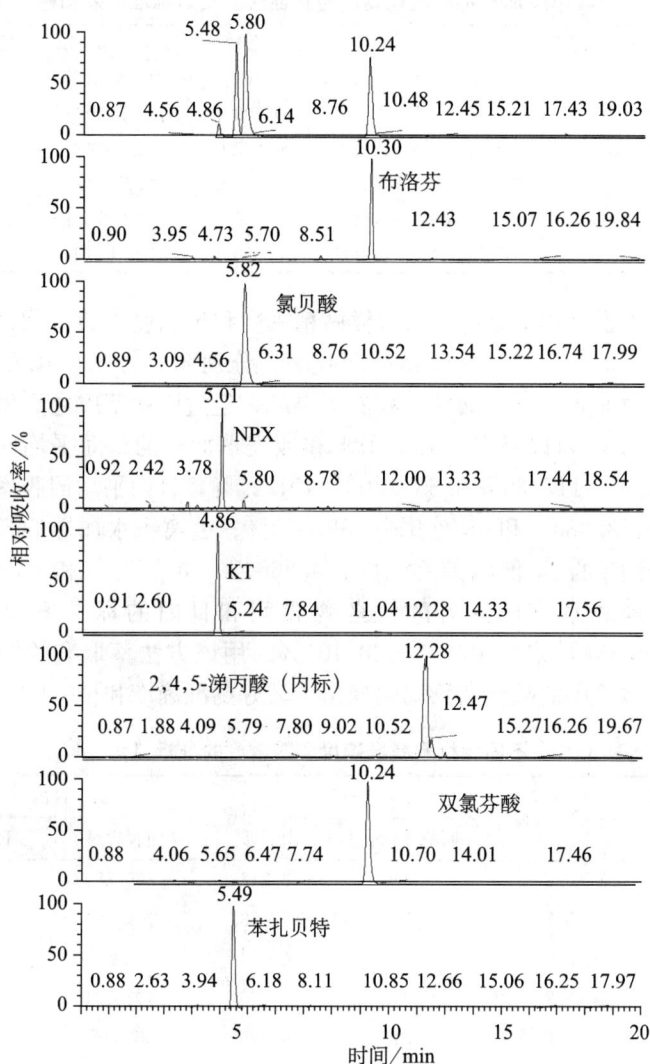

图 3.4　酸性药物（50μg/L）在 HPLC/MS/MS 阴离子色谱图

50 μg/L、10 μg/L、5 μg/L、1 μg/L。取 500mL 去离子水样，加入系列混合标准工作液 1000 μL，在对样品进行前处理后采用 LC-MS/MS 测定。对 3 个重复样品的色谱峰面积的平均值（Y）和相对应的药物质量浓度（X）进行线性回归，得到各个药物的校正曲线，酸性药物的方法检出限（LOD）$=3\ S/N$ 和定量检出限（LOQ）$=10\ S/N$，见表 3.9。

表 3.9 水样中添加 6 种酸性药物的校正曲线、相对标准偏差和检出限

药物	添加浓度/ (μg/L)	回归方程	相关系数 R^2	LOD/ (μg/L)	LOQ/ (μg/L)
KT	1~100	$Y=125\ 432X+7\ 610.7$	0.999 9	0.020 506	0.061 517
NPX	1~100	$Y=62\ 262X+97\ 985$	0.999 3	0.014 589	0.043 766
BEZ	1~100	$Y=2\ 120.9X+2\ 283.8$	0.995 6	0.014 35	0.043 049
CA	1~100	$Y=114\ 512X+545\ 366$	0.995 6	0.017 29	0.051 892
IBP	1~100	$Y=230\ 09X+145\ 507$	0.995 7	0.008 1	0.024 4
DFC	1~100	$Y=4\ 564X+14\ 005$	0.993 0	0.021 061	0.063 184

选取去离子水和实际地表水水样做精密度和准确度试验，通过加标的超纯水和地表水研究各酸性药物的回收率。分别向 3 份 500mL 的去离子水和地表水中加入 100ng 酸性药物的标准品，经过固相萃取之后做回收率实验。由表 3.10 可以看出，去离子水和地表水加标的日间平均回收率分别为 84.863%~117.66% 和 63.170%~91.17%，日内平均回收率分别为 79.962%~113.388% 和 68.505%~89.839%。去离子水加标的各酸性药物日间和日内的标准偏差分别为 3.366%~8.375% 和 2.394%~12.212%；地表水加标的各酸性药物日间和日内的标准偏差分别为 4.467%~18.637% 和 4.071%~20.105%。用该方法萃取和检测去离子水和地表水水样中的酸性药物均表现出了较好的准确度和精密度。

表 3.10 不同加标水样准确度和精密度的分析（$n=3$）

水样		加标量/ (ng/L)	日间		日内	
			回收率/%	RSD/%	回收率/%	RSD/%
去离子水	KT	0.2	98.350	3.713	100.880	9.315
	NPX	0.2	95.897	4.958	104.694	11.798
	BEZ	0.2	84.863	6.213	79.962	2.394
	CA	0.2	117.653	3.366	103.131	8.410
	IBP	0.2	89.240	6.975	90.369	8.997
	DFC	0.2	112.156	8.375	113.388	12.212
地表水	KT	0.2	90.480	4.467	88.792	4.071
	NPX	0.2	90.858	5.121	89.839	4.529
	BEZ	0.2	63.170	13.709	68.505	13.550
	CA	0.2	91.169	10.122	83.843	13.550
	IBP	0.2	75.088	13.104	74.769	13.545
	DFC	0.2	78.598	18.637	71.267	20.105

3.3　环境中酸性药物的赋存浓度和分析

3.3.1　黄浦江流域和崇明地表水中酸性药物调查

本调查于 2011 年 6 月 8~10 日对黄浦江沿江河流进行了取样调查，黄浦江取样点包括上游的淀山湖、太浦河和大柳港；中游的米市渡、松浦大桥、闵行渡；下游的大治河、淀浦河、川杨河、苏州河和蕴藻浜；河口包括吴淞口和河口，采样点位置图如图 3.5 和图 3.6 所示。本研究除了对黄浦江流域地表水环境进行了调查之外，还于 2011 年 7 月 16~17 日对崇明岛地表水进行了调查，调查点位包括崇明的 1~4 号点位，即崇明 1#［崇明县现代农业园区（菜地旁河流）］、崇明 2#（崇明县大新镇大东村804 号农田边渠）、崇明 3#（崇明县城桥镇湾南村友谊 671 号）、崇明 4#（崇明县西端水文标志外长江边）。黄浦江和崇明岛采样点的位置等特征见表 3.11。所采水样为大约距水面 10~15cm 以下的表层水，在采取水样前，先用当地的河水清洗聚乙烯瓶 3 次后进行采样，并将样品储藏于棕色瓶中，保存在 4℃ 的环境中待用。实验水样为 500mL，采集之后加入 HCl调节 pH 至 3，并于 4℃ 保存，水样在进行 SPE 之前经 $0.45\mu m$ 膜过滤，去除水中悬浮物等杂质，并于一周内进行处理。其中，地表水富集倍数分别为 500 倍，采用 LC-MS/MS 进行分析。

表 3.11　上海市黄浦江、崇明岛采样点位置编号及环境

点位编号	取样点	北纬	东经	环境分类
		黄浦江上游		
SW-1	淀山湖	N 31°5′27.35″	E120°58′35.45″	
SW-2	太浦河	N 31°1′43.81″	E 121°4′24.81″	畜禽养殖 农业
SW-3	大柳港	N 30°57′31.21″	E 121°9′51.36″	
		黄浦江中游		
SW-4	米市渡	N 30°57′38.28″	E 121°14′11.13″	
SW-5	松浦大桥	N 30°57′55.93″	E 121°17′48.30″	居民 少量工业
SW-6	闵行渡	N 31° 0′58.46″	E 121°28′54.41″	
		黄浦江下游		
SW-7	大治河	N 31°1′15.46″	E 121°29′15.00″	
SW-8	淀浦河	N 31°8′5.64″	E 121°27′26.80″	

续表

点位编号	取样点	北纬	东经	环境分类
黄浦江下游				
SW-9	川杨河	N 31°9′50.27″	E 121°28′3.37″	居民 少量工业
SW-10	苏州河	N 31°14′41.00″	E 121°29′13.75″	
SW-11	蕴藻浜	N 31°22′25.34″	E 121°29′46.63″	
河口				
SW-12	吴淞口	N 31°23′45.23″	E 121°30′42.20″	居民 少量工业
SW-13	河口	N 31°23′45.23″	E 121°30′42.20″	
崇明岛				
SW-14	崇明-1	N 31°36′24.01″	E 121°47′7.99″	农业
SW-15	崇明-2	N 31°36′45.23″	E 121°37′15.80″	农业
SW-16	崇明-3	N 31°39′49.61″	E 121°23′4.19″	居民区
SW-17	崇明-4	N 31°47′23.71″	E 121° 9′49.40″	农业、居民区

淀山湖

大柳港

米市渡

松浦大桥

图 3.5　部分采样点周边环境

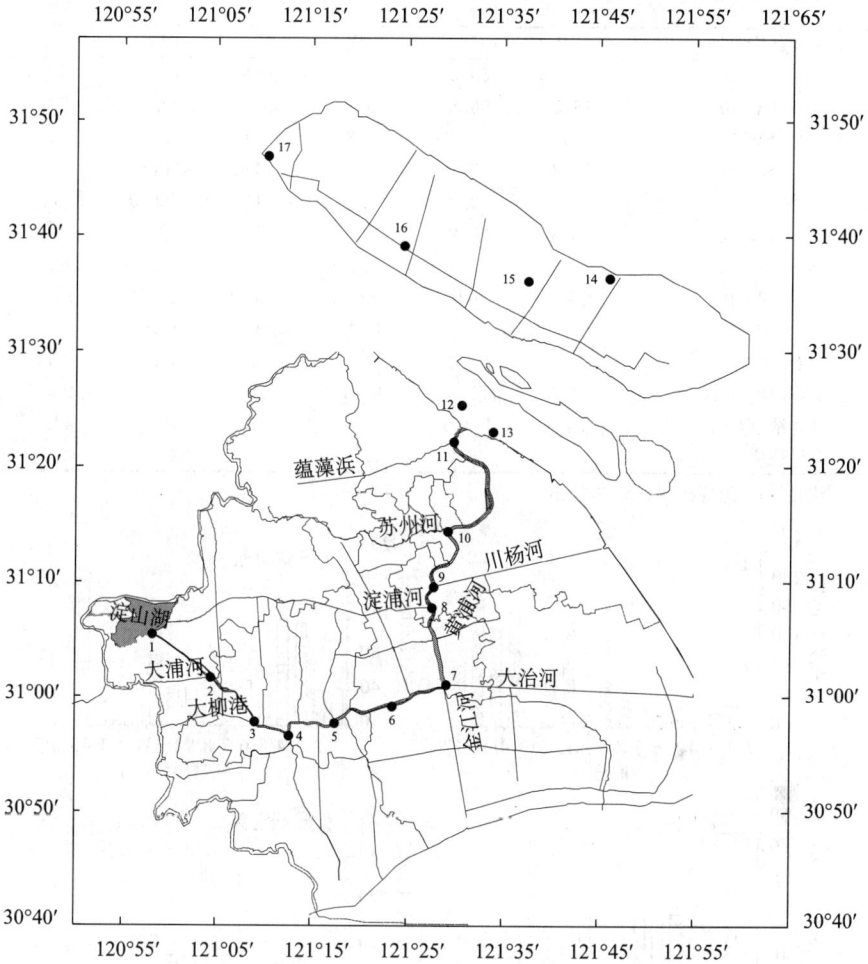

图 3.6 上海市黄浦江、崇明岛采样点位置示意图

表 3.12 黄浦江、崇明岛地表水流域中 6 种酸性药浓度（单位：ng/L）

点位编号	IBP	CA	NPX	KT	DFC	BEZ
SW-1	23.2	42.7	21.8	<LOQ	<LOQ	<LOQ
SW-2	29.7	40.4	28.9	<LOQ	<LOQ	<LOQ
SW-3	20.1	115.2	<LOQ	7.2	8.2	16.6
SW-4	13.4	120.1	15.5	6.5	12.0	36.3
SW-5	28.7	35.1	21.9	<LOQ	5.2	5.2
SW-6	16.1	51.1	22.3	<LOQ	11.2	8.4
SW-7	26.0	47.2	20.7	7.8	nd	nd
SW-8	37.2	54.3	<LOQ	<LOQ	5.3	nd

续表

点位编号	IBP	CA	NPX	KT	DFC	BEZ
SW-9	54.5	63.5	nd	<LOQ	73.7	<LOQ
SW-10	16.5	96.6	20.9	8.0	10.5	7.5
SW-11	146.6	112.8	14.8	<LOQ	nd	43.3
SW-12	65.8	48.1	8.2	<LOQ	<LOQ	7.8
SW-13	nd	47.2	nd	<LOQ	<LOQ	nd
SW-14	157.7	26.2	nd	<LOQ	32.7	31.9
SW-15	134.7	164.6	<LOQ	<LOQ	52.4	44.4
SW-16	224.4	nd	nd	<LOQ	49.5	22.1
SW-17	83.5	83.0	8.2	<LOQ	12.0	37.0
检出频率/%	94.0	94.0	82.0	100.0	94.0	82.0
平均浓度/ (ng/L)	64.4	71.8	18.3	7.0	24.8	23.7
最高浓度/ (ng/L)	224.4	164.6	28.9	8.0	73.7	44.4
最低浓度/ (ng/L)	13.4	26.2	8.2	5.5	5.2	5.2

注：LOQ 为检出限；nd 未检出。

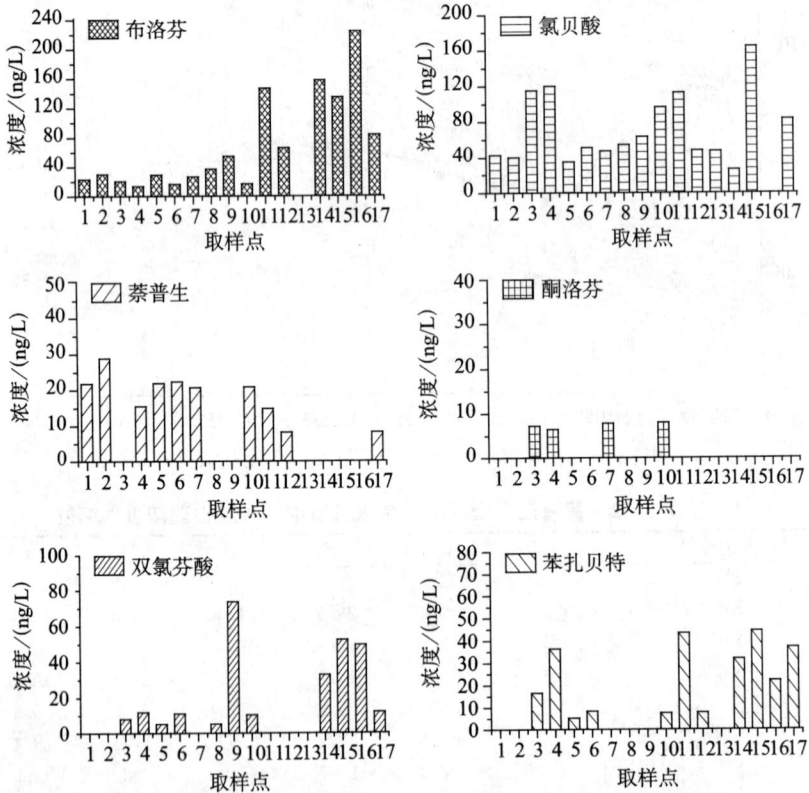

图 3.7 黄浦江、崇明岛地表水流域中 6 种酸性药物浓度

黄浦江流域酸性药物的检出情况见表 3.12 和图 3.7。从上面的调查结果可以看出，IBP 和 CA 的检出浓度较高。其中 IBP 最高浓度达 224.4 ng/L（SW-16，崇明县城桥镇湾南村友谊 671 号），其平均浓度为 64.4ng/L，检出频率达 94%，芬兰[109] 的 Vantaa 河 IBP 浓度为 12~69ng/L，韩国[114] 的 Mankyung 河 IBP 为 nd~414ng/L，与黄浦江中 IBP 浓度较为接近，而黄浦江水体中 IBP 浓度相对于英国[114] 污水处理厂上游的 5044ng/L、法国[113] Mediterranean 河最高浓度 5600ng/L、加拿大[108] 污水处理厂下游水体 6400ng/L 来说其浓度显著偏低。中国地区[115] 的漳卫南运河 IBP 浓度为 nd~23.58ng/L，因此可以看出，相对于中国北方河流、黄浦江水体中 IBP 浓度较高。对于整个黄浦江流域，除了河口处（SW-13）IBP 未有检出外，其余点位均有检出。崇明岛地区地表水中 IBP 浓度较黄浦江流域 IBP 浓度要高 1.5~3 倍，浓度为 83.5~224.4ng/L，而整个黄浦江流域地表水中 IBP 浓度为 nd~146.6ng/L，黄浦江流域 IBP 平均浓度为 43.7ng/L。

根据研究调查结果可以看出，所有调查点位中 CA 最高浓度达 164.6ng/L（SW-15，崇明县大新镇大东村 804 号农田边渠），平均浓度为 71.8ng/L，高于 IBP 平均浓度的同时远远高于其他酸性药物的平均浓度，除了 SW-16 点位未检出外，其余点位均有检出。该流域 CA 浓度为 nd~164.6ng/L，瑞士[97] 地区格里芬湖泊、北海及其支流 CA 浓度最高达 280ng/L，而法国的 Mediterranean 河[113] 和加拿大 7 个污水处理厂下游水体[108] 中均未有 CA 检出，美国 139 条纳污河流、巴西地表水、德国莱茵河的 CA 浓度为 nd~51ng/L[111,112,10]。而整个黄浦江流域 CA 的平均浓度为 64.7ng/L，流域最高浓度为 120.1ng/L，位于 SW-4 点位（米市渡）。

相对于 CA 和 IBP 而言，NPX 的检出浓度较平均为 82ng/L，在崇明地表水中除了 SW-17（崇明县西端水文标志外长江边）的 8.2ng/L 有检出外，崇明地表水中均未检出或低于检出限。在整个黄浦江流域，SW-3、SW-8、SW-9、SW-13 点位均未检出或低于检出限，其他点位 NPX 浓度为 8.2~28.9ng/L。瑞士[104] 的 Moenchaltorf 河和 Uster 河最高浓度达到了 400ng/L，加拿大[108] 7 个污水处理厂下游水体最高浓度达到了 4500ng/L，这些地表水河流中 NPX 的浓度远高于黄浦江中该物质的浓度，比我国的漳卫南运河[115] NPX 最高浓度 3.92ng/L 要高，黄浦江中 NPX 浓度较漳卫南运河高 4 倍，这与黄浦江流域医疗机构密集、人口密度相对较大有关，这直接导致了黄浦江 NPX 的浓度较高。相比于韩国的

Han 河、Nakdong 河以及 Mankyung 河（1.8~18ng/L）和芬兰的 Vantaa 河（nd~32ng/L）来说，黄浦江中 NPX 浓度与之较为接近。

KT 在黄浦江流域检出频率较高，但是大部分点位均低于检出限，只有 SW-3、SW-4、SW-7、SW-10 点位高于检出限，检出浓度为 5.5~18ng/L，虽然高于我国的漳卫南运河[115]（nd~3.47ng/L），但是相对于德国的莱茵河（nd~200ng/L）、匈牙利的 Damube 河（63ng/L）来说，其浓度较低。KT 在崇明岛地表水的 4 个监测点位中检出浓度均低于检出限。

DFC 在黄浦江流域只有 SW-7（大治河）和 SW-11（蕴藻浜）点位未有检出，其他点位浓度为 5.2~73.7ng/L，其平均浓度为 24.8ng/L，崇明岛地表水的 4 个监测点位中检出浓度为 12~52.4ng/L。由此可见，本流域 DFC 的浓度远远低于韩国的 Han 河、Nakdong 河以及 Mankyung 河[103]（1.1~6.8ng/L）和芬兰的 Vantaa 河[109]（10~55ng/L），与加拿大 7 个污水处理厂下游水体[108]nd~89ng/L 相比，浓度水平较为相近，但是相对于德国的莱茵河[10]（70~140ng/L）和瑞士的格里芬湖泊[97]的主要支流（12~300ng/L），以及英国污水处理厂上游和下游[107,101]（nd~568ng/L）来说，其浓度较低。

与 DFC 的浓度类似，BEZ 检出浓度为 5.2~44.4ng/L，该浓度范围与芬兰的 Vantaa 河（3~20ng/L）[109]和美国的圣劳伦斯河[106]（63ng/L）浓度较为接近，但是与加拿大 7 个污水处理厂下游水体[108]（nd~470ng/L）和法国的 Mediterranean 河[113]（最高 780ng/L）相比，其浓度相对较低。崇明岛地表水的 4 个监测点位中 BEZ 检出浓度为 22.1~44.4ng/L，其浓度水平较为接近。

3.3.2 上海城市污水处理厂污泥中酸性药物的调查

本研究于 2010 年 8 月对上海地区 18 个城市污水污泥中的酸性药物进行了取样调查。18 个城市污水分别为金泽污水处理厂、青浦练塘污水处理厂、青浦朱家角污水处理厂、上海市青浦污水处理厂、国际汽车城安亭污水处理厂、上海市青浦区华新镇污水处理厂、上海青浦徐泾污水处理厂、桃浦污水处理厂、天山污水处理厂、闵行污水处理厂、长桥水质净化厂、周浦水质净化厂、上海市东区污水处理厂、上海曲阳污水处理厂、上海石洞口污水处理厂、泗塘污水处理厂、上海吴淞污水处理厂、上海友联竹园第一污水处理厂。各个污水处理厂具体位置如图 3.8 所示，除了泗塘污水处理厂、上海友联竹园第一污水处理厂之外，其余污水处理厂处理后污水基本都汇入黄浦江流域。表 3.13 分别为各个污水处理厂位置、处理工艺、规模以及处理后污水所排入河流等的情况表。

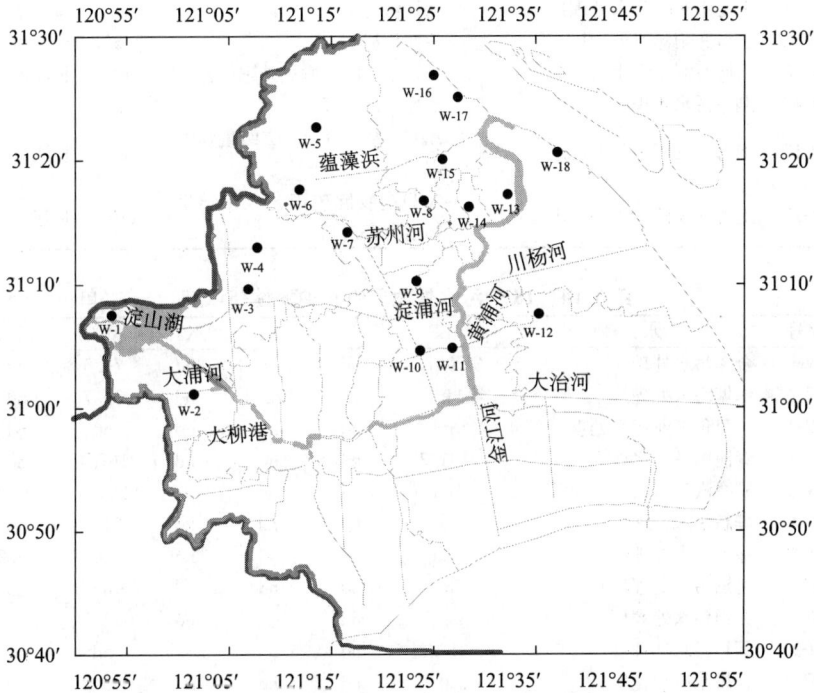

图 3.8　上海市 18 个污水处理厂位置示意图

表 3.13　上海市 18 个污水处理厂位置、工艺、规模、收纳河流一览表

序号	名称	工艺	规模/(万 m³/d)	排入河流
W-1	金泽污水处理厂	MSBR 法＋过滤＋消毒	1	淀山湖
W-2	青浦练塘污水处理厂	A/A/O	0.6	太浦河
W-3	青浦朱家角污水处理厂	卡鲁塞尔氧化沟工艺	1.0	太浦河
W-4	上海市青浦污水处理厂	SBR 工艺氧化沟工艺	3.5	太浦河
W-5	国际汽车城安亭污水处理厂	生物接触氧化法	5	蕴藻浜
W-6	上海市青浦区华新镇污水处理厂	AAO 式氧化沟	4.5	苏州河、淀浦河
W-7	上海青浦徐泾污水处理厂	倒置式 A/A/O 工艺	4.5	淀浦河
W-8	桃浦污水处理厂	SBR	60	苏州河
W-9	天山污水处理厂	鼓风曝气活性污泥	10.5	苏州河
W-10	闵行污水处理厂	A/O，三期氧化沟	5.3	太浦河
W-11	长桥水质净化厂	A/O 脱氮	2.5	黄浦江

续表

序号	名称	工艺	规模/ (万 m³/d)	排入河流
W-12	周浦水质净化厂	生物氧化接触反应	1.25	淀浦河
W-13	上海市东区污水处理厂	活性污泥法工艺	1.7	黄浦江
W-14	上海曲阳污水处理厂	活性污泥法	3.53	苏州河
W-15	上海石洞口污水处理厂	二级生物除磷脱氮处理工艺	40	长江
W-16	泗塘污水处理厂	活性污泥处理	2	蕴藻浜
W-17	上海吴淞污水处理厂	A/O（缺氧好氧）二级生物处理工艺	4	长江
W-18	上海友联竹园第一污水处理厂	A/O生物除磷工艺（化学生物絮凝工艺）	170	长江

表 3.14　18 个污水处理厂中 6 种酸性药浓度　　（单位：ng/g）

序号	污水处理厂	IBP	CA	NPX	KT	DFC	BEZ
W-1	金泽污水处理厂	31 007.4	nd	nd	nd	71.5	nd
W-2	练塘污水处理厂	11.8	51.8	372.4	nd	80.7	nd
W-3	朱家角工业污水处理厂	nd	nd	nd	nd	nd	nd
W-4	青浦第一污水处理厂	181.3	nd	nd	nd	167.4	nd
W-5	安亭汽车城污水处理厂	nd	nd	nd	nd	264.9	140.8
W-6	华新污水处理厂	nd	nd	nd	nd	74.3	nd
W-7	徐泾污水处理厂	nd	nd	nd	nd	nd	15.2
W-8	桃浦污水处理厂	65.7	nd	nd	nd	nd	nd
W-9	天山污水处理厂	24.4	nd	nd	nd	42.1	144.8
W-10	闵行污水处理厂	316.3	nd	nd	28.9	nd	nd
W-11	长桥水质净化厂	250.4	nd	nd	nd	49.2	nd
W-12	周浦水质净化厂	nd	nd	nd	nd	83.7	80.8
W-13	东区污水处理厂	nd	nd	nd	nd	nd	nd
W-14	曲阳污水处理厂	4 822.2	nd	nd	nd	2 060.9	nd
W-15	松口污水处理厂	19.6	nd	nd	nd	40.7	nd
W-16	泗塘污水处理厂	794.1	12.2	60.7	70.4	47.3	144.9
W-17	吴淞污水处理厂	126.6	nd	nd	nd	142.9	nd
W-18	竹园污水处理厂	nd	39.4	nd	16.9	265.6	nd
	平均浓度/（ng/g）	3 420.0	34.5	216.6	38.7	260.9	105.3
	最高浓度/（ng/g）	31 007.4	51.8	372.4	70.4	2 060.9	144.9

　　污水处理厂污泥中酸性药物的富存情况如表 3.14 和图 3.9 所示。IBP 的平均浓度为 3420.0ng/g，其中金泽污水处理厂中 IBP 最高浓度达 31 007.4ng/g，金泽污水处理厂采用 MSBR 法+过滤+消毒工艺，其污泥中 IBP 含量相对其他工艺要高，在该污水处理厂的污泥中，DFC 的浓度为 71.5ng/g，而 CA、KT、NPX、BEZ 均未检出。另外，在 18 个污水处理厂中，有 11 个污水处理厂中均有检出 IBP。相比 IBP 而言，只有练塘污水处

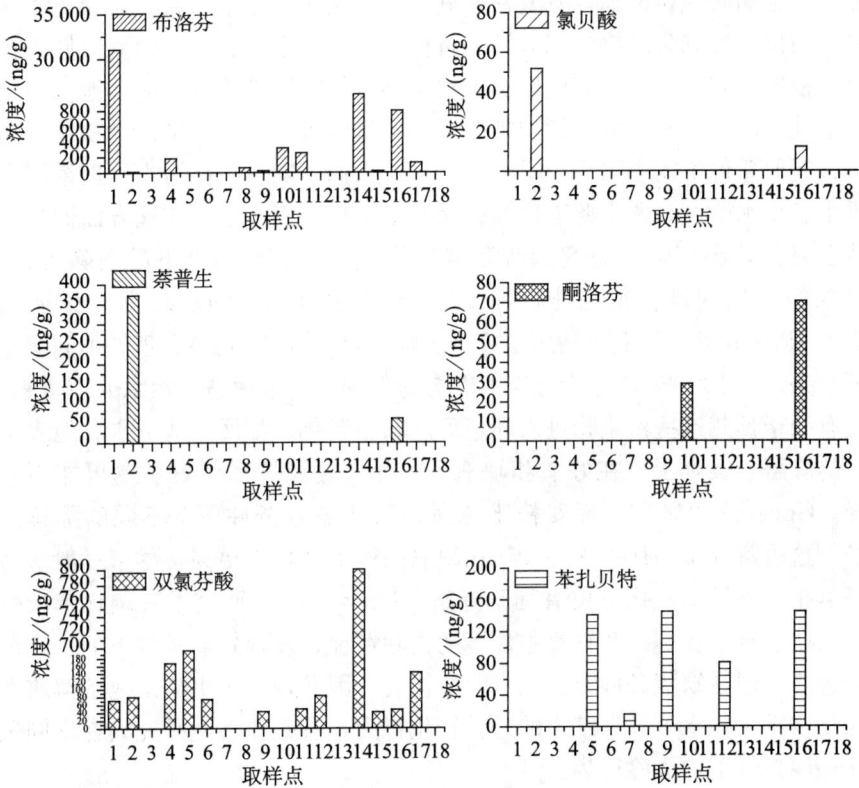

图 3.9　18 个污水处理厂污泥中 6 种酸性药浓度

理厂、泗塘污水处理厂、竹园污水处理厂检出了 CA，其浓度分别为 51.8ng/g、12.2ng/g 和 39.4ng/g，这三个污水处理厂分别采用 A/A/O 工艺、活性污泥处理工艺和 A/O 生物除磷工艺。NPX 也在练塘污水处理厂、泗塘污水处理厂有检出，浓度分别为 372.4ng/g 和 60.7ng/g，KT 仅在闵行污水处理厂和泗塘污水处理厂有检出。DFC 在多个污水处理厂均有检出，其平均浓度为 260.9ng/g。相对于 DFC 而言，BEZ 仅在 4 个污水处理厂有检出。

3.4　酸性药物在水环境系统中的迁移及去除技术

3.4.1　生物技术处理水体中酸性药物

1. 酸性药物在不同氧化还原条件下的生物降解性

目前，污水处理厂中传统污染物在不同氧化还原条件下去除机理已经做过详尽的研究。例如，氨氮在好氧条件下氧化成亚硝态氮，而硝态氮在缺氧条件下反硝化最终生成氮气。磷在好氧条件下吸收，在厌氧条件下释放。根据这些机理，人们设计了各种生物脱氮除磷工艺，并成功地应用于污水处理厂中氮和磷的污染控制。然而，目前对于新兴痕量污染物在不同氧化还原条件下的去除行为研究还不多，人们一般只关注污水处理系统中进水和出水浓度，并由此得出其去除率。不过，也有学者在这方面做过一些研究。Vader 等[144]研究过雌激素在不同氧化还原条件下的去除行为，发现经富集的硝化细菌能提高 17α-乙炔基雌二醇的去除率。Zwiener 等[145]利用好氧和缺氧生物床反应器去除 IBP、DFC 和 CA。理解不同氧化还原条件下 PPCPs 的去除行为不仅有助于进一步理解整个污水处理过程，也有利于预测这些污染物进入环境后的归去转化，如回灌地下水、地表水中的降解。实际上，在好氧和缺氧条件下，污染物的降解产物可能不一样。Goel 等[146]研究发现安替比林在好氧和缺氧条件下有不同的降解途径，这也解释了为何一些污染物在缺氧条件下去除率更高，尽管一般认为好氧条件下的高氧化电位有利于降解。Drews 等[147]研究了三碘化苯衍生物（造影剂）在好氧和缺氧条件下的去除情况，发现好氧条件下的去除可以忽略，但在缺氧条件下去除率明显提高。因此，为了更清楚地了解酸性药物在整个污水处理系统中的迁移转化行为，有必要首先研究其在不同氧化还原条件下的去除行为。

1）不同氧化还原条件下酸性药物的去除情况

在人工配水驯化好的好氧、缺氧、厌氧反应器污泥中加入 $100\mu g/L$ 酸性药物后，三个反应器中常规指标的去除率未受明显影响，其中好氧反应器中氨氮硝化和缺氧反应器中硝态氮反硝化比例都达到了 90% 以上。PPCPs 在污水处理厂系统中去除的途径主要包括生物降解、污泥吸附、气提挥发。由于酸性药物的亨利系数很小，可以不考虑气提挥发的影响。同时，由于酸性药物在中性条件下呈离子态，其固液分配系数 K_d 很小，海神计划中曾经提到，当 PPCPs 的固液分配系数 K_d 小于 $500L/g$ MLSS 时，污泥吸附的影响很小，可以忽略，因此反应器中酸性药物浓度的变化可以看成是生物降解导致的。

酸性药物在不同氧化还原条件下的去除率如图 3.10 所示。对于 IBP，好氧条件下其去除率接近 100%，而厌氧条件下去除率大约为 40%，缺氧环境下去除率最低，为 20% 左右，说明 IBP 主要在好氧条件下的降解，且降解近乎完全，这与文献中 IBP 易于生物降解的报道一致。KTP 在不同氧化还原条件下的降解规律与 IBP 一致，在好氧条件下近乎完全降解，而厌氧条件下降解率高于缺氧条件。NPX 在好氧条件下降解达到 50% 左右，而厌氧和缺氧条件下降解率均低于 30%，且在厌氧条件下相对易于降解。BZF 在好氧条件下几乎完全降解，而在缺氧和厌氧条件下去除率很低。CA 和 DCF 在好氧、缺氧、厌氧条件下的去除率都很低，说明 CA 和 DCF 是难生物降解的物质，在各种氧化还原条件下均难以降解。综上所述，IBP、KTP、BZF 在好氧条件下易于生物降解且降解率接近 100%，而在缺氧和厌氧条件下的降解率低；CA 和 DCF 难生物降解，在各氧化还原条件下降解率低。可见，在污水处理厂中酸性药物主要是在好氧条件下去除，而在缺氧反硝化和厌氧条件下去除率很低，图 3.10 为酸性药物在不同氧化还原条件下的去除率。

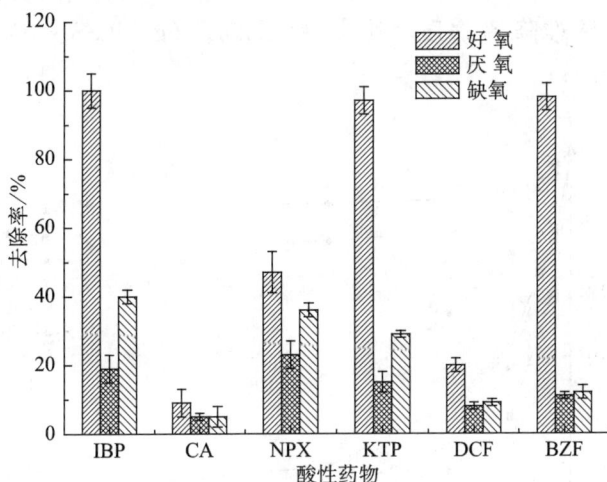

图 3.10　酸性药物在不同氧化还原条件下的去除率

由于酸性药物主要在好氧条件下降解，因此研究了酸性药物在好氧条件下的降解动力学，取污水处理厂回流污泥在好氧条件下驯化，待污泥驯化好后进行摇瓶实验。污泥取出后先用去离子水清洗 3 遍，离心后倒掉上清液，加入 250mL 锥形瓶中，同时按反应器进水配方加营养液，使每个锥形瓶中的 MLSS 浓度保持在 1000mg/L 左右，体积为 100mL。降解动力学实验在摇床中进行，摇床转速为 150rpm，温度为 25℃。在 0h、3h、6h、12h、1d、2d、4d 取样，污泥静置沉降后取上清液，过 0.22μm 的滤膜，在进行液相质谱测试前保存在 4℃ 的冰箱中。酸性药物的降解动力学如图 3.11 所示。人们常用一级降解动力学式（3.1）来分析酸性药物的降解动力学：

$$\frac{\mathrm{d}c_\mathrm{w}}{\mathrm{d}t} = -k_\mathrm{b} \cdot X \cdot c_\mathrm{w} \tag{3.1}$$

式中，c_w 为水相中酸性药物浓度，$\mu g/L$；X 为污泥浓度，$g\ MLSS/L$；t 为时间，h；k_b 为一级生物降解常数，$L/(g\ MLSS \cdot d)$。

式（3.1）积分变形后为

$$\ln\frac{c_\mathrm{w}}{c_0} = -k_\mathrm{b} \cdot X \cdot t \tag{3.2}$$

式中，c_0 为酸性药物的初始浓度，$\mu g/L$。以 $\ln(c_\mathrm{w}/c_0)$ 对 t 线性回归作图，由其斜率可得到 k_b。

通过计算可得 IBP、KTP、BZF 和 NPX 的 k_b 为 $2.75L/(g\ MLSS \cdot d)$、$1.11L/(g\ MLSS \cdot d)$、$1.97L/(g\ MLSS \cdot d)$、$0.55\ L/(g\ MLSS \cdot d)$，而 CA 和 DCF 是难降解物质，其 k_b 为 $0.25L/(g\ MLSS \cdot d)$ 和 $0.14L/(g\ MLSS \cdot d)$。

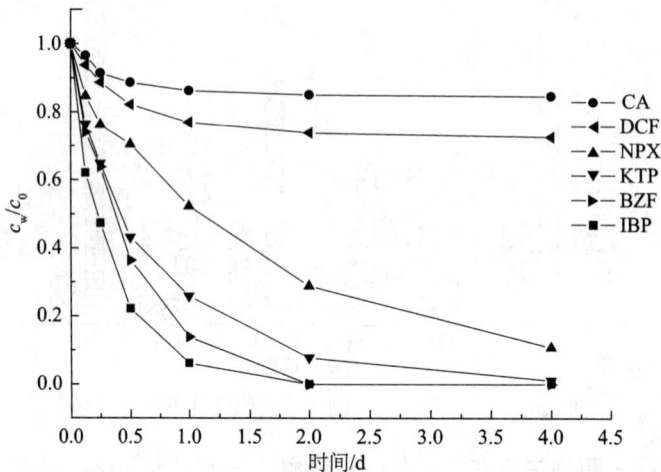

图 3.11　酸性药物的降解动力学

2）SRT 对酸性药物在不同氧化还原电位去除的影响

SRT 是污泥平均停留时间，当微生物的世代繁殖时间在 SRT 之内时，才能在系统中停留繁殖。高 SRT 有利于慢速生长微生物在系统中的繁殖，保持系统中微生物的多样性，有利于痕量污染物的去除。因此，可以通过控制系统的 SRT 来控制系统中微生物的种类，进而影响污染物的去除率。

为了研究 SRT 对酸性药物的去除影响，分别考察 SRT 为 5d、15d 和 25d 对好氧、缺氧、厌氧反应器中酸性药物的去除率，结果如图 3.12 所示。在好氧反应器中，对于 IBP、KTP 和 BZF，高 SRT 有利于其去除，其中当 SRT＞15d 时，污染物接近完全去除。而当 SRT 降为 5d 时，去除率都降到 80％以下。这说明 SRT 会影响系统中这三类酸性药物的去除率，低 SRT 导致微生物在系统中停留时间短，不利于生长世代长的微生物，对这些痕量的污染物去除率相对较低。对于 NPX，其在 SRT 为 5d 的去除率比 SRT 为 15d 和 25d 去除率低，同样说明低 SRT 不利于其去除。对于 CA 和 DCF，高 SRT 对其去除率没有提高，相反在 SRT 低时其去除率有少量提高，这表明 CA 和 DCF 是难降解的物质，微生物很难对这些物质降解转化，而低 SRT 提高其去除率的原因并不是由于微生物的作用，可能是由于吸附等非生物因素。对于缺氧和厌氧条件，SRT 对各个物质去除的影响不一样。尽管高 SRT 有利于 NPX 的去除，但是其去除率与低 SRT 时相差不大，IBP 在缺氧时低 SRT 去除率相对更高，而厌氧时 SRT 为 15d 时去除率高。考虑到这些酸性药物在缺氧和厌氧时去除率很低，同时 SRT 与各物质的去除没有明显的规律，因此可以认为 SRT 对缺氧、厌氧时酸性药物的去除没有必然的联系。

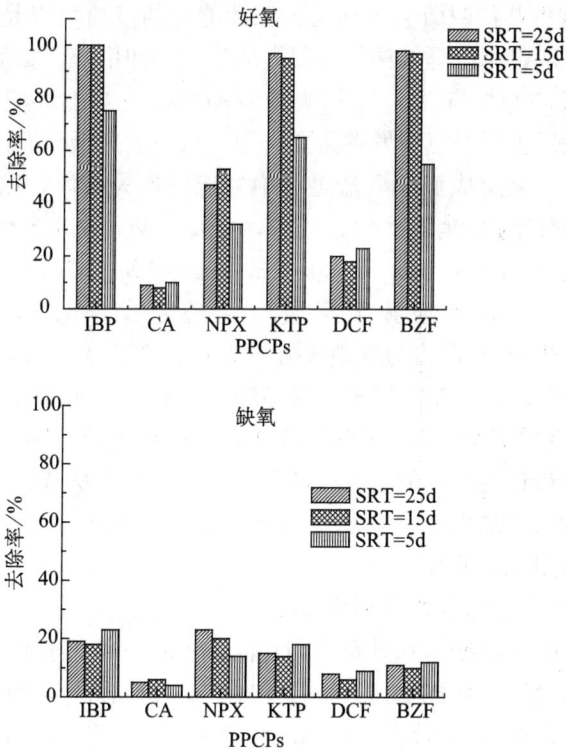

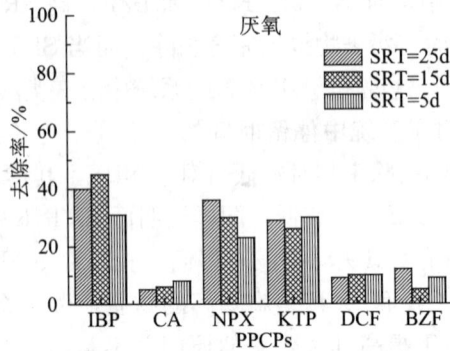

图 3.12　SRT 对不同氧化还原条件下酸性药物去除的影响

2. 硝化菌对酸性药物的降解

PPCPs 降解的情况可以分为两种：一是在好氧的条件下，微生物利用 PPCPs 作为碳源和能源降解，但是在环境中 PPCPs 的浓度很低，不足以支持该种微生物的生长，同时一些 PPCPs 的生物可利用性差；二是共代谢降解 PPCPs，即利用其他物质作为微生物生长的碳源和能源，而降解转化 PPCPs，这种共代谢微生物利用碳源和能源的基质可以是与 PPCPs 结构相似的基质，也可以是结构差异很大的基质，如甲醇、氨氮。其中以氨氮为基质生长的专性自养的硝化菌 N. europaea 在自然环境中普遍存在，且在污水处理厂生物脱氮中发挥重要作用，从而被广泛研究。该自养菌利用氨氮（NH_3）氧化成亚硝酸盐过程中的能量作为能源，以 CO_2 作为碳源。在 NH_3 氧化为亚硝酸盐的过程中，主要有两种酶在起作用，首先是氨被氨单氧化酶（ammonia monooxygenase，AMO）氧化为羟胺（hydroxylamine），然后是羟胺被羟胺氧化还原酶（hydroxylamine oxidoreductase，HAO）催化为亚硝酸盐。在这个过程中，HAO 只能利用羟胺、肼等小分子；而 AMO 能氧化很多烃类物质，但这些物质并不是生长基质。在硝化菌的 AMO 氧化降解物质中，先后有烷烃、烯烃、氯代烃类、醚类、硫醚，最近这方面的研究开始关注单环芳烃，从苯、苯酚到卤代芳烃，也有人曾研究过萘[148]。关于自养硝化菌共代谢降解 PPCPs 的研究目前很少，有必要深入研究。

1）硝化细菌的富集培养和摇瓶实验

硝化污泥取自曲阳污水处理厂硝化池，先用去离子水清洗 3 遍，静置沉淀后倒掉上清液，污泥加入 4L 的有机玻璃反应器，以 SBR 方式驯化。反应器进水无机盐组分：1.5g/L 的 Na_2CO_3，41.6mg/L 的 $MgSO_4$，

50mg/L 的 CaCl$_2$ · 2H$_2$O，50.5mg/L 的 NaH$_2$PO$_4$，75.6mg/L 的
K$_2$HPO$_4$ · 3H$_2$O，0.5mg/L 的 CuSO$_4$ · 5H$_2$O，0.5mg/L 的 FeCl$_3$ ·
6H$_2$O，0.5mg/L 的 ZnSO$_4$ · H$_2$O，NH$_4$Cl 的浓度在驯化过程中逐渐由
100mg/L 提高到 300mg/L，污泥驯化时不加入酸性药物。反应器运行周
期为 2d，驯化 2 个月，温度保持在 30℃，溶解氧 DO＞5mg/L，pH 控制
在 7.5～8.0。

驯化好的硝化污泥取出后先用去离子水清洗 2～3 遍，离心后倒掉上清
液，加入 250mL 的锥形瓶中，向锥形瓶中加入上述无机盐组分，加标
100μg/L，根据实验的需要加入氨氮和有机物。每个锥形瓶中的 MLSS 浓度
保持在 1000mg/L 左右，体积为 100mL。锥形瓶放入摇床，摇床转速为
150r/min，温度为 30℃。在 0h、3h、6h、12h、1d、2d、4d 取样，污泥静置
沉降后取上清液，过 0.22μm 的滤膜，保存在 4℃的冰箱中。水样中氨氮、
硝态氮采用国标方法测定，酸性药物浓度利用上述 LC/MS 方法测定。

2）酸性药物的降解

驯化富集的自养硝化菌能利用氨氮为氮源，利用二氧化碳为碳源合成
有机物。其对氨氮的降解如图 3.13 所示，系统中氨氮能被硝化细菌在 2d
内迅速降解，转化为硝态氮，而亚硝态氮在整个降解过程中含量很少，说
明系统中同时存在着氨氧化细菌和亚硝态氮氧化细菌，二者协同作用，有
效地把氨氮氧化成硝态氮。对系统中氮元素质量平衡发现其总量并未减
少，并未发生硝态氮反硝化成氮气，这是由于系统中没有反硝化细菌。

硝化细菌对酸性药物的降解如图 3.14 所示，IBP 能在 2d 内完全降
解，这进一步证明了其易生物降解性。BZF 的降解率也很高，达到 95％；
NPX 在 2d 内同样能降解 75％；而 DCF 和 KTP 的降解率只有 40％左右，
CA 难以降解，降解率只有 15％。酸性药物的降解主要发生在 2d 以内，
而这段时间正是系统氨氮迅速降解的阶段，由此可见，酸性药物的降解与
氨氮的降解呈一定的正相关性，这主要是由于自养硝化菌在氧化氨氮时产
生氨单氧化酶 AMO，通过 AMO 的氧化作用共代谢降解酸性药物。与上
述好氧反应器污泥相比，经富集后的硝化污泥对 IBP 和 BZF 都有很高的
降解率，但是好氧污泥对 KTP 能完全降解，而富集硝化污泥不能有效地
降解 KTP，这可能是由于好氧污泥中异养菌相对较多，而 KTP 可能易于
被异养微生物降解。此外，富集硝化菌对 DCF 的去除率高于好氧污泥，
说明 DCF 的降解可能跟自养硝化菌的共代谢有关，而 CA 无论是富集硝
化菌还是好氧污泥，其去除率都很低，说明 CA 是难生物降解物质，无论

是自养菌还是异养菌，都不能对其有效降解。

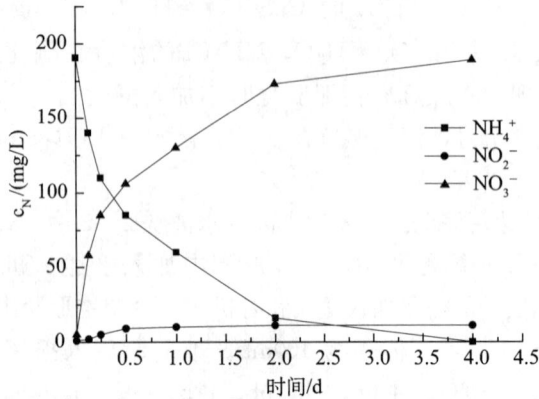

图 3.13　富集硝化菌系统中氨氮、亚硝态氮、硝态氮的去除率

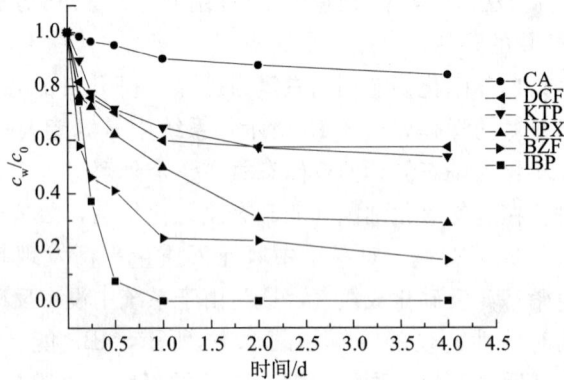

图 3.14　富集硝化菌对酸性药物的降解

富集的硝化污泥中，自养硝化菌对酸性药物共代谢降解，其主要以氨氮为代谢底物，把氨氮氧化成亚硝态氮的过程中产生氨单氧化酶，通过该酶的作用降解酸性药物。为考察底物氨氮的浓度对酸性药物共代谢活性的影响，研究了系列氨氮浓度为 10mg/L、60mg/L、120mg/L、200mg/L 对酸性药物去除率的影响，其结果如图 3.15 所示。随着氨氮浓度的升高，酸性药物的去除率也相应升高，尤其在低浓度氨氮时，酸性药物的去除率与氨氮浓度呈正相关性，但是当氨氮浓度升高到一定浓度时，酸性药物去除率不再升高或者升高程度不大。当氨氮浓度由 120mg/L 提高到 200mg/L 时，BZF 和 NPX 的去除率甚至有一定程度的降低，这说明酸性药物的去除可能与产生的氨单氧化酶有关。

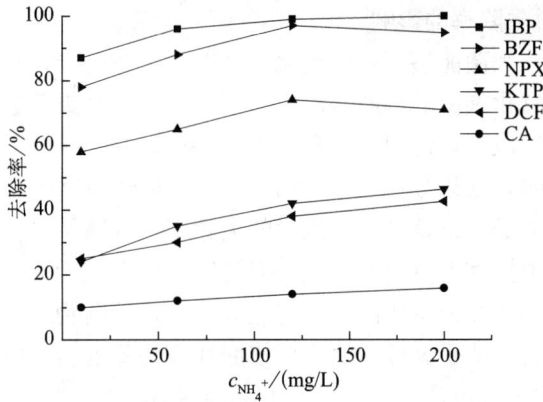

图 3.15 氨氮浓度对酸性药物去除的影响

3）酸性药物浓度对去除率的影响

自养硝化菌在酸性药物的共代谢作用过程中，酸性药物和氨氮会竞争性吸附在氨单氧化酶活性位点上，酸性药物的浓度可能会影响其降解效率，不同酸性药物浓度对去除率的影响如图 3.16 所示，随着酸性药物的浓度由 $100\mu g/L$ 提高到 $500\mu g/L$，氨氮的去除率并没有受到明显的影响，说明酸性药物并没有抑制硝化细菌的活性。IBP 在高或低浓度下都能完全降解，而 CA、NPX、KTP、DCF、BZF 随着酸性药物浓度的升高，降解率下降，这是因为氨氮对氨单氧化酶 AMO 的亲和性比酸性药物强，因此随着酸性药物浓度的升高，氨氮的去除率并未受到影响，而酸性药物由于吸附位点饱和，不能再有效地降解多余的酸性药物。尽管酸性药物的降解率降低，但是其降解总量却升高。

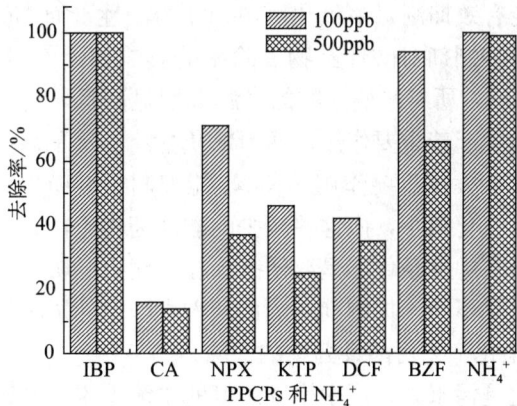

图 3.16 药物浓度对其去除率的影响

4）氮源对去除率的影响

富集的硝化细菌能够把氨氮硝化成硝态氮，在这个过程中有氨氧化细菌和亚硝态氮氧化细菌的协同作用。为了考察这两类细菌在酸性药物去除中的作用，分别以 200mg/L 的氨氮和亚硝态氮为氮源，研究其对酸性药物去除率的影响，结果如图 3.17 所示。当以亚硝态氮为氮源时，酸性药物的去除率明显低于以氨氮为氮源时的去除率，说明氨氧化细菌在降解酸性药物的过程中扮演着重要的角色，但是以亚硝态氮为氮源时，酸性药物也有降解，这并不能说明亚硝化细菌能够降解酸性药物，因为系统中同时含有异养菌，有可能是异养菌的作用使酸性药物降解。

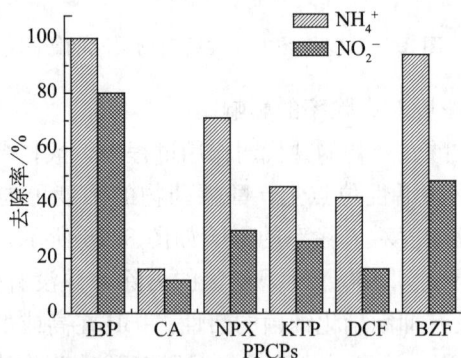

图 3.17　氮源对去除率的影响

5）抑制剂对酸性药物去除率的影响

为了进一步弄清哪种细菌在酸性药物降解中起主要作用，在硝化菌降解酸性药物系统中分别加入两种抑制剂，即丙烯基硫脲 ATU 和叠氮化钠 NaN_3，ATU 能有效抑制氨单氧化酶 AMO 的活性，而 NaN_3 能抑制所有微生物的活性。抑制剂对酸性药物去除率的影响如图 3.18 所示，在系统中加入 ATU 以后，所有酸性药物的降解率明显降低，自养硝化菌在降解酸性药物的过程中起着重要作用。而 IBP 仍然有很高的降解率，说明异养菌在 IBP 的降解中发挥重要作用。NaN_3 能抑制所有微生物的活性，所以酸性药物的浓度变化很小，而这些减少的酸性药物可能是由于污泥的吸附作用，酸性药物在中性条件下呈离子态，在污泥上的吸附量很少，所以酸性药物的浓度变化不大。抑制剂对酸性药物去除率的影响如图 3.18 所示。

3. 硝化反硝化工艺对酸性药物的去除

硝化反硝化是污水处理厂中生物脱氮的主流技术。在硝化反硝化系统中，污泥停留时间（SRT）长，世代生长时间在 SRT 内的微生物才能在

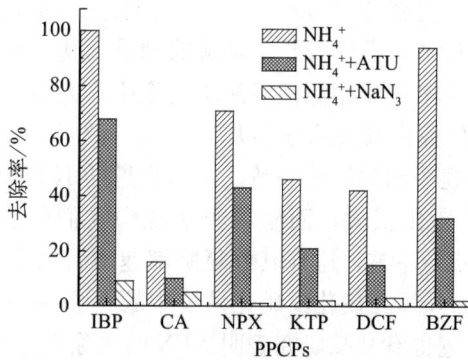

图 3.18 抑制剂对酸性药物去除率的影响

系统中停留和富集，长污泥停留时间有利于慢速生长细菌的富集，能形成一个更丰富多样的微生物群落，有利于去除一些难生物降解的物质。此外，硝化反硝化系统有利于自养硝化菌等微生物的生长繁殖，而这些微生物往往有利于一些难降解污染物的去除，其中自养硝化菌在氧化氨氮的过程中产生氨单氧化酶 AMO，对烷烃、烯烃、单环芳烃、氯代芳烃等都有较好的共代谢降解作用。Zwiener 和 Frimmel[149] 做过 DFC 的短期生物降解实验，DFC 在好氧生物膜反应器中反应 48h 后几乎未降解，然而在缺氧生物膜反应器中有更好的去除率，好氧缺氧比例可能会影响 DFC 的去除。因此，在硝化反硝化系统中，有必要研究 PPCPs 在不同阶段的迁移转化规律以及其中的影响因素。

硝化污泥来自于曲阳污水处理厂的回流污泥，在直筒形有机玻璃反应器中驯化培养，反应器内径为 0.14m，高为 0.52m，有效容积为 8L。侧面有若干进水口和出水口并连接有导管。采用电磁阀、蠕动泵、曝气机、电动搅拌器并通过微电子控制器与电源相连，从而分别控制出水、进水、曝气和搅拌，实现自动运行。反应器采用 SBR 运行方式，进水 15min，搅拌 1h，搅拌和曝气 7h，沉淀 1h，出水 15min，静置 2.5h，HRT 为 12h，SRT 为 30d，污泥浓度维持在 2500～3000mg/L。驯化期间反应器中常规指标去除率如图 3.19 所示，氨氮、总磷、COD 去除率在 21d 时达到稳定，去除率达到 80% 以上，而总氮去除率稳定在 70% 左右。在污泥驯化 35d 后，开始在反应器中加入 100μg/L 的酸性药物，此时反应器微生物受到一定程度的抑制，氨氮、总磷、COD、总氮去除率有少量降低。随后加药驯化的过程中，常规指标的去除率逐渐升高，恢复到正常水平。

反应器稳定后，酸性药物的去除率如图 3.20 所示，IBP、KTP 和

BZF 的去除率很高，达到 90％以上。这与前面好氧污泥降解实验中得出的结论一致，这三种酸性药物都是易降解的物质，其一级降解速率常数高于其他几种物质。文献中采用活性污泥法去除这些物质的报道很多，其中对于 IBP，大多数研究中其去除率都大于 90％，说明它是一种极易生物降解的物质，与本研究得出的结论一致。文献报道的 KTP 和 BZF 在活性污泥系统中的去除率变化很大，而生物膜系统中它们的去除率相对更高。NPX 的去除率在 65％左右，这与其好氧降解速率常数低于前述三种物质一致，有人研究过 NPX 在硝化反硝化系统中的去除率为 68％，和本研究所得结论接近，不过也有文献研究表明 NPX 的去除率达到 90％以上。CA 和 DCF 的去除率为 20％～40％，是难降解物质，文献报道它们的去除率变化很大，但大多都把它们归结为难降解物质。对于这些物质采用生物降解工艺效果不好，可以考虑利用高级氧化等手段降解。

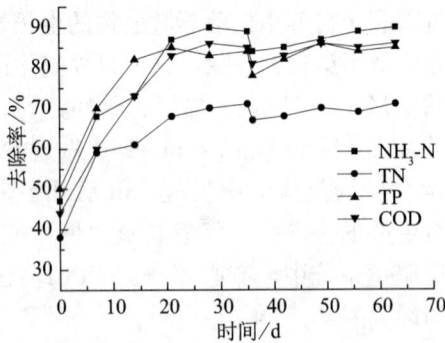

图 3.19　驯化期间常规指标去除率

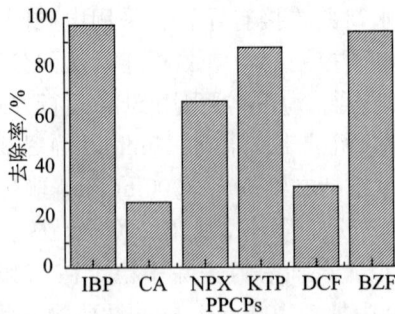

图 3.20　硝化反硝化系统中酸性药物去除率

3.4.2 水环境系统中酸性药物的高级氧化处理技术及迁移转化

由于部分酸性药物的生物降解性能较差，其在传统的污水处理厂中去除率较低。Stumpf 等[150]对污水处理厂 24h 的测定显示，生物滴滤单元对 BEZ 的去除率仅为 27%，而活性污泥法对其的去除率为 50%。Carballa 等[151,152]对 4 个污水处理厂的调查研究显示，经过 24h 的处理，BEZ 在冬季的去除率为 27%，夏季为 87%，CA 在冬季为 30%，夏季小于 36%。Bernhard 等[153]的研究表明，MBR 工艺对 CA 的去除效果仅为 26%，DFC 的去除效果为 24%。Bendz[154]等通过对 Källby 污水处理厂进、出水水样进行测定，结果表明，IBP 的去除率为 96%，KT 的去除率为 65%，NPX 的去除率为 93%，DFC 的去除率仅为 22%，而在 Carballa 等[151]的研究中显示，经过整个污水处理过程，IBP 的去除率仅为 63%。Zorita 等[155]的研究中，IBP 和 NPX 的去除率较高，分别为 99% 和 94%，CA 的去除率较低，约为 61%，DFC 几乎没有去除效果。Carballa 等[156]研究得出，在一级处理中使用混凝剂（三价铁盐和铝盐）提高污泥的吸附性能以后，能大为提高 DFC 的去除效果。Joss 等[157]对城市污水处理厂生物降解的研究中发现，当污泥停留时间在 4~60d 时，DFC、IBP、NPX 的去除率分别为 5%~45%、90%~100% 和 55%~85%，他们在污泥中的吸附率均小于 5%，由此可以看出，传统的污水处理工艺对于酸性药物的去除存在一定的难度。

由于酸性药物在传统生物污水处理单元的去除效率较低，因此采用高级氧化的方法（AOPs）来处理污水中酸性药物越来越受到人们的重视[158~162]。高级氧化技术是以羟基自由基（·OH）为主的氧化剂与有机物的反应。·OH 是氧化能力仅次于氟的氧化剂，速率常数可达到 $10^6 \sim 10^9 mol/(L \cdot s)$，且与药物的反应没有选择性。常见的高级氧化技术有 O_3/H_2O_2、UV/H_2O_2、UV/TiO_2、芬顿和光芬顿氧化等[163]。高级氧化法能使水体中大部分有机物几乎完全矿化或产生危害更小、易于生物降解的产物，同时能有效适应不稳定流量，因此高级氧化可用于生物预处理，有效改善后续生化反应。目前，O_3/H_2O_2、光催化等高级氧化方法已在处理污水中的痕量药物上得到了成功的应用[164,165]。Mendez-Arriaga 等[166]对 TiO_2 光催化方法、光芬顿方法以及超声光降解的方法去除水中 IBP 的研究显示，其中光芬顿方法的去除率达到 95%、矿化程度达到 60%，而超声与光芬顿相结合的方法使得 IBP 的降解率达到了 100%。Ternes 等[163]采用 0.5mg/L 的臭氧对药物进行处理，其中 DFC 的去除率大于 97%，而 CA 的去除率只有 10%～15%。臭氧浓度为 1～1.5mg/L 时，BEZ 的去除率为 50%，当增大到 3mg/L 时，仍有 10%～20% 的 BEZ 未被去除。Naddeo 等[167]采用超声的方法对城市污水处理厂出水中的药物进行了去除研究，经过处理之后，其产物毒性有所降低，且更易生物降解，因此高级氧化作为生化处理前的预处理或深度处理是可行的。

光催化作为高级氧化方式的一种，在酸性药物的处理方面发挥着重要的作用[163,168～170]。所谓光催化反应，就是在光的作用下进行的化学反应[171]。光化学反应需要分子吸收特定波长的电磁辐射，分子受激产生分子激发态，然后会发生化学反应生成新的物质，或者变成引发热反应的中间化学产物[172～176]。利用光催化进行污水处理通常是在通过过滤层去除悬浮的 SS 之后，对水中栖息的菌类、病毒以及溶解性有机化合物通过光反应生成羟基自由基（·OH）进行杀菌反应和氧化反应的处理工艺[177～181]，其中对生物难降解的有机物处理方面有着较好的去除效果[182～192]。

在对酸性药物的处理方面，Mendez-Arriaga 等[193]采用 UV/TiO$_2$ 对高浓度的 DFC、NPX 和 IBP 进行了光催化降解研究，通过对光解产物判断，评价其产物的毒性及可生物降解性能。其研究结果表明，溶解氧在降解过程中起到非常重要的作用，DFC、NPX 光解产物的可生物降解性能较差，但对于高浓度的 IBP，经过光催化氧化之后其产物的可生物降解性较好，因此，可在光催化降解之后，对其产物进行生物降解来进行去除。Rizzo 等[194]的研究结果表明，在 UV/TiO$_2$ 过程中，随着 DFC 初始浓度的增大，其降解产物的毒性也随之增加，但是该方式适用于污水处理厂较低浓度的 DFC 的去除。在 Pereira 等[195]的研究中，他们使用中压汞灯对 6 种药物进行了去除，其中包括 NPX、KT 和 CA 三种较为常见的酸性药物，其研究结果表明，中压汞灯较之低压汞灯对于这些药物的去除效果更为有效。Li 等[125]主要研究了温度在 UV$_{254}$/H$_2$O$_2$ 对 CA 进行降解的影响，其研究结果表明，在 30℃ 时经过 15min 的反应，CA 的去除率能达到 99%。Kim 等[196,197]的研究表明，对二级污水处理厂出水中的 KT、DFC、NPX、BEZ 等酸性药物采用 UV$_{254}$/H$_2$O$_2$ 光催化氧化降解法极易去除。Andreozzi 等[198]采用臭氧、UV/H$_2$O$_2$、TiO$_2$ 光催化对水中 6 种药物进行了去除，其研究结果表明，经过 2min 的臭氧、5minUV/H$_2$O$_2$ 以及 0.3g/LTiO$_2$ 的处理，其产物毒性得到了完全的去除。

1. 腐殖酸对 UV/H_2O_2 去除水环境中痕量酸性药物的影响

在光催化氧化的过程中，一些溶解的有机质如腐殖酸会对这个过程产生影响，腐殖酸在光解过程中会起到光敏剂的作用，同时还会消耗掉部分已有的羟基自由基（·OH）。在自然的水环境中，腐殖酸的浓度介于地下水中的 $20\mu g/L$ 和某些地表水中的 $30mg/L$ 之间。高浓度腐殖酸的存在会对紫外光催化氧化的过程产生一定的影响。因此，腐殖酸对酸性药物在光催化氧化过程中所产生的影响，越来越多地引起人们的关注[125,199,200]。目前，少有文献是关注水体中腐殖酸对酸性药物在 UV/H_2O_2 过程中产生的影响的。此外，很多溶解性的阴离子如氯离子（Cl^-）、碳酸氢根离子（HCO_3^-）、硝酸根离子（NO_3^-）对酸性药物降解过程影响的研究也较少，因此研究这些常见的水环境中溶解性物质在 UV/H_2O_2 过程中对酸性药物的降解产生的影响是非常重要的。

本研究的目的主要是讨论 6 种酸性药物在 UV/H_2O_2 去除过程中腐殖酸的存在对其产生的影响，以及一些常见的溶解性的无机阴离子在其去除过程中对这些药物产生的影响[201,202]，主要包括氯离子（Cl^-）、碳酸氢根离子（HCO_3^-）、硝酸根离子（NO_3^-）。与此同时，对其他参数如溶液初始的 pH、温度、H_2O_2 等对酸性药物的影响作出评价。最后，将优化的条件应用到不同种类的实际水样中，对酸性药物在这些水体基质中的降解效果进行评价。

本研究采用 9W 低压汞灯作为紫外光源，波长为 254nm，光密度为 $61.4\mu m/cm^2$。实验过程中酸性药物采用混合标样，6 种酸性药物的初始反应浓度均为 $100\mu g/L$。在实验开始之前，紫外灯提前预热 10min 待光源稳定后开始反应。反应过程中反应器采用磁力搅拌器，转速为 300r/min。反应器采用双层的玻璃反应器，内径为 80mm，内部高度为 160mm，反应溶液体积为 500mL。由于在试验过程中紫外灯会不断地产生热量，为了使反应器能够维持在特定的温度进行反应，在双层的玻璃反应器外部设置循环水浴对反应温度进行控制。反应器如图 3.21 所示。

在酸性药物 UV/H_2O_2 过程降解实验中，各酸性药物的浓度随反应时间呈指数递减，符合一级动力学规律。酸性药物的降解过程见式（3.3）和式（3.4）。首先，酸性药物（Phar.）与羟基自由基（·OH）反应生成中间产物（Int.），而后中间产物（Int.）继续与羟基自由基（·OH）反应生成最终产物（P）：

$$\text{Phar.} + \cdot\text{OH} \xrightarrow{k_1} \text{Int.} \tag{3.3}$$

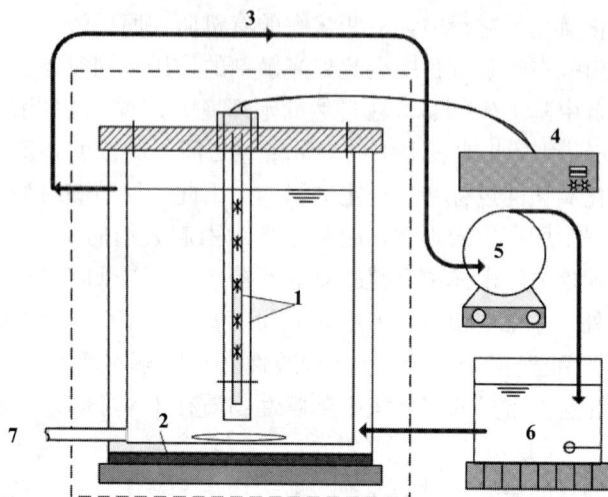

图 3.21　紫外反应器示意图

1. 紫外灯，外置石英套管；2. 磁力搅拌器；3. 循环冷凝水；4. 稳压电源；

5. 蠕动泵；6. 水浴控温装置；7. 取样口

$$\text{Int.} + \cdot \text{OH} \xrightarrow{k_2} \text{P} \tag{3.4}$$

因此，初始反应速率 k_{op} 可以表述为[19]

$$k_{op} = \frac{2k_1 \phi I_0 f_{H_2O_2}}{k_2 [\text{Phar.}]_0} \tag{3.5}$$

式 (3.5) 可以简写为

$$\frac{-\mathrm{d}[\text{Phar.}]}{\mathrm{d}t} = -k_{op}[\text{Phar.}] \tag{3.6}$$

式中，I_0 为紫外光的密度；ϕ 为 H_2O_2 是过氧化氢溶解过程产生的光量子；$f_{H_2O_2}$ 为紫外光照射过程中吸收的羟基自由基微分。式 (3.7) 可以写为

$$\ln(\frac{c_i}{c_0}) = -k_{op}t \tag{3.7}$$

在式 (3.7) 中，c_i 表示酸性药物经过紫外光光照射在 t 时刻的浓度，c_0 为酸性药物的初始浓度。该反应的半衰期 ($t_{1/2}$) 见式 (3.8)：

$$t_{1/2} = \frac{\ln 2}{k_{op}} \tag{3.8}$$

为了避免在反应过程中某些因素会对酸性药物的降解造成影响，在进行实验之前，对主要实验条件进行了暗反应实验。实验在黑暗条件下进行，溶液反应体积为 100mL，酸性药物初始浓度为 $100\mu g/L$。同时在浓度为 5mg/L 的腐殖酸（HA）中分别加入 1mg/L 的过氧化氢（H_2O_2）、0.1mol/L 的氯化钠（NaCl）、硝酸钠（$NaNO_3$）、碳酸氢钠（$NaHCO_3$）。在黑暗环境中，于 20℃进行 4h 的反应；另外，将含有 5mg/L 腐殖酸（HA）的溶液分别置于 10℃、20℃和 30℃的水浴中于黑暗环境中进行搅拌；将腐殖酸溶液的 pH 调整为 5、7 和 12 并在 20℃的环境中持续搅拌 4h。暗反应在经过 4h 的连续搅拌后达到平衡，在无紫外光照射各种离子和溶解性有机物存在的溶液中，酸性药物的浓度没有降低，4h 后所有酸性药物的浓度均接近反应的初始浓度 $100\mu g/L$。在不同的温度和 pH 条件下，酸性药物的浓度均未发生变化。因此，在黑暗环境中，腐殖酸和这些溶解性基质不会对酸性药物产生明显的吸附或降解作用。

1）腐殖酸浓度对 UV 去除水环境中痕量酸性药物的影响

在本研究中腐殖酸共选择了三个浓度，1mg/L、5mg/L 和 10mg/L。酸性药物的初始浓度为 $100\mu g/L$。试验温度控制在 20℃，反应时间为 120min。为了进行对比以更加清楚地反映出腐殖酸对酸性药物在 UV 光降解过程中对酸性药物的影响，本研究进行了 UV 单独对酸性药物的降解研究，实验结果如图 3.22 所示，对于不同的酸性药物其降解速率是不同的，主要是因为这些药物具有不同的紫外吸收波长。随着腐殖酸的加入，在 120min 的反应时间内，这些酸性药物的降解速率变慢。经过 10～40min 的反应，不同腐殖酸浓度下的 KT 和 DFC 的去除率接近 100%。随着腐殖酸浓度的增大，IBP 的去除率降低的比较明显，从 76.1%下降到 22.6%。当腐殖酸的浓度增大到 10mg/L 时 BEZ 的去除率从 84.5%下降到 38.0%，CA 的浓度从 100%下降到 88.0%。随着腐殖酸的加入，这些酸性药物降解过程均符合一级反应动力学。当腐殖酸的浓度从 0mg/L 上升到 10mg/L 时，CA 的 K_{op} 从 $0.0435min^{-1}$ 下降到 $0.0182min^{-1}$，DFC 的 K_{op} 从 $0.8136min^{-1}$ 下降到 $0.2054min^{-1}$，相比其他酸性药物而言，其受到腐殖酸的影响相对较大。因此可以看出，腐殖酸的加入对于大部分酸性药物来说，在紫外光降解过程中主要起到了抑制作用，而且这种抑制作用随着腐殖酸浓度的升高而增大。腐殖酸在紫外光照射过程中能促进光催化的进程，从而加大某些污染物质的降解[203]。然而，这种促进作用只存在于一定的浓度范围内[204]。在自然的水环境系统中，这些酸性药物的浓度远小于腐殖酸的浓度，因此浓度的影响要远高于其他影响因素。因为这些酸性药物的浓度不足以与腐殖酸浓度抗衡，光催化对这些药物降解所提供的能量也是远远不够的。研究结果表明，腐殖酸对酸性药物的降解起到了一定程度的抑制作用，并且随着腐殖酸浓度的增加，这种抑制作用也变得更加明显，酸性药物的降解速率也随着腐殖酸浓度的增加而逐渐降低。

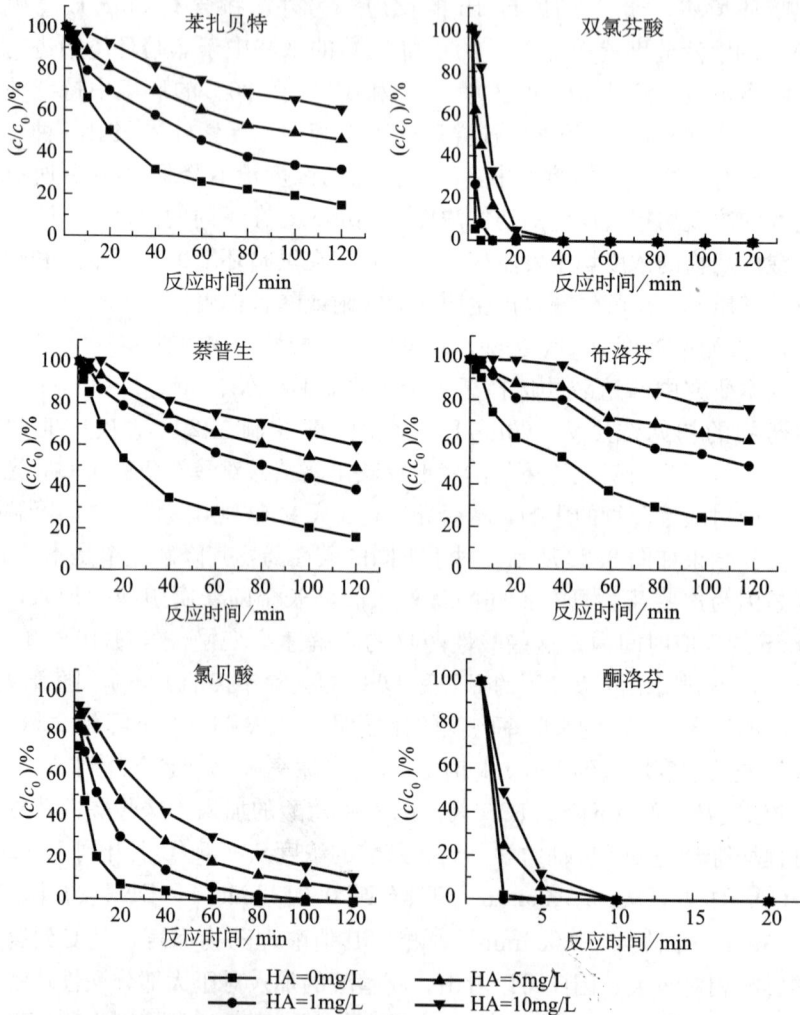

图 3.22　不同腐殖酸浓度对 6 种酸性药物在 UV 条件下降解的影响

[腐殖酸（HA）浓度：$c_0 = 0mg/L$，$c_1 = 1mg/L$，$c_2 = 5mg/L$，$c_3 = 10mg/L$，$T = 20℃$]

2）温度对 UV/H_2O_2 去除水环境中痕量酸性药物的影响

本研究在 10℃、20℃和 30℃的条件下讨论了温度对酸性药物降解的影响。在 120min 内，6 种酸性药物在腐殖酸存在的溶液中降解效果随着温度的升高不断增大。但是，一些物质的降解速率并没有随着温度的升高而增大。由图 3.23 可以看出，KT、IBP、NPX 的降解速率在温度从 20℃升高到 30℃时有所下降，但是相对于 KT 而言，IBP 和 NPX 的降解速率受影响程度并不是十分明显。当温度从 10℃升高到 30℃时，除了 KT 以外，其他五种药物的降解速率变化不大。前文研究提到，温度的升高会对物质的降解起到一定程度的促进作用。但是由于反应溶液中腐殖酸的加入，KT、IBP、NPX 的降解速率没有随着温度的升高而增大，这很有可能是受到了腐殖酸的影响。

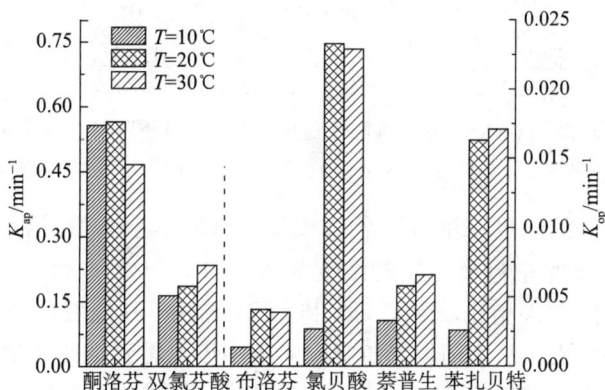

图 3.23　不同温度对 6 种酸性药物在 UV 条件下降解速率的变化

（HA 腐殖酸浓度＝5mg/L，T_1＝10℃，T_2＝20℃，
T_3＝30℃，初始 pH＝5.8～6.5，反应时间为 120min）

3）pH 对 UV/H_2O_2 去除水环境中痕量酸性药物的影响

由于大部分有机物在 UV/H_2O_2 光催化氧化过程中受到初始 pH 的影响。本研究对 6 种酸性药物的反应条件设置为酸性、中性和碱性，采用 0.1mol/L 的盐酸和氢氧化钠进行调节，反应溶液的 pH 分别为 5、7、12，实验结果如图 3.24 所示。这 6 种酸性药物在碱性环境下降解速率明显变慢，KT 和 BEZ 在中性条件下降解效果最好，其降解速率要高于酸性和碱性条件。与之相反，DFC、NPX 和 CA 则是在酸性条件下降解速率较快。相对于温度对 IBP 在 UV/H_2O_2 过程中降解的影响而言，溶液的 pH 并不能对酸性药物的降解产生较大的影响。研究中涉及 6 种酸性药物在 pH＝12 的条件下降解速率较慢，并且温度对其降解速率的影响程度要高于溶液初始 pH 所产生的影响。

4）过氧化氢的浓度对 UV/H_2O_2 体系去除水环境中痕量酸性药物的影响

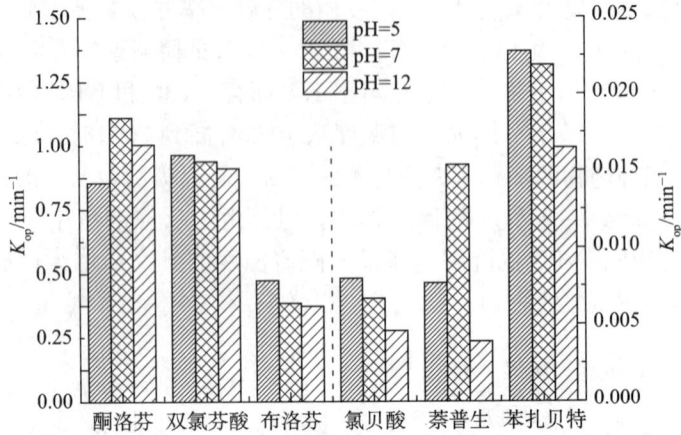

图 3.24 不同 pH 对 6 种酸性药物在 UV 条件下降解速率的变化

(HA 腐殖酸浓度＝5mg/L，$pH_1＝5$，$pH_2＝7$，$pH_3＝12$，$T＝20℃$反应时间为 120min)

过氧化氢的浓度对酸性药物在 UV/H_2O_2 体系去除过程的影响如图 3.25 所示，试验中过氧化氢的浓度为 1mg/L、5mg/L 和 10mg/L。与添加了腐殖酸的效果相比，除了 CA 和 DFC 之外，其他酸性药物的降解速率有明显的增大。从之前的黑暗吸附实验中可以看到，如果没有紫外光的照射，单纯在 H_2O_2 存在的水溶液中，酸性药物几乎不会被去除。UV/H_2O_2 体系对酸性药物的去除效果是非常明显的。从图 3.25 可知，当过氧化氢的浓度从 1mg/L 增加到 10mg/L 时，降解速率 K_{op} 不断下降。Zalazar 等[205]对 UV/H_2O_2 体系降解有机物过程的研究表明，H_2O_2 对物质的降解存在两面性，当过氧化氢浓度过高时，将会对·OH 产生竞争作用，使其抑制作用处于主导位置。随着腐殖酸的添加，酸性药物的降解速率将逐步变慢，在一定程度上对这些酸性药物的降解起到了抑制作用，这主要是因为腐殖酸作为一种较为敏感的感光剂（photosensitizer）和羟基自由基的消耗剂，抑制了酸性药物的降解。

研究表明，腐殖酸对 CA 的降解速率 K_{op} 的影响相对于其他的酸性药物要弱很多，而 DFC 的降解速率 K_{op} 则随着腐殖酸的加入，并在 5mg/L 的过氧化氢存在的条件下起到了一定程度的促进作用。这种作用主要是因为腐殖酸能够在 H_2O_2 的加入过程产生光氧化剂（photo-oxidants），进而促进有机物的降解。因此，过氧化氢的浓度在 UV/H_2O_2 体系下对酸性药物的降解过程存在一定的影响，当过氧化氢的浓度为 1mg/L 时能够在腐殖酸存在条件下对酸性药物的降解获得较为理想的效果。

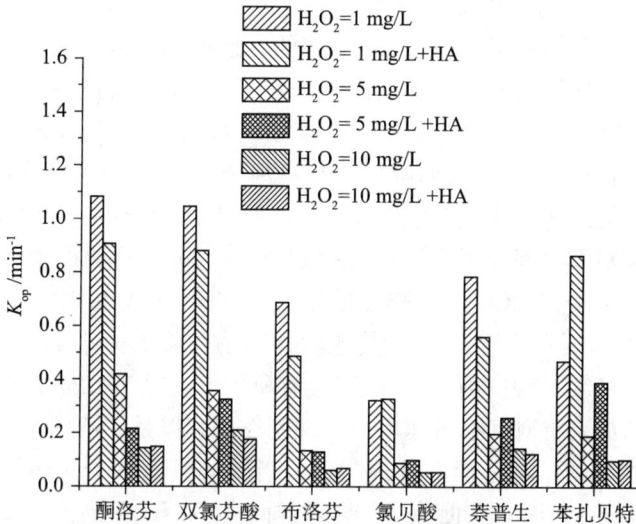

图 3.25　过氧化氢浓度对 6 种酸性药物降解速率 $K_{op}/(min^{-1})$ 的影响

[过氧化氢（H_2O_2）浓度：$c_1=1mg/L$，$c_2=5mg/L$，$c_3=10mg/L$，

初始 pH：5.8～6.5，腐殖酸的浓度 $c_{HA}=5mg/L$]

5）溶解阴离子对 UV/H_2O_2 去除水环境中痕量酸性药物的影响

无论是在实际的地表水水体中，还是在污水处理厂的出水中，溶解性的无机阴离子都广泛存在于实际水体中，它们在一定程度上会对有机污染物的降解过程产生影响。常见的无机阴离子包括氯离子（Cl^-）、硝酸根离子（NO_3^-）、碳酸氢根离子（HCO_3^-）等。有研究报道称，这些无机阴离子会对光降解过程产生较强的抑制作用，但是对腐殖酸存在的药物光降解过程的报道较少，因此，本研究将氯离子（Cl^-）、硝酸根离子（NO_3^-）和碳酸氢根离子（HCO_3^-）分别加入含有腐殖酸的酸性药物溶液中，各离子的浓度分别为 0.001mol/L、0.01mol/L 和 0.1mol/L，反应溶液中同时含有 5mg/L 的腐殖酸溶液，实验结果如图 3.26（a）～（c）所示。

由不同浓度的氯离子（Cl^-）、硝酸根离子（NO_3^-）、碳酸氢根离子（HCO_3^-）对 6 种酸性药物在 UV/H_2O_2 过程中降解速率 K_{op}（min^{-1}）的影响实验可以看出，不同的无机阴离子对这些酸性药物的影响是不同的，但总体而言，它们在降解过程中起到了抑制作用。

氯离子和硝酸根离子的浓度从 0.001mol/L 升高到 0.01mol/L，KT

的降解速率 K_{op} 有所增大，但是当离子的浓度继续升高到 0.1mol/L 时，KT 的降解速率 K_{op} 便开始下降了。从图 3.26 (c) 中可以看出，低浓度的碳酸氢根对 KT 的降解速率 K_{op} 有一定的促进作用，但是随着碳酸氢根浓度的增加，其降解速率逐步受到抑制。对于 NPX 而言，除了当氯离子从 0.01mol/L 增加到 0.1mol/L 时，降解速率 K_{op} 有所升高以外，降解速率 K_{op} 均随着离子浓度的升高而降低。与氯离子（Cl^-）对 KT 的影响相同，BEZ 的降解速率 K_{op} 也是先升高后降低。而对于 CA 而言，低浓度氯离子的加入能够对其降解速率 K_{op} 产生促进作用。随着硝酸根离子（NO_3^-）和碳酸氢根离子（HCO_3^-）浓度的增大，BEZ、CA 和 IBP 的降解速率 K_{op} 逐步降低。除了 IBP 以外，其他两种药物的降解速率 K_{op} 在低浓度的硝酸根离子（NO_3^-）存在的情况下会有所增大。对于 DFC 而言，这些无机阴离子的加入将对其降解速率产生抑制作用，但是，不同浓度的氯离子（Cl^-）所产生的影响差别不是很明显。当碳酸氢根离子（HCO_3^-）的浓度达到 0.1mol/L 时，它促使了 DFC 的降解速率 K_{op} 升高。

在 UV/H_2O_2 过程中，羟基自由基作为主要的氧化剂。通过图 3.26 (a) 的结果可以看出，氯离子（Cl^-）浓度的增加对不同的酸性药物的降解速率 K_{op} 产生的影响不尽相同，或是促进，或是抑制。主要原因是氯离子（Cl^-）能够与羟基自由基（·OH）反应生成 $ClOH^-$，这个反应是一个可逆反应，随着氯离子（Cl^-）浓度不断升高，羟基自由基（·OH）和 Cl^- 也能够进一步发生反应，从而对有机物的降解产生抑制作用，对于不同的物质而言，其抑制作用也是不一样的[206~208]。

由图 3.26 (b) 可知，随着硝酸根离子（NO_3^-）浓度的增大，除 KT 以外其余 5 种酸性药物的降解均受到抑制作用。而对于碳酸氢根而言（HCO_3^-）[图 3.26 (c)]，除 DFC 以外其余的 5 种酸性药物的降解速率 K_{op} 随着碳酸氢根（HCO_3^-）浓度的增大而减小。硝酸根离子（NO_3^-）和碳酸氢根（HCO_3^-）在酸性药物 UV/H_2O_2 降解过程中主要起到了抑制作用。

有文献指出，硝酸根离子（NO_3^-）在水溶液中经过紫外光的照射不仅能够产生羟基自由基（·OH）而且能够过滤掉部分紫外光线，但是后者的影响相对于前者更为明显[209]。从本研究中可以看出，硝酸根离子（NO_3^-）主要对这些酸性药物的降解产生了抑制作用，这说明在腐殖酸存在的环境中，硝酸根离子（NO_3^-）对该降解过程主要起到了滤掉部分紫外光的作用，这与文献[209]的研究结果是一致的。而碳酸氢根（HCO_3^-）对酸性药物降解所产生的抑制作用与硝酸根离子（NO_3^-）有所不同，碳酸氢根（HCO_3^-）离子能够与羟基自由基（·OH）反应生成过氧碳酸根（CO_3^-），碳酸氢根（HCO_3^-）在溶液中能对羟基自由基（·OH）进行消耗，将会对这些酸性药物在 UV/H_2O_2 的降解过程中起到抑制作用。另外，碳酸氢根（HCO_3^-）游离出的过氧碳酸根（CO_3^-）也能和羟基自由基（·OH）发生反应，消耗掉部分羟基自由基（·OH），进而对酸性药物的降解产生抑制作用[210]。

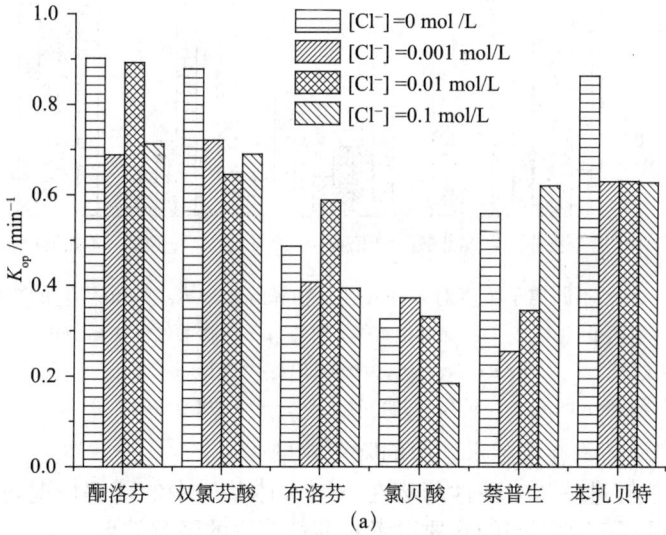

(a)

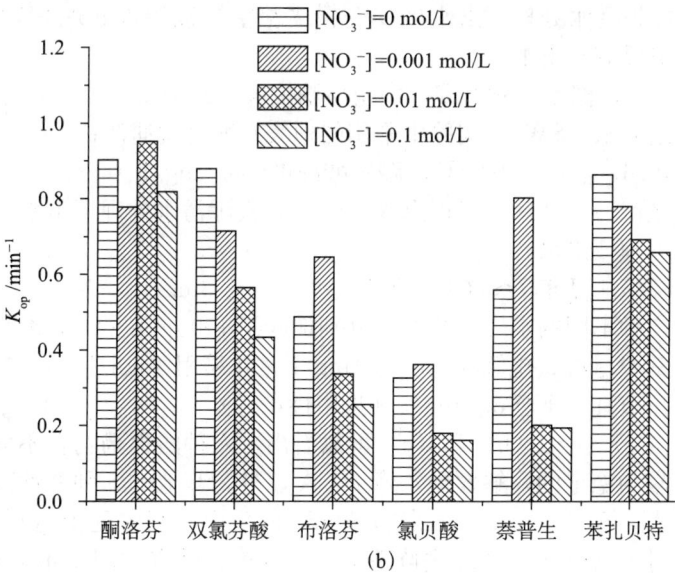

(b)

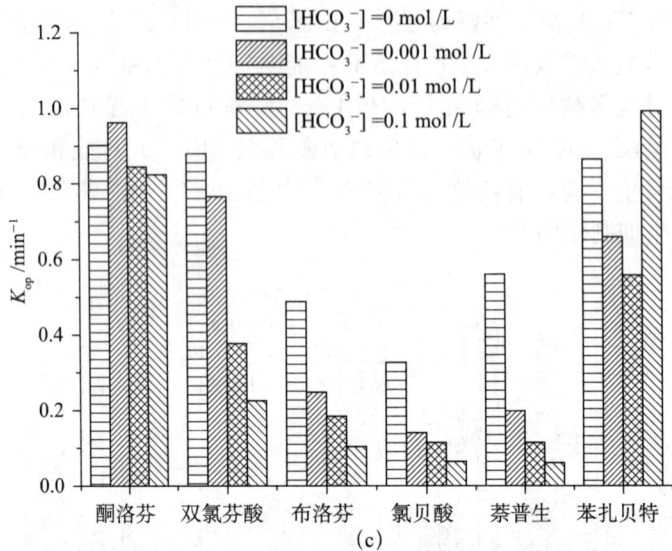

图 3.26 不同离子浓度对 6 种酸性药物降解速率 K_{op}（min^{-1}）的影响

(a) 氯离子（Cl^-）；(b) 硝酸根离子（NO_3^-）；(c) 碳酸氢根离子（HCO_3^-）。

（离子浓度：$c_0 = 0mol/L$，$c_1 = 0.001mol/L$，$c_2 = 0.01mol/L$ 和 $c_3 = 0.1mol/L$；

过氧化氢浓度：$c_{H_2O_2} = 1mg/L$；初始 pH 为 5.8～6.5，腐殖酸的浓度 $c_{HA} = 5\ mg/L$）

6）酸性药物在实际水样中的降解效果

为了能够进一步对酸性药物在不同水体基质中的降解情况进行考察，本研究采用了三种不同的水质以考察酸性药物的降解效果：

（1）模拟污水处理厂出水（LW）：实验室模拟污水处理 SBR 工艺反应器（好氧反应）出水；

pH≈7.1，温度 $T≈20℃$，腐殖酸浓度≈3.2mg/L

（2）地表水（SW）：实验中采用的地表水取自黄浦江；

pH≈6.6，温度 $T≈20℃$，腐殖酸浓度≈6.7mg/L

（3）城市污水处理厂处理出水（EW）：实际污水处理厂出水取自上海东区污水处理厂出水。

pH≈7.5，温度 $T≈20℃$，腐殖酸浓度≈4.3mg/L

在这三种不同的水体基质中，分别加入了 $100\mu g/L$ 的 6 种酸性药物混合标样。其中，过氧化氢的浓度为 1mg/L，并采用 1mol/L 的氢氧化钠和盐酸溶液调节其 pH 至 5.8～6.5（近中性条件）。

从图 3.27（a）、（b）和（c）可以看出，六种酸性药物在不同水体基质中取得较为稳定的降解效果。除了 CA 以外，其他的 5 种酸性药物在前 40min 迅速降解，并且在接下来的 80min 的反应时间中逐步达到了平衡。在不同的水样基质中，CA 去除率在 120min 的反应时间中不断地增加，其去除率从 96.5％增加到 98.5％。KT 的去除率在所有的水样中达到了 97.0％，NPX 的去除率从 82.1％增加到 87.0％，BEZ 的去除率从 74.8％ 增加到 82.9％，IBP 的去除率从 64.7％增加到 57.3％，DFC 的去除率从 86.7％增加到 88.5％。从研究结果可以看出，不仅在实验室模拟污水中 酸性药物的去除能够达到较为稳定的效果，在地表水和污水处理厂的出水 中，这 6 种酸性药物的去除率最终都能达到稳定。但是，相对于在去离子 水中的去除效果来说，它们在实际水样中的去除效果较差，主要是由于实 际水样成分相对复杂，对 UV/H$_2$O$_2$ 的降解效果造成一定程度的影响。

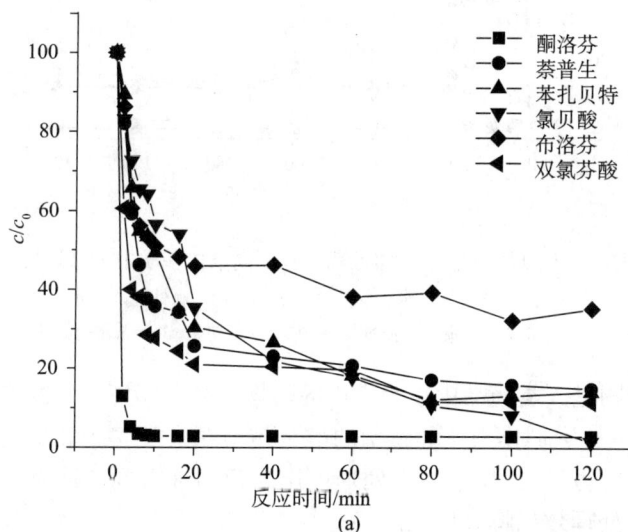

(a)

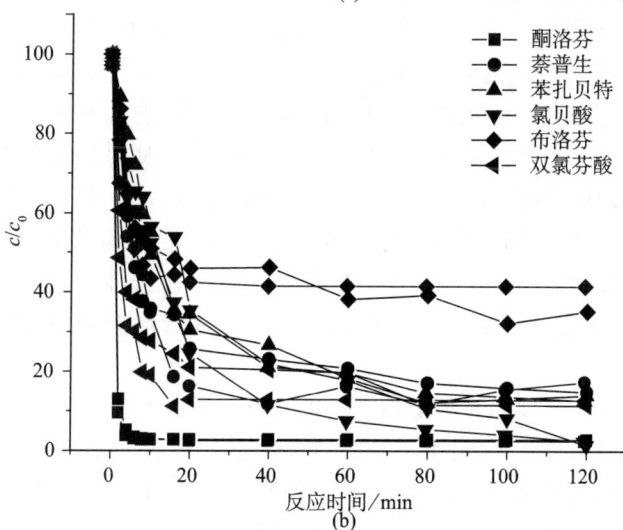

(b)

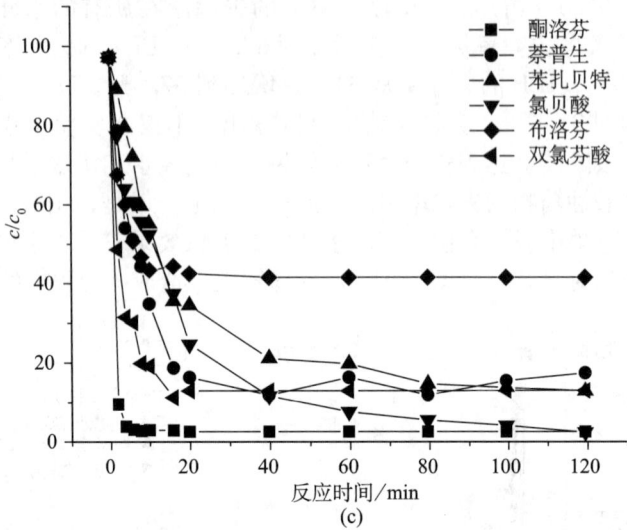

图 3.27 UV/H₂O₂ 对酸性药物在不同水体基质中去除效果

(a) 实验室模拟出水；(b) 地表水；(c) 污水处理厂出水

(H_2O_2 浓度＝1mg/L，温度 T＝20℃±2，初始 pH＝5.8～6.5)

酸性药物是人类药品中较为常用的药物，在水环境中不断有检出的相关报道[211,212]。它们作为一种新型的痕量污染对人类健康和生态环境系统构成潜在的危害[213]。城市污水处理厂作为药物进入到环境系统主要的排放点源，其处理效果将直接或间接地对地表水、地下水等水环境系统造成一定程度的影响[10,214,215]。近期研究结果表明，传统的生物处理方法对一些酸性药物的去除效果不理想[56,216~218]，因此本研究采用高级氧化（AOPs）的方法对环境系统中常见的 6 种酸性药物进行去除。在常用的高级氧化方法中，光催化氧化技术应用较为广泛，且对大部分物质没有选择性，能够对较难降解的物质产生较为理想的去除效果。作为光催化中效果较好的 UV/H₂O₂ 降解技术，对许多药物的降解已经有所研究[196,219]，羟基自由基对较大范围内的有机物的降解是不存在选择性的[195,196,219]。因此，光催化氧化与传统的生物方法相比，对降解这些酸性药物更具优势[196,219]。

本研究对 UV/H₂O₂ 对酸性药物的降解过程进行了评价，该过程与紫外光催化、光芬顿反应同属于高级氧化方法。在研究中将腐殖酸（HA）加入到整个反应系统中，评价其对 6 种酸性药物在光催化氧化过程中的影响。通过以上的研究内容，我们得出以下结论。

（1）腐殖酸对光催化氧化过程产生非常明显的抑制作用，并且随着腐殖酸浓度的增加，这种抑制作用表现得更加明显，6 种酸性药物的降解速率也随之降低，究其原因，相对于腐殖酸的浓度来说，酸性药物的浓度较低，无法与之对溶液中的羟基自由基进行竞争。

（2）温度和 pH 对酸性药物的降解也存在一定程度的影响，除 KT 以外，其他 5 种酸性药物的降解速率均随着温度升高而增大。

（3）碱性环境会对这些药物的降解过程产生抑制作用，造成这种抑制的主要原因是对羟基自由基的消耗。KT 和 BEZ 在中性环境中达到了较高的降解速率，而其他 4 类酸性药物在酸性条件下降解速率较高。

（4）过氧化氢的加入对这些酸性药物的降解产生了明显的促进作用，但是随着过氧化氢的浓度从 1mg/L 升高到 10mg/L，这些酸性药物的降解速率没有随之增大，反而受到了一定程度的抑制作用，其去除效果也是在过氧化氢的浓度达到 1mg/L 时达到最高。

（5）所有的无机阴离子均会对酸性药物的降解过程产生抑制作用，不同浓度氯离子所产生的抑制作用对不同的酸性药物是不同的。对于硝酸根离子和碳酸氢根离子，除了 KT 和 DFC 这两种酸性药物以外，其余的药物均随着离子浓度的增加而产生较为明显的抑制作用。

（6）本研究将实验得出的条件应用于实验室模拟污水处理厂的出水、地表水、城市污水处理厂出水这三种不同水体基质中，6 种酸性药物均达到了较为理想的去除效果，去除率较为稳定，但是相对于实验结果来说，实际水样的去除率相对较低，这主要是因为实际水样的基质相对复杂。因此，在实际的污水处理工艺中，降低腐殖酸、氯离子、硝酸根离子、碳酸氢根离子等溶解性物质的浓度，对酸性药物在 UV/H_2O_2 过程中的去除是十分有利的。

2. UV/H_2O_2 对水环境系统中低浓度苯扎贝特的去除及其代谢过程

苯扎贝特，即 2-［4-［2-（4-氯苯甲酰氨基）乙基］苯氧基］-2-甲基丙酸（2-［4-［2-（4-chlorobenzoyl amino）］ethyl］phenoxy）-2-methyl-propanoic acid，BEZ），是治疗高脂血症的一种降脂类药物，这类药物在发达国家年消费量可达上百吨[10]。最近的研究工作表明，在水环境系统中，当其浓度达到 4.32mg/L 时，将会对生物的内分泌系统造成潜在的危害[220]。随着近年来人类老龄化趋势的发展以及经济发展导致的人们饮食结构的改变，致使很多人都患上了肥胖症或者糖尿病，这大大增加了 BEZ 的用量。该药物经口服后，约有 95％随尿液排放到体外[221]，其最终将随

污水排放进入到水环境系统中。其在地表水和污水处理厂中的浓度分别为
$0.02 \sim 4.6 \mu g/L$ 和 $0.003 \sim 3.1 \mu g/L^{[10,222 \sim 225]}$。鉴于其广泛的应用和在环境中存在所带来的潜在危害，BEZ 的去除越来越引起人们的重视。

目前，许多研究结果表明，传统的生物处理处理方式对 BEZ 的去除效果并不理想[56,216~218]。与其他的处理方式相比，光催化作为高级氧化方式的一种，其对有机物的去除具有相当大的优势。作为应用较为广泛的 UV/H_2O_2 方法，已经应用于水环境系统中许多有机物的去除，并取得了较好的效果[196,219]。由上文的叙述可知，由于羟基自由基的氧化效果不具选择性，关于 BEZ 的许多高级氧化技术如臭氧技术（ozonation process）[226,227]、紫外光降解技术（UV process）[228]、紫外二氧化钛催化氧化技术（UV/TiO$_2$ process）[228]、光芬顿技术（photo-Fenton process）[218]、脉冲射解技术（pulse radiolysis）[216] 均有报道。在这些研究中，BEZ 在高级氧化过程中的初始浓度为 $1 \sim 180$ mg/L$^{[227,229]}$，比水环境中 BEZ 的浓度要高很多。此外，通过气相色谱/质谱（gas chromatography-mass spectrometer，GC/MS）和高效液相/气相色谱/质谱（high performance liquid chromatography/gas chromatography-mass spectrometer，HPLC-GC/MS）对 BEZ 在臭氧和紫外二氧化钛的降解过程中的代谢过程及相关中间产物进行了初步推测[227,229]。然而，BEZ 在 UV/H_2O_2 过程中的降解途径和代谢产物与上述过程或有不同。在 Kim 等的研究中[230]，对近 30 种药物和护理用品采用 UV/H_2O_2 的方式进行去除，其中 BEZ 在二级污水处理过程中的去除效率达到了 100%。然而，仅关于溶解性有机质/无机阴离子等对 BEZ 在 UV/H_2O_2 过程中的影响鲜有报道，因此，考察 BEZ 在 UV/H_2O_2 过程中的降解产物、降解途径以及各种因素对降解过程的影响将填补 BEZ 在高级氧化过程中的空白。

本研究的主要目的包括以下几方面。

（1）研究低浓度（$100 \mu g/L$）下 BEZ 在 UV/H_2O_2 过程中的降解规律；

（2）研究 pH、温度、过氧化氢浓度等参数对 BEZ 在 UV/H_2O_2 过程中降解的影响；

（3）研究溶解性有机质和无机阴离子（如氯离子、硝酸根离子、硫酸根离子、碳酸氢根离子等）对 BEZ 在 UV/H_2O_2 过程中降解的影响；

（4）对 BEZ 在 UV/H_2O_2 降解过程中主要中间产物及降解途径进行推测。

BEZ 在 UV/H_2O_2 过程中的浓度随反应时间呈指数递减，符合一级动力学反应式，如式（3.5）～式（3.8）所示。其降解过程如式（3.9）和式（3.10）。与酸性药物的化学反应过程一样，苯扎贝特（BZF）与羟基自由基（·OH）反应生成中间产物（Int.），这些中间产物（Int.）继续与羟基自由基（·OH）反应生成最终产物（P）：

$$BZF. + \cdot OH \xrightarrow{k_1} Int. \tag{3.9}$$

$$Int. + \cdot OH \xrightarrow{k_2} P \tag{3.10}$$

为了能够避免在反应过程中某些因素会对这些酸性药物的降解造成影响，在进行实验之前，对 BEZ 在加热和不同 H_2O_2、溶解性有机物如［腐殖酸（HA）］、溶解性无机阴离子［如氯离子（Cl^-）、硫酸根离子（SO_4^{2-}）、硝酸根离子（NO_3^-）、碳酸氢根离子（HCO_3^-）］的吸附或降解是十分必要的。实验条件同上，即在黑暗条件下进行，溶液反应体积为 100mL 溶液，溶液中 BEZ 的初始浓度为 $100\mu g/L$。首先在 10℃、20℃、30℃的温度条件下进行热降解实验，实验经过 4h 的反应后达到平衡，反应后溶液中 BEZ 的浓度与初始浓度相同。因此可以证明，在 10～30℃内，BEZ 不会发生降解反应。随后在不同的 pH 条件（pH＝2、5、7、9、12）、含有 0.1mg/L 的过氧化氢溶液、含有 0.1mol/L 的溶解性无机阴离子（Cl^-、SO_4^{2-}、NO_3^-、HCO_3^-）、含有 10mg/L 的腐殖酸的浓度条件下，进行了黑暗降解实验研究，在经过 4h 的连续搅拌后达到平衡，在无紫外光照射各种离子和溶解性有机物存在的溶液中 BEZ 的浓度没有降低，4h 后所有条件下的 BEZ 的浓度均接近反应的初始浓度 $100\mu g/L$。因此，在黑暗环境中，腐殖酸和这些溶解性基质不会对酸性药物产生明显的吸附或降解作用。

1）过氧化氢的浓度对 UV/H_2O_2 去除水环境中痕量酸性药物的影响

过氧化氢的浓度对 BEZ 在 UV/H_2O_2 去除过程的影响如图 3.28 所示，试验中过氧化氢的浓度为 0.01mg/L、0.05mg/L、0.1mg/L、0.5mg/L、1mg/L、5mg/L 和 10mg/L。与不含有过氧化氢（过氧化氢的浓度为 0mg/L）的紫外单独降解过程相比，在添加了过氧化氢之后其反应速率明显加快。从上文提到的吸附和热降解实验中可知，在 0.1mg/L 的过氧化氢存在的条件下，如果没有紫外光的照射则 BEZ 的浓度不会降低。因此，UV/H_2O_2 对 BEZ 的去除效果要远好于紫外光单独的效果。过氧化氢在紫外光照射的条件下能够迅速地产生羟基自由基。由图 3.28 可知，随着过氧化氢的浓度从 0.01mg/L 升高到 0.1mg/L，BEZ 在 16min 的去除率

可达 45.9% 到 99.8%。当过氧化氢的浓度为 0.1mg/L 时，BEZ 在
10min 内的降解速率迅速增大，并在 14min 时达到最高。然而，当过氧
化氢的浓度超过 0.1mg/L 时，BEZ 的氧化开始受到一定程度的抑制。
当过氧化氢的浓度从 0.5mg/L 升高到 10mg/L 时，其降解速率明显减小
（图 3.29）。从图 3.29 的结果可以看出，当过氧化氢的浓度为0.1mg/L、
0.5mg/L、1mg/L 时，BEZ 的降解速率相差不大。因此，在该浓度范围
内，BEZ 均能获得较高的降解速率。然而，超出该浓度范围后，BEZ
降解速率明显变慢。从表 3.15 可知，过氧化氢浓度对 BEZ 降解的影
响符合一级反应动力学。Zalazar 等[205] 对 UV/H_2O_2 降解有机物过程的
研究表明，H_2O_2 对物质的降解存在两面性，因为当过氧化氢浓度过
高时，将会对·OH 产生竞争作用 [式（3.9）]，使其抑制作用处于主
导位置。

因此，通过过氧化氢的浓度对 BEZ 在 UV/H_2O_2 去除过程的影响实
验可以看出，当过氧化氢的浓度为 0.1mg/L 时，BEZ 将达到较高的降解
速率，因此在后续的试验中我们将采用该反应浓度作为实验中过氧化氢的
浓度。

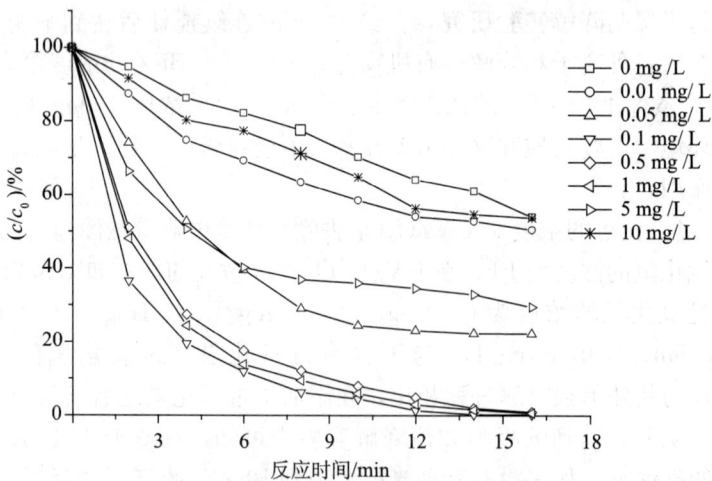

$$H_2O_2 \xrightarrow{h\nu} \cdot OH \tag{3.11}$$

$$H_2O_2 + \cdot OH \longrightarrow HO_2 \cdot + H_2O \tag{3.12}$$

图 3.28　过氧化氢的浓度对 BEZ 在 UV/H_2O_2 去除过程的影响

（苯扎贝特初始浓度：$c_0 = 100\mu g/L$，初始 pH=7，$T=20℃$）

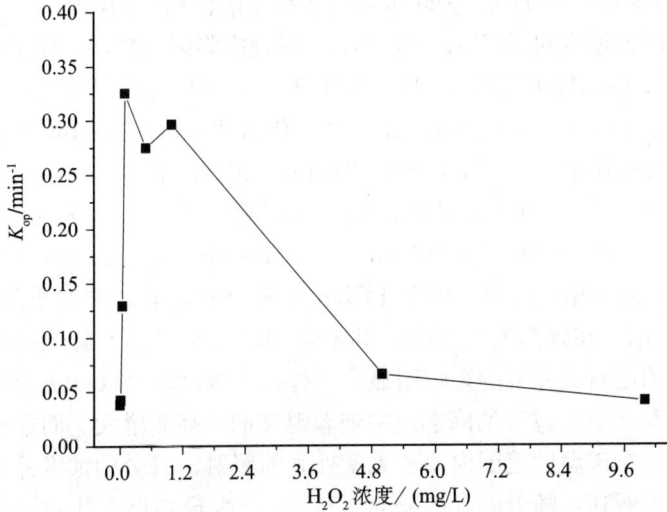

图 3.29　过氧化氢浓度对 BEZ 降解速率 $K_{op} min^{-1}$ 的影响

（苯扎贝特初始浓度：$c_0 = 100\mu g/L$，初始 pH = 7，$T = 20℃$）

表 3.15　不同条件下 BEZ 光催化氧化降解速率 K_{op} 和相关系数 R_2（苯扎贝特初始浓度 $c_0 = 100\mu g/L$)

影响因素	反应条件		降解速率 K_{op}/min^{-1}	相关系数 R^2
过氧化氢	浓度/（mg/L）	0	0.039	0.991
浓度的影响		0.01	0.042	0.959
		0.05	0.129	0.970
		0.1	0.325	0.980
		0.5	0.275	0.987
		1	0.296	0.992
		5	0.066	0.827
		10	0.041	0.978
初始温度的影响	温度/℃	10	0.205	0.989
		20	0.352	0.980
		30	0.390	0.977
初始 pH 影响	pH	2	0.059	0.998
		5	0.115	0.899
		7	0.352	0.981
		9	0.061	0.919
		12	0.005	0.893
腐殖酸浓	浓度/（mg/L）	1	0.105	0.898
度的影响		5	0.077	0.949
		10	0.033	0.905

2) 温度对 UV/H_2O_2 去除水环境中痕量酸性药物的影响

为了研究温度对 BEZ 在 UV/H_2O_2 过程中降解的影响，实验在 10℃、20℃和30℃的温度下进行了 UV/H_2O_2 和紫外光单独照射的光催化氧化实验，实验结果如图 3.30 所示。其中过氧化氢的浓度为 0.1mg/L，反应溶液的 pH 为初始 pH。经过 16min 的反应，BEZ 在不同温度下的降解率分别达到了 95.5%、99.8% 和 99.9%。其降解过程符合一级反应动力学，其降解速率 K_{op} 分别为 $0.205min^{-1}$、$0.352min^{-1}$ 和 $0.390min^{-1}$。这与 20min 的紫外光单独照射条件下 BEZ 的降解相比，其影响效果相对一致。图 3.30 显示，在该温度范围内，温度对 BEZ 降解过程的影响效果远不如过氧化氢浓度对其降解的影响明显。另外，当温度从 20℃升高到 30℃时，BEZ 在 UV/H_2O_2 过程的降解速率随着温度的升高而增大。而在前面的实验中提到，在该温度范围内，若无紫外光的照射，BEZ 的浓度并不会发生变化。综上所述，随着温度的升高，H_2O_2 产生羟基自由基的能力也会增大，进而促进 BEZ 的降解。

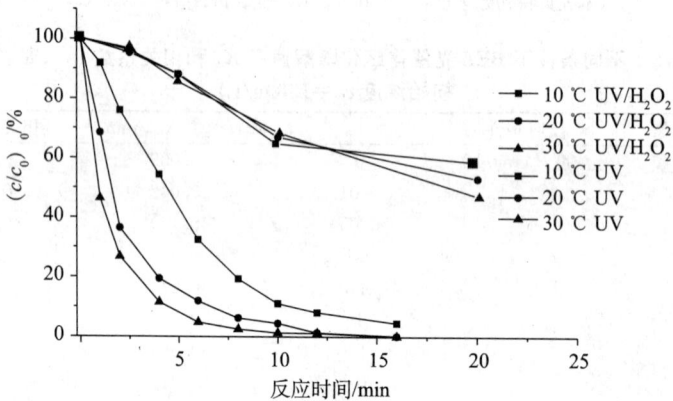

图 3.30　温度对 BEZ 降解的影响

(BEZ 初始浓度：$c_0 = 100\mu g/L$，过氧化氢的浓度 $= 0.1mg/L$，初始 pH$=7$)

3) pH 对 UV/H_2O_2 去除水环境中痕量酸性药物的影响

为了研究溶液初始 pH 对 BEZ 在 UV/H_2O_2 过程中降解的影响，使用 0.1mol/L 的氢氧化钠和盐酸对溶液的初始 pH 进行了调整，使其初始 pH 为 2、5、7、9 和 12，从酸性到碱性。其中过氧化氢的浓度为 0.1mg/L，溶液温度为 20℃。反应后对溶液的最终 pH 进行了测定，其最终 pH 无明显变化。溶液 pH 对 BEZ 在 UV/H_2O_2 过程中降解的影响如图 3.31 所示，随着 pH 从 2 升高到 12，经过 12min 紫外光的照射，BEZ 的降解率分别为

51.4%、75.4%、98.6%、53.8%和 6.2%。该降解过程符合一级反应动力学，其降解速率 K_{op} 分别为 0.059、0.115、0.352、0.061 和 0.005min^{-1}。研究结果显示，过酸或过碱的环境对 BEZ 的降解都会造成一定程度的影响。其原因主要是因为在酸性条件下，过氧化氢相对稳定，因而，其分解出羟基自由基的速率较慢，BEZ 的降解速率就会受到影响，BEZ 上的羧基（$-COO^-$）也会从离子态（$C_{18}H_{19}ClNO_2-COO^-$）转化为分子态（$C_{18}H_{19}ClNO_2-COOH$）。相反，在碱性条件下，过氧化氢相对比较活跃，更加容易分解而产生过多的 HOO^-，过量的 HOO^- 将会对羟基自由基进行消耗，从而对 BEZ 的降解产生抑制作用。因此，过酸或过碱的环境都不利于 BEZ 的降解，其在中性条件下能在 UV/H_2O_2 过程中取得较好的降解效果。

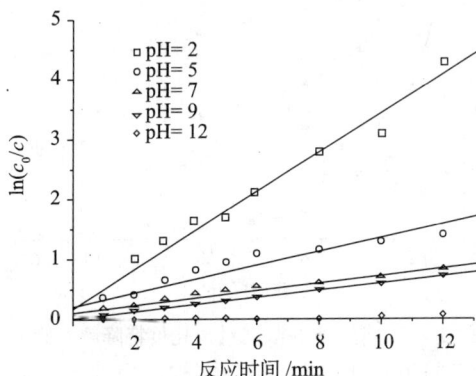

图 3.31　pH 对 BEZ 降解的影响

（BEZ 初始浓度：$c_0=100\mu g/L$，过氧化氢的浓度 $=0.1mg/L$，$T=20℃$）

4）腐殖酸（HA）对 UV/H_2O_2 去除水环境中痕量酸性药物的影响

在不同水环境中，腐殖酸的浓度从地下水的 $20\mu g/L$ 到有些地表水的 $30mg/L$，因此，在本研究中腐殖酸共选择了三个浓度，$1mg/L$、$5mg/L$ 和 $10mg/L$。实验温度为 $20℃$，反应时间为 $16min$，溶液初始 pH 为 7，H_2O_2 的浓度为 $0.1mg/L$。为了进行比较，在同样条件下进行了不含腐殖酸的空白对照实验。实验结果如图 3.32 所示，经过 $16min$ 的反应，当腐殖酸的浓度从 $1mg/L$ 升高到 $10mg/L$ 时，BEZ 的去除率分别为 84.1%、72.9%和 42.3%，与之相应的降解速率分别为 0.105min^{-1}、0.077min^{-1} 和 0.033min^{-1}，与不添加腐殖酸的降解率（99.8%）和降解速率 K_{op}（0.352min^{-1}）相比，随着腐殖酸的加入，BEZ 的降解受到了明显的抑制，而且随着腐殖酸浓度的升高，其抑制作用更加明显。腐殖酸的加入能够促进有机物在紫外中的降解，腐殖酸在紫外光照射过程中能促进光催化的进程，从而加大某些污染物质的降解[203]。然而，这种促进作用只存在于一定浓度范围之内[204]。在自然的水环境系统中，BEZ 的浓度远小于腐殖酸的浓度，因此浓度的影响要远高于其他影响因素。因为 BEZ 的浓度不足以与腐殖酸浓度抗衡，光催化对 BEZ 降解所提供的能量也是远远不够的。因此，腐殖酸对于酸性药物的降解起到了一定程度的抑制作用，并且随着浓腐殖酸浓度的增加，这种抑制作用也变得更加明显。

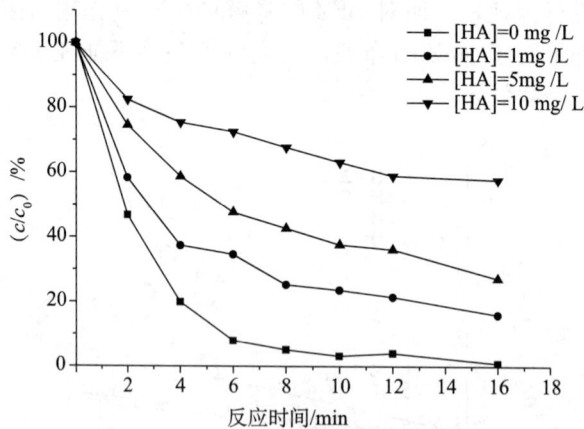

图 3.32　腐殖酸的浓度对苯扎贝特降解的影响
（BEZ 初始浓度：$c_0 = 100\mu g/L$，过氧化氢的浓度 $= 0.1mg/L$，$T = 20℃$）

5) 溶解性阴离子对 UV/H_2O_2 去除水环境中痕量酸性药物的影响

在地表水和污水处理厂的出水中，存在着大量的无机阴离子，如氯离子（Cl^-）、硝酸根离子（NO_3^-）、碳酸氢根离子（HCO_3^-）、硫酸根离子（SO_4^{2-}）等，他们对催化氧化降解存在一定的影响。有研究表明，大部分无机阴离子会对光降解过程产较强的抑制作用[231]。前文研究表明，这些无机阴离子对酸性药物的光催化氧化降解存在一定的影响。在本试验中，将氯离子（Cl^-）、硝酸根离子（NO_3^-）和碳酸氢根离子（HCO_3^-）、硫酸根离子（SO_4^{2-}）分别加入含有 BEZ 的溶液中，每种离子的浓度分别为 0.001mol/L、0.01mol/L 和 0.1mol/L，BEZ 初始浓度为 $100\mu g/L$，过氧化氢的浓度为 0.1mg/L。实验结果如图 3.33（a）～（d）所示。整个反应体系温度为 20℃，反应时间为 16min。从图 3.33 的实验结果可以看出，所有的无机阴离子均对 BEZ 的降解起到了抑制作用，在离子浓度较高的条件下，其抑制程度为 $Cl^- < SO_4^{2-} < HCO_3^- < NO_3^-$。在 UV/H_2O_2 的光催化氧化过程中，羟基自由基对 BEZ 的降解起到了主导作用。

从图 3.33（a）和（b）可以看出，当氯离子（Cl^-）和硫酸根离子（SO_4^{2-}）的浓度从 0.001mol/L 升高到 0.01mol/L 时，BEZ 的去除率明显降低，但是当这两种离子的浓度只增大到 0.1mol/L 时，这种抑制作用开始降低。

在溶液中，氯离子（Cl^-）与羟基自由基（$\cdot OH$）所发生的反应如下所示：

$$Cl^- + \cdot OH \rightleftharpoons ClOH^- \tag{3.13}$$

$$ClOH^- + H^+ \longrightarrow Cl + H_2O \tag{3.14}$$

$$Cl + Cl^- \rightleftharpoons Cl_2^- \tag{3.15}$$

由上面的反应式可以看出，氯离子与（Cl^-）与羟基自由基（$\cdot OH$）反应生成 $ClOH^-$，因此，氯离子（Cl^-）的加入对溶液中的羟基自由基（$\cdot OH$）会产生一定的损耗，从而对 BEZ 的降解产生抑制。随着氯离子（Cl^-）浓度的升高，$ClOH^-$ 会进一步生成 Cl，Cl 和氯离子（Cl^-）反应生成 Cl_2^-，Cl_2^- 的生成会对有机物的降解进一步产生抑制[206~208]作用。因此，这将会对 BEZ 的降解过程产生持续的抑制作用。

与氯离子（Cl^-）的抑制作用相类似，硫酸根离子（SO_4^{2-}）同样能够捕获溶液中的羟基自由基（$\cdot OH$），硫酸根离子（SO_4^{2-}）的与羟基自由基（$\cdot OH$）的反应方程式如下所示：

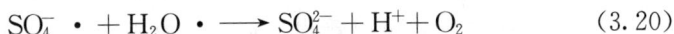

$$H^+ + SO_4^{2-} \longrightarrow HSO_4^- \tag{3.16}$$

$$HSO_4^- + \cdot OH \longrightarrow \cdot SO_4^- \cdot + H_2O \tag{3.17}$$

$$SO_4^- \cdot + H_2O \longrightarrow H^+ + SO_4^{2-} + \cdot OH \tag{3.18}$$

$$SO_4^- \cdot + H_2O_2 \longrightarrow SO_4^{2-} + H^+ + H_2O \cdot \tag{3.19}$$

$$SO_4^- \cdot + H_2O \cdot \longrightarrow SO_4^{2-} + H^+ + O_2 \tag{3.20}$$

$$SO_4^- \cdot + e^- \longrightarrow SO_4^{2-} \tag{3.21}$$

由上面的反应式可以看出，并不是硫酸根离子（SO_4^{2-}）直接对羟基自由基（$\cdot OH$）产生了消耗作用，而是硫酸根离子（SO_4^{2-}）生成的（HSO_4^-）与溶液中的羟基自由基（$\cdot OH$）发生了反应，进而生成的 $SO_4^- \cdot$ 能够进一步与溶液中的过氧化氢（H_2O_2）发生反应。因此，硫酸根离子（SO_4^{2-}）浓度的增加，将会对 BEZ 的降解产生抑制作用。

从图 3.33（c）和（d）可以看出，硝酸根离子（NO_3^-）和碳酸氢根离子（HCO_3^-）浓度的升高，对 BEZ 的降解过程产生了明显的抑制作用。

有研究表明，硝酸根离子（NO_3^-）不仅能够在反应中产生羟基自由基（·OH），而且对紫外光会有一定的过滤作用。然而，其对紫外光的过滤作用要远强于产生羟基自由基（·OH）的能力[209]。硝酸根离子（NO_3^-）所发生的反应方程式如下所示：

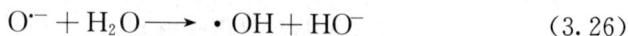

$$NO_3^- \xrightarrow{h\nu} NO_2^- + O \qquad (3.22)$$

$$NO_3^- \xrightarrow{h\nu} O^{\cdot-} + NO_2^\cdot \qquad (3.23)$$

$$NO_2^\cdot + H_2O \longrightarrow NO_2^- + NO_3^- + H^+ \qquad (3.24)$$

$$O + H_2O \longrightarrow \cdot OH \qquad (3.25)$$

$$O^{\cdot-} + H_2O \longrightarrow \cdot OH + HO^- \qquad (3.26)$$

从上面的反应式可以看出，硝酸根离子（NO_3^-）在紫外光照射的条件下，生成亚硝酸根（NO_2^-）、O、$O^{\cdot-}$、$NO_2^\cdot$，这是对紫外光产生过滤的主要原因，也是对 BEZ 降解产生抑制作用的主要原因。$NO_2^\cdot$ 能够与水（H_2O）反应生成 NO_3^-、NO_2^- 和 H^+，而在紫外光照射过程中产生的 O 和 $O^{\cdot-}$ 能够与水（H_2O）反应生成少量的羟基自由基（·OH），这也是硝酸根离子（NO_3^-）在紫外光催化氧化过程中对 BEZ 的抑制作用相对于其他无机阴离子要弱的主要原因。

碳酸氢根离子（HCO_3^-）对 BEZ 的抑制作用与硝酸根离子（NO_3^-）不同[210]，其反应方程式如下所示：

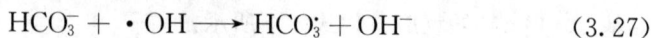

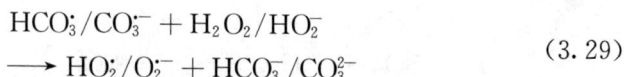

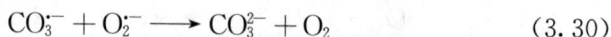

$$HCO_3^- + \cdot OH \longrightarrow HCO_3^\cdot + OH^- \qquad (3.27)$$

$$HCO_3^\cdot \rightleftharpoons CO_3^{\cdot-} + H^+ \qquad (3.28)$$

$$HCO_3^\cdot / CO_3^{\cdot-} + H_2O_2 / HO_2^-$$
$$\longrightarrow HO_2^\cdot / O_2^{\cdot-} + HCO_3^- / CO_3^{2-} \qquad (3.29)$$

$$CO_3^{\cdot-} + O_2^{\cdot-} \longrightarrow CO_3^{2-} + O_2 \qquad (3.30)$$

由上述反应方程式可以看出，碳酸氢根离子（HCO_3^-）首先与羟基自由基（·OH）反应生成 $HCO_3^\cdot$ 和 OH^-，从而对羟基自由基（·OH）进行消耗，$HCO_3^\cdot$ 分解生成 $CO_3^{\cdot-}$ 和 H^+，$HCO_3^\cdot$ 和 $CO_3^{\cdot-}$ 均能与过氧化氢发生反应，如式（3.30）所示，进一步加大了对自由基（·OH）的消耗，进而对 BEZ 的降解产生抑制。

6）BEZ 在实际水样中的降解效果

为了能够进一步对 BEZ 在不同水体基质中的降解情况进行考察，本研究采用了三种不同的水质以考察 BEZ 的降解效果：

（1）模拟污水处理厂出水（LW）：实验室模拟污水处理 SBR 工艺反

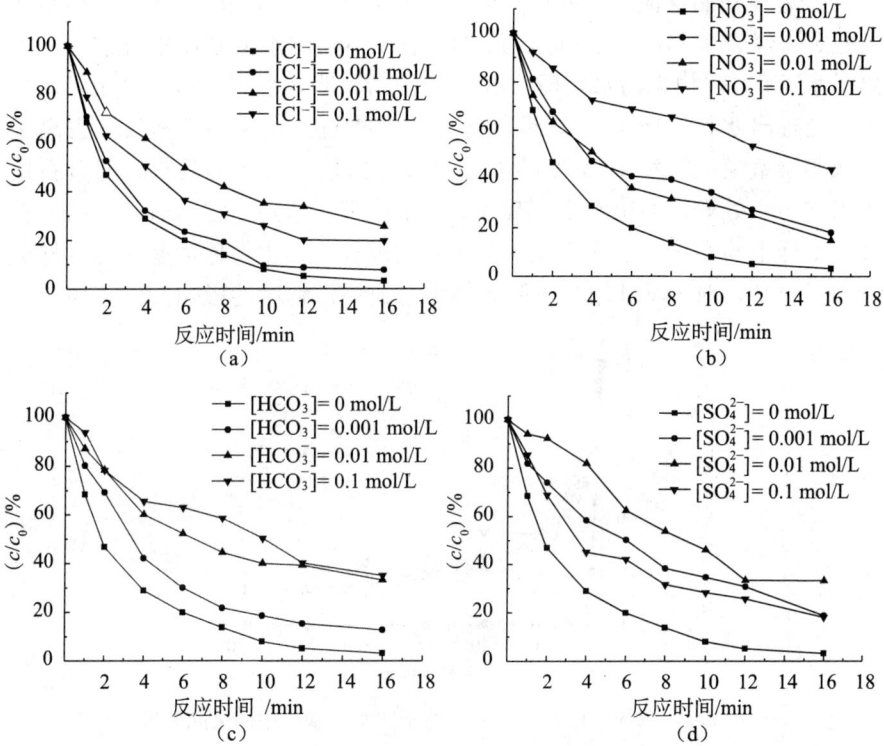

图 3.33 不同溶解性阴离子的浓度对苯扎贝特降解的影响

(a) 氯离子（Cl^-）；(b) 硝酸根离子（NO_3^-）；

(c) 碳酸氢根离子（HCO_3^-）；(d) 硫酸根离子（SO_4^{2-}）

（苯扎贝特初始浓度：$c_0 = 100\mu g/L$，过氧化氢的浓度 $= 0.1mg/L$，$T = 20℃$，初始 pH $= 7$）

应器（好氧反应）出水；

pH$\approx$7.1，温度 $T \approx 20℃$，腐殖酸浓度$\approx$3.2mg/L

（2）地表水（SW）：实验中采用的地表水取自黄浦江；

pH$\approx$6.6，温度 $T \approx 20℃$，腐殖酸浓度$\approx$6.7mg/L

（3）城市污水处理厂处理出水（EW）：实际污水处理厂出水取自上海东区污水处理厂出水。

pH$\approx$7.5，温度 $T \approx 20℃$，腐殖酸浓度$\approx$4.3mg/L

在这三种不同的水体基质中，分别加入了 $100\mu g/L$ 的 BEZ 标样。其中，过氧化氢的浓度为 0.1mg/L，并采用 1mol/L 的氢氧化钠和盐酸溶液调节其 pH 至 7（中性条件）。从图 3.34 可以看出，BEZ 在不同水体基质中均取得较为稳定的降解效果。

　　BEZ 在初始反应的 20min 内降解较快，但在接下来的 100min 逐步达到稳定。经过 120min 的反应，其去除率在不同的水体基质中分别为：去离子水 100%，模拟污水处理厂出水 85.9%，地表水 79.8%，城市污水处理厂处理出水 86.9%，其结果与前文非常接近。这说明，不仅在去离子水或实验室模拟污水中 BEZ 的去除能够达到较为理想的效果，而且在地表水和污水处理厂的出水中，其去除率最终都能达到稳定。但是，BEZ 在实际水样中与在去离子水中相比其去除效果较差，主要原因是实际水样成分相对复杂，对 UV/H_2O_2 的降解效果造成一定程度的影响。

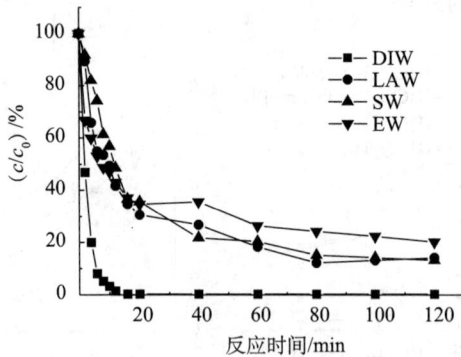

图 3.34　UV/H_2O_2 对苯扎贝特不同水体基质中的去除效果

（苯扎贝特初始浓度 $c_0 = 100\mu g/L$；H_2O_2 浓度 $= 0.1mg/L$，温度 $T = 20°C$，初始 pH ≈ 7）

　　7）BEZ 在 UV/H_2O_2 反应过程中的初步降解途径

　　根据 HPLC/MS/MS 的总离子色谱图（total ion chromatogram, TIC）和相对应的质谱图，本研究对 BEZ 在 UV/H_2O_2 中的降解过程进行了初步判断，检测采用全扫模式，在负离子模式下进行 [ESI（一）]。其降解产物的降解过程通过该产物质子化（[M-H]⁻）后的相对分子质量的峰面积进行描述。为了能够更好地对 BEZ 的降解过程进行描述，在该实验中，BEZ 的初始浓度为 100mg/L，过氧化氢的浓度同样增大了近 100 倍，反应溶液的 pH 为 7，温度为室温，约为 20°C。

　　图 3.35 对 BEZ（MW 361）在 UV/H_2O_2 降解过程中主要中间产物及降解途径进行了推测。在检测过程中，选取了主要的中间产物进行分析，其相对峰面积的相应强度均大于 e^4，由于 HPLC/MS/MS 不能对所有的产物进行检测和判断，因此本研究只针对其主要产物进行了初步的研究和鉴定。在 UV/H_2O_2 过程中 BEZ 的相对峰面积（A_{BZF}/A_{BZF_0}）和主要降解产物的相对峰面积（A/A_0）随时间变化曲线如图 3.36 所示。其中，A_0

为主要中间产物在 20min 检测到的初始峰面积，A 为不同取样时间的主要中间产物的峰面积。之所以没有将 0min 的峰面积作为初始峰面积，是因为在 0min 时，没有相应的中间产物出现，因此选择第一个取样点的峰面积作为主要中间产物的初始峰面积。A_{BZF_0} 是 BEZ 在 0min 的峰面积，A_{BZF} 为不同取样时间的 BEZ 的峰面积。从图 3.36 的结果可以看出，BEZ（$M_w 361$）的峰面积 A_{BZF} 与其初始峰面积 A_{BZF_0} 的比值随着反应时间的增大而减小。而大部分的主要中间产物（如 $M_w 257$、$M_w 235$、$M_w 265$、$M_w 223$、$M_w 377$、$M_w 343$ 和 $M_w 281$）在初始反应阶段峰面积百分比在不断增大，而后随着时间的增加，其比值在不断地减小，而后趋于稳定；中间产物 $M_w 157$ 和 $M_w 253$ 在初始反应的 20min 或 30min 内不断增大，而后趋于稳定；$M_w 275$ 的峰面积比值则不断增大。这说明，这些中间产物在随着反应的进行不断产出，而后随着时间的推移，反应趋于稳定。

根据图 3.36 的检测结果进行推断，对于 BEZ 在 UV/H$_2$O$_2$ 的降解过程主要分为以下 4 条途径。

（1）途径 1 中中间产物 $M_w 377$（与母离子相比，相对原子质量多了 16），这说明其芳香环上发生了羟基化反应。接着其发生了开环反应生成了中间产物 $M_w 265$。产物 $M_w 265$ 由于羟基自由基的氧化作用生成了中间产物 $M_w 281$；$M_w 265$ C—C 断裂，羟基取代了醛基生成产物 $M_w 253$。

（2）途径 2 中，ipso-O 发生了本位加成反应被羟基取代生成了产物 $M_w 265$，使其酯链断裂。卤基被羟基取代生成了中间产物 $M_w 257$，其促使发生开环反应生成了中间产物 $M_w 235$。

（3）途径 3 中，主要发生了取代反应和本位加成反应，与途径 2 类似。

（4）途径 4 中，BEZ（$M_w 361$）发生了氨基酰化，生成了 $M_w 157$ 和 $M_w 223$。

本研究的实验结果表明，BEZ 在 UV/H$_2$O$_2$ 中的降解过程与紫外光催化、光芬顿等高级氧化过程类似，在该过程中，过氧化氢（H$_2$O$_2$）的浓度、反应体系的温度、溶液的初始 pH 对 BEZ 的降解均存在一定程度的影响。

（1）过氧化氢（H$_2$O$_2$）浓度对 BEZ 的降解具有两面性，当其浓度达到 0.1mg/L 时，取得了较好的降解效果。

（2）无论是在地表水中，还是在污水处理厂出水中，高温和中性的条件有利于 BEZ 的降解，过酸或过碱的条件都会对 BEZ 的降解产生抑制作用，究其原因主要是由于对溶液中羟基自由基（·OH）的消耗，这些降解过程均满足第一动力学公式。

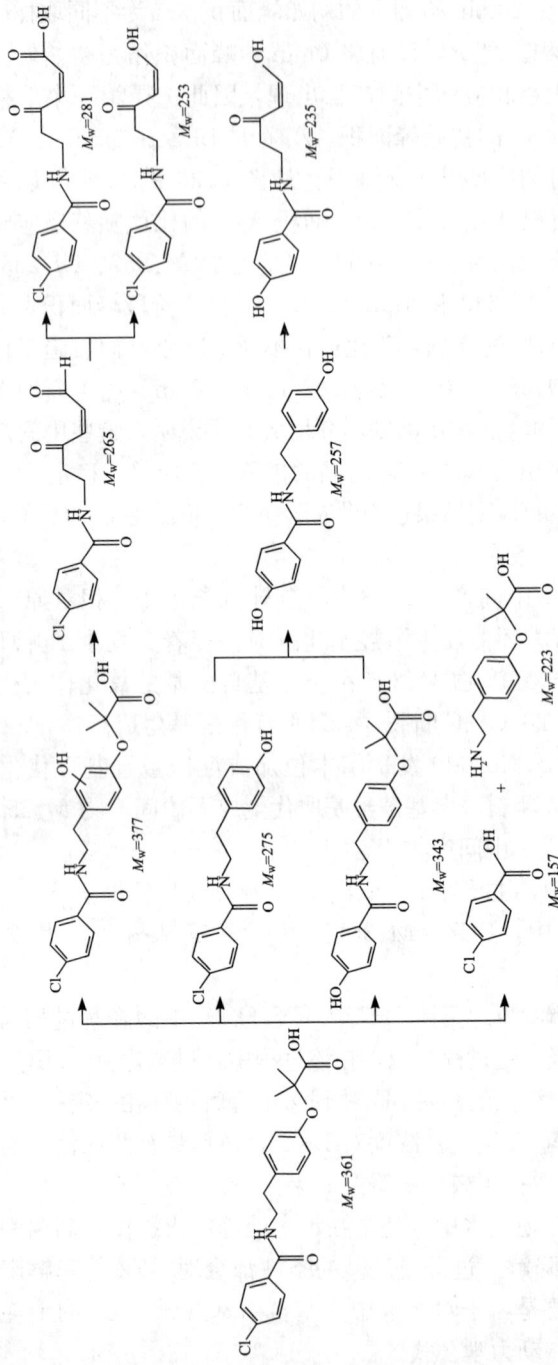

图3.35 苯扎贝特在UV/H₂O₂降解过程中主要中间产物及降解途径推测

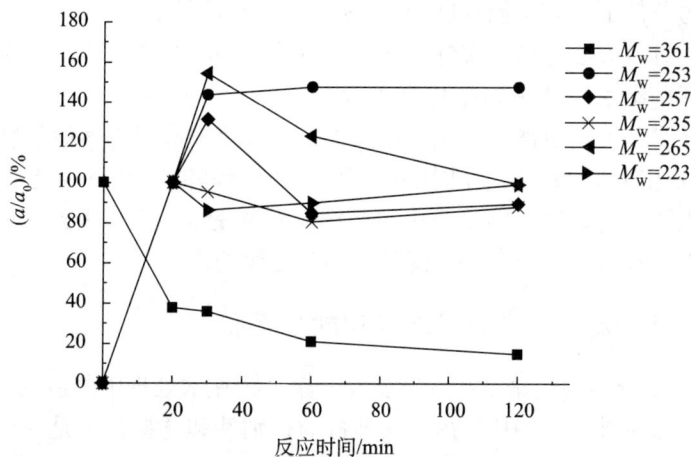

（a）

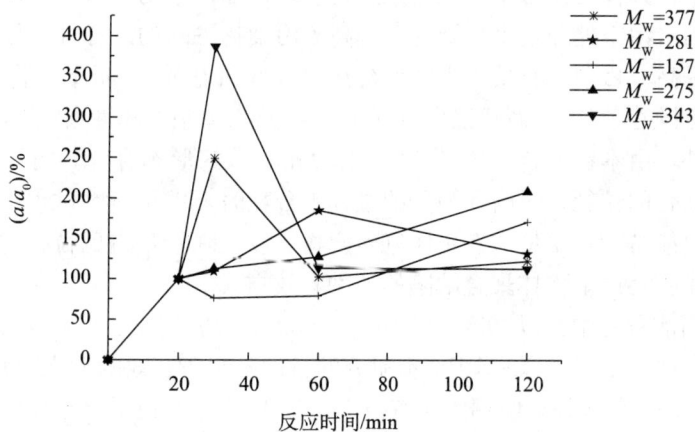

（b）

图 3.36　UV/H_2O_2 过程中苯扎贝特相对峰面积（A_{BZF}/A_{BZF_0}）

和主要降解物相对峰面积（A/A_0）随时间变化曲线图

（a）苯扎贝特（M_w361）峰面积比值（A_{BZF}/A_{BZF_0}）以及 M_w253、M_w257、M_w235、

M_w265 和 M_w223 中间产物峰面积比值（A/A_0）随时间变化曲线图；（b）M_w377、M_w281、

M_w157、M_w275 和 M_w343 中间产物峰面积比值（A/A_0）随时间变化曲线图（苯扎贝特

初始浓度 $c_0=100mg/L$，过氧化氢（H_2O_2）浓度$=100mg/L$，温度 $T=20℃$，pH$=7$）

　（3）随着腐殖酸的加入，其对 BEZ 产生明显的抑制作用，这种抑制作用随着腐殖酸浓度的增加而增大。原因是 BEZ 的浓度不足以与腐殖酸浓度抗衡，光催化对 BEZ 降解所提供的能量也是远远不够的。

　（4）所有的无机阴离子均对 BEZ 的降解起到了抑制作用，在离子浓度较高的条件下，其抑制程度为 $Cl^-<SO_4^{2-}<HCO_3^-<NO_3^-$。

（5）将该方法应用于实际水样基质中 BEZ 的降解，BEZ 在地表水和污水处理厂出水中的去除率均高于 80%。因此，在实际的污水处理工艺中，降低腐殖酸、氯离子、硝酸根离子、碳酸氢根离子等溶解性物质的浓度对 BEZ 在 UV/H_2O_2 过程中的去除是十分有利的，然而，经过 120min 的紫外光照射，BEZ 的大部分中间产物并未被完全去除，因此，加强高级氧化的强度和效率，对药物的降解是十分必要的。

3.4.3 分子印迹去除水体中酸性药物

1. DFC 分子印迹聚合物的制备及其聚合物在水处理中的应用

分子印迹技术（MIP）由于其独特的识别性和选择性，是一项具有良好应用前景的水污染处理新技术。通过制备目标污染物的分子印迹材料，在多污染物共存的体系中，能优先亲和吸附目标污染物。将分子印迹技术与传统的水污染处理技术相结合，提高了污染物去除的选择性，处理效果也相应提高。目前已有关于本体聚合法合成双氯芬酸-分子聚合物（DFC-MIP）的报道[232]。然而却很少有利用 MIP 从水体中选择性去除 DFC 的报道。另外，由本体聚合合成的 MIP 以大孔块状的形态存在，需要研磨并筛分成适合的粒径，研磨和筛分的过程十分耗时，由于研磨过程中印迹点的损失仅能得到一定量的有用印迹聚合物。以沉降聚合得到粒径均一的球形颗粒是弥补以上本体聚合缺陷的一种有效方式[233]。

在当前研究中，以 DFC 为模板、EGDMA 为功能性单体，采用沉降聚合的方式合成了 DFC-MIP。本研究的目的是制备有效的 DFC-MIP 并表征 DFC-MIP 在水处理应用中的有效性。MIP 的特性包括吸附特性、分子识别选择性、pH 和腐殖酸的影响等；同时将 DFC-MIP 的吸附特性和活性炭的吸附特性进行了对比；并用河水加标模拟实际环境污染水样评估了 DFC-MIP 去除 DFC 的试验研究；对 MIP 吸附材料的选择性、吸附再生等做了详尽的探讨。

1）分子印迹聚合物在水溶液中的溶胀性

采用静态溶胀实验，将印迹聚合物颗粒浸泡于蒸馏水中，对溶胀度进行了讨论，其溶胀度 δ 的计算公式如下：

$$\delta = \frac{V - V_0}{V_0} \times 100\% \qquad (3.31)$$

式中，V_0 和 V 分别为浸泡前后分子印迹聚合物的体积，根据浸泡前后质量变化与水的密度之比，Millipore 水的密度视为 1.0g/mL，估算出 V_1

和 V_2。

本研究采用静态溶胀法，将分子印迹聚合物浸入蒸馏水中 96h，称量浸泡前后分子印迹聚合物颗粒的质量，通过质量变化和密度之比，由式 (3.30) 计算得出印迹聚合物的溶胀度 δ 为 6.7%，表明该印迹聚合物在蒸馏水溶液体系中能长时间使用，并且颗粒物内部结构不会发生较大改变，分离性能较为稳定。

2）DFC-MIP 的键合性能

分子印迹聚合物在实际应用前有必要对其键合特性进行分析，平衡吸附试验和色谱评价是评价印迹材料识别特性最常用的方法。平衡吸附实验法是通过测量吸附平衡时溶液中模板分子的浓度，根据结合前后溶液中模板分子的浓度变化计算单位质量聚合物的结合量，通过计算结合常数 （K_d，富集因子）等对聚合物的吸附特性进行评价[234]。色谱评价一般用保留时间 （t_R）、容量因子 （k）和印迹因子 （imprinted factor, IF）等参数来表征。如果聚合物具有印迹特性，则 MIPs 与 NIPs 相比，模板分子在 MIPs 上由于选择性相互作用具有更强的保留；如果分子印迹聚合物对模板分子的类似物具有相似或更好的保留，则表明此聚合物具有交叉反应特性。同时，通过色谱评价可以更好地研究在不同流动相组成及 pH 条件下印迹聚合物的吸附特性[235]。本研究采用的是前一种方法。

A. 吸附等温线

称取 10mgMIP 和 NIP 各 10 份，置于 20 个 10mL 的带塞锥形瓶中，分别加入 5mL 浓度为 300mg/L、350mg/L、400mg/L、450mg/L、500mg/L、600mg/L、650mg/L、700mg/L、800mg/L、1000mg/L 的 DFC 水溶液，静态吸附 2h，将样品溶液离心分离并用 5mL 注射器下接微孔滤膜 （$\Phi=0.3\mu m$）过滤，然后用液相色谱仪测量平衡吸附溶液中 DFC 的游离浓度，吸附容量 （Q）通过初始浓度和平衡时的自由浓度的差值计算。同时，最大键合量 （Q_{max}）和离解系数 （K_d）通过斯卡查德方程计算，斯卡查德方程如下：

$$\frac{Q}{c_{free}} = \frac{(Q_{max} - Q)}{K_d} \tag{3.32}$$

式中，Q 为单位干重 MIP 上吸附到的 DFC 质量，mg/g；Q_{max} 为单位干重 MIP 上吸附 DFC 的最大质量，mg/g；c_{free} 为吸附平衡时溶液中 DFC 的自由浓度，mg/L；K_d 为吸附位点的平衡解离系数。

当前对 MIP 的研究已经从实验室的理论探索走向规模化的工程应用，在此过程中，除了 MIP 的制备以外，热力学、动力学等物化表征数据的系统化、精确化成为当前的首要任务。本研究通过键合性能的研究描述了MIP 和 NIP 的吸附行为，结果如图 3.37 所示。从图 3.37（a）可以看出，MIP 和 NIP 对 DFC 的键合量都随 DFC 初始浓度的增加而增加。这可能是在合成过程中静电使得功能性单体和 DFC 有序地结合，而后在聚合的过程中得到固定；去除模板物质之后印迹孔就随之形成，该印迹孔通过其自身的多重点静电和形状弥补作用具有再识别模板物质的功能。相比之下，NIP 的合成过程中功能性单体的随机分配导致了非印迹聚合物比印迹聚合物的特异性键合性能低，这也从另一方面证明了通过印迹反应成功地合成产生了专性键合位点。整个吸附过程中 MIP 的吸附量远高于 NIP，主要是由于印迹后模板分子能在基材上留下与其形状互补的孔穴，有利于聚合物与模板结合，因而其吸附容量高。

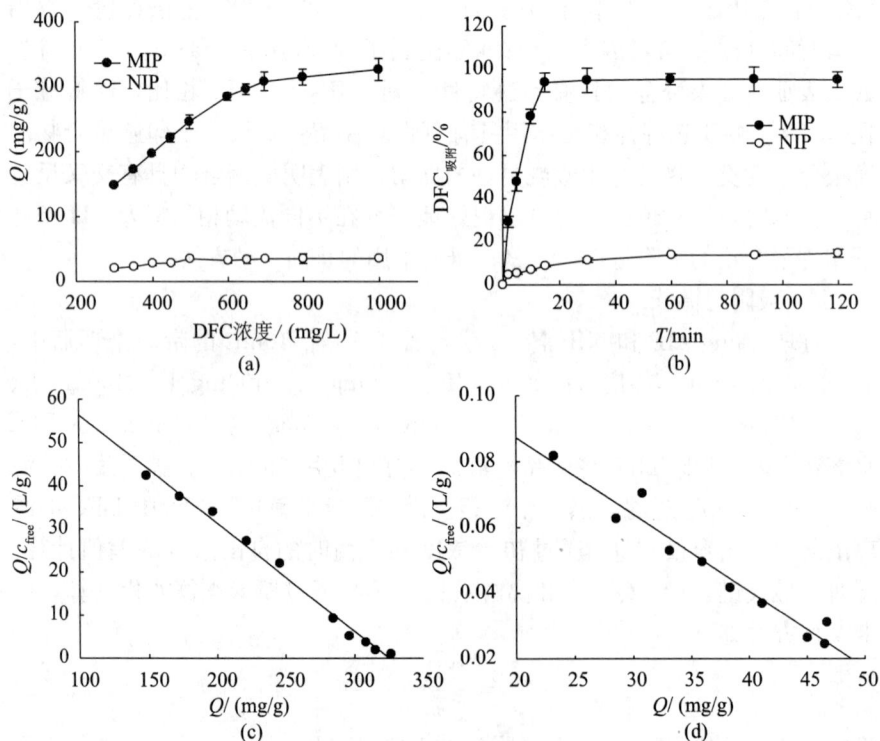

图 3.37　去离子水中 MIP 和 NIP 对 DFC 的吸附等温线（a）、去离子水中 DFC（300mg/L）的吸附动力学（b）、MIP 的 Scatchard 曲线（c）以及 NIP 的 Scatchard 曲线（d）

从 Scatchard 曲线可以计算出 MIP 的 Q_{max} 为 324.8mg/g（1.09 mmol/g），相应的 NIP 的 Q_{max} 为 45.2 mg/g。该结果表明，MIP 的最大键

合量近乎是 NIP 的 7 倍。此外，DFC 和 DFC-MIP 的离解系数 K_d 仅为 3.99mg/L，NIP 的离解系数 K_d 为 434mg/L，这从另一方面说明了 MIP 较强的键合性能。与采用本体聚合法合成 DFC-MIP 的研究结果[232] 相比，本研究 MIP 的吸附量提高了大约 10 倍。促成高吸附量的结果可能与合成方法有很大的关联，沉降聚合法得到微球体的粒径分布均一，为进一步键合提供了良好的表面结构且提高了有效识别位点的数量。同时，由于沉降聚合法形成的微球体积相对较小，该法合成的 MIP 比传统本体聚合合成的 MIP 在除去模板的过程中释放出更多的模板物质，从而使沉降聚合法得到的微球体有更多的印迹位点和更高的吸附性能[236]。在较短的反应时间内达到了吸附平衡且达到了较高的吸附量表明，沉降聚合法合成的 MIP 对去除水体中的污染物有着很好的应用前景。

B. 吸附动力学

用静态吸附法研究分析 MIP 的吸附动力学特性。将 10mgMIP 分别装入 10mL 的具塞锥形瓶中，然后分别注入 5mL 浓度为 300mg/L 的 DFC 水溶液。将这些样品保持在室温下（约 25℃），置于恒温振荡器上，转速设置为 100r/min，静态吸附不同的时间。然后定时取出锥形瓶，先用 5mL 注射器下接微孔滤膜（$\Phi = 0.3\mu m$）过滤，取滤液进样 HPLC 检测，实验重复三次。

研究分子印迹吸附动力学的一个重要手段是测定其动力学吸附曲线，它反映了吸附容量 Q（这里定义为某一时刻的吸附量）随着时间 t 的变化关系。图 3.37（b）为 DFC 印迹聚合物的吸附动力学曲线，可以看出，印迹聚合物具有比较高的吸附速率，在开始的 15min 内，吸附容量增加很快，并且与时间接近线性关系；经过 20min 后，吸附容量增加很少，此时吸附基本达到平衡。与此相比，在同一时间段 NIP 对 DFC 的吸附却低于 20%。MIP 和 NIP 的 Scatchard 曲线如图 3.37（c）所示，二者都是直线，这说明本研究的 MIP 和 NIP 键合位点的吸附是均质的。在 Liu 等[237] 使用沉降法合成金鸡纳啶印迹聚合物的研究中也得到了相似的 Scatchard 曲线。通常分子印迹聚合物对模板分子的吸附过程可分为三个阶段：首先模板分子运动到聚合物附近；其次是聚合物对其附近模板分子的物理吸附；最后分子印迹聚合物通过其与模板分子互补的印迹孔穴与模板分子结合。物理吸附非常快，可以在瞬间完成。本实验中影响其吸附速率的主要因素是 DFC 在聚合物内部的传质。在吸附开始时，DFC 分子容易到达聚合物的表面印迹孔穴，结合速率很快。随着吸附量的增加，表面印迹孔穴不断减少，聚合物对迁移到其附近的 DFC 分子的吸附与结合的数量也相应减少，吸附速率开始下降。此后，DFC 开始向深层印迹孔穴扩散，由于 DFC 分子具有一定的体积，因此在扩散过程中遇到比较大的阻力而导致吸附速率迅速下降[236]。

3）DFC-MIPDFC-MIP 对 DFC 结构类似物的竞争性富集特性

本研究用 CBZ 作为干扰化合物评估了 DFC-MIP 颗粒对 DFC 结构类似物的竞争性。称取 35mgMIP 和 NIP 分别置于 10mL 的具塞玻璃瓶中，然后分别加入 5mL 不同浓度的 DFC/CBZ（50～2000mg/L）混合液。封好后于 25℃恒温振荡器上以 100r/min 的速度振荡 2h，然后定时取出反应瓶，用 5mL 注射器下接微孔滤膜（$\Phi=0.3\mu m$）过滤，用 HPLC 来测量溶液浓度的变化并计算吸附量。为确保实验的准确度和精密度，所有实验重复 3 次。

以上键合试验是在单一 DFC 溶液条件下进行的。实际上，水环境体系中与 DFC 结构相似的化合物种类繁多，这些化合物具有与 DFC 共同竞争结合位点的可能。为了了解 MIP 材料在混合 DFC 溶液中的富集特性，研究与 DFC 结构相似的化合物在 MIP 上的竞争性富集特性显得十分必要，由于 CBZ 和 DFC 的分子结构有一定的相似性，且二者均为水体中难降解物质，本研究选取 CBZ 作为 DFC-MIP 选择性吸附 DFC 的竞争性化合物。本研究的侧重点为 MIP 在水环境修复中的应用，传统的研究则侧重于 MIP 填充柱代替常规的 HPLC 色谱柱，并以此为中心开展保留时间、印迹因子的研究，且流动相多为非水相或水相-有机相混合液，而本研究则更具体为目标药物 DFC 和 DFC 结构类似物在 DFC-MIP 选择性吸附过程中的竞争性研究。如图 3.38 所示，NIP 对 DFC 的饱和吸附量低于 NIP 对 CBZ 的饱和吸附量。但 DFC-MIP 对 DFC 的吸附量远高于结构类似物 CBZ。这表明专性位点的产生有利于模板物质的吸附，同时削减了干扰化合物的键合能力。

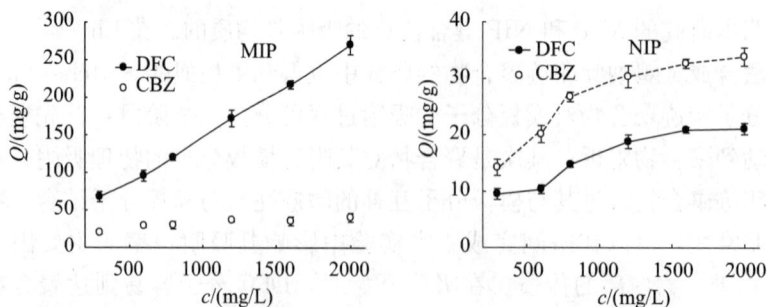

图 3.38 DFC 和 CBZ 分别在 MIP 和 NIP 上的吸附等温线

4）DFC-MIP 用于河水中 DFC 的去除

地表水水样取自柏林夏洛特堡区的施普雷河段，河水水样加标 DFC 配置成不同浓度的 DFC 水溶液（300～1000mg/L）。将 5.0mL 不同浓度的河水加标水样置于含有 10mgMIP 的 10mL 具塞玻璃瓶中，封好后于 25℃恒温振荡器上以 100r/min 的速度振荡 2h，然后定时取出反应瓶，用 5mL 注射器下接微孔滤膜（$\Phi = 0.3\mu m$）过滤，滤液中 DFC 的自由浓度用 HPLC 来测量。为确保实验的准确度和精确度，所有实验重复 3 次。

目前已有采用本体聚合法合成 MIP 并应用于 DFC 固相萃取的研究[232]。然而，采用更为便捷高效的合成方法合成 DFC-MIP，并进一步应用于污染物去除的研究还鲜有报道。本研究通过对比去除施普雷河水加标 DFC 和去除去离子水加标 DFC 的吸附等温线，评估了 MIP 用于专性去除受污染水体中 DFC 的可行性。DFC-MIP 专性吸附河水加标 DFC 的 Q_{max} 为 199mg/g，该值比相应的去离子水中 DFC 的吸附量低了 1.6 倍。相对于去离子水，MIP 对地表水加标 DFC 的键合能力明显降低，这可能是由于地表水 pH 偏高（地表水的 pH 为 9，而去离子水的 pH 为 5.2）以及地表水中的有机质含量较高[234]。因此，接下来重点研究了 pH、腐殖酸对 MIP 去除水体中 DFC 的影响。

5）pH 对 DFC 去除的影响

取浓度为 300mg/L 的 DFC 和 CBZ 混合标准工作液 16 份，用盐酸和氢氧化钠调节水样 pH 分别为 3.0、5.0、6.0、7.0、9.0、10.0、11.0 和 12.0，进行 MIP 和 NIP 的吸附研究。将这些样品保持在室温下（约 25℃），置于恒温振荡器上，转速设置为 100r/min，静态吸附 2h。然后定时取出反应瓶，用 5mL 注射器下接微孔滤膜（$\Phi = 0.3\mu m$）过滤，再通过 HPLC 来测量溶液浓度变化并计算吸附量，做 3 次重复实验。

由于 pH 影响 MIP 的特性以及 MIP 对目标物的吸附专性，因此 pH 是 MIP 吸附过程的一个重要控制参数。不同水质的 pH 对 MIP 的吸附能力有着很大的差异并进而影响着吸附的程度。研究表明，当水体 pH 超过聚合物的 pK_a 时，聚合物的识别能力就会消失[243]。另外一项研究表明，当 pH 介于 2～9 时，静电保留模型可以解释目标物在聚合物上的保留[244]。而且，MAA 型聚合物对碱性化合物的吸附随着 pH 的升高而升高[245]，VPy 型聚合物对酸性化合物的吸附随着 pH 的降低而升高[246]。图 3.39 表明，pH 对 MIP 和 NIP 去除水体中 DFC 的影响。从图 3.39 中可以看出，当 pH 在 3～8 变化时，DFC 的去除率没有明显变化，这表明疏水作用和氢键是 DFC 和选择性键合位点吸附的主要驱动力。然而，当 pH 在 9～11 时，MIP 和 NIP 对 DFC 的去除率开始明显降低。由于在本研究 MIP 合成过程中使用的功能性单体是 2-VP，且在低 pH 的条件下获得了较高的去除率，这一结论与 Haupt 和他的合作者的研究结果一致[246]。此外，在 pH 为 9 和 10 时也获得了相对高的去除率，这一现象可用静电保留模型来解释[247]。DFC 的 pK_a 值是 4.1，因此 DFC 在碱性溶液（pH 为 9 和 10）中将会电离[248]。离子化有利于静电作用的产生[249]，进而促进了 DFC 和 MIP 之间的静电作用。结果在 pH 为 9 和 10 的情况下保持了一定的去除率。然而，当 pH 上升到 10 或 12 时，DFC 的去除率就会急剧下降，一种可能的解释是在这个 pH 范围内，MIP 选择性识别位点的结合能下降[247]。事实上，环境水样的 pH 几乎都在 10 以下，因此，这里得到的聚合物的吸附特性有利于 DFC 从环境水体中去除。

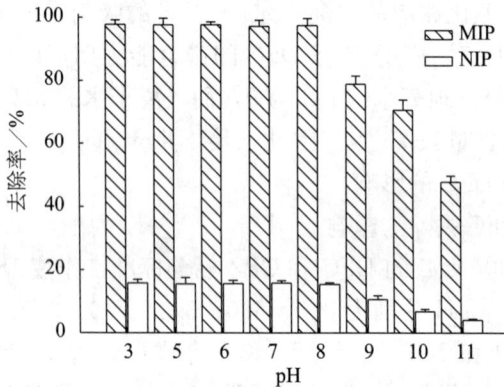

图 3.39　pH 对 MIP 和 NIP 去除 DFC 效率的影响

6）腐殖酸对 DFC 去除的影响

配置含有腐殖酸浓度分别为 0 mg/L、5 mg/L 和 10mg/L 的去离子水加标溶液（DFC 和 CBZ 的混合液浓度为 300mg/L）。将这些样品保持在室温下（约 25℃），置于恒温振荡器上，转速设置为 100r/min，静态吸附 2h。然后定时取出反应瓶，用 5mL 注射器下接微孔滤膜（$\Phi=0.3\mu m$）过滤，在通过 HPLC 来测量溶液浓度的变化并计算吸附量，做 3 次重复实验。

水体中有机物会通过疏水反应不同程度地键合到 MIP 的表面，从而限制模板物质与印迹聚合物的聚合。腐殖酸是天然水体中广泛存在的一种有机物，该物质由天然有机质转化而来，成分相对复杂，含有羧酸盐、酚羟基等多种官能团组分[250]。这些基团在水相介质中的离解会导致负电荷的形成，并通过化学方式键合到腐殖类大分子交联碳网上。一般来说，广泛存在于自然界的腐殖酸易于和各种有机污染物发生反应[250]。腐殖酸能够键合重金属离子，并易于吸附到诸如活性炭等相对疏水性的固定相上，从而降低了疏水性固定相对目标污染物的去除[251]。例如，在有机酸存在的情况下，由于吸附位点"中毒"或吸附位点的竞争，GAC 的吸附能力下降了三个数量级[242]。同样，Fukuhara 等[252]观察到了相似的结论，由于吸附位点的竞争或者吸附孔堵塞，活性炭对河水（河水中总有机碳的浓度为 11mg/L）中目标污染物的吸附能力降低了三个数量级。因此有必要研究腐殖酸对 MIP 键合的影响。图 3.40 表明了腐殖酸对 MIP 和 NIP 去除目标化合物 DFC 和竞争化合物 CBZ 的影响，由此可以看出腐殖酸对 MIP 和 NIP 去除 DFC 没有明显影响，原因可能是 DFC-MIP 合成所使用的功能性单体 2-VP 聚合物和腐殖酸没有发生有效的分子间作用[253]。而且，腐殖酸的出现会导致 pH 降低，正如前面得到的结论，较低的 pH 有助于提高 MIP 对 DFC 的去除率。同时，这里需要强调的是 CBZ 作为竞争性化合物，其去除率没有发生明显的增加，这也表明在腐殖酸浓度为 10mg/L 的条件下，MIP 的选择性不受影响。LeNoir 等[254]的研究发现在腐殖酸浓度为 $2\mu g/L$ 的条件下，固定化 MIP 的选择性不受影响，与本研究的结论一致。该结果表明对含有一定浓度腐殖酸的环境水体，采用 MIP 选择性去除 DFC 是可行的。

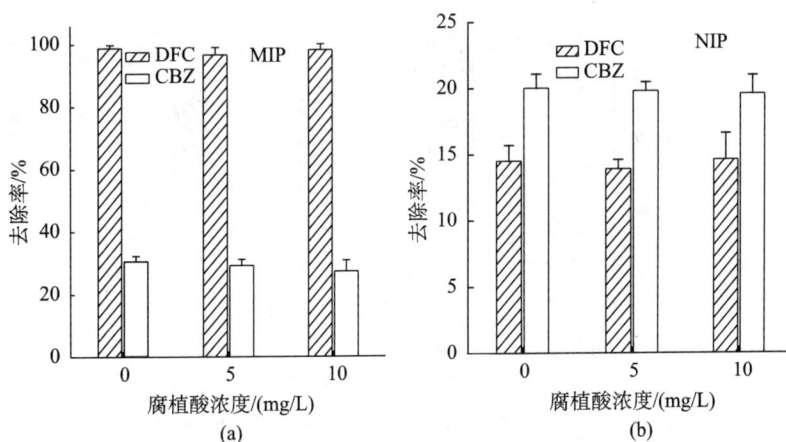

图 3.40 腐殖酸对 MIP（a）和 NIP（b）去除 DFC 的影响

7) MIP 和活性炭去除 DFC 的对比

粉末活性炭（powdered activated carbon，PAC）先用 0.1 mol/L 的盐酸洗去影响的离子和其他基质，然后再用去离子水反复淋洗直到洗出液的 pH 保持在 7 左右，最后在 100℃ 条件下烘干。加标的去离子水样 DFC 和 CBZ 的混合液浓度为 300mg/L，分别加载到 10mg 和 20mg 的 PAC 上。室温下恒温振荡（转速设置为 100r/min）吸附 2h，然后定时取出反应瓶，用 5mL 注射器下接微孔滤膜（$\Phi=0.3\mu m$）过滤，再通过 HPLC 来测量溶液浓度变化并计算吸附量，做 3 次重复实验。

在目前的吸附领域，已有将活性炭应用到去除水体中 DFC 的探讨[255]。但由于实际水体的组分十分复杂，在去除 DFC 的同时也去除了大量的其他有机物，间接地降低了去除目标污染物的效率。在此背景之下，本试验开展了 MIP 和活性炭对去除水相环境中 DFC 的吸附选择性能的对比研究。取 5mL 去离子水加标水样分别加到一定量的 MIP、NIP 和 PAC 上，进行静态试验分析。如图 3.41 所示，MIP 对 DFC 的去除率明显高于 NIP 对 DFC 的去除率，而且 MIP 对 DFC97.6% 的去除率也高于 10mgPAC 对 DFC（76.7%）的去除率和 20mgPAC 对 DFC（80.6%）的去除率。通过增加 PAC 的用量，DFC 的去除率没有明显增加。本研究中，无论是 MIP 还是 NIP 对干扰化合物 CBZ 的去除率都比较低，然而 PAC 却能有效地去除 CBZ，这表明活性炭虽然有很好的吸附能力，却没有对目标化合物的选择特性。

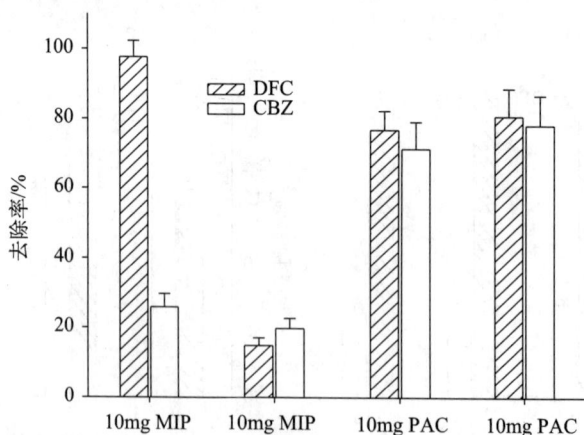

图 3.41 不同吸附材料用于加标水中 DFC 和 CBZ 的去除率

分子印迹技术是指为获得在空间结构和结合位点上与某一分子（模板

分子）完全匹配的聚合物的实验制备技术。MIP 具有形状和化学功能基团
与模板分子互补的大孔立体空穴，对模板分子呈现预定的选择性和高度的
识别性能。MIP 的这种特性解释了 DFC-MIP 对 DFC 的高吸附率，NIP 作
为吸附材料对 CBZ 和 DFC 具有无选择性的吸附，但由于其结构与活性炭
有着本质的区别，因此吸附能力也有着很大的差异。从吸附本身来看，活
性炭是一种优良的吸附剂，它能吸附各种有机物和无机物。活性炭具有多
孔结构，吸附容量大、速度快，活性炭是疏水性非极性吸附剂，能选择性
地吸附非极性类物质，但对分子的空间结构没有选择性。活化方法对活性
炭的孔隙大小有很大的影响。孔径大小不同的孔隙，能吸附分子大小不同
的物质。活性炭具有很大的吸附性能主要是由其特殊的表面结构特性和表
面化学特性所决定。同时，活性炭的电化学性质对吸附性能也有很大的作
用。活性炭的表面化学性质和表面结构特性决定其吸附性能。结果表明，
相对于 PAC，MIP 对 DFC 的去除不但表现出了很好的去除率，还表现出
了很好的选择性。因此，MIP 对选择性去除水环境中的污染物有着很重要
的应用价值，另外，活性炭不易于再生且易于达到饱和[256]。

8）DFC-MIP 的再生回用

称取 10mgDFC-MIP，每次重复使用之前在甲醇/乙酸（9:1，体积
比）混合液中超声萃取数次，直到滤液中检测不到 DFC 为止，然后再用
甲醇淋洗，真空干燥，进行 MIP 的回用研究。

以 2-乙烯基吡啶（2-VP）为功能单体、DFC 分子为模板分子，采用
沉降聚合技术成功制备出高选择性的 DFC 印迹聚合物，并系统研究了
DFC-MIP 作为选择性吸附材料去除水体中 DFC 的可行性。吸附实验结果
表明，DFC 印迹聚合物呈现出较好的结合性能、选择性和吸附性。在研
究浓度范围内印迹聚合物对印迹分子存在单个结合位点，其结合性位点的
离解常数为 3.99mg/L，最大表观结合量 Q_{max} 为 324.8mg/g（1.09mmol/g）。
采用等温吸附实验研究了该分子印迹聚合物的吸附热力学。在一定的底物
浓度下，DFC-MIP 的平衡吸附容量明显高于 NIP 的吸附量，这是由于印
迹后模板分子能在基材上留下与其形状互补的孔穴，有利于聚合物与模板
结合，因而其吸附容量提高。通过测定动力学吸附曲线研究了该分子印迹
聚合物的吸附动力学。印迹聚合物具有比较高的吸附速率，在开始的
15min 内，吸附容量增加很快，并且与时间基本呈线性关系。经过 20min
后，吸附容量增加很小，此时吸附基本达到平衡。

在腐殖酸浓度为 10mg/L 的条件下，DFC-MIP 对 DFC 的选择性和吸附

性不受影响。相对于 10mg 或 20mg 的 PAC，10mg 的 MIP 对去除去离子水加标 DFC 表现出了更好的选择性和更高的去除率。本研究合成的 MIP 具有较好的再生回用性能，该分子印迹聚合物反复使用 12 次之后印迹能力也未发生明显衰减，该结论不仅意味着 MIP 在水处理中技术应用的可行性，更表明了相对于商业活性炭等传统吸附材料的经济应用的可行性（图 3.42）。

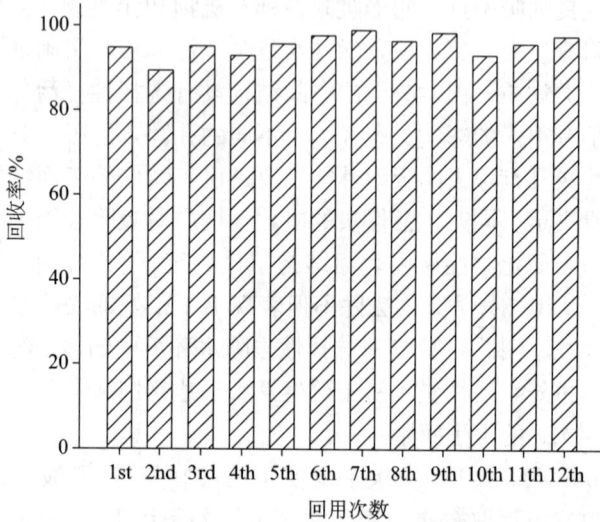

图 3.42　DFC-MIP 的再生回用

2. 核壳式分子印迹聚合物微球选择性去除水体中 CA

近年来，环境中的新型污染物——药物和个人护理品（PPCPs）的存在、归趋以及生物影响成为环境科研工作者关注的热点问题[1~3]。氯贝酸（clofibricacid，CA）是一种降血脂药物同时也是氯贝丁酯等降血脂药物的代谢产物，作为 PPCPs 中具有典型代表性的一种，CA 在污水处理厂的出水、地表水、地下水甚至是饮用水中均有检测到[4~6]。由于该物质在水体环境中具有较高的浓度和持久性，且在城市污水处理厂中很难被降解去除[5]，其活性组分将被源源不断地输入到水体环境中并形成普遍性累积，能够长期作用于水生态系统，引发特殊的生理作用，对水环境产生潜在威胁，同时造成水体污染，进而直接或间接影响饮用水质量，危害人体健康[4]。因此，必须加强开展对环境水体中 CA 残留物的去除技术的研究。

分子印迹技术由于其独特的识别性和选择性，是一项具有良好应用前景的水污染处理新技术[7~8]。通过制备目标污染物的分子印迹材料，在多污染物共存的体系中，能优先亲和吸附目标污染物。将分子印迹技术与传统的水污染处理技术相结合，提高了污染物去除的选择性，处理效果也相应提高[9~10]。本研究以 CA 为模板、MAA 为功能性单体，采用沉降聚合的方式合成了对 CA 具有特异性识别能力的核-壳式分子印迹聚合物（molecularly imprinted polymer，MIP）。通过研究该 MIP 对 CA 的特异性识别能力，探讨其在去除水体中 CA 应用的可行性，从而为未来实际环境水体中 CA 的选择性去除提供有力的理论依据和技术支撑。

1）CA-MIP 的表面形态表征

核壳式 CA-MIP 的合成分为两个步骤。第一步，准确称取 5.03mmol的 DVB-80 和 0.085mmol 的引发剂 AIBN 置于 300mL 具塞螺口玻璃瓶中，然后加入 50mL 致孔剂甲苯，轻轻摇匀。在冰浴条件下，向反应液中通入氮气 10min 除去溶解的氧气和玻璃瓶上方空气中微量的氧气，最后将瓶口密封。将反应容器置于水浴锅中，使温度在 2h 内缓慢地从室温升至 65℃，并在 65℃的条件下恒温热聚合 8h。合成得到的单分散均聚物即为分子印迹聚合物的核。第二步，准确称取 0.75mmol 的模板分子 CA、0.83mmol的功能性单体 MAA、4.52mmol 的 DVB-80 和 0.085mmol 的 AIBN 溶于50mL 乙腈/甲苯混合液（1：1，体积比），混匀后，将混合反应液转移到第一步中的反应瓶中，通入氮气 10min 除去溶解的氧气和玻璃瓶上方空气中微量的氧气，然后将瓶口密封。将反应容器置于水浴锅中，使温度在2h 之内缓慢地从室温升至 65℃，并在 65℃的条件下恒温热聚合 22h。待聚合反应完全后，将生成的 MIP 颗粒置于甲醇/乙酸（9：1，体积比）混合液中索氏提取 24h，以除去模板分子，然后再用少量甲醇洗去颗粒物中残留的乙酸，最后将得到的 MIP 颗粒在 60℃的条件下真空干燥备用。作为对比实验，除不加模板分子（CA）以外，非印迹聚合物（non-imprinted polymers，NIP）的合成步骤同上。

核壳式 CA 分子印迹聚合物反应模型如图 3.43 所示。

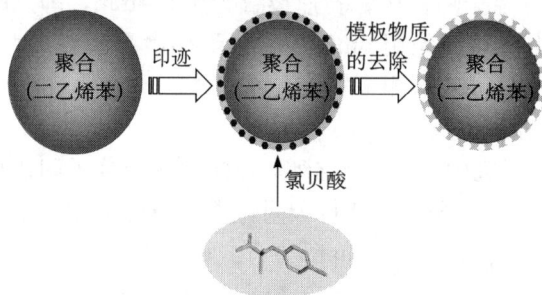

图 3.43 核壳式 CA 分子印迹聚合物反应模型

为了研究聚合物的表面形态和结构，采用电镜扫描（SEM）对印迹聚合物进行了表征。图 3.44 为 CA-MIP 未作筛分处理时的 SEM 图。从图 3.44 可见，CA-MIP 呈乳白色或透明的球状小颗粒，表面光滑，且粒径均匀。

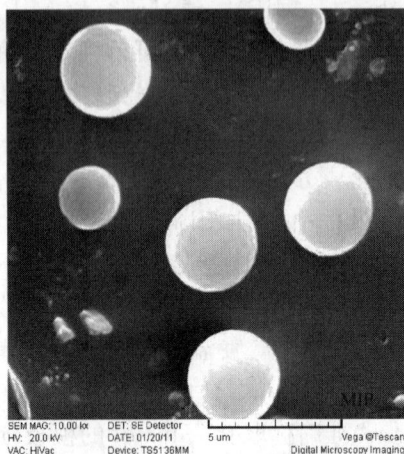

图 3.44 CA-MIP 的 SEM 图

2）CA-MIP 的键和特性

准确称取 10mgMIP 和 NIP 若干份，置于 10mL 具塞锥形瓶中，分别加入 0~1500mg/L 的 CA 水溶液 5mL，于恒温振荡器中静态吸附 2h，将样品溶液离心分离并用 5mL 注射器下接微孔滤膜（$\Phi=0.3\mu m$）过滤，然后用 HPLC 测量平衡吸附液中 CA 的自由浓度，吸附容量（Q）通过初始浓度和平衡时的自由浓度差值来计算。以自由浓度对吸附量的曲线如图 3.45 所示。

为了研究聚合物的结合动力学性质，将 10mgMIP 分别装入 10mL 的具塞锥形瓶中，然后分别加入 5mL 浓度为 500mg/L 的 CA 水溶液。封好后置于 25℃ 的恒温振荡器中，转速设置为 100r/min，静态吸附不同的时间。然后取出锥形瓶，先用 5mL 注射器下接微孔滤膜（$\Phi=0.3\mu m$）过滤，取滤液进样 HPLC 检测，实验重复 3 次。

A. 吸附等温线

在分子印迹研究中，常用 Scatchard 模型评价分子印迹聚合物的结合特性，通过 Scatchard 分析可获得吸附位点的结合类型、结合平衡常数及最大吸附量等重要信息。Scatchard 方程可写为

$$\frac{Q}{c_{\text{free}}} = \left(\frac{Q_{\max} - Q}{K_{\text{d}}}\right)$$

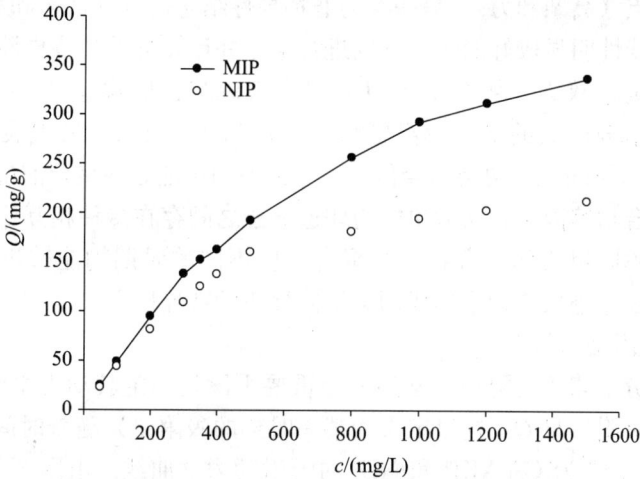

图 3.45　MIP 和 NIP 对 CA 的吸附等温线

式中，Q 为 MIP 上吸附的 CA 的量，mg；Q_{max} 为结合位点的最大表观吸附量，mg/g；c_{free} 为吸附平衡时溶液中 CA 的浓度，mg/L；K_d 为吸附位点的平衡解离系数，mg/L。CA-MIP 的 Scatchard 模型分析结果如图 3.46 所示。

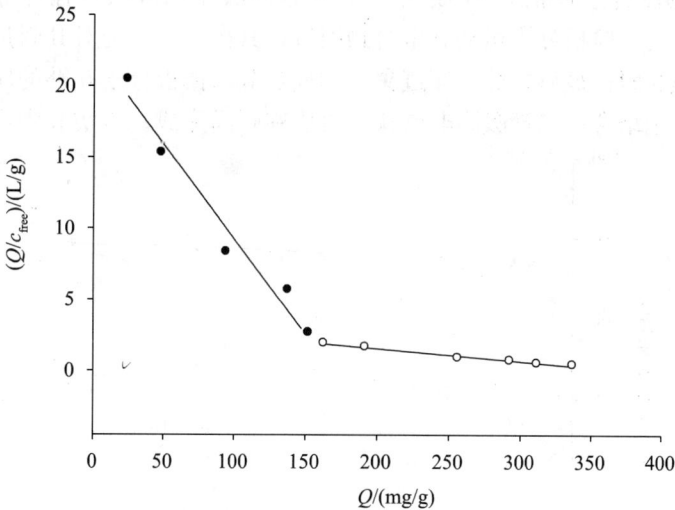

图 3.46　MIP 的 Scatchard 曲线

由图 3.46 可以看出，在 Scatchard 图中，Q/c_{free} 对 Q 明显呈非线性关系，但是图中的两个部分却可以呈现较好的线性关系，表明了印迹聚合物 CA-MIP 与模板分子 CA 的结合存在两类非等价的结合位点：一类为特异性结合位点（高亲和力）；另一类为非特异性结合位点（低亲和力）。对图中的两段线性明显较好的部分分别进行拟合并计算可得到特异性结合位点的平衡解离常数 K_{d_1} 为 7.52mg/L，最大表观结合量 Q_{max_1} 为 169.2mg/g；非特异性结合位点的平衡解离常数 K_{d_2} 为 113.8mg/L，最大表观结合量 Q_{max_2} 为 370.8mg/g。两类结合位点产生的原因可能是在聚合前或聚合期间的反应混合物溶液中，功能单体与印迹分子之间存在多种相互作用，可以形成两类不同组成的复合物，在聚合反应不同的时期均能够进入到空穴中，因此在印迹聚合物中形成两类不同性质的特异性空穴。

B. 吸附动力学

研究分子印迹吸附动力学的一个重要手段是测定其动力学吸附曲线，它反映了吸附容量 Q（这里定义为某一时刻的吸附量）随着时间 t 的变化关系。图 3.47 为 CA-MIP 和 NIP 的吸附动力学曲线。由图 3.47 可以看出，在开始的 10min 内，CA-MIP 的吸附速率很快，吸附量达到了 64.5%，并且与时间接近线性关系；15min 后，吸附基本达到平衡。与此相比，NIP 的吸附效果明显低于 MIP，且 NIP 的吸附速率较慢，10min 内吸附率只有 30% 左右，40min 后，吸附才达到平衡，且达到平衡时吸附率只有 45% 左右。通常分子印迹聚合物对模板分子的吸附过程可分为三个阶段：首先，模板分子运动到聚合物附近；其次，聚合物对其附近模板分子的物理吸附；最后，分子印迹聚合物通过其与模板分子互补的印迹孔穴与模板分子结合。物理吸附非常快，可以在瞬间完成。本实验中影响其吸

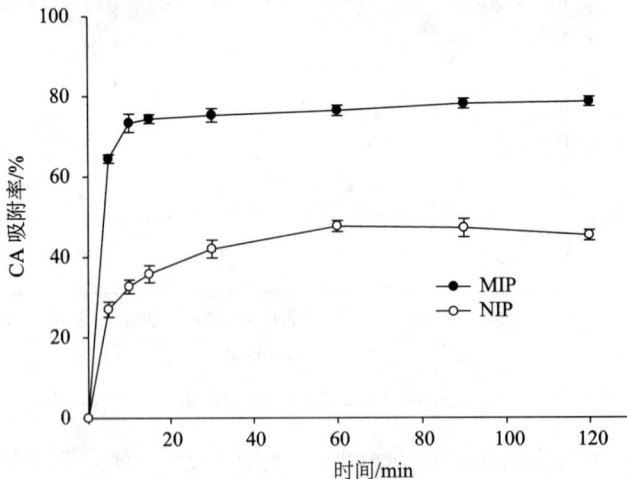

图 3.47　MIP 和 NIP 对 CA 的吸附动力学曲线

附速率的主要因素是 CA 分子在聚合物内部的传质。在吸附开始时，CA 分子容易到达聚合物的表面印迹孔穴，结合速率很快。随着吸附量的增加，表面印迹孔穴不断减少，聚合物对迁移到其附近的 CA 分子的吸附与结合的数量也相应减少，吸附速率开始下降。此后，CA 分子开始向深层印迹孔穴扩散，由于 CA 分子具有一定的体积，因此在扩散过程中遇到比较大的阻力而导致吸附速率迅速下降[11]。

C. CA-MIP 的特异选择性

本研究用 CBZ 作为干扰化合物评估了 CA-MIP 颗粒对 CA 结构类似物的竞争性。称取 10mgMIP 和 NIP 分别置于 5mL 的具塞玻璃瓶中，然后分别加入 5mL、100mg/L 的 CA/CBZ 混合液。封好后于 25℃恒温振荡器上以 100r/min 的速度振荡 2h，然后定时取出反应瓶，用 5mL 注射器下接微孔滤膜（$\Phi=0.3\mu m$）过滤，用 HPLC 来测量溶液浓度变化并计算吸附量。为确保实验的准确度和精确度，所有实验重复 3 次。

吸附试验是在单一 CA 溶液条件下进行的。实际上，水环境体系中与 CA 结构相似的化合物种类繁多，这些化合物具有与 CA 共同竞争结合位点的可能。由于 CBZ 和 CA 的分子结构有一定的相似性且两者均为水体检出频率较高的药物组分，本研究选取 CBZ 作为 CA-MIP 选择性吸附 CA 的竞争性化合物。本研究的侧重点为 MIP 在水环境修复中的应用，传统的研究则侧重于 MIP 填充柱代替常规的 HPLC 色谱柱，并以此为中心开展保留时间、印迹因子的研究，且流动相多为非水相或水相-有机相混合液；而本研究则更具体为目标药物 CA 和 CA 结构类似物在 CA-MIP 选择性吸附过程中的竞争性研究。如图 3.48 所示，NIP 对 CA 的吸附去除效

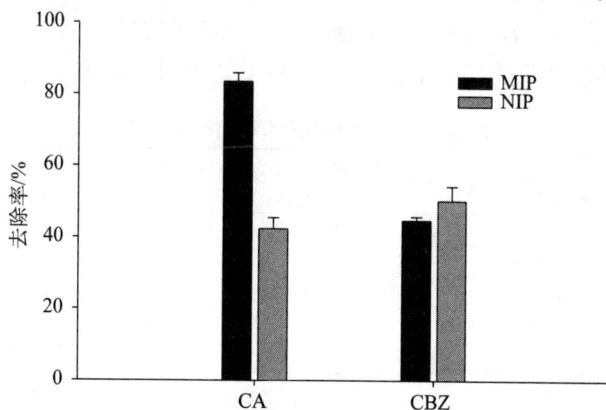

图 3.48 CA 和 CBZ 分别在 MIP 和 NIP 上的吸附效果

率低于 NIP 对 CBZ 的去除效率。但 CA-MIP 对 CA 的去除率远高于结构类似物 CBZ，这表明专性位点的产生有利于模板物质的吸附，同时削减了干扰化合物的键合能力。

D. 基质影响

地表水水样取自黄浦江，将地表水水样用去离子水稀释得到一系列水样，所有水样中 CA 加标浓度为 300mg/L。将 5.0mL 不同地表水水样置于含有 10mgMIP 的 10mL 具塞玻璃瓶中，封好后于 25℃恒温振荡器上以 100r/min 的速度振荡 2h，然后定时取出反应瓶，用 5mL 注射器下接微孔滤膜（$\Phi=0.3\mu m$）过滤，滤液中 CA 的自由浓度用 HPLC 来测量。为确保实验的准确度和精确度，所有实验重复 3 次。

本研究将合成的 CA-MIP 用于地表水中 CA 的去除，评估了 MIP 用于专性去除受污染水体中 CA 的可行性。由于实际水体的其他污染物如总溶解性固体（TDS）的存在可能会对 CA 的去除效果产生影响。我们通过用去离子水稀释地表水来考察 TDS 对 CA-MIP 去除实际水体中 CA 的影响（表 3.16）。如表 3.16 所示，当 TDS 的浓度不超过 280mg/L 时，水体中 TDS 的存在对 CA 的去除效果没有明显的影响。这一结果表明，在此条件下，作为主要 TDS 成分的 Ca^{2+}、Mg^{2+} 和 Al^{3+} 等没有与功能单体（MAA）上的—COOH官能团形成复杂的聚合物。然而，当 TDS 的浓度超过 280mg/L 时，CA-MIP 对 CA 的去除率有所下降，表明本研究条件下，当 TDS 的浓度超过 280mg/L 以后，MIP 功能单体（MAA）上的—COOH官能团对水体中那些主要的离子发生聚合而影响了 MIP 对 CA 的吸附。同时，这里需要强调的是，虽然 MIP 对 CA 的去除受到 TDS 的影响，但是 MIP 对 CA 的去除效果始终高于 NIP 和 PAC。该结果表明对含有一定浓度的 TDS 的环境水体，采用 MIP 选择性去除 CA 是可行的。

表 3.16 实际水体中 CA 的去除效果

地表水加标	基质因素	CA 去除率/%		
300mg/LCA	TDS/（mg/L）	MIP	NIP	PAC
100%地表水	560	48.5	23.1	30.7
75%地表水+25%去离子水	420	62.1	28.7	38.3
50%地表水+50%去离子水	280	83.7	31.4	44.4
25%地表水+75%去离子水	140	85.4	33.5	46.3
10%地表水+90%去离子水	56	89.6	34.6	48.2

E. CA-MIP 的再生回用

称取 10mg CA-MIP，每次重复使用之前在甲醇/乙酸（9：1，体积比）混合液中超声萃取数次，直到滤液中检测不到 CA 为止，然后再用甲醇淋洗，真空干燥，进行 MIP 的回用研究。

MIP 作为吸附材料能否重复使用，是该技术作为水处理工艺是否经济实用的一个重要控制因子，这里研究了 MIP 再生回用的稳定性。从图 3.49 可以看出，本研究制备出的分子印迹聚合物具有很好的物理和化学稳定性，CA-MIP 在甲醇/乙酸（9∶1，体积比）混合液处理过之后可以再生回用，该分子印迹聚合物反复使用 12 次之后印迹能力也未发生衰减，产生回收率波动的原因可能与再生过程造成了印迹孔穴的微量损失有关。由于再生过程需经浸泡、洗涤、干燥等反复物理过程，可能造成印迹孔穴数量略微有所损失。分离因子变化不大表明印迹孔穴的活性改变很小。该结论证实了 MIP 再生回用的可行性。MIP 易于回用再生的特性使得其在大规模应用时相对于活性炭表现出了很大的优势。综上所述，本实验所制备的 CA-MIP 具有一定的重复使用能力和再生识别性能，使用 MIP 作为吸附材料去除水体中的污染物质对削弱污水处理成本有很好的经济价值。

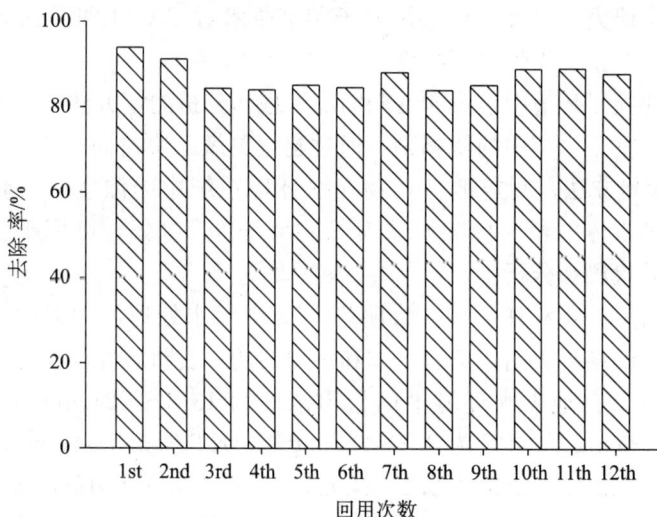

图 3.49　CA-MIP 的再生回用

以单分散 DVB-80 均聚物为核、CA 印迹的 MAA－DVB-80 共聚物为壳，通过沉降聚合法合成了对 CA 具有高度选择性的核-壳式分子印迹聚合物微球，并系统研究了 CA-MIP 作为选择性吸附材料去除水体中 CA 的可行性。吸附实验结果表明，CA-MIP 呈现出较好的结合性能、选择性和吸附性，在研究浓度范围内印迹聚合物对印迹分子存在两个结合位点，其中特异性结合位点的平衡解离常数为 7.52mg/L，最大表观结合量为 169.2mg/g。同时，与 NIP 相比，CA 分子印迹聚合物对 CA 表现出较大的吸附性能和高度的选择性。当有 TDS（<280mg/L）等环境基质因素存在时，CA-MIP 仍然表现出了更好的选择性和更高的去除率。本研究合成的 MIP 具有较好的再生回用性能，该分子印迹聚合物反复使用 12 次之后印迹能力也未发生明显衰减，该结论不仅意味着 MIP 在水处理中技术应用的可行性，更表明了相对于商业活性炭等传统吸附材料的经济应用的可行性。

3.5 小结

本章选取了生活中常见的酸性药物为研究对象，建立了适合水环境样品的分析测定方法，对上海地区水环境系统中该类物质的赋存状况进行了调查，并对这些酸性药物在消化反硝化系统、高级氧化过程中的迁移转化规律进行了研究。另外，还采用分子印迹技术对 CA 和 DFC 进行了选择性分离。本章主要得到以下结论：

（1）建立了环境中痕量酸性药物前处理和分析测定方法，并采用固相萃取的方式富集水相中的待测物，通过建立灵敏、快速的 GC/MS 和 LC/MS/MS 检测方法，测定酸性药物在水环境系统中的浓度。实验结果表明，对各种水体的相对标准偏差为 1.14%～20.105%，可用于水环境中酸性药物的检测和分析。

（2）对上海黄浦江流域、崇明岛、18 个污水处理厂污泥中的酸性药物进行测定的结果表明，部分水体和污泥的调查表明酸性药物是普遍存在的。其中 IBP 在地表水环境中的检出浓度为 13.4～224.4ng/L、CA 为 26.2～164.6ng/L、NPX 为 8.2～28.9ng/L、KT 为 5.5～8.0ng/L、DFC 为 5.2～73.7ng/L、BEZ 为 5.2～44.4ng/L；而在底泥中 IBP 的最高浓度为 31 007.4ng/g，CA 的最高浓度为 51.8ng/g，NPX 的最高浓度为 372.4ng/g，KT 的最高浓度为 70.4ng/g，DFC 的最高浓度为 2060.9ng/g，BEZ 的最高浓度为 144.9ng/g。

（3）酸性药物主要在好氧条件下降解，而 CA 和 DFC 无论在好氧、缺氧、厌氧的条件下都难降解；氨氧化细菌对酸性药物有共代谢作用。

（4）对酸性药物紫外光降解行为进行了研究。其中包括腐殖酸对 UV/H_2O_2 去除水环境中痕量酸性药物的影响和 UV/H_2O_2 对水环境系统中低浓度 BEZ 的去除研究及其代谢过成的研究。实验结果表明，在实际的污水处理工艺中，降低腐殖酸、氯离子、硝酸根离子、碳酸氢根离子等溶解性物质的浓度，对这些酸性药物在 UV/H_2O_2 过程中的去除是十分有利的。同时，经过 120min 的紫外光照射，BEZ 的大部分中间产物并未被完全出去，因此，加强高级氧化的强度和效率，对药物的降解是十分必要的。

（5）以 DFC 分子为模板分子，采用沉降聚合法成功地合成了 DFC-MIP，并系统研究了 DFC-MIP 作为选择性吸附材料去除水体中 DFC 的可行性。印迹聚合物吸附实验结果表明，DFC-MIP 对模板分子呈现出较好的结合性能、选择性和吸附性，其结合性位点的离解常数为 3.99mg/L，最大表观结合量 Q_{max} 为 324.8mg/g（1.09mmol/g）。DFC-MIP 对 DFC 的选择性和吸附性不受水体中腐殖酸的影响，并且相对于 PAC，DFC-MIP 对去除水中的 DFC 表现出了更好的选择性和更高的去除率。在该分子印迹聚合物反复使用 12 次之后印迹能力也未发生明显衰减，该结论不仅意味着 MIP 在水处理中技术应用的可行性，更表明了相对于商业活性炭等传统吸附材料的经济应用的可行性。

第4章 抗癫痫药物的环境污染和控制技术

抗癫痫药物包括卡马西平、2-丙基戊酸钠、加巴喷丁、苯妥英等，大多数抗癫痫药物的代谢动力学具有非常独特的特点，目前已有的研究表明，在污水处理系统、地表水和地下水中都不同程度地检测到了该类物质，独特的物化特性使该类物质长期滞留在环境介质中，给人类的健康带来了潜在风险。

卡马西平（CBZ）是 PPCPs 中具有典型代表性的一种，由于该物质在水体环境中具有较高的浓度和持久性，且在城市污水处理厂中很难被降解去除，其活性组分将被源源不断地输入到水体环境中并形成普遍性累积，能够长期作用于水生态系统，引发特殊的生理作用，对水环境产生潜在威胁，同时造成水体污染，进而直接或间接影响饮用水质量，危害人体健康[257]。

本研究对目标区域水体环境中典型药物卡马西平的赋存特征进行了研究，并在此基础上，选择采用高级氧化技术（AOP）削减环境水体中的 CBZ，通过对比五种高级氧化工艺去除 CBZ 的研究，得出 UV/Fenton 工艺对 CBZ 的去除最为有效。但在使用高级氧化工艺去除水体中 CBZ 的过程中，会生成一定量的代谢产物。这为该种工艺削减水体中 CBZ 带来了很大的不确定性，会导致母体化合物环境潜在风险的转移，鉴于此，需要一种新的工艺在不破坏母体化合物中 CBZ 的条件下，将其从环境水体中选择性分离，并进一步地回收利用。分子印迹聚合物是具有记忆识别能力的新型环境功能材料，能选择性地分离目标污染物。在此背景之下，开展了 CBZ 分子印迹聚合物的制备和选择性分离水体中 CBZ 的研究。

4.1 概述

4.1.1 卡马西平的主要特性及其结构

卡马西平的主要特征及其结构见表 4.1。

表 4.1　卡马西平的主要特性及其结构

中文名称	卡马西平
CAS 号	298-46-4
英文名称	Carbamazepine
缩写	CBZ
英文名称	5H-dibenzo［b，f］azepine-5-carboxamide
分子式	$C_{15}H_{12}N_2O$
相对分子质量	236.269g/mol
分子结构	
水溶性	17.7mg/L
pK_a	7
辛醇-水分配系数（lgK_{ow}）	2.47
用途	抗癫痫药
理化性质等	熔点：189～193℃

4.1.2　环境介质中抗癫痫药物的来源

目前，癫痫是神经内科仅次于脑血管病的第二大疾病，抗癫痫类药物的残留及其危害也成为人们关注的焦点之一。据 WHO 统计，目前全球共有癫痫患者约 5000 万人，其中 80％的人在发展中国家。此外，每年还出现 200 万个新的癫痫患者。发达国家、经济转轨国家、发展中国家和不发达国家的癫痫患病率分别为 5.0‰、6.1‰、7.2‰和 11.2‰。东一信达医药市场研究中心提供的数据显示，我国癫痫患病率为 7‰，与 WHO 报告的发展中国家 7.2‰的发病率接近。而 20 世纪 80 年代初的一项调查显示，1983 年我国癫痫患病率仅为 4.4‰，比发达国家低。短短 20 年时间，我国癫痫患者人数已升至 900 万之多，且每年有将近 40 万的新发病患者。

2003 年，全球抗癫痫药市场总值为 80 亿美元，是 1994 年的 5 倍，历史复合年增长率（CAGR）为 21.4％。近几年，世界抗癫痫药物市场呈明显的增长势头，平均年增长率为 10％。对美国抗癫痫药物市场的研究表明，抗癫痫药物越来越多地在其他疾病中作为辅助治疗药物，用于预防偏头痛，且作为疼痛控制治疗剂。《全国医院经济信息网》的数据显示，国内抗癫痫药品市场随着整体医院药品市场的变动呈稳步攀升的趋势。2005 年和 2006 年抗癫痫药的医院购药金额增长率分别为 17.16％和 18.43％，购药数量增长率分别为 13.05％和 6.27％。至 2007 年上半年，抗癫痫药的医院购药金额和购药数量分别较去年同期增长 11.50％和 21.00％。卡马西平是抗癫痫药物中最具代表性的一种，其副作用是会引起肾功能损害、顽固性失眠、剥脱性皮炎和血系统的损坏等病症，其在 2007 年上半年的中国医院抗癫痫类药物购药金额排序中居第二位，其销量仅次于丙戊酸钠。卡马西平主要用于抗癫痫病、三叉神经痛、舌咽神经痛、治疗中枢神经性尿毒症及多尿症，预防或治疗躁狂抑郁症，也可用于抗心律失常。由于该药的疗效确切，在世界销售额（1996 年）中，位于抗癫痫药之首，市场规模达到近 5 亿美元，并进入前 100 名用药，居 69 位之序。全球范围内部分国家和地区的卡马西平的年消费量见表 4.2[238]。

表 4.2　部分国家及地区的卡马西平的年消费量

国家和地区	年消费量/t	人口/10^6 个	人均消费量/mg	参考文献
英国	40（2000 年）	49	816	[16]
法国	40	59	678	[135]
美国	43（2000 年） 35（2003 年）	284	151	[258]
奥地利	6（1997 年）	8	750	[259]
加拿大	28（2001 年）	31	903	[260]
芬兰	4.6（2005 年）	5	920	[261]
澳大利亚	10	19	526	[83]

　　上述数据与 IMS 对全球 76 个卡马西平主要销售国（占全球药物市场的 96％）的统计结果一致，该结果显示卡马西平的消费量为 942t。

　　Rxlist 等研究表明，生命体摄食的卡马西平有 72％被降解，剩余的 28％则通过粪便直接排出体外[262]。而被吸收的卡马西平经肝脏的充分代谢后有 1％不能被完全降解，这些药物的代谢产物经肝肠循环后随尿液排出体外。卡马西平的半衰期和服用剂量有很大的关系，但一般在摄食后 25~65h[263]。尿液中一个重要的代谢产物是 10，11 -二氢- 10，11 -环氧卡马西平（CBZ-epoxide）和转换- 10，11 -二氢- 10，11 -二羟卡马西平（CBZ-diol）[264]。值得注意的是，这些代谢产物具有与母体化合物同样的活性。CBZ-diol 占卡马西平及其代谢产物的相当大一部分，其比例大约为 30％，这一数值基本和未被代谢的卡马西平的量一致（经粪便排出的 28％加上从尿液中排出的 1％）。CBZ-diol 也是奥卡西平的一个代谢产物，奥卡西平是卡马西平的一个衍生物，是在氮杂环丙酮环上加了一个氧原子，从这个角度分析水体环境中 CBZ-diol 的浓度可能还会更高[265]。遗憾的是，水生环境中有关其代谢产物的研究依然很少。Miao 和 Metcalfe[266] 在 2003 年以及 Miao 等[260] 在 2005 年对污水处理厂的出水和地表水中卡马西平代谢产物的存现进行了研究，结果表明 CBZ-diol 的浓度大约是卡马西平的三倍。因此有关卡马西平的降解产物在环境中的归趋需要更进一步的研究。卡马西平及其代谢产物的物料平衡如图 4.1 所示[267,268]。

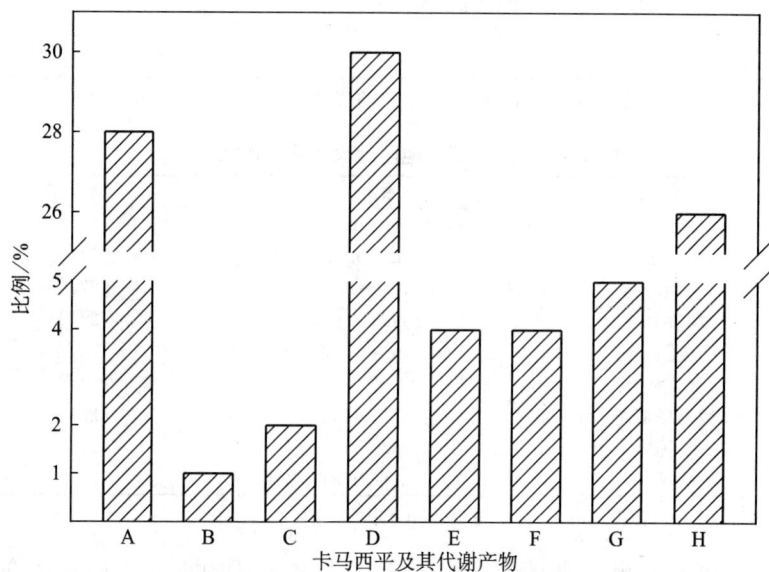

图 4.1　卡马西平及其代谢产物的物料平衡

A-粪便中的 CBZ；B-尿液中的 CBZ；C-CBZ 环氧化物；D-CBZ 二醇；
E-CBZ-acridan；F-2-OH-CBZ；G-3-OH-CBZ；H-其他

4.1.3　环境介质中抗癫痫药物的污染特性及危害

药物的大量和广泛使用使得其在污水系统中普遍存在，然而目前的污水处理工艺不足以将其全部去除，卡马西平在污水处理设施中的降解率非常低，该物质已在污水处理厂出水、地表水、地下水和饮用水中被检测出来，由于水体稀释作用、土壤滞留作用或光转化作用使得部分卡马西平得以去除，目标水体检测出的浓度呈级联分布[269]。目前已在欧洲、美洲和亚洲检测出，部分国家和地区污水处理厂进水、出水以及地表水中 CBZ 的浓度见表 4.3 和表 4.4。

表 4.3 部分国家和地区污水处理厂的进水和出水中 CBZ 的浓度

国家和地区	污水处理厂 进水/（μg/L）	污水处理厂 出水/（μg/L）	参考文献
瑞典	1.68	1.18	[270]
西班牙	nd～0.95	nd～0.63	[271]
德国	1.45med	1.65med	[272]
加拿大	0.356ave	0.251ave	[260]
奥地利	0.325～1.85	0.465～1.594	[273]
中国	0.23～0.51	0.39～1.11	[274]

注：ave：平均浓度；med：中间浓度；nd：未检测到。

表 4.4 部分国家和地区地表水中 CBZ 的浓度

国家和地区	地表水/（μg/L）	参考文献
瑞典	0.5max	[270]
西班牙	nd～0.11	[271]
中国	0.19～1.09	[274]
加拿大	nd～0.17	[275]
美国	nd～0.084	[3]
意大利	0.023med	[276]
罗马尼亚	nd～0.075	[277]
德国	nd～7.1	[278]
法国	0.043max	[279]

注：max：最大浓度；med：中间浓度；nd：未检测到。

污水处理厂出水是携带卡马西平进入水循环的重要环境水体介质。Ternes[10]对污水处理厂和河流水进行了研究，所选的 30 个污水处理厂出水中都检测到了卡马西平，且 90%的污水处理厂出水中卡马西平的浓度达到了 3700ng/L；同时对 20 条河流的 26 个样品进行检测，结果显示有 24 个样品中检测到卡马西平，且 90%的污水处理厂出水中卡马西平的浓度达到了 820ng/L。目标污水处理厂出水中卡马西平的最大浓度为 6300ng/L，该浓度也是 32 个目标药物中浓度最高的。卡马西平已经在世界范围内的水体中被检测到，正如表 4.3 和表 4.4 所示，由于卡马西平具有难降解性和可累积性，因此表中的数值在今后的一段时间里还会呈增加的趋势。

由于医院是药物集中且高剂量消费的地方，因此医院污水是污水处理厂出水中药物残留的又一重要来源。Heberer 和 Feldmann[280]对含有生活污水（服务人口 96 000 人）和医院废水（2339 张病床）的合流污水处理厂进行了研究，发现有 26%的卡马西平来自于医院废水，考虑到卡马西平在医院的大量使用，对医院废水进行单独处理在很大程度上可以削减卡马西平残余进入水生环境。同时从整个循环利用的角度，还可考虑对医院废水进行药物回收，已有的研究表明，对德国医院废水中 X 光照影剂、抗生素和抑制细胞生长剂的回收率可分别达到 35％、50％和 30％[281]。膜生物反应器（MBR）已被证明可用于去除常规污染物指标[282,283]，目前的研究结果表明 MBR 与高级处理技术（如臭氧氧化[284]及活性炭吸附工艺[285]）的联合使用对处理水体中的药物非常有效。地表水中也不同程度的检测到了卡马西平（表 4.4），其中柏林地表水中检测到的浓度最高为 1075ng/L[8]。Weigel 等[286]对海水进行了研究，结果检测到浓度为 2ng/L。同时 Tixier 等[287]对瑞士的格赖芬湖中卡马西平的赋存进行了研究，该湖中水体的平均停留时间为 408d，进水包括三个污水处理厂出水和两条河流的河水（这两条河流受纳四个不同的污水处理厂出水）。进水中每天携带 29.2g 的卡马西平，致使湖中卡马西平的总量累计达到了 7kg，研究同时显示卡马西平在湖泊温度跃变层的半衰期为 63d，这个半衰期包括流动冲洗带来的间接去除，湖泊水中的这种削减方式是卡马西平的主要去除路径。Löffler 等[288]的小试研究发现卡马西平在水体或沉积物中具有很强的顽固性，用一级动力学降解计算得出卡马西平从初始浓度 $100\mu g/L$ 到 50％（DT50）降解历时 328d。Löffler 等对本研究中另一个值得注意的物质 CBZ-diol 进行试验，从试验开始到结束，持续一个月的时间，该物质的浓度一直保持初始浓度（$100\mu g/L$）的 35％，然而这种物质的 DT50 只有 8d，研究期间目标污染物没有发现矿化现象。

　　卡马西平很可能透过地下不饱和层直接达到了蓄水层。Clara 等[289]研究发现卡马西平在地下水通道中既没有被降解也没有被吸附。最近，Scheytt 等[12]在未饱和状态下进行了沙柱迁移试验，主要用于研究卡马西平在沙质流体中的迁移状况。试验用水为配制的污水处理厂出水用以模拟污水回用的渗滤，试验结果表明卡马西平没有从流经沙柱的污水中去除。相比之下，在一个饱和的柱体试验中卡马西平表现出了极高的阻滞因子（$R_f=2.8$）[290]。同时特殊土壤中有机物含量也会在很大程度上影响卡马西平的吸附，Stamatelatou 等[291]进行的一项研究表明，卡马西平在含有 10％的有机物土壤中的吸附性远远高于含有 1％～2％的有机物土壤。地下水中已被发现含有卡马西平。Heberer 等[292]在距离一个湖泊（湖泊水体中卡马西平的含量为 135ng/L）100m 的井体水中检测到卡马西平的浓度为 20ng/L。Rabiet 等[293]对地中海分水岭处的 7 个井水饮用水进行了研究，结果检测到卡马西平在两个井体中的浓度分别为 43.2ng/L 和 13.9ng/L。按已有的研究结果推测，卡马西平在井水中出现的频率会随着污水处理厂出水作为地下水回灌的概率增加而增加。Drewes 等[13]对两个利用污水处理厂的出水作为地下水回灌水体的地区进行了研究，在一个回灌点污水处理厂出水和地下井水中检测到卡马西平的浓度分别为 155ng/L 和 90ng/L，地下水回灌使得卡马西平在次表层中历经了长达 6 年的迁移、滞留、转化和再迁移的过程，但地下水水样中卡马西平的浓度并没有明显地削减。Osenbrück 等[294]对包括卡马西平在内的一些微污染物的来源及迁移过程进行了深入的研究，其研究的区域对象为德国的哈雷市萨勒河，利用同位素和化学示踪剂示踪与河流关联的城市地下水，他们发现地下水中卡马西平（最大为 83ng/L）的存在主要归结为河流水的渗滤，此研究还表明随着距离河流长度的增加，卡马西平的浓度趋于降低。

4.2 分析方法

本研究以常见的 CBZ 作为研究对象，用固相萃取小柱提取并净化目标水体中的待测物，通过建立一种简单、实用、灵敏、快速的高效液相色谱-紫外光检测方法，测定 CBZ 在地表水和污水处理系统中的质量浓度，实现环境水体中痕量 CBZ 的定量和定性分析，为研究其在环境水体中的归趋提供分析手段。

4.2.1 卡马西平样品前处理

CBZ 的 $\lg K_{ow} = 2.45 > 2$，属于弱极性或中等极性药类有机物，通常采用反相吸附柱进行吸附，通过待测物和碳氢键同硅胶表面的官能团产生非极性的范德华力或色散力实现保留，也可采用表面积较大或吸附性能较稳定的有机聚合类吸附剂实现保留。因此本研究采用两种键合硅胶 C_{18} 柱和两种有机聚合物 SPE 柱作为候选柱，4 种 SPE 柱的性能见表 4.5。

表 4.5　各种 SPE 柱的性能参数

吸附柱	类型	碳含量/%	生产商	规格	孔径/Å	表面积/（m²/g）
LC-18	C_{18}	10	Supelco	500mg/3mL	60	475
ENVI-C_{18}	C_{18}	17	Supelco	500mg/3mL	60	475
OasisHLB	PS-DVB-NVP	—	Waters	60mg/3mL	55	800
MEP	PS-DVB	—	Anpelclean	60mg/3mL	70	600

将 4 种 SPE 柱分别用于水样的预处理，由 HPLC 分析测定 CBZ 的浓度，CBZ 在 4 种 SPE 柱上的回收率见表 4.6。由表 4.6 可知，4 种 SPE 柱对 CBZ 的吸附性能都相对较好，其中以 OasisHLB 柱为最佳，对 CBZ 的

回收率为 98.7％。LC-18 柱和 ENVI-C$_{18}$ 柱均为经过封端的键合硅胶吸附柱，能较大地提高对弱极性或中等极性有机物的保留能力，由于含碳量不同，含碳量为 17％的 ENVI-C$_{18}$ 柱对 CBZ 的保留能力优于含碳量为 10％的 LC-18 柱。OasisHLB 萃取柱的填料均是以亲脂性高分子聚合物和亲水性极性单体共聚而得，表面同时存在亲水性和憎水性基团。与传统的键合硅胶类吸附剂相比，对极性和非极性化合物都具有均衡吸附性以及更大的表面积，克服了传统 C$_{18}$ 柱对亲水性化合物保留差而对某些亲脂性化合物保留过强的缺点。根据试验结果并考虑经济因素，本试验选择 ENVI-C$_{18}$ 柱。

表 4.6　不同 SPE 柱对 CBZ 加标溶液的回收率比较（$n=6$）

指标	SPE 柱			
	LC-18 柱	ENVI-C18 柱	OasisHLB 柱	MEP 柱
回收率/％	80.4	96.8	98.7	73.9
相对标准偏差 RSD/％	3.2	2.75	4.31	1.98

4.2.2　洗脱溶剂的选择

选择甲醇、乙腈、乙酸乙酯/丙酮（50∶50）和二氯甲烷作为洗脱溶剂，考察不同种类洗脱剂对 CBZ 的洗脱效果，研究结果如图 4.2 所示。由图 4.2 可以看出，采用乙酸乙酯/丙酮（50∶50）混合洗脱时，回收率达到 94.98％，主要因为乙酸乙酯/丙酮（50∶50）的混合溶剂具有适宜的疏水性和极性，对弱极性或中等极性的 CBZ 洗脱效果甚佳，这与多数文献报道一致[142,143]。二氯甲烷的洗脱效果最差，回收率仅为 59.78％。因此选择乙酸乙酯/丙酮（50∶50）作为 CBZ 的洗脱溶剂。

4.2.3　固相萃取步骤

CBZ-SPE 操作步骤：

①依次用 5mL 甲醇、5mL 去离子水活化 SPE 小柱；

②以 1mL/min 的流速加入水样；

③用 5mL 含有 5％甲醇的 2％的 NH$_4$OH 洗涤后，空气脱水 5min 至干燥；

④以 5mL 合适的溶剂洗脱吸附剂上的待测物，用高纯氮气流吹干并定容至 1mL；

⑤取 20μL 进样分析目标物。

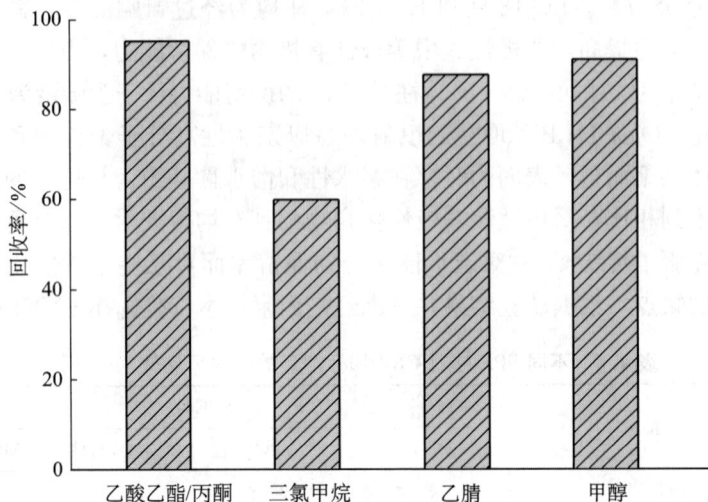

图 4.2　洗脱剂对 CBZ 回收率的影响

CBZ-MSPE 操作步骤：以自制的 CBZ-MIP（MIP 的制作、性能评估详见第 4 章）作为 SPE 的填料，由于 MIP 的专性吸附的特点，这里的洗脱步骤相对简化。操作步骤如下：

（1）依次用 5mL 甲醇、5mL 去离子水活化 MSPE 小柱；

（2）以 1mL/min 的流速加入水样；

（3）用 5mL 去离子水（pH＝12）洗涤后，空气脱水 5min 至干燥；

（4）以 5mL 甲醇洗脱吸附剂上的待测物，用高纯氮气流吹干并定容至 1mL；

（5）取 20μL 进样分析目标物。

4.2.4　水样体积对回收率的影响

在不同体积的纯水中加入相同量的 CBZ（1μg），考察水样体积对 CBZ 回收率的影响，本实验选取 200mL、400mL、600mL、800mL、1000mL 五个样品进行研究，结果如图 4.3 所示。由图 4.3 可以看出，在水样体积依次增加的过程中，CBZ 的回收率有少量的波动，但均保持在 90% 以上，当水样体积增加到 1L 时，CBZ 的回收率为 92.3%，说明填充柱尚未穿透，主要因为 CBZ 属于弱极性或中等极性有机化合物，经过封端的反相柱 ENVI-C$_{18}$ 对其保留性能较强，与文献[295]报道一致。本研究实现了在确保没有目标污染物流失情况下的大体积富集，该结果对富集水体中低浓度的污染物有着重要的意义。

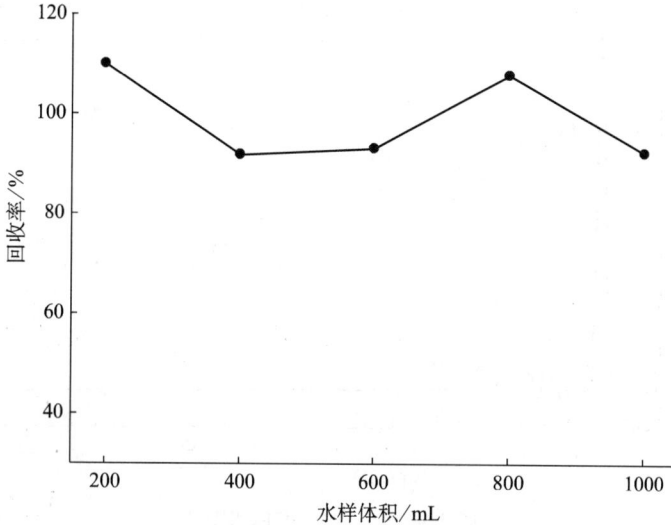

图 4.3　水样体积对 CBZ 回收率的影响

4.2.5　测定方法

从目前发表的有关文献来看，高效液相色谱（HPLC）分析 CBZ 广泛采用的色谱柱为 C_{18} 柱。C_{18} 是非极性烷烃类化学键合相（bonded phase），它具有机械强度高、价格便宜、分辨率高、适用范围广和可使用的溶剂种类多等优点，C_{18} 柱基质材料上键合官能团的含碳量一般为 12%～18%，采用极性溶剂洗脱，能够有效地分离药类化合物。二极管阵列检测器与普通紫外吸收检测器相比，紫外吸收检测器只给出二维谱图（浓度-时间），二极管阵列检测器则能给出三维谱图（浓度-时间-波长），除定量分析外，也可定性分析，因此本节选择二极管阵列检测器。甲醇和乙腈是分析药类物质常用的洗脱剂，但乙腈比甲醇洗脱能力强，分离效果更好，且基线稳定。综合考虑分析效果，本试验采用乙腈和水的混合液。通过比较不同柱子和不同比例的乙腈/水，最后采用 VP-ODSC$_{18}$ 柱 [250mm×4.6mm（内径），5μm，SHIMADZU]；流动相乙腈/水的比例过高则 CBZ 的保留时间过快，水样中残留的腐殖酸等杂质干扰分析效果，乙腈/水的比例过低则 CBZ 的保留时间过度后移，使测试本身耗时，最后确定乙腈/水（31：69，体积比）等度洗脱；流速为 1mL/min；柱温为 30℃；进样体积为

20μL；检测波长为 212nm。在优化色谱条件下，得到了 CBZ 的标准色谱图，如图 4.4 所示。

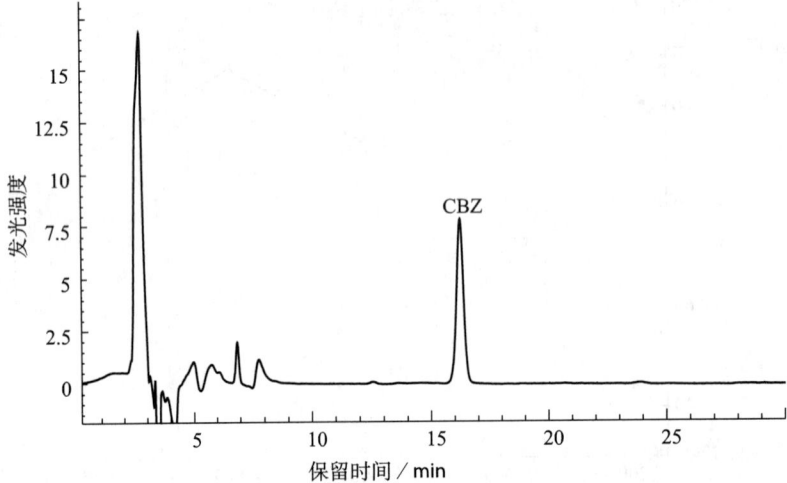

图 4.4　CBZ 的标准色谱图

　　定性分析方法采用标准样品的保留时间和光谱图对照法进行未知样品色谱峰的准确定性；定量采用外标法，以峰面积计算定量。将 CBZ 标准储备液稀释配制成 0.1mg/L、0.5mg/L、1.0mg/L、3.0mg/L、5.0mg/L 系列浓度的混合标样，在色谱分析条件下依次进样测定。以进样浓度对相应的峰面积进行线性回归，CBZ 的回归方程为 $y = 50.94771x + 0.5876$，相关系数 $R_1 = 0.997$。结果表明用该方法测定 CBZ，在 0.1～5.0mg/L 线性范围内，测量结果准确可靠，在信噪比（S/N）大于 3 的要求下，绝对检测限可达纳克级，最低检测限浓度为 0.1mg/L，灵敏度较高。选取超纯水和四种实际水样做精密度和准确度试验，通过加标的超纯水、饮用水、河水和污水处理厂进出水研究 CBZ 的回收率。由表 4.7 可以看出，日间和日内的标准偏差分别为 3.6%～9.4% 和 2.1%～9.1%。超纯水、自来水、地下水和河水加标的平均回收率分别为 95.9%～103.7%、80.8%～101.6%、90.7% 和 86.9%，污水处理厂进水和出水加标的平均回收率分别为 84.3% 和 112.4%（表 4.7）。从表 4.7 可以看出，本实验回收率的标准偏差小于 10%，因此采用本研究开发的方法萃取和检测不同水样中的 CBZ，均表现出较好的准确度和精密度。

表 4.7　不同加标水样的准确度和精密度的分析（$n=3$）

水样	加标量/（mg/L）	日间		日内	
		回收率/%	RSD/%	回收率/%	RSD/%
Millipore 水	0.5	98.6	3.6	98.4	4.7
	1.0	103.7	6.9	103.6	9.1
	1.5	95.9	4.5	95.7	2.7
饮用水	0.5	80.8	7.5	80.6	4.6
	1.0	101.6	3.4	101.6	2.1
	1.5	94.3	5.3	94.5	3.8
地下水	1	90.7	7.1	90.6	8.6
河水	1	86.9	9.4	86.8	8.3
STPs　进水	1	112.4	5.8	112.3	7.1
污水　出水	1	84.3	4.7	84.2	5.8

4.3　环境中的赋存浓度和分析

4.3.1　采样点布置

本研究选取五个污水处理厂（STP-A、STP-B、STP-C、STP-D、STP-E 分别代表五个不同污水处理厂的名字，A、B、C、D 为上海污水处理厂，E 为柏林一污水处理厂）为研究对象，目标污水处理厂处理单元包括初级处理工艺（格栅、曝气沉砂池和澄清池）和二级处理工艺［如 STP-B、STP-C、STP-D、STP-E 为活性污泥系统，STP-A 为一体化活性污泥法（UNITANK）］。

地表水分别取自黄浦江、苏州河、同济校内河、南横引河、曹家河，柏林施普雷河和夏洛滕堡湖（图 4.5）。其中施普雷河（Spree）是德国哈韦尔河的左支流，全长 403km，流域面积为 10 000km²；夏洛滕堡湖为柏林市夏洛滕堡区一湖。所有样品均随机采样，取水面 1m 以下样品并储藏于棕色瓶中，保存在 4℃的环境中待用。

4.3.2　含量及赋存特征分析

上海市地处长江下游地区，为长三角的核心城市，水网密布，随着工业化、城市化的快速发展，生态环境面临着严峻的考验，尤其是区域性、流域性的生态破坏和水环境污染日益加重。因此研究这一区域的饮用水源药物控制及饮用水安全处理模式，无论从保障人民身体健康还是整个社会经济发展的角度来看，意义都颇为重大。有关 CBZ 对地表水的污染已有报道。美国地质调查局（USGS）以美国境内的 44 条河流为对象进行研

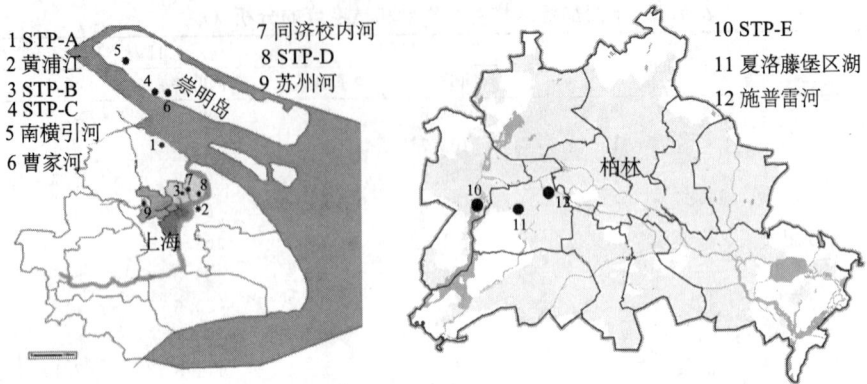

图 4.5　上海和柏林地区地表水和污水处理厂出水的取样点示意图

究，结果表明水体和沉积物中 CBZ 的平均浓度分别为 60ng/L 和 41.6ng/L[258]。美国其他地区的研究也有类似的浓度范围，如休伦河中 CBZ 的浓度为 9ng/L[296]、纽约牙买加湾中 CBZ 的浓度为 5～35ng/L[297]、底特律河中 CBZ 的浓度为 0.3～0.8ng/L[298]。在德国萨克森州的一个受纳污水处理厂出水的溪流中检测到卡马西平的浓度高达 1000～7100ng/L，同时易北河萨克森州段也检测到了最高浓度为 300ng/L 的卡马西平[278]。

本研究以上海地区和柏林地区的不同水体为主要研究目标，地表水中 CBZ 的检测浓度见表 4.8。崇明岛南横引河和曹家河中没有检测到 CBZ，这可能和崇明岛的水质有直接的关联，崇明岛岛内河道密布，纵横交错，水面率较高，有一定的调蓄能力，河网密度为 10.7km/km²，水域面积占全岛总面积的 9.65%，主要骨干河道为 32 条，河道总长 444.5km。这些河道担负着全岛引水、排涝、城乡居民生活用水及农业用水的重任，发达的地表水分布网络对崇明岛的生活污水有着巨大的稀释和自净作用。南横引河是其中重要的一个支河流，位于崇明岛南部，是崇明地区引淡除涝、水土运输的主动脉。曹家河属于南横引河的一段支流，附近居民多，主要接纳居民的生活污水，并承担一定的排洪灌溉的功能。崇明岛中没有检测到 CBZ，一方面可能是因为这里人口密度相对较小，没有大型医院和相关企业；另一方面，崇明岛被丰富的动态水域环绕，限制了外围城市污染的浸入。同济大学校内循环河的水质相对比较单一，且校内河的大部分水量经过人工湿地和生物膜处理工艺的处理，使得水体中 CBZ 的浓度不是很高，但由于学校的人口密度相对较高，致使水体中仍含有一定量的 CBZ（190ng/L）。黄浦江位于太湖流域东南端，水源来自太湖、阳澄淀泖和杭嘉湖，流经上海市区，是上海市重要的水道。黄浦江水体总体质量为 Ⅱ

类，是上海市的重要航道和工农业及生活用水水源地。黄浦江中 CBZ 的检测浓度为 530ng/L [图 4.6（a）]。苏州河为市内河，起着引排水、通航、灌溉等作用，对抗洪排涝等方面也有贡献，同时又是生产和生活污水的主要受纳水体。苏州河附近居民人口密度高，商业发展较高，因此河水的污染程度严重，含有的 CBZ 浓度也偏高（1090ng/L）[图 4.6（b）]。相对于苏州河的流量（10m³/s），黄浦江的流量（约 330m³/s）较大，对沿途受纳的污废水有较大的稀释和净化作用，这也是黄浦江中 CBZ 的浓度要低于苏州河中 CBZ 的浓度的一个重要原因。柏林施普雷河和夏洛特堡湖中 CBZ 的浓度分别为 800ng/L 和 570ng/L。就流量而言，施普雷河（12.3m³/s）介于黄浦江与苏州河之间，浓度也介于二者之间；斯普雷河沿岸的人口密度低于苏州河和黄浦江，但由于德国是药物消费的大国，从表 4.8 也可以看出，无论是污水处理厂出水还是地表水中，德国都是各国家中 CBZ 浓度最高的国家，施普雷河中检测到 CBZ 就不足为奇了。地表水中 CBZ 相对高的浓度反映了城市对该类药物的高消耗。

表 4.8　目标地表水中 CBZ 的浓度

目标水体	CBZ 的浓度[a]/（ng/L）	取样日期
南横引河	nd	2008 年 5 月
曹家湖	nd	2008 年 5 月
校内河	190	2008 年 3 月
黄浦江	530	2008 年 3 月
苏州河	1090	2008 年 3 月
施普雷河	800	2009 年 11 月
夏洛特堡湖	570	2009 年 11 月

注：a. 平均浓度；nd 未检测到。

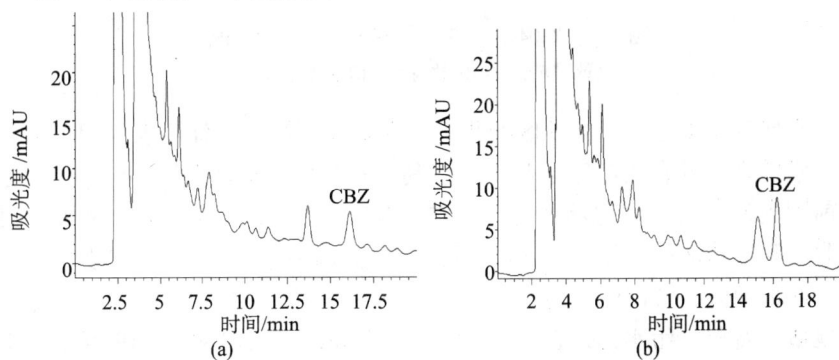

图 4.6　地表水中 CBZ 的色谱图

（a）黄浦江水样；（b）苏州河水样

上海市人口为 2000 多万，每天的生活污水量已超过 600 万 t。2004～
2009 年该市的污水处理情况如图 4.7 所示，且 2010 年上海市城镇污水处
理率将在 80％以上，到 2020 年，实现城市污水处理系统的全覆盖，全市
城镇污水处理率达到 90％以上。黄浦江是该市污水和污水处理厂出水的
主要受纳水体。未经处理的污水直接排入了黄浦江或苏州河，最终进入长
江。表 4.8 研究结果表明，黄浦江已受到 CBZ 的严重污染，随着后续污
水处理设施的增加，污水处理率得到提高，相应的污水及污水处理厂出水
中污染物的检测将会受到极大的关注。

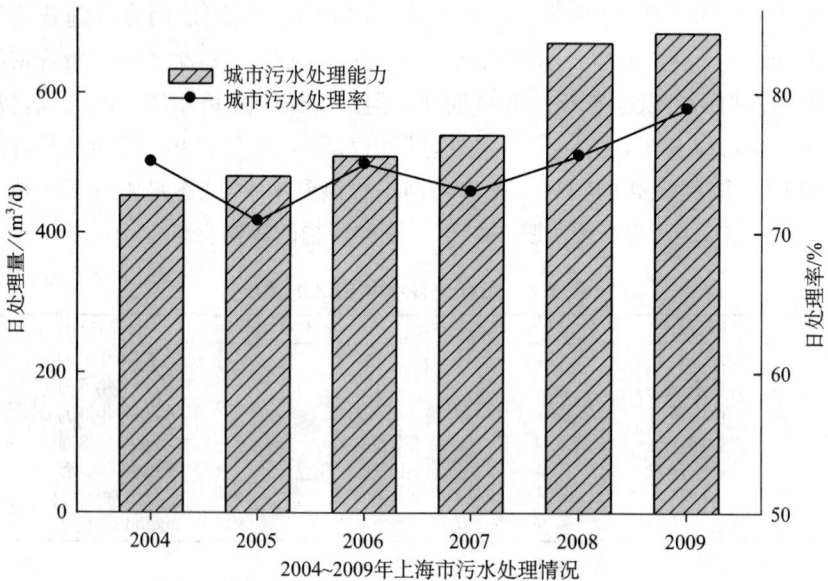

图 4.7　2004～2009 年上海市污水处理情况

（数据来源：中国政府网、国家统计局）

本研究主要选取上海地区的几个污水处理厂作为目标污水处理厂（目
标污水处理厂的有关信息见表 4.9），其中石洞口污水处理厂（STP-A）是
目前国内最大的一体化活性污泥工艺（UNITANK），也是上海最大的具
有脱氮除磷功能的二级生物处理的城市污水处理厂，收集苏州河支流污水
截流北部地区、宝山区、南翔镇以及市区西北部，按照上海市 2001 年污
水规划，石洞口污水系统服务面积为 79.16km^2，人口为 93.16 万，污水
量为 40 万 m^3/d；曲阳污水处理厂（STP-B）始建于 1984 年 2 月，主要负
责杨浦区、虹口区部分污水的处理，服务面积为 4.5km^2，服务人口为 20
余万，日处理能力为 7.5×10^4 m^3/d，曲阳水质净化厂采用 A/A/O 活性污

泥法处理工艺，出水达到 GB18918—2002 二级排放标准，污泥浓缩脱水后外运统一处理，污水和污泥处理过程中产生的臭气要进行封闭、收集和处理，达到二级排放标准；城桥污水处理厂（STP-C）是崇明岛城桥镇、江口镇和港西镇等合建的污水处理量为 9～10 万 m³/d 的一个污水处理厂，服务人口为 10 余万，污水处理厂尾水排入厂区南侧的长江，尾水排放执行《城镇污水处理厂污染物排放标准》（GB18918—2002）二级标准。东区污水处理厂（STP-D）为上海市东区水质净化厂，位于上海市杨浦区，始建于 1923 年，主要负责黄浦、虹口和杨浦三区的污水处理，服务面积为 1300hm²，服务人口约为 80 万，日处理能力为 $3.4 \times 10^4 \, \text{m}^3/\text{d}$，东区水质净化厂主要采用传统的活性污泥法，出水达到 GB18918—2002 二级排放标准，污泥经过浓缩消化后外运处理；柏林 Ruhleben 污水处理厂（STP-E）是柏林水公司（Berliner Wasserbetriebe Waterworks）下属的六个污水处理厂之一，于 1963 年投产运行，正常处理能力为 $2 \times 10^5 \, \text{m}^3/\text{d}$，雨季最大处理能力为 $6 \times 10^5 \, \text{m}^3/\text{d}$，主要处理工艺为活性污泥工艺加脱氮除磷工艺。

表 4.9　目标污水处理厂的信息

污水处理厂（STPs）	服务人口	处理能力 / (m³/d)	二级处理工艺	污水来源
STP-A	931 600	400 000	一体化活性污泥法（UNITANK）	工业污水＋生活污水（4∶6）
STP-B	200 000	75 000	活性污泥法	工业污水＋生活污水（93%）
STP-C	100 000	10 000	活性污泥法	工业污水＋生活污水（90%）
STP-D	800 000	34 000	活性污泥法	工业污水＋生活污水（4∶6）
STP-E	～	200 000	活性污泥法	工业污水＋生活污水（～）

由于城市水体中 CBZ 的浓度与其相应的消费量密切相关，因此 CBZ 的消费数据（如使用量）有助于解释 CBZ 在污水中的存现。然而，到目前为止中国还没有关于这方面的文献报道。本研究采用上述建立的 SPE-HPLC 系统分析方法测试了上海地区污水系统中 CBZ 的存现，研究结果用对应的样品回收率矫正，STP-A、STP-B、STP-C、STP-D、STP-E 的检测结果见表 4.10，该结果和文献中报道的浓度范围（290～2440ng/L）一致[261]。其中 STP-A 和 STP-B 出水中 CBZ 的色谱峰图如图 4.8 所示。

表 4.10　部分污水处理厂的进出水中 CBZ 的浓度

目标污水处理厂	进水浓度 Ave/（ng/L）	出水浓度 Ave/（ng/L）	去除率/%
STP-A	230	510	−133%
STP-B	510	1110	−118%
STP-C	Ndb	Nd	～
STP-D	390	390	0
STP-E	～	2390	～

注：Ave 表示平均浓度；Nd 表示未检测到。

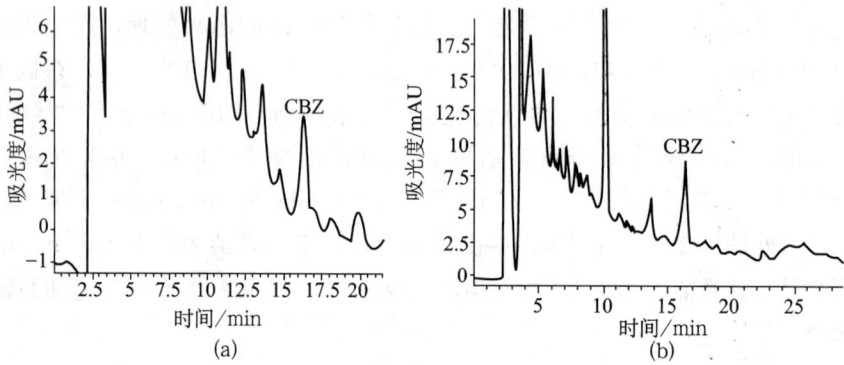

图 4.8　出水中 CBZ 的色谱图

（a）STP-A 样品；（b）STP-B 样品

本研究所选污水处理厂的工艺基本相似，均是以活性污泥为主体的处理工艺。从表 4.10 可以看出，STP-A 和 STP-B 的出水中 CBZ 的浓度均为进水浓度的两倍以上，表明污水处理工艺非但没有去除这两类物质反而使其浓度增加，Ferrari 等也报道了相似的规律[135]。由表 4.10 可以看出，污水处理厂 STP-B 进水中 CBZ 的浓度比其他污水处理厂的要高，这很可能与污水的组分有关，STP-B 中生活污水的比例达到 93%，是上海地区所选污水处理厂中生活污水所占比例最高的一个污水处理厂，其次是 STP-C，但由于 STP-C 的人口密度小，削弱了生活污水比例对 CBZ 的浓度影响，也说明人类的消费对污水中 CBZ 浓度有着重要的影响；STP-C 中没有检测到 CBZ，由于 STP-C 位于崇明岛内，其受纳污水水源的性质和组成与其他几个污水处理厂有着很大的区别，受人口密度和药物消费人群的影响，由人类活动导致环境水体中 CBZ 的浓度在检测限以下或者没有都是有可能的。在 STP-D 中，进水和出水中 CBZ 的浓度没有明显变化，表明活性污泥系统对城市污水系统中 CBZ 的浓度没有明显地削减。在欧洲地区部分污水处理厂的二级处理中也没有明显地去除[10,299]。

由于 CBZ 在污水处理系统中具有较低的生物降解率和吸附性能（lgK_d = 0.009），因此 CBZ 在污水处理系统中的削减受到广泛关注。污水处理厂处理系统中卡马西平的去除率极低（$<7\%$）[15,135]，有研究者报道 CBZ 的去除率不足 3%[16]。该药物目前已被建议作为环境水体中一种较好的示踪剂[278]。CBZ 的去除率较低部分是因为其具有亲水性（lgK_{ow} = 2.45）和较低的稳定性。本研究中目标污水处理厂对 CBZ 没有明显地去除，相比之下，STP-A 和 STP-B 出水中 CBZ 的浓度比进水中高，该结果的准确性通过外标定量法进行确认。CBZ 在污水处理过程中浓度增加的现象在其他研究中也有报道。例如，Joss 等的研究表明，出水中 CBZ 的浓度比进水中增加了 20%[300]，也有研究表明出水中 CBZ 的浓度是进水中的两倍[299]。

本研究也认为 CBZ 在污水处理厂没有被去除或者仅有少量被吸附的现象，且与污泥停留时间有着极大的关系[289]。药物动力学表明，仅有 1%~2% 的 CBZ 未经降解直接排放，人类服用后的主要代谢产物为 10，11-环氧-卡马西平，该产物进一步水解为二醇衍生物，以螯合的形式存在于人体内，然后作为葡萄糖苷酸结合物排出体外[301,302]。另外，CBZ 易于被芳香环羟基化作用或者被氨基甲酰部分的 N-葡萄糖苷酸失活，但是在生物处理过程中这些葡萄糖苷酸结合物被分裂开将 CBZ 转化为游离形态，重新释放到水体中，最终导致了污水水体中 CBZ 浓度的增加[10,260]。而且，进一步的研究表明，活性污泥系统有葡萄糖苷酸酶活性，因此 CBZ 在污水处理过程中分裂出葡萄糖苷酸部分是合理的[303]。Vieno 等[261]通过 LC-MS/MS 用三个离子定性地研究了 CBZ-N 葡萄糖苷酸，结果表明，观察到的每个离子转移都比进水中 CBZ 的出峰时间少 2.5min，但出水中却出现了不同的情况，即便将流出液浓缩 2.5 倍，依然不能检查到离子转移的色谱峰。该定性研究表明污水处理过程中很可能 CBZ-葡萄糖苷酸释放出了葡萄糖醛酸，因此污水处理过程中 CBZ 浓度的增加归咎于 CBZ-葡萄糖苷酸的转化或者在酶作用下代谢产物螯合物转化为母体化合物 CBZ。本研究没有涉及结合物的分析，没有揭示生物转化过程。然而，以上分析是目前认为出水中 CBZ 的浓度比进水中高的比较合理的解释。本研究的结论表明城市污水处理的活性污泥系统对 CBZ 的削减没有明显的效果。

4.4　环境污染与控制技术

4.4.1　高级氧化技术处理水体中卡马西平

尽管水中有些 PPCPs 的含量比较低，但这些物质尤其是部分物质的难降解性、生物积累性和"三致"作用，对人的健康有很大影响，而且常规的水净化工艺又很难将其去除。目前对 CBZ 的环境潜在毒性不是十分清楚，已有研究将其作为评价污水处理厂药物去除率的指标型化合物[27]。Andreozzi 等研究了水体中 CBZ 关于非生物转化的持久性和毒性以及在水生生物（如藻类）体中的累积性[304]。Oetken 等的研究表明环境相关浓度 CBZ 对寡毛纲 Chiromus 有重要的慢性毒性影响[305]。CBZ 的生物难降解性使得其在传统或新型生物处理过程中保持较高的稳定性，更为特别的是，在污水处理厂出水中 CBZ 的浓度高于进水中 CBZ 的浓度，Vieno 等通过 LC-MS/MS 用三个离子定性的方法对该现象给予了解释[261]。在传统处理工艺中，CBZ 也有可能转化为致癌化合物[195]。由于 CBZ 具有较难去除的特性，因此在药物降解的分类中 CBZ 被划分为"无去除"类化合物[306]。假设饮用水处理设施不能有效地去除水源中残留的 CBZ，则 CBZ 将被人们无意识地摄食，由此将引起一系列不良的后果。因此开发有效地去除水体中 CBZ 的工艺十分紧迫。

AOPs 是一系列的组合工艺，包括化学氧化、紫外光辐射以及产生 ·OH 自由基的均相和非均相催化反应，该工艺对难生物降解及有毒有害有机物的降解十分有效。在本工艺中目标有机物被自由基氧化或矿化为水、二氧化碳和矿物盐。由于组合工艺强化了自由基的产生，因此这种工艺比单个工艺具有更高的反应效率。以光助 AOPs 为例 [如 UV/H_2O_2、UV/O_3、UV/H_2O_2/O_3、UV/H_2O_2/Fe^{2+}（Fe^{3+}）和 UV/TiO_2]，紫外光强化了 ·OH 自由基的产生，H_2O_2 阻止了电子和空穴的再结合，促进了大多数有机物的有效降解[307,308]。本研究的目的是对比研究 UV 光照射、UV/H_2O_2、Fenton 试剂、UV/Fenton 和 UV/TiO_2 不同工艺降解 CBZ 的反应动力学和降解效率，以便有效地削减废水体中的 CBZ。

实验是在一个如图 4.9 所示的间歇式光化学反应器中进行的。该反应器（图 4.9）为一柱状玻璃容器，反应器的有效容积为 2.75L。在反应器内部安放一个中压汞灯，紫外灯管置于石英套筒内，紫外光源功率为 100W，提供恒定辐射强度，反应器内通冷却水，保持反应器内温度恒定，整个光反应器置于磁力搅拌器（RH basic 2，IKA® Werke GmbH & Co. KG，Staufen，Germany）上，并配有循环泵以确保整个反应器内的反应为均质反应。玻璃反应器外壁敷有铝箔纸以提高 UV 光的利用率。

通过循环水泵使反应液在反应器内高速循环，试验在完全混合间歇条件下运行。在反应器内加入一定质量浓度的 CBZ 配水水样，开启循环水泵和磁力搅拌器并通入冷却水，待温度和反应条件稳定后，开启紫外灯。经过一定的时间间隔，从反应器中取样口取出水样，及时进行水质分析。

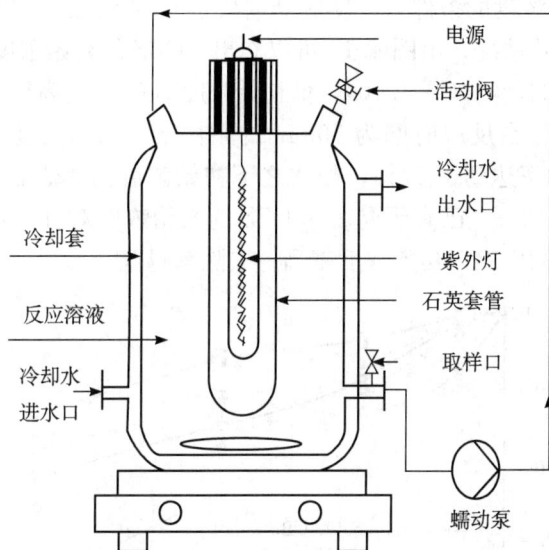

图 4.9　UV 体系降解 CBZ 的反应器装置

研究对比五种高级氧化工艺反应体系对水中 CBZ 降解的影响，条件见表 4.11。在每种工艺中，CBZ 工作液的体积为 2.75L，暴露于 UV 光源中（Fenton 工艺除外）。每种实验工况重复 3 遍，取平均值。

1）UV 和 UV/H_2O_2 去除水体中 CBZ 的研究

在单独的 UV 光辐射工艺中，CBZ 的初始浓度分别为 4.2μmol/L、12.7μmol/L、29.6μmol/L 和 42.3μmol/L，在完全混合间歇流方式下运行，对不同初始浓度的 CBZ 在紫外光下分别照射 50min。在 UV/H_2O_2 组合工艺中，采用去离子水为原水，配制初始摩尔浓度为 4.2μmol/L 的 CBZ，一次性投加 H_2O_2，使 H_2O_2 的初始摩尔浓度分别为 5mmol/L 和 10mmol/L。在光解过程中，分别按照一定间隔时间取样，用 HPLC-UV 检测反应结束后反应器中 CBZ 的自由浓度。

光化学氧化法是水质深度处理的一种新方法。紫外-过氧化氢相结合的光激发氧化工艺，能够在水中产生羟基自由基。含有 C—H 和 C—C 键的化合物与羟基自由基的二级反应速率常数为 $10^7 \sim 10^{10}$ mol/s。这意味着水体中大量的微污染物质都可能被矿化成二氧化碳、水及无机离子[309]。

但是到目前为止，光化学氧化作为去除 CBZ 的方法仍然很少被使用。采用紫外（UV）光解工艺及紫外/双氧水（UV/H$_2$O$_2$）联用工艺去除水体中的 CBZ，研究不同初始浓度对 CBZ 去除效果的影响。图 4.10 显示了在不同 CBZ 初始浓度的条件下，反应器内残余 CBZ 的浓度与初始浓度比随反应时间变化的情况，由图 4.10 可以看出，CBZ 的初始浓度对 CBZ 的去除率有着重要的影响（图 4.10），低初始浓度的 CBZ 比高初始浓度的 CBZ 的去除率要高。在反应时间为 50min 的条件下，初始浓度为 4.2μmol/L 的 CBZ 的去除率达到了 34%，相比之下初始浓度为 42.3μmol/L 的 CBZ 的去除率仅为 13%。已有研究表明 CBZ 的初始浓度对母体化合物的光去除率有着明显的影响；初始浓度越高，去除率越低[195]。

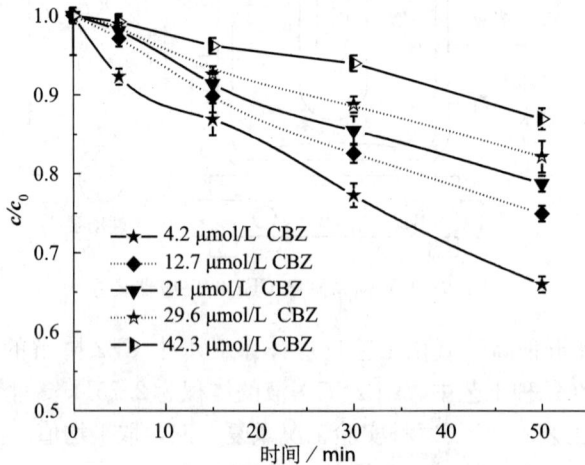

图 4.10　紫外光对去离子水中不同初始浓度 CBZ 的降解

在紫外光降解实验中，CBZ 的浓度随反应时间呈指数递减（图 4.10）。因此准一级动力学反应速率常数可由式（4.1）拟合得到。式（4.1）中，c_0 和 c_t 分别为时间为 0 和 t 时 CBZ 的浓度；k 为降解速率常数，单位为 min^{-1}；t 为紫外光照射时间，单位为 min。

$$-\frac{dc}{dt} = kc \text{ 或 } \ln(c_t/c_0) = -kt \qquad (4.1)$$

由图 4.11 可知，CBZ 的初始浓度对其光降解反应速率常数 k 有明显的影响，速率常数 k 随着 CBZ 初始浓度的增加而降低。一种可能的解释是入射光子流被较高初始浓度的药物以较短的路径完全吸附[310]。所以较低或较高初始浓度的药物吸收的光子流不正比于药物的初始浓度。

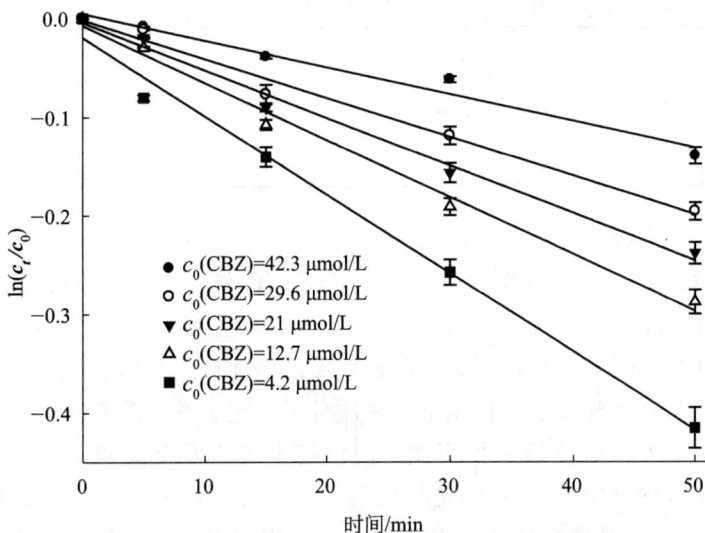

图 4.11 不同初始浓度条件下 CBZ 的光解拟合曲线

由削减活性中间产物或者竞争光谱吸附造成的高损失会极大地影响反应速率，因此，在计算光降解反应速率常数 k（表 4.11）时仅用浓度范围 $c_t/c_0 \geqslant 0.5$ 的情况[310]。

表 4.11 五种高级氧化工艺中 CBZ 的降解速率常数

工艺	CBZ/（μmol/L）	氧化剂/催化剂	$k_1/\times 10^{-4}\,\mathrm{s}^{-1}$	$t_{1/2}$/min	R_2
	4.2		1.35 ± 0.03	85.6	0.998
UV	12.7	MPlamp	1.08 ± 0.02	106.9	0.998
	29.6		0.703 ± 0.03	164.2	0.9029
	42.3		0.352 ± 0.06	328.1	0.9846
UV/H_2O_2		H_2O_2/（mmol/L）			
	4.2	5	5.66 ± 0.01	21.9	0.993
		10	6.42 ± 0.03	17.6	0.9975
UV/TiO_2	4.2	TiO_2/（g/L）			
		0.5	9.99 ± 0.02	10.8	0.9507
		1	18.1 ± 0.02	6.63	0.9981
		1.5	21.6 ± 0.09	5.2	0.9982
		2	29.7 ± 0.03	4.5	0.9917
Fenton	4.2	Fe^{2+}/（mmol/L）			
		0.5	16 ± 0.06	7.2	0.9929
		1	20.9 ± 0.08	5.4	0.9878
		2	23.4 ± 0.07	4.8	0.974

续表

工艺	CBZ/($\mu mol/L$)	氧化剂/催化剂	$k_1/\times10^{-4}\,s^{-1}$	$t_{1/2}/min$	R_2
UV/Fenton	4.2	Fe^{2+} (mmol/L)			
		0.5	26.3 ± 0.09	4.8	0.9663
		1	33.8 ± 0.02	3.4	0.9682
		2	41.5 ± 0.05	2.7	0.9535

相对于直接的光降解（H_2O_2 含量为 0），水溶液中 H_2O_2 的加入加速了 CBZ 的降解速率（图 4.12）。当 H_2O_2 的浓度从 0mmol/L 增加到 5mmol/L 时，CBZ 的降解速率急速增加，然而当 H_2O_2 的浓度从 5mmol/L 增加到 10mmol/L 时，CBZ 的降解速率的增加程度有所减缓。分子吸收光的本质是在紫光辐射的作用下，物质分子的能态发生改变，即分子的转动、振动或者电子能级发生变化，由低能态被激发至高能态（即活化），进而发生各种反应[309]。UV 光的照射引发了 H_2O_2 分解为羟自由基［如式 (4.2)］，羟基自由基具有很高的电负性或亲电性，容易进攻高电子云密度的官能团，可以与水中物质发生多种反应，包括氢的提取、不饱和键亲电加成以及电子转移等。羟基自由基比其他一些常用的氧化剂具有更高的氧化电极电位（$E_0=2.8V$），其氧化能力比 H_2O_2、O_3、MnO_4^-、ClO_2^- 等氧化剂强，在已知的氧化剂中仅次于 F_2，对目标污染物的氧化能力极强，因此反应速率较快。此时 CBZ 的降解机理是由于强氧化剂羟自由基的氧化，UV/H_2O_2 工艺中产生羟自由基的量子产率是 1.0[311]，因此 UV/H_2O_2 联用工艺对 CBZ 的去除具有协同作用，在 H_2O_2 存在的条件下 CBZ 发生了快速降解。表 4.11 列出了在不同 H_2O_2 初始质量浓度的条件下，一级反应动力学方程拟合结果。由表 4.11 可知，投加双氧水后，表观反应系数明显比单独光解时有所提高，而且表观反应系数随双氧水初始质量浓度的增加而增加。然而当 H_2O_2 的浓度为 5～10mmol/L 时，CBZ 的去除率仅有微弱的增加，这可能是由于提高双氧水的初始质量浓度，可以提高光激发氧化反应的速率，但过多的 H_2O_2 会自解为氧气和水。另外，过高的 H_2O_2 的浓度将导致 H_2O_2 的清除效应，H_2O_2 在 UV 光照下可生成羟基自由基·OH，CBZ 的光解因自由基的链反应而被催化，但是当 H_2O_2 的投加量过大时，其本身也能与·OH 发生反应而自身消耗，进而降低了羟自由基的浓度和化合物的削减效率[312]，如式 (4.3) 所示。

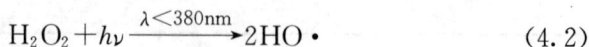

$$H_2O_2+h\nu \xrightarrow{\lambda<380nm} 2HO\cdot \qquad (4.2)$$

$$HO\cdot+H_2O_2 \longrightarrow HO_2\cdot+H_2O \qquad (4.3)$$

研究还发现当 pH 为 $2.0 \sim 8.0$ 时，CBZ 在 UV 和 UV/H_2O_2 工艺中的降解不受 pH 的影响（数据未列出）。这些 pH 没有改变有机分子的离子电荷，因此溶液的 pH 没有改变 CBZ 的分子结构或后续降解。

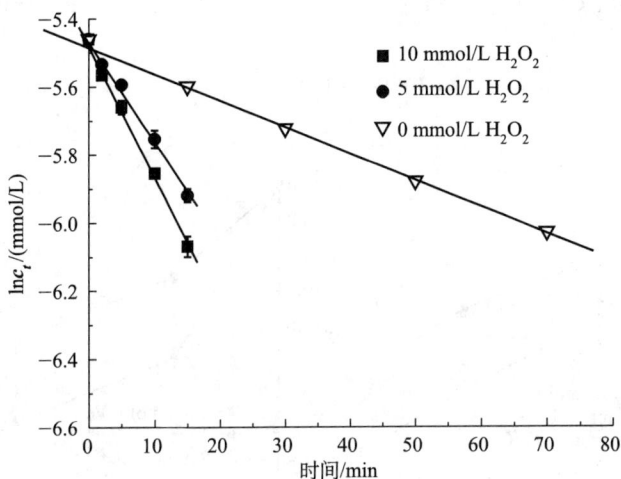

图 4.12　UV/H_2O_2 工艺对去离子水中 CBZ

（$c_0 = 1mgCBZ/L = 4.2 \times 10^{-3} mmol/L$）的降解

2）Fenton 和 UV/Fenton 工艺降解水体中 CBZ

Fenton 和 UV/Fenton 氧化实验在光反应器中进行，CBZ 溶液的初始 pH 和初始浓度分别为 $3.5 \mu mol/L$ 和 $4.2 \mu mol/L$，三份不同的 Fenton 溶液（H_2O_2 的初始浓度固定为 $5mmol/L$，亚铁离子的初始浓度分别为 $0.5mmol/L$、$1mmol/L$ 和 $2mmol/L$）。Fenton 和 UV/Fenton 实验分别在自然光和紫外光源照射下进行。

溶液的 pH 对 Fenton 和 UV/Fenton 氧化反应有着重要的影响，H_2O_2/Fe^{2+} 或 UV/H_2O_2/Fe^{2+} 降解的最佳 pH 为 $2 \sim 4$。当 pH<2.5 时，$(FeOH)^{2+}$ 的形成使 CBZ 和双氧水的反应缓慢，进而降低降解效率；当 pH>4 时，Fe（Ⅱ）络合物和氢氧化铁沉淀的形成也会使反应速率下降[313]，进而降低二价铁催化双氧水的能力。同时，羟自由基的氧化潜能会随着 pH 的升高而降低[314]。

本研究中，Fenton 和 UV/Fenton 反应在 pH 为 3.5 的条件下进行，双氧水的初始浓度为 $5mmol/L$，亚铁离子的初始浓度分别为 $0.5mmol/L$、$1mmol/L$ 和 $2mmol/L$。CBZ 的 Fenton 和 UV/Fenton 氧化降解为准一级

动力学（图 4.13 和表 4.11）。在 Fenton 工艺中，酸性条件下，亚铁离子为双氧水还原的催化剂，以生成羟自由基 [式（4.13）]；Fe^{3+} 也会与双氧水反应生成超氧自由基 [式（4.5）][315,316]。

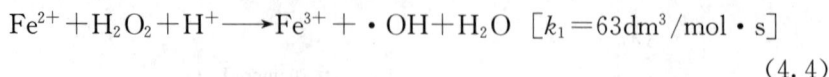

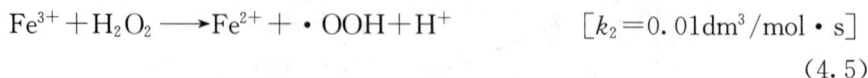

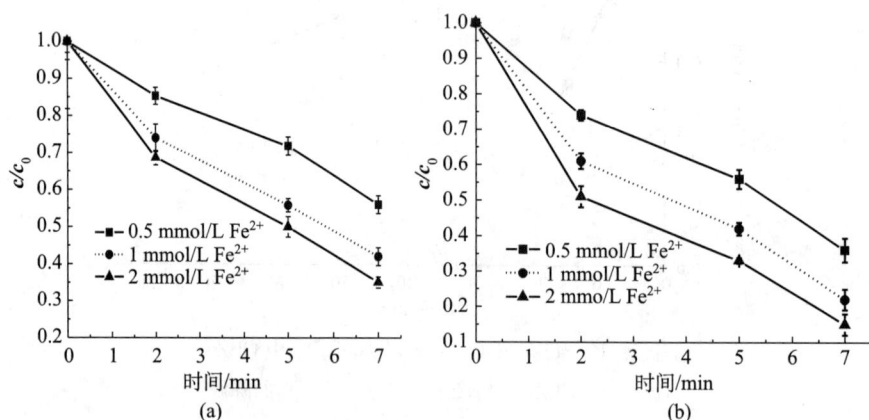

$$Fe^{2+} + H_2O_2 + H^+ \longrightarrow Fe^{3+} + \cdot OH + H_2O \quad [k_1 = 63dm^3/mol \cdot s]$$

$$(4.4)$$

$$Fe^{3+} + H_2O_2 \longrightarrow Fe^{2+} + \cdot OOH + H^+ \qquad [k_2 = 0.01dm^3/mol \cdot s]$$

$$(4.5)$$

图 4.13　去离子水中 CBZ 的降解（$c_0 = 1mg/LCBZ = 4.2\mu mol/L$）

(a) Fenton 工艺；(b) UV/Fenton 工艺

对三种不同的初始浓度，当反应时间持续 7min 之后，UV/Fenton 工艺对 CBZ 的去除率比单独的 Fenton 工艺（避光条件）高出 20%（图 4.13）。Fenton 工艺（UV/Fenton）中紫外光的应用，产生了额外的羟基，并且三价铁（Fe^{3+}）被还原为二价铁（Fe^{2+}）[反应式如式（4.6）和式（4.7）]，三价铁的存在形态与溶液的酸度密切相关，在 pH 为 3.0 左右，三价铁易以 Fe（OH）$^{2+}$ 形态存在[317]，因而光照条件下式（4.7）也经常用式（4.8）来表达。

$$H_2O_2 + h\nu \longrightarrow HO \cdot + HO \cdot \qquad (4.6)$$

$$Fe^{3+} + H_2O + h\nu \longrightarrow Fe^{2+} + HO \cdot + H^+ \qquad (4.7)$$

$$Fe(OH)^{2+} + h\nu \longrightarrow HO \cdot + Fe^{2+} \qquad (4.8)$$

由式（4.7）和式（4.8）可以看出，在紫外光的作用下，氢氧自由基可以由式（4.7）直接生成，并且 Fe^{2+} 可以由溶液中 Fe^{3+} 的络合物 Fe（OH）$^{2+}$ 光解重新生成。这样，一则使氢氧自由基的浓度得到了提高；二则使 Fe^{2+} 的催化作用得到恢复，建立起一个氢氧自由基生成的循环反应机理，最终进一步提高了氢氧自由基的浓度，极大地提高了 CBZ 的降解速率和降解率。由此看出，Fe^{2+} 作为 H_2O_2 的催化剂，其催化作用要通过 Fe^{2+} 与 Fe^{3+} 之间的循环转化来实现，无紫外光照射时，Fe^{2+} 的循环再生速率慢。紫外光与 Fe^{2+} 对 H_2O_2 的催化分解存在协同作用，可使系统中羟基自由基·OH 的产生速率与浓度增加[318]。相比单独的 Fenton 反应，UV/Fenton 工艺在整个反应过程中羟基的总量增加，进而导致了 CBZ 降解反应的加速。该研究对铁镁离子含量较高的水体有重要的意义，在用 UV/H_2O_2 体系处理含亚铁离子的 CBZ 污染水体时，应充分利用 Fenton 反应的氧化作用达到最大去除效果，同时也能大幅度地降低 H_2O_2 的投加量，具有明显的经济效益。

从表 4.11 和图 4.13 可以看出，随着 Fe^{2+} 的浓度从 0.5mmol/L 增加到 1mmol/L，Fenton 和 UV/Fenton 中 CBZ 的去除率得到明显改善，其原因是当亚铁离子浓度升高时，其催化分解作用逐渐增强，使溶液中氢氧自由基的浓度得到提高，进而提高了 Fenton/UV 体系的氧化降解能力。例如，在持续反应 7min 后，UV/Fenton 对 CBZ 的去除从 Fe^{2+}：H_2O_2 = 1：10 时的 63% 增加到了 Fe^{2+}：H_2O_2 = 1：5 时的 78%。但在 Fe^{2+} 浓度为 1～2mmol/L 时，CBZ 的去除率只有微弱的增加，也就是说 Fe^{2+} 浓度的提高并非总是促进 Fenton/UV 体系的氧化能力，这主要是因为亚铁离子的浓度会直接影响其对过氧化氢的催化分解作用。当其浓度过高时，Fenton/UV 体系的氧化能力反而降低，以下两个原因造成了这一结果。一方面，Fe^{2+} 浓度过高时，由 Fe^{2+} 催化分解 H_2O_2 过程而来的 Fe^{3+} 在酸性条件下，极易以 Fe$(OH)^{2+}$ 的形态存在。而 Fe$(OH)^{2+}$ 在 290～400nm 范围内，对紫外光具有较大吸收，从而降低了紫外光的强度，导致 CBZ 去除率及降解速率的降低；另一方面，从式（4.5）可以看出，Fe^{3+} 会与过氧化氢反应生成超氧自由基，但是超氧自由基的化学活性远不如氢氧自由基，即 Fe^{3+} 是过氧化氢的消除剂，Fe^{2+} 的浓度越大，产生的 Fe^{3+} 的浓度越高，这种消除作用就越强，因而降低了 Fenton 试剂的氧化能力。这两者共同作用的结果导致 CBZ 在过高的亚铁离子浓度存在时，降解效果下降[319]。在亚铁离子浓度高于最佳需求量时还会生成褐色浊状物，阻碍光催化的有效进行[320,321]。因此，过量的 Fe^{2+} 不利于提高 CBZ 的去除效率。

以上结论表明，Fenton 工艺和 UV/Fenton 工艺对卡马西平的降解有着很大的潜力。然而，在 Fenton 工艺中铁盐和亚铁盐的使用也会引发两个不容忽视的问题：①pH 控制在一个较小的范围之内，否则会形成氢氧化铁沉淀；②必须从已处理液中回收溶解性的铁，为此则需要进一步处理工艺。为了克服这些缺点，可以考虑将 Fenton 催化剂固定在特种载体上，以便在 pH 不可控的条件下反应仍能有效进行，同时实现催化剂在已处理水中的回收[163]。

3）UV/TiO$_2$ 工艺中 CBZ 的降解

光催化法（UV/TiO$_2$）降解 CBZ 是以 TiO$_2$ 为催化剂，CBZ 水溶液和 TiO$_2$ 在光反应器中形成悬浮体系，以光助的方式完成降解反应。在实验之前，TiO$_2$ 悬浮在 Milli-Q 中超声至少 30min，然后将不同初始浓度的 TiO$_2$（TiO$_2$＝0.5g/L、1.0g/L、1.5g/L 和 2.0g/L）分别和 CBZ 溶液（CBZ＝4.2μmol/L）充分混合，pH 控制在 6.5。采用不同间隔时间取样，将样品离心分离，取上清液通过 0.45μm 微孔滤膜过滤，用 HPLC-UV 检测反应器中残留 CBZ 的自由浓度，分析体系中的 CBZ 含量（c），以 c/c_0 表示 CBZ 的去除率或者催化剂的活性。

半导体 TiO$_2$ 在紫外光的照射下会产生 e$^-$/h$^+$ 离子对，由此而产生的自由基将有机化合物氧化。在该反应过程中，价带空穴（h$_{vb}^+$）很可能和表面的结合水或 OH$^-$ 发生反应生成羟自由基，并且导带电子（e$_{cb}^-$）被氧气接受生成超氧阴离子自由基（O·$^{2-}$），反应过程如下[322]

$$TiO_2 + h\nu \longrightarrow e_{cb}^- + h_{vb}^+ \tag{4.9}$$

$$O_2 + e_{cb}^- \longrightarrow O \cdot^{2-} \tag{4.10}$$

$$H_2O \ (ads) + h_{vb}^+ \longrightarrow \cdot HO + H^+ \tag{4.11}$$

为了研究光催化作用与性能，取浓度为 1mg/L 的 CBZ 溶液，TiO$_2$ 催化剂用量为 1g/L，在有紫外光、有催化剂和无紫外光存在下进行以下三组对比实验：①无紫外灯光照射加入催化剂的 CBZ 水溶液体系（暗反应体系）；②用紫外灯光照射未加入催化剂的 CBZ 水溶液体系（光氧化反应体系）；③用紫外灯光照射并加入催化剂的 CBZ 水溶液体系（光催化反应体系）。从图 4.14 可以看出，三种体系的降解效果有很大的差别，在没有 TiO$_2$ 存在的情况下，紫外光降解（光氧化系统）对 CBZ 的去除率极低（大约 10%），且降解速率较慢。同样在没有紫外光照射的条件下（暗反应系统），单独的 TiO$_2$ 催化几乎没有降解，其浓度略有降低可能是催化剂 TiO$_2$ 吸附微量的 CBZ 造成的。加入催化剂 TiO$_2$ 之后的 CBZ 水溶液体系在紫外灯光照射下，不仅加快了 CBZ 的光分解速度，而且也使反应进行得更加完全，降解效果更好。由此证明要想使 CBZ 水溶液氧化反应进行得比较彻底，光照和催化剂是反应的必要条件。

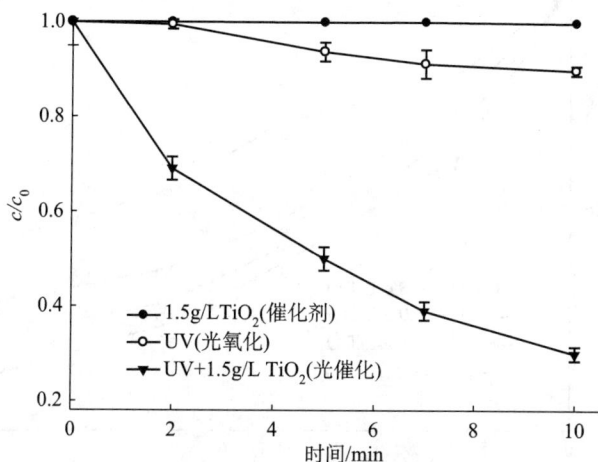

图 4.14　CBZ 的光催化反应

($c_0 = 1\text{mgCBZ/L} = 4.2\mu\text{mol/L}$)

在 UV/TiO$_2$ 催化氧化工艺（光催化系统）中，当 TiO$_2$ 的浓度从 0.5g/L 增加到 1.5g/L 时，CBZ 的去除率随着催化剂量的增加而增加。所以，TiO$_2$ 强化了自由基和 CBZ 之间的反应。然而，随着 TiO$_2$ 浓度的进一步升高，CBZ 的去除率反而降低（图 4.15）。与此类似的结论也发生在其他非均质光催化系统中，也就是说光降解率不总是正比于催化剂的量，最佳催化剂量可产生最大的降解率。已有的研究表明催化剂的活性位点数量以及光吸附的能力对有机污染物的光降解有着重要的影响[323]。充足的催化剂剂量增大了 e$^-$/h$^+$ 的产率，由此产生的羟自由基强化了光降解。然而，过量的催化剂将会引起光的散射，进而影响紫外光在光反应系统中的透过性，导致光降解速率的降低和体系性能的下降[324]。由图 4.15 中 CBZ 的降解可以看出，当 TiO$_2$ 浓度为 1.5g/L 时 CBZ 的去除率达到了最大，此时散射现象开始明显，并且 TiO$_2$ 表面的活性位点不再产生更多的e$^-$/h$^+$，因此降解速率不再增加[325]。

CBZ 的光降解率随着 CBZ 初始浓度的减少而增加（图 4.16）。一种可能的解释是过高的 CBZ 浓度超过了吸附剂（TiO$_2$）的吸附容量，进而影响了降解率。CBZ 在 TiO$_2$ 条件下的光降解可用 Langmuir-Hinshelwood (L-H) 动力学模型进行描述。对更高浓度的有机污染物，覆盖在 TiO$_2$ 表面的分子很容易达到饱和，L-H 动力学模型可以简化为零级动力学。而对相对偏低浓度的有机污染物，L-H 动力学模型可以简化为准一级动力学

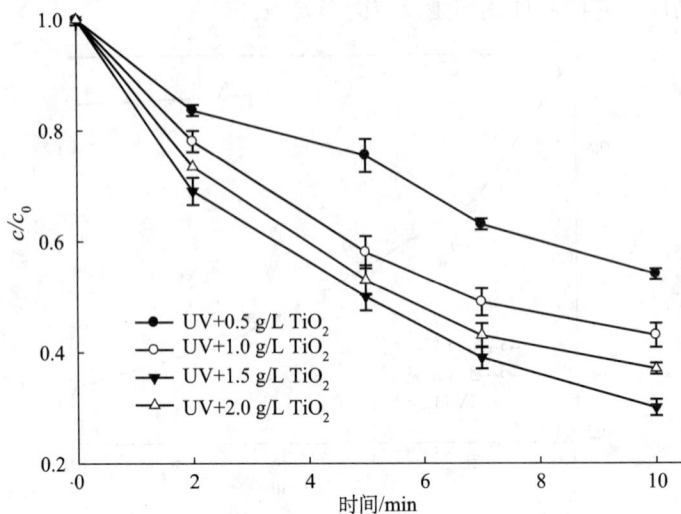

图 4.15　TiO₂ 的浓度对 UV/TiO₂ 工艺降解 CBZ 的影响

($c_0 = 1mgCBZ/L = 4.2\mu mol/L$)

[式 (4.1)][326]。

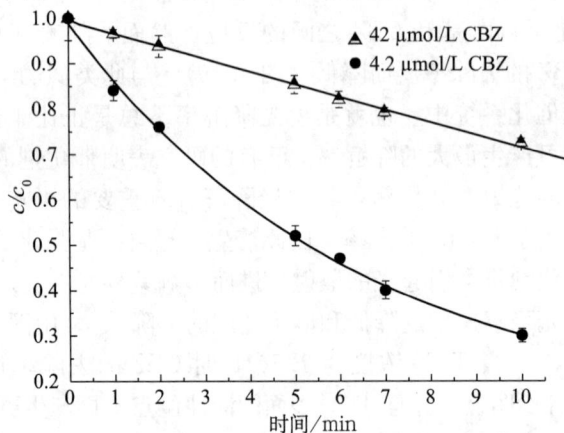

图 4.16　在不同 CBZ 初始浓度时的光降解率

(pH=7.0, [TiO₂]=1.5g/L)

　　在 4.2～42.3$\mu mol/L$ 范围内改变 CBZ 水溶液的初始浓度，光催化剂用量为 1.5g/L，考察了不同浓度 CBZ 水溶液的光解情况。以 CBZ 两个极端浓度（4.2$\mu mol/L$ 和 42.3$\mu mol/L$）作为照射时间的函数如图 4.16 所示。在较高的初始浓度 c_0 时，污染物的衰减可视为零级动力学，而当低浓度时，则可视为一级动力学反应。

在进一步的研究中，CBZ 在不同 TiO_2（0.5g/L、1g/L 和 2g/L）浓度下的降解遵循一级动力学反应，和由低浓度 TiO_2 下降解低浓度 CBZ（$4.2\mu mol/L$）的 L-H 模型保持一致。为避免 CBZ 和产物的竞争，本章中光降解速率常数 k（表 4.11）仅用浓度值 $c_t/c_0 \geqslant 0.5$ 计算[327]。TiO_2 的浓度对速率常数 k 有着重要的影响，由此证实了增加 TiO_2 活性位点的数量对动力学反应有着积极的影响。P25 较强的光反应活性可以解释为它自身较慢的电子/空穴再结合率，因为金红石型二氧化钛/锐钛型的结合促进了电子对的分离和对再结合的抑制[328]。

4）CBZ 降解工艺的对比

为了更好地对比不同工艺（UV/H_2O_2、Fenton、UV/Fenton 和 UV/TiO_2）对 CBZ 的降解效率，本研究均使用相同的反应参数（温度、体积、反应时间等）。以时间为基础，CBZ 在不同工艺中的去除率为 UV/Fenton $>UV/TiO_2>$ Fenton $>UV/H_2O_2$（表 4.12），由此可以看出，在所研究的工艺中，UV/Fenton 工艺对 CBZ 的矿化或部分矿化最为有效。降解效率的差异主要是由于各工艺间羟自由基的产量不同。UV/Fenton 工艺中，羟自由基来源于多种途径。相对于单独的 Fenton 氧化，CBZ 在 UV/Fenton 的组合工艺中的去除率增加了 20%。H_2O_2 的铁催化分解比 UV 催化分解更加重要，因此，在本研究中 Fenton 工艺比 UV/H_2O_2 工艺更加有效。UV/TiO_2 工艺的降解效率和 Fenton 工艺相似。正如动力学常数（表 4.12）所证实的那样，UV/Fenton 对 CBZ 的降解效率比其他三种都要高。

表 4.12　UV/H_2O_2、Fenton、UV/Fenton 和 UV/TiO_2 工艺对卡马西平的去除率

工艺[a]	去除率/%
$UV-H_2O_2$	40.6±5.1
Fenton	67.8±2.6
UV/Fenton	86.9±1.7
UV/TiO_2	70.4±4.2

a. CBZ 浓度 $4.2\mu mol/L$；$[H_2O_2]=5mmol/L$；$[Fe^{2+}]=2mmol/L$；$[TiO_2]=1.5g/L$；Fenton 系统的反应时间为 7min；光辐射时间为 7min。

该部分开展了高级氧化工艺去除水体中 CBZ 的对比研究。从实验结果可以看出：

（1）单独紫外光对 CBZ 的降解效果有限，CBZ 的降解过程符合一级反应动力学模型。但 UV/H_2O_2 体系处理是通过·OH 自由基诱导反应，可大大提高水中 CBZ 的降解率，UV/H_2O_2 联用工艺对 CBZ 的去除具有协同作用。提高双氧水的初始质量浓度，可以提高 CBZ 激发氧化反应的速率，但在 H_2O_2 投加量较大的情况下，H_2O_2 会结合羟基自由基或 H_2O_2 光解后产生的羟基自由基自动复合，从而导致反应速率减慢。

（2）相对于 Fenton 方法处理 CBZ 时，UV-Fenton 体系能提高对 CBZ 的去除效率；亚铁离子的初始浓度对 CBZ 的氧化降解也存在影响。在本实验条件下，双氧水的初始浓度为 5mmol/L，持续反应 7min，当 Fe^{2+} 的浓度从 0.5mmol/L 增加到 1mmol/L 时，Fenton 和 UV/Fenton 中 CBZ 的去除率得到明显改善，但在 Fe^{2+} 的浓度为 1～2mmol/L 时，CBZ 的去除率只有微弱的增加。

（3）光氧化、暗反应和光催化三种体系的降解效果有很大的差别，在没有 TiO_2 存在的情况下，紫外光降解（光氧化系统）对 CBZ 的去除率极低（大约 10%），且降解速率较慢。同样在没有紫外光照射的条件下（暗反应系统），单独的 TiO_2 催化几乎没有降解，其浓度略有降低可能是催化剂吸附微量的 CBZ 造成的。在 UV/TiO_2 催化氧化工艺（光催化系统）中，当 TiO_2 的浓度从 0.5g/L 增加到 1.5g/L 时，CBZ 的去除率随着催化剂量的增加而增加。所以，TiO_2 强化了自由基和 CBZ 之间的反应。然而，伴随着 TiO_2 浓度的进一步增加，CBZ 的去除率反而减小。

在特定的运行状况和较短的反应时间内，UV/Fenton、UV/TiO_2、UV/H_2O_2 和 Fenton 工艺可以有效地将 CBZ 从水相溶液中去除，并且 UV/Fenton 工艺对 CBZ 的去除最为有效，在给定的条件下去除率达 86.9%±1.7%。该结果有助于高级氧化工艺的筛选、设计和评估，更加有效地削减水体中的 CBZ。但在使用高级氧化工艺去除水体中 CBZ 的过程中，会生成一定量的代谢产物，且代谢产物的种类和数量取决于高级氧化的有效进行程度，这为该种工艺削减水体中 CBZ 带来了很大的不确定性，因为药物代谢产物本身也存在一定的潜在环境风险，某些情况下这种环境风险比母体化合物更为强烈。鉴于此，需要一种新的工艺能在不破坏母体化合物 CBZ 的条件下，将其从环境水体中选择性分离，并进一步地回收利用。分子印迹聚合物是具有记忆识别能力的新型环境功能材料，能选择性分离目标污染物。在此背景下，开展了 CBZ 分子印迹聚合物的制备和选择性分离水体中 CBZ 的研究。

4.4.2 分子印迹技术处理水体中卡马西平

近年来，分子印迹技术在科学研究领域步入了快速增长阶段。同时，由于分子印迹技术具有较好的选择性、机械强度和耐酸、碱、有机溶剂、高压、高温的特性，MIPs 在分离净化、人工受体、催化剂和传感器等工业应用领域中也展示了诱人的发展前景。分子印迹技术多用于合成具有识别特性的印迹聚合物。由于印迹过程是将与模板分子具有结构互补的功能化聚合单体通过共价键或非共价键与模板分子结合，反应完全后洗脱目标分子，从而形成有固定孔穴大小、形状及确定功能团排列顺序的交联高聚物[329]。分子印迹聚合物的专性识别特性为水体中低浓度污染物的分离和分析技术提供了一个多元化的平台[330]。

目前有关 CBZ-MIP 在水处理中的应用很少，已有 CBZ-MIP 方面的研究主要用于污水和尿液中 CBZ 的分析[235,331]。然而，据我们所知，目前还没有关于聚合物的吸附量、再键合能力、均等和非均等机会竞争及模板物质渗滤等特性的研究，也没有使用 CBZ 为模板物质在低浓度 CBZ 和大体积水溶液中去除 CBZ 的研究。由于环境水体（如污水、地表水和地下水）中 CBZ 的存在形式主要为低浓度大体积，因此该研究为实际环境水体中 CBZ 的选择性去除提供了有力的理论依据。本研究重点评估和证明了 CBZ-MIP 的选择性分离特性，比较了 MIPs 对 CBZ 和结构相似物的识别能力；同时建立了 MIP 填充柱的制备、HPLC-UV 检测、HPLC-MS/MS 定性为主要步骤的 CBZ 的分析方法，从而为未来工业废水中特定有机污染物 CBZ 的去除和现场快速检测提供了一个重要的技术支撑。

本研究选取沉淀聚合法制备分子印迹聚合物，在均相的印迹分子、功能单体、交联剂和引发剂的混合液中，引发剂受到激发分解产生自由基，并引发聚合形成线型和分支的低聚物，然后低聚物通过交联成核从介质中析出，这些核又相互聚结形成聚合物粒子，并通过捕捉低聚物和单体最终形成高交联的微球状聚合物。该聚合反应所使用的功能单体、交联剂和引发剂可溶于乙腈，但产生的聚合物不溶并形成沉淀。该方法不需在反应体系中加入任何稳定剂，印迹聚合物之所以能够稳定存在是因为其具有高交联的刚性表面，在聚合物中与印迹分子结合的位点分布均匀，结合系数高，制备快速方便[332]。

本研究中 CBZ-MIP 的合成方法是在已有方法的基础上进行改进而来[333]。具体步骤如下：准确称取 151mg（0.64mmol）CBZ 和 0.33mL（3.89mmol）MAA，溶于 50mL 致孔剂（乙腈和甲醇混合物，体积比为 75：25）中，使印迹分子和功能性单体充分作用，然后加入 1.82mL（13.06mmol）交联剂 DVB-80 和 92.5mg（0.565mmol）的引发剂 AIBN。

将该混合液倒入 250mL 具塞螺口玻璃瓶中，在冰浴的条件下向混合液中通氮气 5min 以除去溶解的氧气，然后密封移入 60℃ 恒温水浴锅中，在搅拌的条件下进行热聚合。24h 后离心收集溶液中的 MIP 颗粒，用甲醇溶液索氏提取 48h 除去印迹分子，该程序重复数次直到滤出液中检测不到模板分子（图 4.17），最后将得到的 MIP 在 60℃ 的温度下真空干燥待用。

非印迹聚合物的合成：除不加印迹分子（CBZ）外，其余步骤同上。

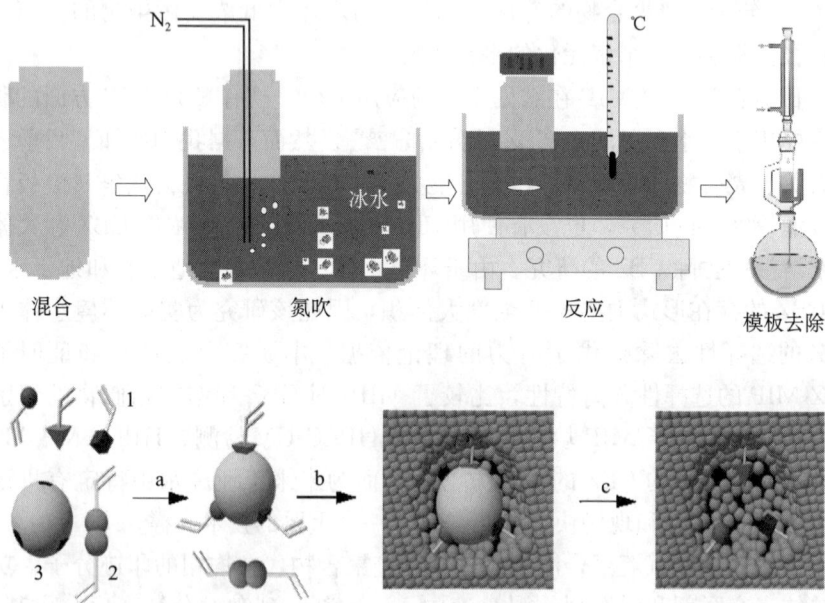

图 4.17　MIP 合成示意图

1. 功能单体，2. 交联剂，3. 模板；a. 聚合预反应，b. 聚合反应，c. 模板的去除

将制备所得的 MIP 与 NIP 分别称取 71mg 悬浮在甲醇中，填入底部垫有 $10\mu m$ 微孔滤板的 10mL 聚丙烯管 [63mm×9mm（内径）] 中，制成自制的分子印迹聚合物固相萃取填充柱，然后用氮气吹干柱子备用。SupelcoVisiprepTMDL 十二管防交叉污染固相萃取装置用于分离水溶液中的目标污染物，流速控制在 0.15～0.3mL/min。填充柱使用之前依次取乙腈、甲醇和去离子水各 5mL 通过填充柱，并浸泡 2min 左右，使填料完全与溶剂接触，活化小柱并去除填料中的杂质。接着在一定压力下使水样以一定流速通过小柱，使水样得到富集。减压抽干，然后用约 5mL 的去离子水淋洗小柱以去除干扰杂质，被测物则保留在 MIP 或 NIP 填充柱中，真空干燥 5min 去除小柱中的水分。取甲醇作洗脱剂以一定的速率洗脱待

测物，将洗脱液收集到小试管中。将浓缩的洗脱液用氮吹仪进行浓缩，高纯氮气缓慢吹扫蒸发至近干，用洗脱液定容至 1mL，在冰箱中冷冻保存待高效液相色谱测定。

CBZ-MIPs 是通过 CBZ 和 MAA 间的非共价作用力（氢键、静电作用等）形成的具有可逆特性的高聚物。在此反应中，DVB-80 作为交联剂，乙腈和甲醇混合物既作为溶剂又充当致孔剂，在引发剂 AIBN 存在的条件下，高聚物出现网状结构，扫描电镜测试结果可以表征其整体聚合物的形态（图 4.18）。运用化学方法除去目标分子，可以形成具有特殊空穴的支架结构。这种特殊空穴具有记忆能力，存在与目标化合物特异性的结合作用，聚合物内部存在一些官能团和构型与目标分子相匹配的位点。

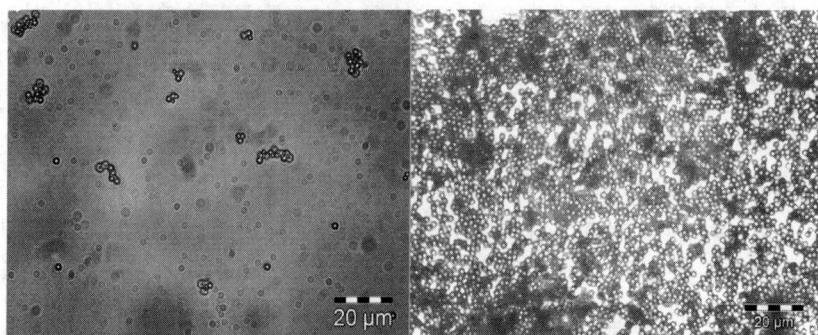

图 4.18 MIP（a）和 NIP（b）的 SEM 影像

1）CBZ-MIP 选择性吸附

本研究采用两种上样方式评估 CBZ-MIP 的选择性，并将其定义为均等机会吸附竞争和非均等机会吸附竞争，DFC 被选为吸附竞争化合物。在均等机会吸附竞争实验中，5mL 不同浓度的 CBZ 和 DFC（50mg/L、500mg/L、1000mg/L、2000mg/L、4000mg/L）混合溶液（甲醇/水，1∶1，体积比）依次通过 MIP 和 NIP 填充柱。与此对应的非均等机会吸附竞争中，首先上样 5mLDFC（500mg/L）溶液，并接收流出液，待 DFC 溶液完全通过 MIP 和 NIP 填充柱之后，用 5mL Millipore 水淋洗柱子，再加载 5mLCBZ（500mg/L）溶液，同样接收流出液。流出液分别经 0.45μm 的微孔滤膜过滤，结合 HPLC 测量滤液中 CBZ 和 DFC 的浓度，评估 MIP 的选择性。所有的实验重复三遍。

本研究通过均等和非均等机会竞争对 CBZ-MIP 吸附 CBZ 的特异性进

行了研究。由于 DFC 的分子结构在一定程度上与 CBZ 相似，因此 DFC 作为选择性吸附的竞争分子。目前已有大量文献表明，CBZ 和 DFC 是环境水体中两个具有代表性的生物难降解化合物，鉴于此选取两者作为竞争对象有一定的实际意义。在均等机会竞争实验中，DFC 和 CBZ（50～4000mg/L）有着同样达到键合位点的机会。因此 DFC 具有和 CBZ 竞争吸附位点的可能，结果如图 4.19 所示。正如所期望的一样，CBZ 在 MIP 上的吸附率远大于在 NIP 上的吸附率，并且 CBZ 和 DFC 在 NIP 上的吸附没有表现出选择性，由此表明 MIP 对 CBZ 的吸附性是由印迹材料上的专性吸附位点引起的。由图 4.19（a）可知，低浓度的 CBZ 和 DFC（50mg/L）在 MIP 填充柱上均有较高的吸附率，可能是由于印迹材料表面过多的吸附位点超过了 CBZ 和 DFC 的需要，这种情况下的吸附是没有竞争性的。然而，随着 CBZ 和 DFC 的浓度增加，两者的吸附率开始减小，减小的幅度却有所不同。当两者的浓度为 50～500mg/L 时，CBZ 在 CBZ-MIP 上的吸附率仅发生了微弱的减小（98.5%～83.0%），而 DFC 在 CBZ-MIP 上的吸附率却发生了急剧的减小（98.3%～6.7%）。该结果表明，当浓度增加到一定程度时，两者在分子印迹表面的吸附发生了竞争作用。在均等机会竞争下，若 CBZ 浓度足够高，则 DFC 在 CBZ-MIP 表面的吸附十分微弱。随着 CBZ 和 DFC 的浓度持续增加，CBZ 的吸附率开始逐渐减小，且 DFC 的吸附率保持在十分低的水平。该结果表明，印迹材料的键合位点已达到饱和，过多加载的 DFC 和 CBZ 未发生吸附作用而直接流出了填充柱[334]。

在非均等机会竞争中，DFC 溶液首先加载到填充柱上，相对于后续加载的 CBZ 溶液，DFC 有着达到和占有印迹分子活性位点的优先权。因此，假设 CBZ 对 CBZ-MIP 的键合力相对于较早被吸附的 DFC 不够强，后续上样的 CBZ 将会随着滤液流出吸附柱。值得注意的是 [图 4.19（b）]，随着后续 CBZ 溶液的加载，DFC 在印迹表面的吸附率大幅下降；然而与此对应的 DFC 在 NIP 上的吸附却没有明显变化。该结果表明，CBZ-MIP 对 CBZ 具有较高的专性识别能力，较早吸附的 DFC 被后续的 CBZ 所替代。此结果充分证明了 CBZ-MIP 对 CBZ 具有选择性吸附的特性。

本研究中的均等和非均等机会吸附竞争对分子印迹的特异性吸附有两个重要的含义。第一，在相对较高的浓度条件下，模板分子相对于其他环境污染物质有专一选择性，即在键合位点有限的条件下，模板分子先对其他污染物的吸附有优先权，这一结论对工业废水，尤其是模板分子工业废水有着重要的意义；第二，当模板分子和其他环境污染物质在浓度相对较

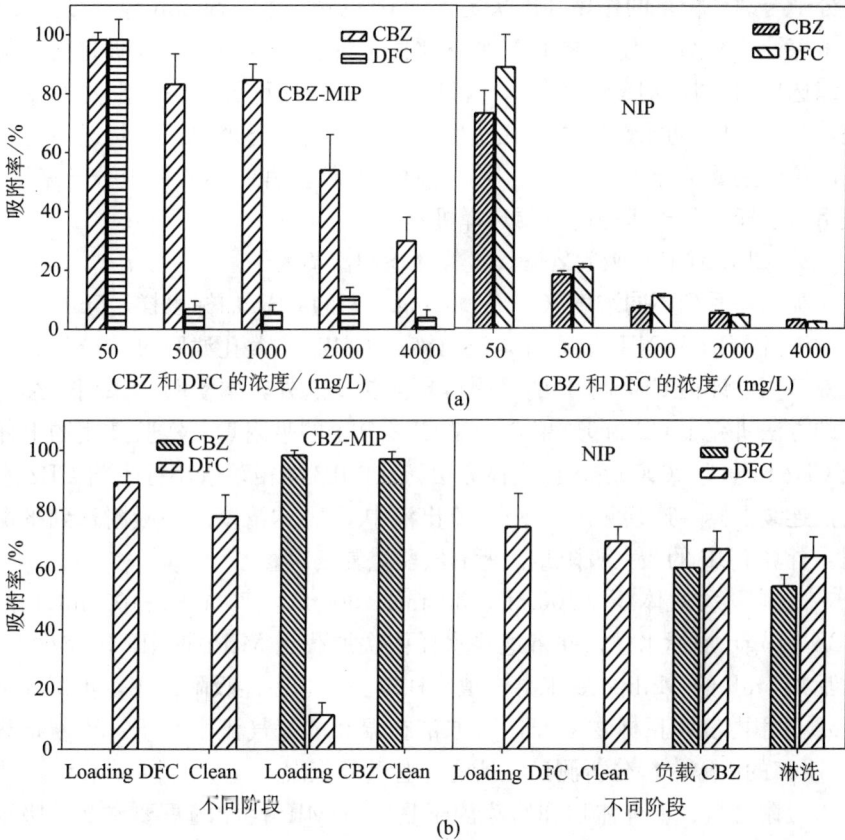

图 4.19　在不同的加载方法下 CBZ 和 DFC 分别在 CBZ-MIP 和 NIP 上的吸附率
(a) 均等机会竞争；(b) 非均等机会竞争

低时，键合位点首先被一部分模板分子占据，其他污染物质（竞争物质）也会占据一部分。然而，随着水量的增加，模板分子和其他污染物的量也会增加。由于 MIP 具有选择吸附性，当键合位点被完全占用时，后续加载的模板物质会替换其他竞争物质，直到键合位点完全被模板分子占据。

通过分子印迹在模板聚合物中产生了以 CBZ 的大小和形状为基础的结合位点（孔穴），而在结合位点（孔穴）中还同时存在可与 CBZ 的官能团相互作用的功能基团。由于孔穴形状和功能基团同时作用，因此 MIPs 对 CBZ 展现了特异选择性。有关 MIP 选择性吸附的机理已有多种报道[335,336]。分子印迹材料本身的无定性属性以及键合位点的非均质分配使得 MIP 键合位点的结构分析十分困难。Liu 等[335]证明了形状、尺寸和模板分子与键合位点的作用强度决定了 MIP 的选择性。Simon 等[336]通过用分子探针研究结构-键合的相互关系评估了键合位点结构。该研究指出预组织选择和形状选择对表征分子印迹的行为非常重要。一个重要的发现是，对于模板-功能性单体相互作用较弱的模板分子来说，形状选择是分子印迹的主要选择机制；与此对应，对含有较多官能团的模板分子来说，预组织选择是分子印迹的主要选择机制。

2）CBZ-MIP 的吸附容量、上样体积和富集因子

配制一系列不同浓度（50～4000mg/L）的 CBZ 加标水样，5mL 水样依次流过 MIP 和 NIP 填充柱，流出液经 $0.45\mu m$ 微孔滤膜过滤分析。吸附效率用以评估 CBZ-MIP 的吸附容量。除此之外，本实验还采用连续上样的方法研究了 CBZ 印迹聚合物对 CBZ 分子的吸附量，实验选用的上样液 CBZ 浓度为 2000mg/L。具体方法为在 MIP 固相萃取小柱上将 CBZ 水溶液连续上样，连续测定每 5mL 流出液中 CBZ 的浓度，待吸附达到平衡时，计算 MIP 的最大吸附量。所有实验重复三次。

配制一系列体积（100mL、300mL、500mL、700mL、1000mL）的 CBZ（$1\mu g$）加标水样，并将这些水样依次加载到 MIP 和 NIP 填充柱上。之后用 5mL 的 Millipore 水淋洗填充柱以去除非专性吸附作用，再用 5 个 1mL 的甲醇洗脱目标物 CBZ。萃取液在温和的氮气流下吹干，重新定容在 1mL 的甲醇中待分析测试。所有实验重复三次。

吸附容量、上样体积和富集因子是衡量 MIP 性能的重要参数。吸附容量描述了在确保目标分子没有流失的情况下，吸附材料对目标物的吸附量；上样体积是指在给定的水力条件下可加载到吸附材料的最大允许体积，当加载体积达到吸附材料的阈值时，就会发生穿透现象[337]；富集因子是在确保回收率条件下的富集倍数。对填充柱来说，吸附容量、上样体积还是衡量吸附床量和吸附床厚度的两个非常有价值的参数[338]。本研究采用静态法测定了 CBZ 印迹聚合物对 CBZ 吸附达 2h 的饱和吸附量。图 4.20 表明了达到吸附平衡后 MIP 和 NIP 的吸附效率，从图 4.20 中可明显地看出 MIP 比 NIP 有着更高的吸附率。例如，在 CBZ 浓度为 100mg/L 时 MIP 的吸附率比 NIP 高 70%。当 CBZ 浓度为 50mg/L 和 100mg/L 时，MIP 对 CBZ 的吸附量大约为 98%。CBZ 的 $\lg K_{ow}$ 为 2.45，属于中等极性或弱极性化合物，本研究中 CBZ 的少量损失很可能是淋洗过程中的疏水作用的结果。随着 CBZ 的浓度增加到 500mg/L 和 1000mg/L 时，MIP 对 CBZ 的吸附率从 90% 减小到 80%，当 CBZ 浓度从 1000mg/L 增加到

2000mg/L 时，MIP 对 CBZ 的吸附率急剧减小，这表明在所选的浓度范围内，MIP 对 CBZ 的选择性吸附有一个吸附饱和点。

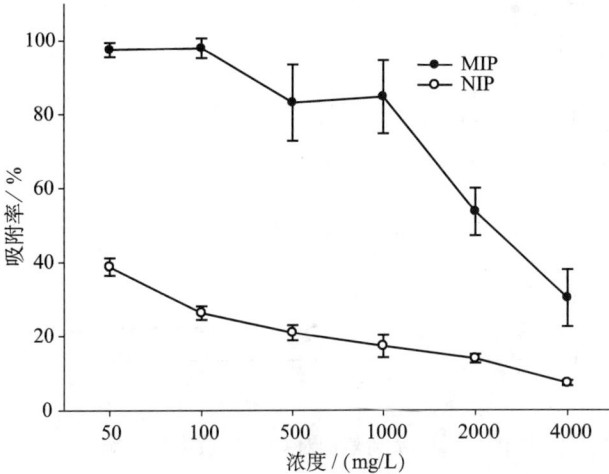

图 4.20 不同浓度的 CBZ 在 CBZ-MIP 和 NIP 上的吸附

为了证明以上实验是否确实达到了饱和，本研究开展了负荷累加试验。在本研究中准备 5 个 5mL 的 CBZ 溶液（2000mg/L），并依次通过 MIP 填充柱，每步上样溶液的滤出液分别收集分析（图 4.21）。结果表明 MIP 对第一个 5mL 的溶液中 CBZ 的吸附率为 58.3%，这个数值远高于其他后续 4 个 5mLCBZ 溶液的吸附率（吸附率范围为 9.8%～3.9%）。结果表明，第一个 5mL 的溶液中 CBZ 的吸附率已经接近吸附饱和点，然而后续 4 个 5mL 的累加负荷使得仍有少许的 CBZ 吸附在 MIP 上，可能是由 MIP 中一些难以达到的键合位点缓慢动力学造成的。MIPs 对模板分子的吸附过程可分为三个阶段，首先模板分子运动到 MIPs 附近，其次 MIPs 对其附近的模板分子进行物理吸附，最后 MIPs 通过其所携带的功能基团与其表面的模板分子结合。通常物理吸附速度非常快，可在瞬间完成，因此，位于分子印迹聚合物表面的特性识别位点与模板分子的结合较快，当表面的结合位点达到饱和后，模板分子开始向聚合物内部扩散，由于其向内部扩散的阻力较大，因此模板分子与聚合物内部识别位点的结合速度较慢，此时吸附量随时间的延长而缓慢增加[339]。另外，MIP 聚合物长时间暴露在有机溶剂中（甲醇），很可能是聚合物本身膨胀，暴露了更多的键合位点[338,340]。

固定 CBZ 的量为 1.0μg，在优化的 pH 和流速条件下，按照动态法分

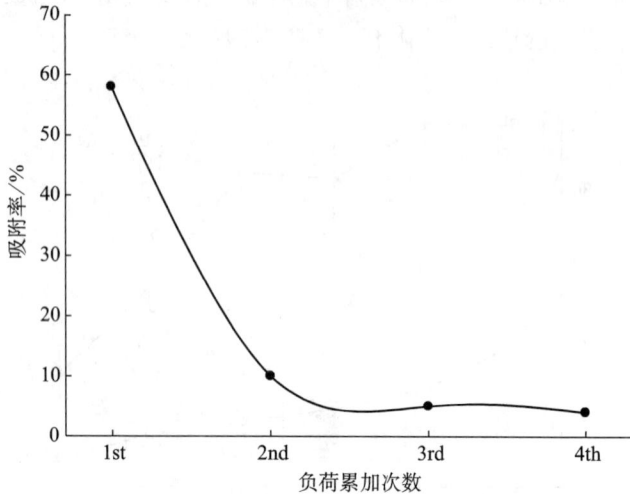

图 4.21　负荷累加对 CBZ 回收率的影响

析程序，控制试样体积为 100mL、300mL、500mL、700mL 和 1000mL。测定结果如图 4.22 所示，MIP 对 CBZ 的回收率保持在 81%～97%，随着上样体积的增加，回收率未见明显的改变，且远高于 NIP 填充柱的回收率。相比之下，随着上样体积的增加，NIP 填充柱的回收率从 39% 降到 7.2%。结果表明，即使在较低 CBZ 浓度的条件下，MIP 仍能近乎完全地吸附 CBZ，而 NIP 填充柱对 CBZ 的回收率却随着上样浓度的减小而减小。另外，该结果也表明 MIP 适合于处理大体积低浓度的环境水样（1000mL，$1\mu g/L$），这一结论对选择性去除或回收水体中的 CBZ，特别是对地表水、饮用水和污水处理厂出水中低浓度 CBZ 的选择性分离有着重要的意义。该结论与 Lin 等用 MIP 选择性去除酚雌激素一致[251]。

目前国内外 CBZ 的检测都是采用高效液相色谱（HPLC-UV）或高效液相色谱-质谱联用（HPLC-MS）的方法，这些方法在检测前都需要进行复杂的预处理，且选择性富集效果并不理想，因此对 CBZ 检测需要研究一种新的净化和富集技术。分子印迹技术的引入能够弥补上述净化和富集缺陷。从上述不同上样体积条件下 CBZ-MIP 对 CBZ 的高回收率可以得出 CBZ-MIP 对混合液中的 CBZ 有强烈的富集作用，浓度富集因子达到了 1000，混合物中 CBZ 的浓度由未富集之前的 $1.0\mu g/L$ 变成了富集后的 1mg/L。由于实际环境水体中 CBZ 的浓度可能非常小，因此较大的富集倍数对分析检测领域有着重要的意义。

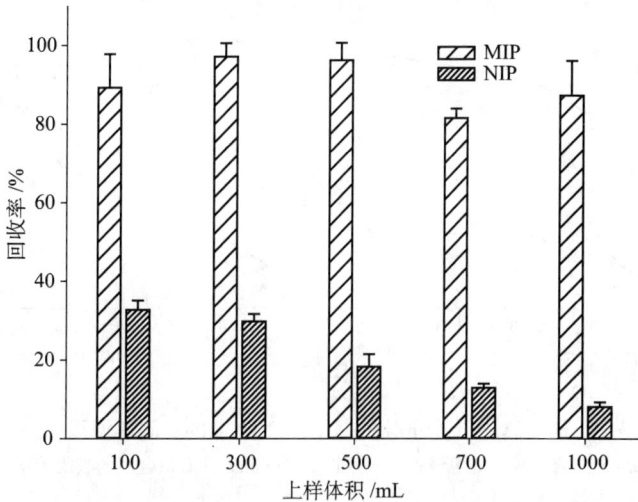

图 4.22　不同上样体积条件下 MIP 和 NIP 分别对 CBZ 的吸附

3）CBZ-MIP 键合性能

分别在一系列填充柱中加入 71mg 的 CBZ-MIP 和 5mL 不同 CBZ 质量浓度的溶液，初始 CBZ 质量浓度范围为 5～4000mg/L。加塞密封后在 25℃下恒温振荡至吸附 2h，在 2000r/min 下离心 10min 后，取上清液通过 0.45μm 微孔滤膜，用 HPLC 测定滤液中 CBZ 的浓度。以同样的方式，开展 NIP 对 CBZ 的键合实验研究。所有的实验重复三次。

研究 MIP 对 CBZ 的吸附等温线有助于更好地理解吸附过程和改进吸附材料。吸附等温线也是评价吸附材料键合能力和吸附行为等吸附特性的一个重要指标。图 4.23（a）为 CBZ-MIP 对不同浓度的 CBZ 在甲醇水溶液中的吸附等温线。由图 4.23（a）可知，CBZ-MIP 的吸附量随 CBZ 浓度的增加而增加，比较 CBZ-MIP 和 CBZ-NIP 的吸附可以得出 CBZ-MIP 对 CBZ 的吸附量明显高于 CBZ-NIP 的吸附量。结果表明，在预聚合阶段模板分子与功能单体由氢键作用结合形成配合物，配合物对模板分子具有印迹效果，交联聚合后形成稳定坚固的三维空穴。因此，影响整个吸附过程的主要因素是 CBZ 与 MAA 的氢键作用。

Freundlich 吸附模型可以很好地拟合 MIP 的吸附过程[341~344]，Freundlich 方程为

$$Q = ac^{1/n} \tag{4.12}$$

$$\lg Q = \lg a + \frac{1}{n}\lg c \tag{4.13}$$

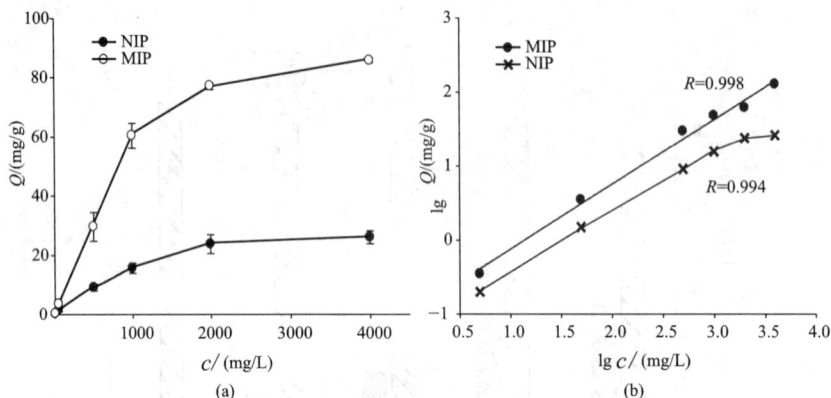

图 4.23　CBZ 分别在 MIP 和 NIP 上的吸附等温线

(a) 未拟合的吸附等温线；(b) 通过 Freundlich 模型拟合后的吸附等温线

式中，Q 为单位干重量的聚合物吸附 CBZ 的量，mg/g 聚合物；a 和 n 为吸附系数；c 为吸附平衡溶液中 CBZ 的自由浓度，mg/L。以 Q 对 c 以及 $\lg Q$ 对 $\lg c$ 作图可得到图 4.23（b）中的线性关系，表明 CBZ-MIP 在研究浓度范围内存在一种对 CBZ 吸附的结合位点。对其进行拟合得到 $R=0.998$，CBZ-MIP 亲和位点对 CBZ 的最大表观结合量 Q_{max} 为 86mg/g，Freundlich 吸附模型很好地描述了 CBZ-MIP 对 CBZ 的吸附特征。MIP 的键合能力通常是基于专性和非专性的共同作用[345]。

　　分子印迹技术是将要分离的目标分子作为模板分子，将它与交联剂在聚合物单体溶液中进行聚合制备得到单体-模板分子复合物，然后通过物理或化学手段除去模板分子，得到"印迹"下目标分子的分子印迹聚合物（MIP），在聚合物中形成了与模板分子在空间和结合位点上相匹配的具有多重作用位点的空穴，这种空穴对模板分子具有选择性。可以设想，一系列功能单体在溶液中与模板分子相遇，它们之间可以通过氢键、静电作用、疏水作用以及其他非共价的相互作用，使这些功能分子彼此间以与模板分子结构互补的有序状态排布起来。分子印迹的具体程序一般为：在功能单体和模板分子之间制备共价配合物或非共价的加成产物；对这种单体-模板配合物进行聚合；将模板分子从聚合物中除去。第一步，功能单体和模板分子之间可通过共价联结或处于相近位置的非共价联结相互结合。第二步，配合物被冻结在高分子的三维网格内，而由功能单体衍生的功能残基则按与模板互补的方式拓扑布置于其中。第三步，将模板分子从聚合物中除去，于是在高聚物内，原来由模板分子占有的空间形成了一个遗留的空腔。在合适的条件下，这一空腔可以满意地"记住"模板的结构、尺寸以及其他物化性质，并能有效且有选择性地去除键合模板（或类似物）的分子。因此可以认为，MIP 和模板分子的相互作用主要归结为专性吸附作用[346]。

为了证实 CBZ-MIP 对 MIP 的吸附是否以专性吸附为主，本研究开展了 MIP 和 NIP 对 CBZ 吸附的对比研究。如图 4.23 所示，CBZ 分子印迹聚合物在不同初始浓度的高吸附量现象说明其三维空间结构对溶液中 CBZ 表现出较好的亲和性；而非分子印迹聚合物的吸附量随浓度的增加变化不大，主要是由于在非分子印迹聚合物的制备过程中没有 CBZ 与功能单体的相互作用，导致聚合物中不存在 CBZ 的特性吸附位点，因此其在吸附过程中只发生表面吸附，使吸附量明显低于分子印迹聚合物的吸附量。由图 4.23 还可看出，在全部吸附浓度范围内，CBZ 分子印迹聚合物的吸附量均大于非分子印迹聚合物的吸附量，尤其是在 CBZ 浓度为 4000mg/L 时，MIP 对 CBZ 的吸附量比 NIP 对 CBZ 的吸附量高 60%，说明分布在 CBZ 分子印迹聚合物粒子表面的结合位点比非分子印迹聚合物的多，聚合物内部的结合位点更容易被接近，其结合位点的数量也较多，所以 CBZ 分子印迹聚合物比非分子印迹聚合物具有更高的吸附量，该结果与 Bravo 等的研究一致[347]。然而，NIP 仍有一定的吸附量（在溶液体积为 5mL，CBZ 浓度范围为 0～4000mg/L 时，吸附率为 0%～26%），说明 MIP 对模板分子的吸附过程也存在非专性作用[348]。

4）洗脱剂体积的确定

5mLCBZ 加标溶液（1mg/L），加载通过 MIP 填充小柱，用 5mL 甲醇洗脱，分 5 次加载洗脱剂，每次上样使用洗脱剂体积 1mL，并分别收集流出液，在 40℃水浴蒸发至近干后用氮气吹干，分别用 1mL 甲醇溶解残留物，通过 0.45μm 的微孔滤膜过滤，滤液经 HPLC 检测，考察洗脱剂的洗脱效率。

洗脱剂用量对洗脱效率有较大影响，目标物理想的洗脱方案应该是快速、准确且使用较少的洗脱溶剂。增加洗脱体积有利于提高回收率，但洗脱体积过大会稀释被测组分，增加浓缩时间，浪费溶剂，污染环境。实验考察了不同洗脱体积与回收率的关系。从图 4.24 可知，无论是 MIP 还是 NIP，第一个 1mL 甲醇对 CBZ 的洗脱均达到了相对较高的回收率，并且后续的洗脱回收率变化不大。当第一个 1mL 甲醇通过 MIP 柱后，CBZ 的回收率达到了 88.3%，第二个 1mL 甲醇通过柱子后，回收率仅为

10.5%。结果表明，当洗脱液的用量达到约 2mL 时 CBZ 洗脱接近完全，分子印迹聚合物上的模板分子基本洗脱下来，该数据对大规模应用过程中洗脱剂的减量有着极为重要的参考价值。

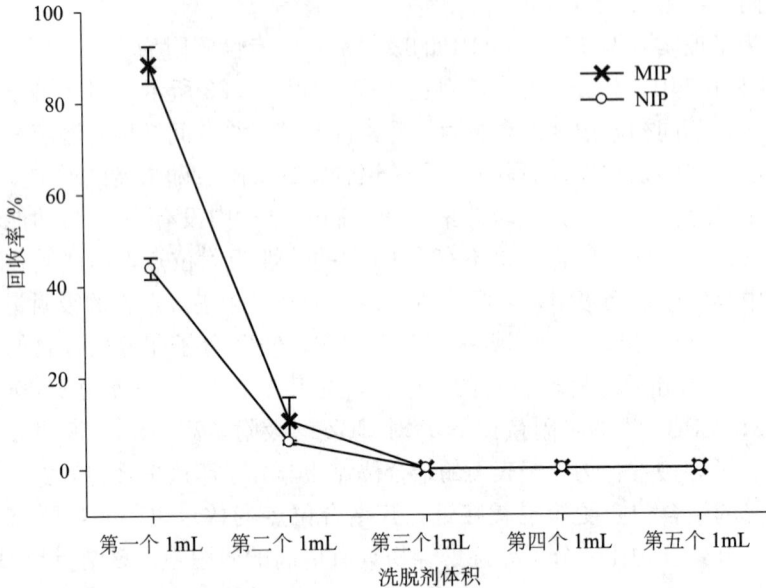

图 4.24　在不同洗脱体积条件下 CBZ-MIP 和 NIP 分别对 CBZ 的回收率

5）模板渗漏和 MIP 的再生

为了测试模板分子在水相或有机相的渗漏，用 3mL 的 Millipore 水和 3mL 的甲醇以 $0.08\sim0.10$mL/min 的流速分别通过 MIP 填充柱，经 0.45μm 的微孔膜过滤后用 HPLC 分析检测。为研究 MIP 的再生性能，本实验选用同一 CBZ-MIP 填充柱，该柱用 Millipore 水和甲醇反复淋洗数次，直到滤出液中检测不到模板物质为止。填充柱在使用前要经真空干燥。MIP 的再生能力通过同一柱子再生后模板物质的回收率衡量。

MIP 在合成过程中使用了大量的模板分子，使得模板去除后的聚合物中难免会遗留少量的模板物质，这些残留的微量模板分子会在后续的吸附和脱附过程中渗漏出来，进而影响对目标化合物分析的准确度和精确度。该现象在相关研究中也有提及[269,349]。本研究所用的水溶液和甲醇溶液中没有发现有模板渗漏（数据未列出）。

分子印迹聚合物除具有显著的特异识别特性外，它的物理化学性质也受到人们的广泛重视。Wulff 认为一种理想的分子印迹聚合物应具有以下性质[350]：①聚合物的结构应具有一定的刚性以确保印迹空穴的空间构型和互补官能团的位置；②其空间结构具有一定的柔韧性以确保亲和动力学能尽快达到平衡；③亲和位点容易接近；④机械稳定性，以使分子印迹聚合物可以在高压下应用；⑤热稳定性。本节所制备的 CBZ-MIP 主要用于分离和分析领域，其应能通过反复再生多次重复使用。因此，CBZ-MIP 的再生识别性能显得尤为重要。为此，本实验初步考察了 CBZ-MIP 重复再生 10 次的再生识别性能，结果如图 4.25 所示。

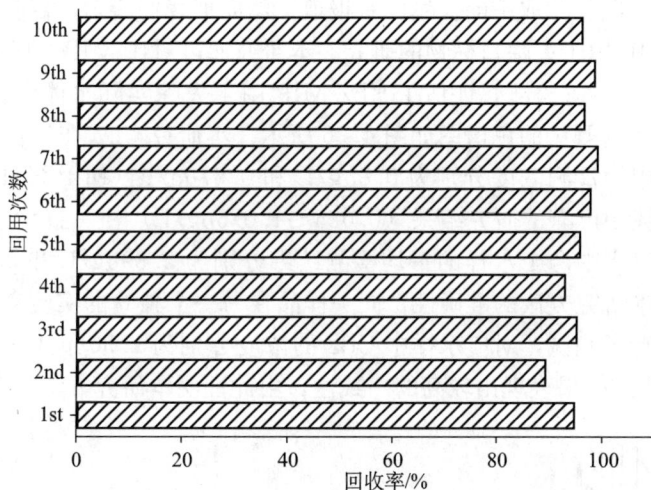

图 4.25　在不同回用次数条件下 CBZ-MIP 对 CBZ 的回收率

从图 4.25 可以看出，本研究制备的分子印迹聚合物具有很好的物理和化学稳定性，CBZ-MIP 分子印迹聚合物反复使用 10 次之后印迹能力也未发生衰减（变化范围为 89.3%～98.9%）。产生回收率波动的原因可能与再生过程造成"印迹孔穴"的微量损失有关[335]。再生过程需经浸泡、洗涤和干燥等物理过程，可能造成一定的"印迹孔穴"的数量略有损失。回收率变化不大，表明"印迹孔穴"的"活性"改变很小。综上所述，本实验制备的 MIP 具有一定的重复使用能力和再生识别性能。

　6）CBZ-MIP 在实际环境水体中的应用

由于聚合物是由交联剂和功能单体构成的立体孔穴，因此其分布不可能完全均匀，孔穴的深度也必然存在差异。CBZ 分子首先占据表面和浅层的孔穴，然后通过孔道进入深层的孔穴。这一过程需要一定时间才能达到平衡，只有流速足够缓慢才可以保证 CBZ 分子得以充分地外扩散和内扩散。但流速过低同样会造成分析时间的增加，通过不同流速下样品回收率的对比，本研究选择 0.15～0.3mL/min 作为样品的流出速度。

固相萃取常被用于环境水体中的目标污染物分析测试的预处理。为了使该方法的应用更为广泛，本研究选择湖水、河水和污水处理厂的出水三种环境水样作为目标水样。湖水采自柏林 Schloss Charlottenburg 一湖泊，河水采自柏林市内的施普雷河，污水处理厂的出水采自柏林一污水处理厂出水。水样被采集后立即用 0.45μm 的微孔膜过滤后置于棕色玻璃瓶中，分析前放置于 4℃冰箱中保存。

MIP 在固相萃取中的应用已有报道。然而据我们所知，目前还没有关于 CBZ-MIP 用于去除目标物的研究。本研究通过对比 MIP-HPLC/UV 检测和 LC-MS/MS 检测，评估了 CBZ-MIP 用于去除实际水体中 CBZ 的可行性。HPLC/UV 的色谱图如图 4.26 所示。本研究 CBZ 在施普雷河和夏洛特堡湖中的检测浓度分别为 0.8μg/L 和 0.57μg/L（MIP-HPLC/UV），与柏林水体中已有的研究结果（0.025～1.076μg/L）相一致[351]。对污水处理厂的出水中两个水样的平均检测结果分别为 2.39μg/L 和 2.23μg/L。为了验证本研究方法的准确性，同一样品在另一个独立的实验室（柏林水公司）进行了测试，对应水样中 CBZ 的浓度分别为 2.30μg/L 和 1.90μg/L。两种测试结果表现出较高的一致性，由此证明本研究方法具有可行性。

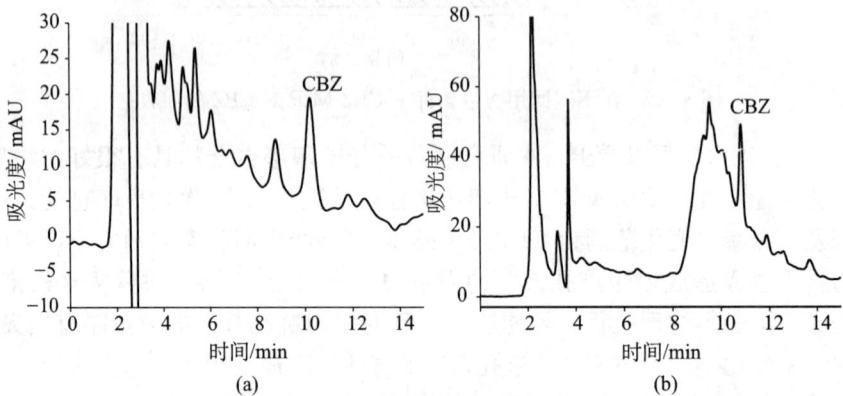

图 4.26　1000mL 实际加标水样（加标 0.5μg/LCBZ）经 MIP 富集后的色谱图
(a) 湖水；(b) 污水处理厂的出水

该部分以 CBZ 为模板，用沉降聚合法成功地合成了具有高度选择识别性能的 CBZ 分子印迹聚合物，并用实验研究证实了 CBZ-MIP 用于去除水体中 CBZ 的可行性。结论如下。

通过均等机会竞争和非均等机会竞争研究了 CBZ-MIP 的特异选择性，

并得出两点重要的结论：第一，在相对较高的浓度条件下，模板分子相对于其他环境污染物质有专一选择性，即在键合位点有限的条件下，模板分子相对其他污染物的吸附有优先权，这一结论对工业废水，尤其是模板分子工业废水有着重要的意义；第二，当模板分子和其他环境污染物质在浓度相对较低时，键合位点首先被一部分模板分子占据，其他污染物质（竞争物质）也会占据一部分，然而，随着水量的增加，模板分子和其他污染物的量也会增加。由于 MIP 具有选择吸附性，当键合位点被完全占据时，后续加载的模板物质会替换其他竞争物质，直到键合位点完全被模板分子占据。

洗脱实验表明，2mL 甲醇可以将自制 MIP 填充柱上的 CBZ 充分洗脱下来；当加载水样体积达到 1000mL 时，分子印迹材料对 CBZ 的回收率仍保持在 80％ 以上，说明 MIP 对大体积低浓度（1000mL，$1.0\mu g/L$）的水样可保持较高的去除率。除在水处理中的应用外，本研究还将 MIP 富集和 HPLC/UV 检测联用，成功地应用于地表水和污水处理厂的出水中，且结果和 LC-MS/MS 的分析结果高度吻合。因此，本研究为有效地去除和富集水体中 CBZ 提供了一种可靠的方法。

键合特性试验表明，合成的 MIP 对 CBZ 具有很高的亲和性和特异性，吸附等温线用于评价吸附材料键合能力和吸附行为，结果表明 CBZ-MIPs 在研究浓度范围内存在一种对 CBZ 吸附的结合位点。对其进行拟合得到 $R=0.998$，CBZ-MIP 亲和位点对 CBZ 的最大表观结合量 Q_{max} 为 86mg/g，Freundlich 吸附模型很好地描述了 CBZ-MIP 对 CBZ 的吸附特征。

本研究制备的分子印迹聚合物具有很好的物理和化学稳定性，CBZ-MIP 分子印迹聚合物反复使用 10 次之后印迹能力也未发生衰减（变化范围为 89.3％～98.9％）。

4.5　小结

本章所建立的 SPE-HPLC 测定水样中痕量 CBZ 的分析方法，操作简便，重现性好，该方法对水样中 CBZ 的回收率保持在 90.8％～108.4％，相对标准偏差为 0.34％～4.68％，方法检测限为 $0.1\mu g/L$。该方法的准确度、精密度和检测限均符合痕量分析的要求。在实际水样分析中的应用表明，该法适用于饮用水、污水及处理水等环境水样中痕量 CBZ 的检测分析，具有良好的应用前景。

通过对比不同高级氧化工艺降解 CBZ 的研究得出，在特定的运行状况和较短的反应时间内，UV/Fenton、UV/TiO$_2$、UV/H$_2$O$_2$ 和 Fenton 工艺可以有效地将 CBZ 从水相溶液中去除，且 UV/Fenton 工艺对 CBZ 的去除最为有效，在给定的条件下去除率达 86.9%±1.7%。该结果有助于高级氧化工艺的筛选、设计和评估，能更加有效地削减水体中的 CBZ。

以 CBZ 为模板，用沉降聚合法成功合成了 CBZ-MIP。均等机会竞争和非均等机会竞争实验结果表明，CBZ-MIP 对目标化合物 CBZ 具有较高的特异选择和识别能力。CBZ-MIP 亲和位点对 CBZ 的最大表观结合量为 Q_{max} 为 86mg/g。CBZ-MIP 分子印迹聚合物反复使用 10 次之后印迹能力也未发生衰减（变化范围为 89.3%～98.9%）。同时，CBZ-MIP 成功用于富集且与 HPLC/UV 检测联合用于分析测试，所测得的地表水和污水处理厂的出水中 CBZ 的浓度结果和 LC-MS/MS 的分析结果高度吻合。因此本研究为有效地去除和富集水体中 CBZ 提供了一种可靠的方法。

第5章 个人护理品的环境污染和控制技术

个人护理用品（PPCPs）包括洗涤剂、沐浴液、皮肤护理产品、护牙产品、肥皂、防紫外线产品和头发造型产品等，在日常生活中应用较多。例如，佳乐麝香广的透发力及扩散性极佳，留香持久，广泛用作化妆品和皂用香精添加剂。三氯生是一种广谱抗菌剂，被广泛应用于肥皂和牙膏等日用化学品中。这类物质具有很强的持久性和潜在的生物累积性，与药品不同，PPCPs并没有从人体通过，主要通过清洗和沐浴进入废水。由于这些化合物被大量使用，因此在一定程度上造成了环境污染，特别是导致它们中一些典型的化合物普遍存在于环境中。

本研究选取杀菌消毒剂中的三氯生（TCS）和4种常见的麝香为研究对象，研究了污水处理厂、地表水体和活性污泥中个人护理品的赋存状况，此外对三氯生在SBR活性污泥系统中的降解机理和去除特性进行了初步的研究。

5.1 概述

5.1.1 个人护理用品的主要特性及其结构

个人护理品的主要特性及其结构见表5.1。

表5.1 个人护理品的主要特性及其结构

名称	英文名称及缩写	分子结构	CAS NO.	分子式	相对分子质量/（g/mol）	$\lg K_{ow}$
佳乐麝香	Galaxolide (HHCB)		1222-05-5	$C_{18}H_{26}O$	258.4	5.9
吐纳麝香	Tonalide (AHTN)		1506-02-1	$C_{18}H_{26}O$	258.4	5.7
二甲苯麝香	Musk xylene (MX)		81-15-2	$C_{12}H_{15}N_3O_6$	297.26	5.2

续表

名称	英文名称及缩写	分子结构	CAS NO.	分子式	相对分子质量/ (g/mol)	lgK_{ow}
酮麝香	Musk ketone (MK)		81-14-1	$C_{14}H_{18}N_2O_5$	294.3	4.1
三氯生	Triclosan (TCS)		3380-34-5	$C_{12}H_7Cl_3O_2$	289.54	5.4

5.1.2 环境介质中个人护理品的来源

随着人们对麝香需求量的逐年增加，现有的麝香资源量已经无法承担目前的消耗强度，物种资源状况十分危急。为了加强对动物麝的保护，我国人工麝香从20世纪70年代开始研制，于1993年获卫生部批准为一类新药并进行试生产[352]。根据化学结构，合成麝香可分为三类：硝基麝香（nitro musk）、多环麝香（polycyclic musk）和大环麝香（macrocyclic musk）。硝基麝香曾经被广泛应用，但是越来越多的研究表明，硝基麝香在食物链中具有生物富集作用，易渗入人体细胞；葵子麝香光敏性和神经毒性及二甲苯麝香致癌性的发现[353]，使硝基麝香的使用量逐年减少。目前在香精香料行业中，硝基麝香中只有二甲苯麝香（MX）和酮麝香（MK）被少量使用，广泛使用的是多环麝香，尤以佳乐麝香（HHCB）和吐纳麝香（AHTN）为主[354]。据统计，1987年，全世界合成麝香的总产量为7000 t，其中多环麝香占61%，硝基麝香占35%，其余为大环麝香；到1996年，全世界合成麝香的总产量为8000 t，硝基麝香只占12%左右，多环麝香上升至70%，其中佳乐麝香的产量达1000t[355,356]。欧洲为合成麝香大量使用的地区，在全球合成麝香使用量中所占的分量不容忽视（表5.2）[357]。

表5.2　1998年欧洲常用合成麝香的消费量（IFRA，1998）

物质类别	物质	年使用量/ (t/a)
硝基麝香	MX（二甲苯麝香）	86
	MK（酮麝香）	40
多环麝香	ADBI（萨利麝香）	18
	AHMI（粉檀麝香）	19
	AHTN（吐纳麝香）	385
	HHCB（佳乐麝香）	1473

合成麝香作为天然麝香的廉价替代物，以其优雅的芳香气味、优良的定香能力及低廉的价格，已广泛应用于日用化工行业，如化妆品、洗涤用品、护肤品和香水等，成为香精香料行业中的主要成分之一[358]。因此，环境介质中合成麝香的来源主要可分为两大类：一是生活污水，合成麝香随着日用产品的使用，首先进入生活污水，然后大部分生活污水进入污水处理厂，经过处理后进入环境，但是传统的污水处理工艺对大多数极性或持久性化合物只能部分去除，所以污水处理厂的出水中仍存在大量的合成麝香化合物，还有部分未经任何处理的生活污水直接排放进入环境中；二是工业废水，主要指一些大型的日化产品和化妆品生产厂家的生产废水和废液中含有大量的合成麝香化合物，经过初步处理后直接排放进入环境中。因此，合成麝香进入环境和在环境中的迁移与污水在环境中的迁移密切相关。

由于三氯生（TCS）具有抗菌、除臭、抑制细菌生长、消除痈疖、促进皮肤新陈代谢使皮肤光润亮泽的作用，且具有良好的皮肤相容性，因此它被广泛应用在医疗用品、个人护理品中（如香皂、漱口水、洗手液、除臭剂、化妆品、洗涤用品、头发定型水），也用于空气清新剂、冰箱除臭剂、医用器械的消毒以及纺织品（尤其是内衣等贴身衣物）出厂前的消毒、抗菌处理等[359]。自 20 世纪 70 年代开始用于香皂以来，TCS 已经被广泛地应用于个人护理品中。在欧洲，每年生产大约 350 t 的 TCS 作为个人护理品的添加物[360]，个人护理品中 TCS 的质量分数为 0.1%～0.3%[361]。

5.1.3　个人护理品的污染特性和危害

合成麝香作为一类人工合成化合物，普遍存在于各种日用产品中，与人类生活息息相关，该类物质与多环芳烃（PAHs）、多氯联苯（PCBs）结构类似、性质相近，具有较强的亲脂性，在环境中难降解，易生物富集[362]。由于其具有环境持久性，因此有研究人员提出要将两种主要的合成麝香——佳乐麝香和吐纳麝香作为分子示踪物，用来反映生活污水对环境水域的污染程度[363,364]。目前，在污水、污泥、沉积物、地表水和地下水中均有不同程度的检出[365~382]。

Simonich 等分析并比较了美国及欧洲地区的 17 个污水处理厂中包括合成麝香在内的十多种芳香化合物的分布和去除率。其中美国的 12 个污水处理厂中，源水中 HHCB 的平均含量为 16.6μg/L，AHTN 的含量为 12.5μg/L；经过沉淀和活性污泥等处理后出水的浓度分别是：HHCB 的平均含量为 2.053 μg/L，AHTN 为 1.326μg/L。在欧洲的 5 个污水处理厂中，源水中 HHCB 的平均含量为 9.71μg/L，AHTN 的平均含量为 5.97 μg/L，经过活性污泥法处理后出水的浓度分别是：HHCB 的平均含量为 4.62μg/L，AHTN 的平均含量为 1.44μg/L，研究者认为除因吸附而进入污泥的部分外，生物转化和挥发也在去除率中扮演了一定的角色[383]。Riking 等对加拿大和瑞典的污水处理厂的最后出水进行了检测分析，在 3 个加拿大的样品中，HHCB 的平均含量为 0.66μg/L，AHTN 的平均含量为 0.28μg/L。4 个瑞典样品中，HHCB 的平均含量为 0.31μg/L，AHTN 的平均含量为 0.07μg/L。在这些样品中，ADBI 和 AHMI 接近检测极限，没有检测出 ATII 和 DPMI[384]。对比这些样品，源水的浓度大体相当，都在每升几十微克的水平，但经过处理后，最后出水的浓度变化很大。经过各种不同的污水处理步骤，各国污水处理厂的最后出水中仍然含有一定量的多环麝香，这些化合物会随着污水处理厂的出水排放进入环境中。

合成麝香随着生活污水进入污水处理系统后，大部分会被吸附到有机颗粒上而进入污泥中。T. Kupper 等在 2001 年对瑞士不同类型的污水处理厂（A 主要是生活污水；B 主要是生活污水，有少量工业废水；C 为混合型污水，部分生活污水加上大量工业废水）的污泥进行检测分析，结果表明，污泥中 HHCB 的平均含量为 20.3mg/kg 干重，AHTN 的平均含量为 7.3mg/kg 干重，ADBI、AHMI、ATII 均被检测到，浓度范围为 0.4～0.8mg/kg 干重，但实验研究没有涉及 DPMI。同时结果显示，污泥中的合成麝香主要是 HHCB 和 AHTN，尤以 HHCB 为最高[379]。Stevens 等对英国的 14 个污水处理厂的消化污泥进行了分析，发现污泥中的合成麝香主要也是 HHCB 和 AHTN，其中 HHCB 的浓度范围为 1.9～81mg/kg 干重，AHTN 的浓度范围为 0.12～16mg/kg 干重，其余的几种多环麝香的含量均很低，大致在几十 μg/kg 干重的水平[385]。从这些污泥样品的分析结果看，HHCB 和 AHTN 是污泥中富集的两种主要的合成麝香污染成分，而且在污泥中有相当高的含量，其中 HHCB 的含量又要高于 AHTN[362]。污泥中富集的合成麝香会随着污泥的处理进入环境中。例如，将污泥作为肥料施放到农田、绿化草地或者填埋在地下后，污泥上吸附的合成麝香污染物会渗透进入地下水，或迁移到土壤颗粒物中，或挥发进入大气，对人体健康存在着潜在的风险[362]。

迄今为止，对水体颗粒物和沉积物中合成麝香污染现状的研究还不多

（表 5.3）。2002 年，美国地质调查局（USGS）发表了一份关于河流常见有机污染物的报告，其中包括合成麝香[111]。对德国 Berlin 地区水体沉积物分析后发现，在人口密度大、有工业污染的地方，合成麝香污染的质量比相对较高，HHCB 为 920 μg/kg 干重，AHTN 为 1100 μg/kg 干重；在污染较轻的沉积物中，合成麝香的含量则要低得多，与水相中合成麝香的污染特点一致[386]。生活污水对地表水的污染影响显著，Leine 河靠近 Hannover 市污水净化厂排放口的取样点，沉积物中合成麝香的浓度相对比较高，HHCB 的浓度达到了 54 μg/kg 干重[387]。研究发现，虽然河流沉积物中合成麝香的主要成分是 HHCB 和 AHTN，但是当 HHCB 和 AHTN 的含量比较低时，MX 和 MK 的含量并不一定减少。例如，研究者在检测 Ems 河流沉积物中合成麝香的浓度时发现，虽然多环麝香中 HHCB 和 AHTN 的含量很低（均低于 0.5 μg/kg 干重），但是硝基麝香中 MX 和 MK 却能明显地检测到。所以研究者认为该现象可能是硝基麝香在河流沉积物中多年累积的结果[387]。Dsikowitzky 等研究了 Lippe 河流域合成麝香的浓度分布，发现河流上游人口稀少，污水输入量较少，河流沉积物中检测出的合成麝香含量比较低；随着河流沿岸人口分布的增加和生活污水的不断注入，沉积物中合成麝香的污染也逐渐增加，到了下游，沿岸人口分布明显减少，污水输入量也大大减少，但是沉积物中合成麝香的污染依然很严重，研究者认为有三个原因：一是水流速度比较低；二是沿岸水流冲刷，带入了大量吸附着污染物的固体颗粒；三是上游流下来带有污染物的悬浮颗粒物[388]。Heim 等选取 Lippe 河岸的一块湿地，对合成麝香在沉积物中的分布进行了纵向研究，同时也对合成麝香在同一个点但是不同深度的沉积物中含量分布进行了研究，发现在离沉积物表面 14cm 处，合成麝香的含量达到了最高，HHCB 和 AHTN 的含量分别为 151 μg/kg 干重和 44 μg/kg 干重[389]。美国 Ontario 湖泊沉积物中也检测出了多环麝香的污染，而且沉积物中多环麝香的分布与美国多还麝香的产量呈正相关[390]。

目前国内关于河流沉积物中合成麝香污染水平的报道还很少，Zeng 等[391]选取了 6 种典型的多环麝香，对珠江三角洲地区的河流（珠江、东江、西江、澳门海岸）沉积物中合成麝香的污染进行了研究，实验结果发现多环麝香总量依次为珠江＞东江＞澳门海岸＞西江，其中珠江多环麝香的含量最高，为 5.76～167μg/kg 干重，分析原因主要是大量广州市生活污水和工业废水都排入了珠江。Zhang 等[392]对苏州河沉积物中的合成麝香进行了分析,其中硝基麝香 MX 和 MK 的含量比较低,均低于检测限。HHCB 的含量为 3~78 μg/kg 干重,AHTN 的含量为 2~31 μg/kg 干重。2008 年,曾祥英等也对苏州河进行了研究,研究结果明显比 Zhang 等的研究结果的高很多[393]。

表 5.3　河流沉积物中合成麝香的国内外污染现状

(单位：μg/kg 干重)

地区	样品数	HHCB	AHTN	MX	MK	参考文献
Elbe 河（德国）	2	9.6, 31	0.7, 3.8	0.4, 0.9	0.4, 0.9	[387]
Weser 河	2	2.1, 9.7	<0.5	0.7, 1.0	0.9, 1.1	[387]
Ems 河	2	<0.5	<0.5	0.5, 0.7	0.2, 0.3	[387]
Leine 河	1	54	3.9	2.2	3.8	[387]
Oker 河	1	4.7	<0.5	0.7	0.9	[387]
柏林（德国）	59	220~920	20~1100	—	—	[386]
Lippe 河	17	<191	<1399	—	—	[388]
Lippe 河	22	0~151	0~44	—	—	[389]
Erie 湖	1	3.2	<LOD	<LOD	<LOD	[390]
安大略湖	1	16	0.96	<0.068	ND	[390]
珠江三角洲流域	23	3~121	7~167	—	—	[391]
苏州河	8	3~78	2~31	<LOD	<LOD	[392]
苏州河	10	57~552	26~117	—	—	[393]
梁滩河	16	<269	0~100	<LOD	<22	[394]

三氯生（TCS）即"二氯苯氧氯酚",是一种广谱抗菌剂,由于其能有效地杀灭病菌、去污、去油,被广泛应用于肥皂、牙膏、卫生洗液、除臭剂、消毒洗手液和洗面奶等日用化学品中。随着这类物质的大量使用,三氯生会进入污水、污泥、地表水和地下水等环境介质中。

污水经过各种工艺处理后,三氯生一部分被生物降解,另一部分被污泥吸附。部分污水处理厂中三氯生的质量浓度见表 5.4。污泥对 TCS 具有明显的吸附作用,因此污水处理厂产生的剩余污泥成为现阶段的研究重点,国内外研究中剩余污泥中 TCS 的含量见表 5.4。Ying 和 Kookana[395] 对 5 个污水处理厂中的 19 个污泥样品进行了检测,TCS 的质量浓度为 0.09~16.79mg/kg,平均质量浓度为 5.58mg/kg。Heidler 等[396] 在剩余污泥和厌氧消化污泥中检测到 TCS 的质量浓度为 19~41mg/kg。Ying 和 Kookana[395] 发现,TCS 在好氧消化污泥中能被生物降解,而在厌氧消化污泥中基本不被生物降解。TCS 对污泥消化中的污泥活性没有明显的影响,但在整个工艺周期内,TCS 一直存在。表 5.5 列出了国内外剩余和消化污泥中 TCS 的含量。Carballa 等[397]在厌氧消化污泥中加入臭氧后发现，TCS 以及其他 PPCPs 污染物的降解速率都有所提高。污水经过各种处理工艺处理后，少量未被去除的三氯生随着出水进入地表水体。表 5.6 列出了各个国家和地区在河流和海水中检测出的三氯生含量。Sabaliunas[398]在检测 Mag 河的 TCS 存在情况时，分别在污水处理厂出水口的上游和下游取水样，发现上游河段 TCS 的含量为 20ng/L 左右，出水口末端为 95ng/L 左右，并随着距离的增加 TCS 的含量有所下降，在距离污水处理厂出水口 3500 m 时，检测出 50ng/L 左右的 TCS。由此可知，污水处理厂的污水处理系统并没有完全去除 TCS，河流中增加的 TCS 属于人为使用后产生的。Hua 等[399]分析了我国珠江流域地表水中 TCS 的存在情况，在珠江上下游均检测到 TCS 的存在，其浓度范围为 35～1023ng/L。

表 5.4　文献报道的国内外污水处理厂水样中的 TCS 及其去除效果

国家或地区	处理工艺	TCS 质量浓度/（ng/L）			一级处理去除率/%	总去除率/%	参考文献
		进水	一级处理出水	二级处理出水			
英国	生物滴滤	7500	5900	340	21.3	95.5	[401]
	活性污泥	2190	1335	110	39.0	94.9	
美国	活性污泥	800	n. r.	250	n. r.	68.8	[402]
澳大利亚	活性污泥	573～845	n. r.	60～159	n. r.	72～93	[395]
西班牙	活性污泥	966	n. r.	321	n. r.	66.8	[403]
深圳	活性污泥	158.5	151.5	22.5	4.4	85.8	[404]
加拿大	活性污泥	1930	n. r.	108	n. r.	94.4	[405]
	生物转盘	1327	n. r.	267	n. r.	79.9	
英国	氧化沟	2400	n. r.	60	n. r.	97.5	[406]
	生物滴滤	2100	n. r.	154	n. r.	92.7	

表 5.5　国内外剩余和消化污泥中 TCS 的含量比较

国家	年份	污泥样品	TCS 的质量浓度/（mg/kg 干重）	参考文献
澳大利亚	2007	厌氧消化污泥 好氧消化污泥	0.09～16.79 0.22	[395]
美国	2007	消化污泥	11～30	[396]
美国	2002	消化污泥	0.53～15.6	[408]
西班牙	2005	剩余污泥	0.007～0.316	[409]
德国	2003	剩余污泥	0.4～12	[410]

表 5.6　国内外地表水中 TCS 的质量浓度比较

国家	年份	水样来源	TCS 浓度/（ng/L）	文献
英国	2000	Mag 河	20～95	[411]
中国	2005	火炭渠、	35～40	[404]
		维多利亚港	30～100	
		新电东	25～28	
		珠江	25～35	
美国	2002	Cibolo 河	104～431	[412]
加拿大	2004	底特律河	4～8	[399]
中国	2007	珠江	35～1 023	[413]
日本	2007	Tone 运河	55～134	[414]
德国	2008	沿 Norchsea 海岸线	<6.87	[407]

　　环境中的 TCS 浓度较低，其毒性作用不是很明显。但在一定条件下，TCS 能转化为其他物质，这些物质的毒性具有很大的不确定性，已经引起人们的关注。有研究表明[400]，该类化学物质在水环境中的浓度达到每升几十微克时，便会对水生生物表现出毒性作用。大多数的清洁剂、消毒剂可通过生物转化形成极性更大的中间产物——壬基苯酚。壬基苯酚具有急性毒性作用，同时具有性激素活性，会干扰机体的内分泌系统，从而导致动物的生殖失败、人类的流产以及生殖器官癌症，对动物和人类生殖机能产生严重影响。水环境中 TCS 的含量虽然很低，但由于其降解产物的毒性作用以及在生物体内的富集作用等因素，因此 TCS 对环境的影响不可忽视。

5.2　三氯生和合成麝香的分析测定方法

5.2.1　三氯生的分析方法

1. 水样中三氯生固相萃取条件及优化

　　固相萃取小柱的类型和洗脱剂对 TCS 的富集效果影响较为显著。本实验选择 MEP、ENVI-18、LC-18 三种固相萃取小柱和甲醇、己腈和乙酸乙酯三种洗脱液对水溶液中的 TCS 做加标回收率实验，如图 5.1 所示。由图 5.1 可知，ENVI-18 固相萃取小柱对 TCS 的回收率大于其他小柱，以甲醇、乙酸乙酯和乙腈为洗脱剂时，回收率分别达到 87%、93% 和 86.5%。由于 TCS 的正辛醇/水分配系数 $\lg K_{ow}$ 为 5.4，TCS 为中等极性到非极性物质，因此相对于偏极性的甲醇和乙腈，非极性的乙酸乙酯的洗脱效果较好。因此，选取 ENVI-18 为 TCS 的固相萃取小柱，乙酸乙酯为洗脱剂，洗脱剂的体积为 3×3 mL。

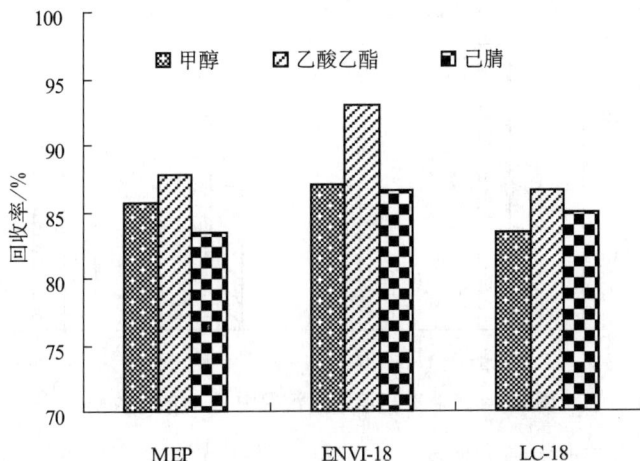

图 5.1　三种小柱在三种洗脱液下的回收率

因此水样中三氯生固相萃取方法如下：

（1）固相萃取柱的活化：在固相萃取水样前，先用 5mL 乙酸乙酯＋5mL 甲醇＋10mL 去离子水（pH 2～3）活化，使小柱内的填充物进入萃取状态。

（2）过滤水样：水样由真空泵抽送，以 5mL/min 的流速经过固相萃取小柱。水样中的分析物被小柱中的填充物吸附，其他杂质随着滤后水由泵抽出。

（3）小柱的清洗：用 6mL 含 5％的甲醇的水溶液（pH 2～3）淋洗，抽干 30min。

（4）洗脱：用 3×3 mL 的乙酸乙酯洗脱，洗脱液收集于棕色小玻璃瓶中，氮气吹干。

2. 污泥中三氯生的提取方法优化

污泥中三氯生的提取采用超声溶剂萃取的方法，主要考察了萃取剂的选择和超声次数等因素对加标回收率的影响。

1）萃取剂的选择

分别取污泥萃取中常用的乙酸乙酯、甲醇、丙酮和二氯甲烷四种有机溶剂进行比较，样品经超声萃取后计算加标回收率，实验结果如图 5.2 所示。

由图 5.2 可知，乙酸乙酯和丙酮对污泥中 TCS 的提取都有较好的回收效果，回收率在 60％以上。乙酸乙酯的提取效果比较好，超声萃取 2 次后的加标回收率可达到 80％左右，因此选择乙酸乙酯作为污泥样品的萃取剂。

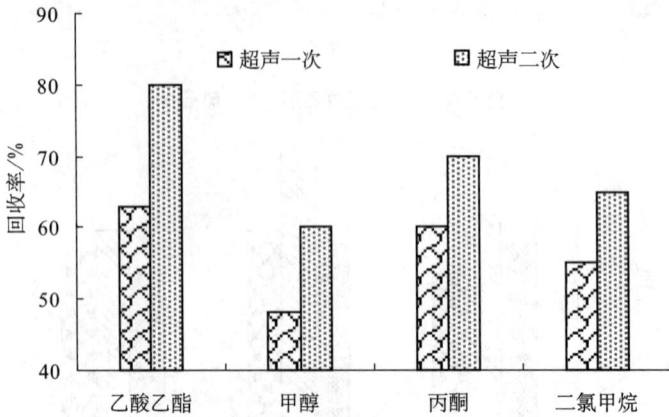

图 5.2　四种有机溶剂对污泥中 TCS 的回收率

2）超声萃取次数的选择

实验结果如 5.3 所示，随着污泥超声次数的增加，萃取进行得越彻底，回收率随之增大。当萃取次数增加到 3 次时，回收率达到 90％以上，但萃取次数大于 3 次时回收率的增加不明显，且耗费的有机溶剂也随之增加，给浓缩带来困难。为了满足回收率的要求并节省萃取试剂的量，本实验选取萃取次数为 3 次，此时的加标回收率可达到 92％左右。

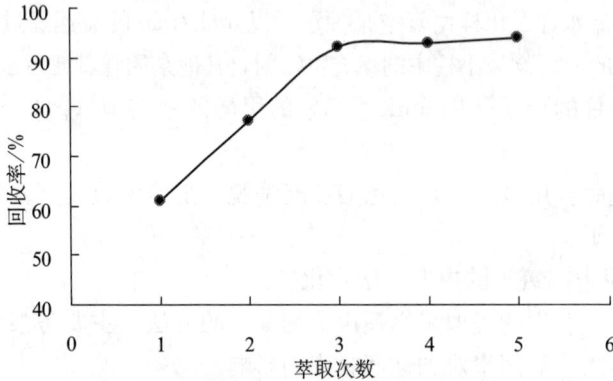

图 5.3　超声萃取次数对污泥萃取的回收率影响

总之，污泥中三氯生的提取方法是利用乙酸乙酯作为萃取剂，连续超声 3 次，提取液氮并吹至近干后溶于去离子水，再利用固相萃取富集。

3. 衍生化的条件优化

衍生化时间的长短可能会影响衍生化试剂的基团与 TCS 的反应程度。

将 1mL 100μg/L 的 TCS 标准样品吹干后，加入 150μL 的衍生化试剂，反应温度控制在 70℃。衍生化的时间分别取 10min、30min、60min、90min、120min 和 150min。以衍生化后 TCS 标准品在 GC-ECD 上的峰面积为考核指标，反应时间对峰面积的影响如图 5.4 所示。由图 5.4 可知，当时间超过 60min 后，峰面积上升的幅度降低，逐渐趋于平缓，说明衍生化反应逐渐趋于稳定。为了使衍生化反应充分，选择衍生化时间为 120min。

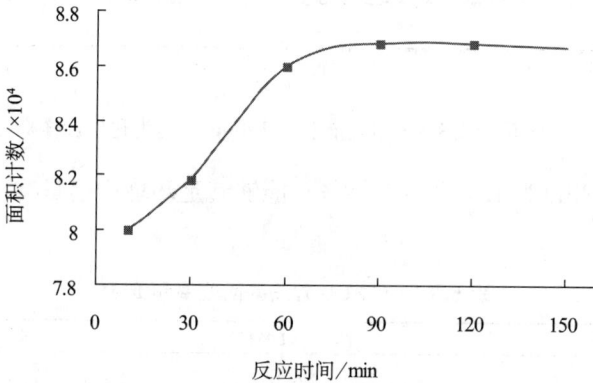

图 5.4　衍生化时间对峰面积的影响

总之，三氯生衍生化的方法为在氮吹干的样品中加入 150 μL 的衍生化试剂，在 70℃下反应 120min。

4. 三氯生的测定方法

1）气相色谱-电子俘获检测器检测（GC-ECD）

三氯生的测定在 Trace GC2000 气相色谱仪中进行，采用 ECD 检测器检测。升温程序为：在 80 ℃保持 1min，以 15 ℃/min 的恒定速度升温到 280 ℃，保持 4min。其中三氯生在 17min 时出峰。将 TCS 标准液逐级稀释配制成 50μg/L、100μg/L、200μg/L、300μg/L、400μg/L、500μg/L 系列质量浓度的溶液，衍生化后在色谱条件下依次检测，以峰面积对相应的质量浓度进行线性回归，回归方程为 $y=29756x+491673$，相关系数 $R^2=0.9989$。样品的方法检出限可达 0.56μg/L，定量检出限为 1.22μg/L。TCS 的气相色谱图如图 5.5 所示。

分别在 5 份 100mL 的污水处理厂出水中加入 100 ng TCS 标准样品，经衍生化后做回收率试验。每个水样在 GC-ECD 上平行测定 6 次，TCS 浓度为 6 次测定的平均值。回收率和标准偏差的结果见表 5.7。回收率在

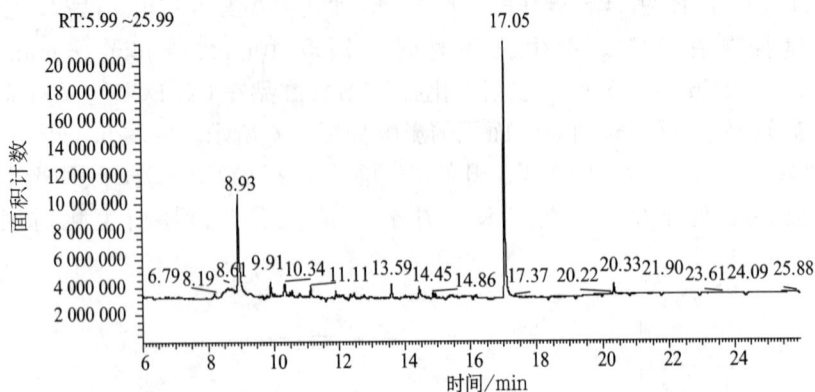

图 5.5　TCS 的气相色谱图（100μg/L 衍生化后标样）

90％左右，RSD 为 1.48％～3.88％，能够满足环境中痕量物质 TCS 的检测需要。

表 5.7　GC-ECD 方法的回收率和 RSD

水样	平均回收率/％	RSD/％
1	89.91	1.48
2	91.08	2.90
3	89.86	2.16
4	90.18	2.65
5	88.87	3.88

2）液相色谱-二极管阵列检测（LC-DAD）

实验采用 HAITACHI 高压液相色谱仪，所用液相色谱分离柱为 Shimadzu VP-ODS C18 柱（250mm×4.6mm，5μm），以质量浓度为 1mg/L 的 TCS 标准溶液优化乙腈和水的流动相。当乙腈与水的比例小于 50：50 时，TCS 出峰时间较长，需流动相较多；当乙腈与水的比例大于 80：20 时，TCS 难与杂质分离。经过反复试验，选择乙腈：水＝75：25（体积比），此时 TCS 取得良好的出峰效果，TCS 的色谱图如图 5.6 所示。由图 5.6 可看出，TCS 在该色谱条件下的出峰时间为 8.233min，峰形尖锐对称。

将 TCS 标准溶液逐级稀释配制成 50μg/L、100μg/L、300μg/L、500μg/L、700μg/L、1000μg/L 和 2000μg/L 系列标准溶液，在色谱条件下依次检测，以峰面积 A 对相应的质量浓度 c 进行线性回归，回归方程为 $A=1093.3c-23\ 240$，相关系数 $R^2=0.9996$。仪器的方法检出限可达

$3.91\mu g/L$，定量检出限为 $8.52\mu g/L$。

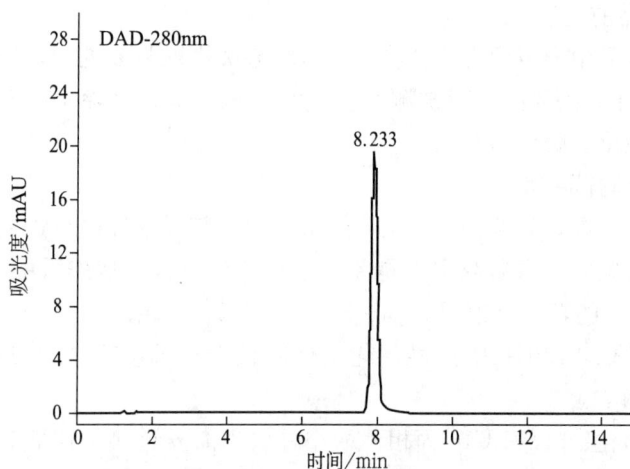

图 5.6　TCS 的液相色谱图（1mg/L）

HPLC-DAD 和 GC-ECD 测定 TCS 的方法比较列于表 5.8。当富集倍数为 100 时，HPLC-DAD 和 GC-ECD 的方法检出限分别为 $3.91\mu g/L$ 和 $0.56\mu g/L$，GC-ECD 具有较低的检测限。但由于衍生化试剂非常昂贵，衍生化步骤较烦琐，衍生化过程也会造成一定损失。因而在测定环境中的 TCS 时，用 GC-ECD 的方法来定以满足痕量测定的需要；在实验室进行配水研究时，可采用 IIPLC-DAD 的分析方法。

表 5.8　两种检测方法的比较

测定方法	HPLC-DAD	衍生化- GC-ECD
方法检出限	$3.91\mu g/L$	$0.56\mu g/L$
方法定量限	$8.52\mu g/L$	$1.22\mu g/L$
废水加标回收率	$93.68\% \sim 97.42\%$	90%
进样偏差	$2.02\% \sim 4.69\%$	$1.48\% \sim 3.88\%$
仪器线性范围	$50 \sim 2000\mu g/L$（$R^2 = 0.9996$）	$1 \sim 600\mu g/L$（$R^2 = 0.9306$）
操作复杂程度	较简单	步骤较烦琐
经济性能	一般	昂贵，衍生化试剂耗费贵

5.2.2　合成麝香分析方法

本研究选取 4 种具有代表性的合成麝香作为目标污染物，主要包括佳乐麝香（HHCB）、吐纳麝香（AHTN）、二甲苯麝香（MX）和酮麝香（MK），建立了环境样品中合成麝香的分析检测方法，分析了样品中这 4

种合成麝香的污染水平和分布特征。

1. 样品前处理

环境样品中合成麝香化合物检测分析最关键的是前处理，样品前处理（提取和纯化）的目的是对被测组分进行浓缩富集，消除基体干扰，提高方法的灵敏度，降低检测限。

1）液体样品

样品提取前，先要用 $0.45\mu m$ 的水相过滤膜对水样进行过滤，去除水样中的悬浮颗粒（本研究主要是关注水样中溶解性合成麝香的浓度），然后用 1mol/L 的氢氧化钠调节 pH 为 7.0～7.5，备用。

固相萃取（SPE）中的最优化条件筛选过程可参考文献[415]，最终萃取步骤如下：

（1）活化：ENVI-C18 固相萃取小柱（上海安谱科学仪器有限公司），加样前，先要对萃取小柱进行活化，加入 5mL 正己烷、5mL 二氯甲烷、5mL 甲醇，最后加入 5mL 去离子水。

（2）上样：水样以 5mL/min 的速度通过固相萃取小柱。

（3）淋洗：加入 5mL 含 5% 甲醇的去离子水，然后利用真空泵抽取干化小柱 30min。

（4）洗脱：用 15mL 棕色小瓶收集洗脱液，首先加入 5mL 正己烷，然后加入 4mL 正己烷-二氯甲烷混合液（3∶1，体积比），最后加入 3mL 二氯甲烷。

最后目标化合物都富集在有机溶剂中，室温下，以柔和的高纯氮气吹干，并加入 0.9mL 的正己烷溶解，密封后，保存在 4℃ 的冰箱中，等待仪器分析测定。

2）污泥/底泥样品

河流底泥样品和污泥样品取回来后，离心得到固体物质，冷冻保存在 −20℃ 下[416]。分析前，将冷冻样品取出冷冻干燥，研磨后过 40 目的样品筛。然后将其长期存放于棕色玻璃瓶中用于污泥样品的提取纯化。对于消化污泥，样品不过滤直接冻干，由于其以这种形态离开活性污泥处理厂。

本研究中，所有固体样品的提取均采用自动索氏提取技术（Soxtec Avanti 2050，Foss Tecator，Sweden）。先称取 0.5 g 固体样品，然后加入 0.5 g 无水硫酸钠（用于吸收固体样品中残留的水分），与 $200\mu L$ 2 mg/L 的替标物菲-D10 完全混合后，密封，放置 12h（让替标物充分吸附于固体样品）。索氏提取步骤如下：60mL 正己烷-二氯甲烷混合溶剂

（1：1,体积比），在 160℃ 下加热提取 1h，然后淋洗 1h。等加热板冷却至室温，取出提取液，室温下，旋转蒸发至 2mL，然后加入 20mL 正己烷进行溶剂交换，继续旋转蒸发至 1～2mL，收集浓缩的提取液，并用 2mL 正己烷分 2～3 次润洗旋转蒸发的玻璃瓶，然后一并转入 500mL 的塑料瓶中，并加入去离子水，混合摇匀。最后用固相萃取对溶解在去离子水中的合成麝香进行纯化富集，具体步骤同液体样品。

2. 测定方法

合适的测定方法对污泥样品中合成麝香的定性定量分析至关重要，由于合成麝香属于挥发性的有机化合物，目前 GC 检测应用比较广泛，检测器主要有 FID、ECD、MS 等，其中 GC-MS 是分离鉴定合成麝香各个组分的最有力工具。从环境样品中提取的目标化合物，最后都富集在 0.9mL 有机溶剂中，分析前加入 100 μL 浓度为 1mg/L 的内标化合物六甲基苯，目标化合物的定性定量分析是用气相色谱-质谱联用仪来完成的。

色谱分离柱选用 HP5-MS 石英熔融毛细管色谱柱（长度为 30 m，内管直径为 0.25mm，壁厚为 0.25 μm）。载气为氦气，载气速率为1.0mL/min。质谱检测采用 EI 轰击源（70 eV），离子源温度为 250℃，采用全扫描和选择性离子扫描其中全扫描扫描范围为 35～400 amu，扫描速度为 0.08 s/次。升温程序为：60 ℃（保留 5min），10 ℃/min 升至 250 ℃（不保留），最后以 20 ℃/min 升至 280℃（保留 5min）。采用分流进样（0.75min），每次进样量为 1 μL，进样口温度为 280℃。通过与标准物质的色谱保留时间以及质谱图的比较对化合物定性，根据目标化合物特征离子的色谱峰面积，通过线性回归方程来定量。具体的定性定量特征离子、保留时间以及目标化合物的基本性质参见表 5.9。

表 5.9　目标化合物的基本性质以及特征离子

物质	CAS 号	相对分子质量	纯度/%	保留时间/min	定量离子/（m/z）	定性离子/（m/z）
佳乐麝香	1222-05-5	258.4	51.0	20.77	243	258
吐纳麝香	1506-02-1	258.4	98.5	20.82	243	258
二甲苯麝香	81-15-2	297.3	99.5	20.76	282	283
酮麝香	81-14-1	294.3	98.0	21.97	279	294
六甲基苯	87-85-4	162.27	99.0	16.14	147	162
菲-D10	1517-22-2	188.32	99.5	20.16	188	—

目标化合物在特征离子扫描状态下得到很好的分离，具体如图 5.7 所示。

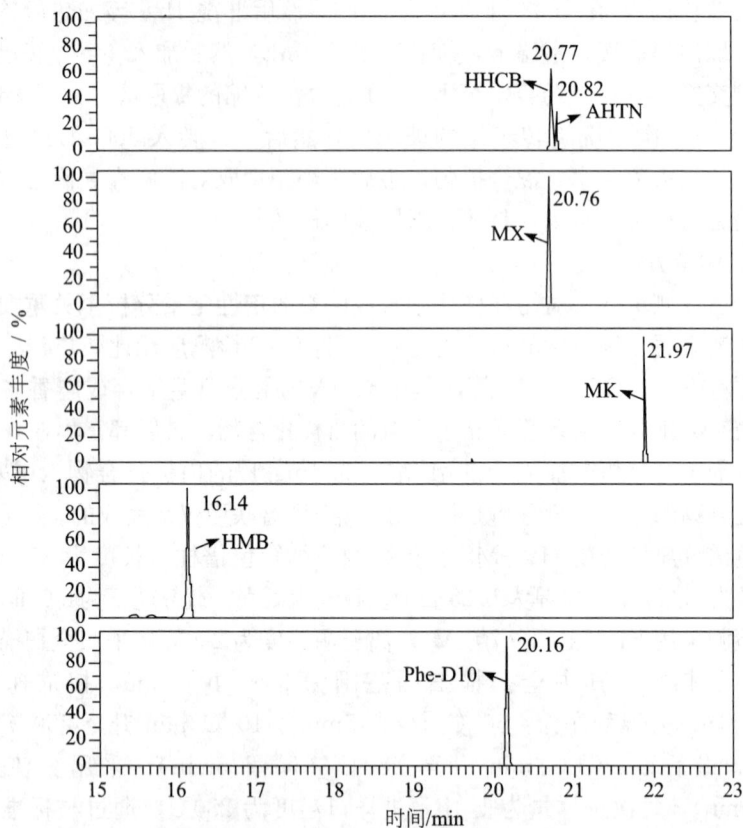

图 5.7　目标化合物的色谱分离图

（HHCB：佳乐麝香；AHTN：吐纳麝香；MX：二甲苯麝香；MK：酮麝香；
HMB：六甲基苯；Phe-D10：菲-D10）

5.3　环境中的赋存状况

5.3.1　环境中合成麝香的赋存浓度和分析

1. 采样点布置

上海作为中国的经济中心，常住人口超过 2000 多万，生活污水排放量是工业污水排放量的 2 倍，因此污水处理厂的污泥污水中合成麝香的污染状况值得关注。本研究分析了主要合成麝香随着季节变化的污染水平和分布特点，选取上海地区 4 座典型的污水处理厂的污水污泥进行研究，从

2008 年 12 月到 2009 年 6 月，每隔三个月取一次进水、出水和外排污泥样品。取样期间，各个污水处理厂的概况见表 5.10。

表 5.10 上海 4 个典型污水处理厂的概况

污水处理厂	处理工艺	日处理量/（m³/d）	污水来源	污泥处理
东区污水处理厂	CAS	28 000	100%生活污水	卫生填埋
曲阳污水处理厂	A²/O	60 000	100%生活污水	卫生填埋
石洞口污水处理厂	Unitank	400 000	50%生活污水 ＋ 50% 工业废水	卫生填埋
泗塘污水处理厂	A²/O	20 000	100%生活污水	卫生填埋

梁滩河位于三峡库区，是重庆市西部地区最大的一条次级河流，河流发源于九龙坡白市驿廖家沟水库，流经九龙坡、沙坪坝、北碚 3 区的白市驿、含谷、西永、土主、歇马、北温泉等 15 个集镇，最后再经北碚毛背坨汇入嘉陵江，全长为 88km，整条流域共有 55 条支流，是嘉陵江下游右岸的一条主要支流。流域面积为 51 118km²，流域内总人口为 40.45 万，其中城镇人口为 16.07 万[417,418]。近年来，随着流域内人口增加，工业迅猛发展，梁滩河流域的生态环境遭到较大损害；养殖业的无序发展[419]加重了该河流的污染。目前梁滩河的水质为最糟糕的劣 V 类，属于重度污染[420]。目前整个梁滩河流域只有土主污水处理厂一期工程每天能处理大学城的 2.5 万 t 污水，其余的生活污水全部进入了梁滩河。污水的直接排放导致梁滩河底泥中累积了大量的无机和有机污染物。但是目前研究还停留在水质和周边污染源的调查中[417, 419]，关于底泥有机污染的研究很少，针对新型有机污染物——合成麝香的研究尚属空白。16 个表层沉积物样品采集于 2009 年 7 月 7 日，采样点分别选自梁滩河上游的白市驿镇到夏家桥流域，具体采样点位置和采样点周边的概况可参见表 5.11 和图 5.8。样品用抓斗采集，于－20℃冷冻保存。

表 5.11 采样点的详细信息

样品	位置		周边地区概况
LT1	29°29′4″N	106°21′22″E	菜地，农田
LT2	29°28′58″N	106°21′27″E	菜地
LT3	29°29′14″N	106°21′35″E	树林，靠近白市驿镇
LT4	29°29′25″N	106°21′38″E	白市驿镇居民区（九龙坡区第五医院）

续表

样品	位置		周边地区概况
LT5	29°29′27″N	106°21′39″E	白市驿镇居民区
LT6	29°29′33″N	106°21′43″E	东边是白市驿镇居民区
LT7	29°29′36″N	106°21′42″E	东边是白市驿镇居民区
LT8	29°29′55″N	106°21′42″E	黄泥堡村
LT9	29°30′32″N	106°22′7″E	工业区，黄角嘴
LT10	29°30′49″N	106°22′3″E	农田树林
LT11	29°31′11″N	106°21′58″E	成渝高速交界
LT12	29°31′29″N	106°22′5″E	大棚蔬菜，黄金堡
LT13	29°31′55″N	106°22′12″E	树林，菜地
LT14	29°32′10″N	106°22′20″E	农田集中处，宝洪村
LT15	29°32′36″N	106°22′24″E	宝洪村
LT16	29°32′47″N	106°22′27″E	夏家桥

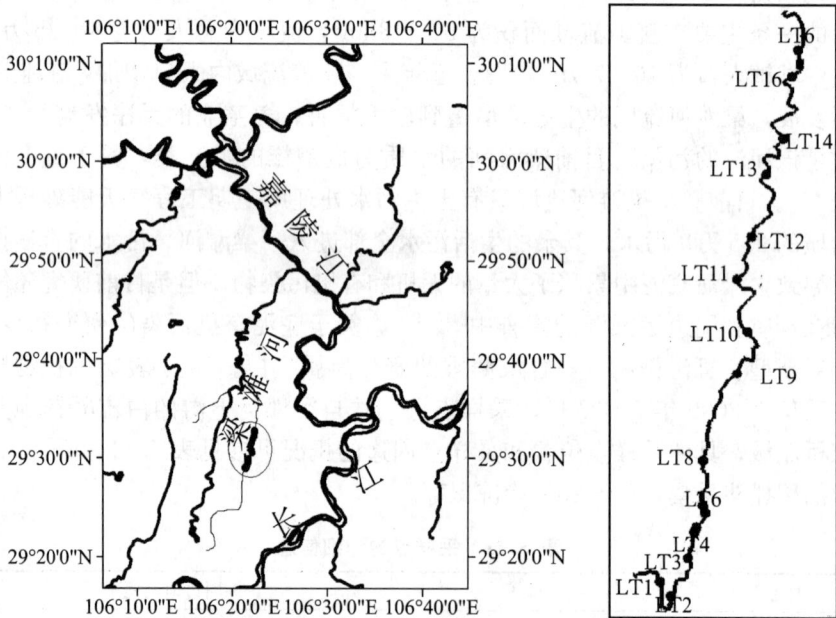

图 5.8　梁滩河流域的位置与采样点的位置

2. 含量及赋存特征分析

1）上海地区合成麝香的含量及赋存特征分析

污水中合成麝香的平均质量浓度见表 5.12。从表 5.12 可以发现，污水样品中溶解性合成麝香的浓度变化很大，进水中的 4 种合成麝香的总浓度为 536.1～3172.5ng/L，而出水中的变化范围为 350.8～2595.1ng/L。其中曲阳污水处理厂进水中佳乐麝香的浓度（2184.6ng/L）比其他几个污水处理厂的浓度都要高。在进水和出水中佳乐麝香（HHCB）和吐纳麝香（AHTN）均为主要污染物，这个结果反映了合成麝香的消费模式，表明个人护理用品中主要使用的合成麝香是佳乐麝香（HHCB）和吐纳麝香（AHTN）[371, 421,422]。此外，大多数样品中合成麝香在进水中的浓度比出水中的浓度要高（除部分样品外），由此可以看出，常规的污水处理工艺对污水中合成麝香的去除有一定处理能力。

　　与欧美污水处理厂进出水中合成麝香的浓度相比，本研究的检测结果普遍偏低[378, 423~427]。Simonich 等（2000 年）曾报道了美国俄亥俄州一个污水处理厂进水中的多环麝香浓度，其中佳乐麝香（HHCB）的平均浓度为（13.7 ± 1.5）$\mu g/L$，吐纳麝香（AHTN）的平均浓度为（10.7 ± 0.62）$\mu g/L$。2002 年，同一个研究组再次检测了欧美 17 个污水处理厂进出水中多环麝香的浓度，其中 12 个美国污水处理厂中，进水中佳乐麝香（HHCB）和吐纳麝香（AHTN）的平均浓度分别为（12.5 ± 7.35）$\mu g/L$、（16.6 ± 10.04）$\mu g/L$，出水中佳乐麝香（HHCB）和吐纳麝香（AHTN）平均浓度分别为 0.032～3.367$\mu g/L$、0.024～2.077$\mu g/L$；而 5 个欧洲污水处理厂中，进水中有（9.71 ± 5.09）$\mu g/L$ 的佳乐麝香（HHCB）和（9.71 ± 5.09）$\mu g/L$ 的吐纳麝香（AHTN），出水中有 0.98～4.62$\mu g/L$ 的佳乐麝香（HHCB）和 0.62～2.67$\mu g/L$ 的吐纳麝香（AHTN）。但是该结果不能说明合成麝香的浓度分布与地理位置有关，因为也有一部分欧美报道表明污水处理厂中的合成麝香浓度很低[384, 428,429]，说明合成麝香的浓度主要取决于每个国家麝香的生产和使用量。

　　从表 5.12 可以看出，同一个污水处理厂进出水中合成麝香的浓度随着季节变化也在变化。例如，在东区污水处理厂，冬天进水中合成麝香的浓度（2008 年 12 月和 2009 年 3 月，浓度为 110～2185ng/L）比夏天要高很多（2009 年 6 月，浓度为 295～932ng/L）。关于合成麝香在污水处理厂中的浓度随季节变化的研究也曾被报道过[376, 428]。

　　从表 5.12 可以看出，4 个污水处理厂外排污泥的浓度变化很大，为 147～6839 $\mu g/kg$ 干重。大多数污泥样品中合成麝香的浓度都在定量检测限（LOQ）以上，同时多环麝香的浓度明显比硝基麝香要高得多，主要是与多环麝香在日用品中大量使用有关[392]。

表 5.12　上海市 4 个典型污水厂中进水、出水和外排污泥中合成麝香的浓度

（水样：ng/L；泥样：μg/kg 干重）

污水厂		HHCB			AHTN			MX			MK		
		进水	出水	污泥	进水	出水	污泥	进水	出水	污泥	进水	出水	污泥
东区污水厂	Dec-08	2184.6	1475.6	470.0	672.0	395.0	142.3	156.3	<LOQ	<LOQ	159.6	148.4	14.5
	Mar-09	919.2	1706.6	1434.0	110.2	220.2	809.6	250.6	<LOQ	125.2	ND	ND	209.4
	Jun-09	931.4	1086.4	369.4	295.4	253.6	173.7	165.4	<LOQ	<LOQ	ND	100.8	35.2
	mean	1345.1	1422.9	757.8	359.2	289.6	375.2	190.8	—	41.7	53.2	83.1	86.4
曲阳污水厂	Dec-08	1100.4	596.4	211.7	429.4	290.4	49.2	ND	ND	<LOQ	173.6	178.4	11.3
	Mar-09	1479.2	658.4	3492.5	229.8	129	2401.4	ND	ND	538.3	95.9	268.5	406.5
	Jun-09	800.6	562.4	817.1	291.4	179.6	259.8	<LOQ	<LOQ	<LOQ	36.8	ND	60.8
	mean	1126.7	605.7	1507.1	316.9	199.7	903.5	—	—	179.4	102.1	149.0	159.5
石洞口污水厂	Dec-08	356.4	350.8	268.2	59.4	ND	49.5	ND	ND	ND	120.3	ND	<LOQ
	Mar-09	1106.6	445.3	1269.2	141.4	ND	650.9	ND	<LOQ	143.0	182.8	71.6	214.3
	Jun-09	840.6	1314.8	292.5	416.8	255.1	78.8	<LOQ	<LOQ	ND	605.6	293.2	<LOQ
	mean	767.9	703.6	610.0	205.9	85.0	259.7	—	—	47.7	302.9	121.6	71.4
润塘污水厂	Dec-08	998.2	477.4	111.5	811.0	704.2	35.9	ND	ND	<LOQ	162.9	100.8	<LOQ
	Mar-09	884.2	1503.6	2216.9	41.6	379.2	2380.1	102.1	569.6	367.8	ND	132.1	558.5
	Jun-09	1014.2	914.6	194.4	334.4	539.4	63.0	436.1	340.4	ND	1075.4	800.7	<LOQ
	mean	965.5	965.2	840.9	395.7	540.9	826.3	179.4	303.3	122.6	412.8	344.5	186.2

注：ND 为没有检测到；LOQ 为定量检测限。

　　污泥样品中合成麝香各个成分的浓度分布和比例分布如图 5.9 所示。它反映不同污水处理厂在不同取样时间中合成麝香的分布模式。总体来说，佳乐麝香（HHCB）是污泥样品中合成麝香的主要成分，占 40.1%～84.4%，其次是吐纳麝香（AHTN）（15.6%～43.1%），酮麝香（MK）（0～10.1%）和二甲苯麝香（MX）（0～7.9%），这个分布模式与以前文献报道的研究结果一致[422, 430]，但是上海地区的污染浓度比欧洲低，可能与不同国家、不同地区人们的生活习惯有关系。在欧洲，英国地区的污泥中佳乐麝香（HHCB）和吐纳麝香（AHTN）的检测浓度分别为 27mg/kg 干重和 4.70mg/kg 干重[385]；德国为 8.26mg/kg 干重和 3.56mg/kg 干重[15]，而瑞士为 20.3mg/kg 干重和 3.56mg/kg 干重[379]。与上海相比，香港地区污水处理厂中合成麝香的浓度明显比较高 4.70～7mg/kg 干重，这与香港作为一个国际化大都市、小区域、人口密度高是紧密相关的[431]。

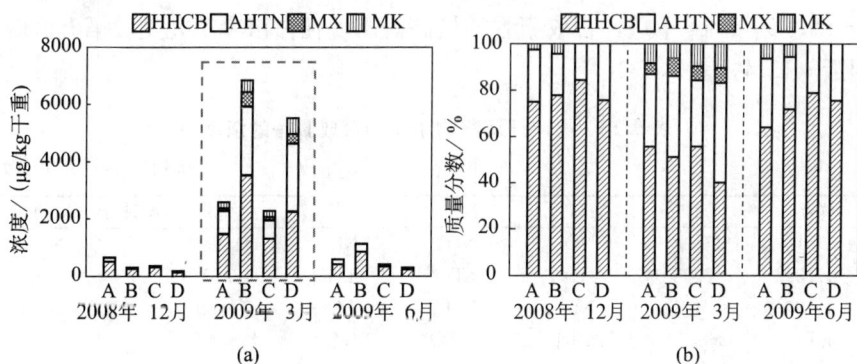

图 5.9　污泥样品中佳乐麝香（HHCB）、吐纳麝香（AHTN）、
酮麝香（MX）和二甲苯麝香（MK）的浓度分布

（a）目标化合物的叠加浓度分布图；（b）目标化合物的比例分布图

　　从图 5.9（b）可以看出，2008 年 12 月份的污泥样品中，石洞口污水处理厂中佳乐麝香（HHCB）所占的比例很高，高达 84.4%，而吐纳麝香所占的比例在 2009 年 3 月份泗塘污水处理厂污泥样品达到了最高（43.1%）。酮麝香（MK）和二甲苯麝香（MX）在 2009 年 3 月份的污泥样品的比例明显比较高，虽然样品中的主要成分依然是佳乐麝香（HHCB）和吐纳麝香（AHTN）。

　　污泥中合成麝香的浓度与污水处理厂的进水浓度、处理工艺和处理量密切相关[430～432]。如果污水处理厂生活污水的流量很大，污泥中合成麝香的浓度就会相对比较高[15, 379, 385]，因为合成麝香的辛醇水分配系数比较高，难生物降解，容易富集于污泥中[15]。该理论和本研究的研究结果相一致，石洞口污水中生活污水的比例比较小（50%），所以污泥中合成麝香的浓度比其他 3 个污水处理厂要低，特别是 2009 年 3 月份的样品，差别更明显（表 5.12 和图 5.9）。同时本研究选取的 4 个污水处理厂外排污泥的处理方式都是卫生填埋，所以最终富集在污泥中的合成麝香会影响土壤环境[421]，应该引起重视。

2）梁滩河沉积物

研究结果表明，在 16 个梁滩河沉积物中检测出 3 种合成麝香污染物，包括佳乐麝香（HHCB）、吐纳麝香（AHTN）和酮麝香（MK），总含量为 LOQ～364.48 μg/kg 干重，其中 MK 浓度较低，为 LOQ～21.95 μg/kg 干重（只有 3 个沉积物样品中检测出了 MK）。HHCB 和 AHTN 是沉积物中检测出的主要合成麝香成分，分别为 LOQ～268.49 μg/kg 干重和 0～99.75 μg/kg 干重，合成麝香的最高值出现在白市驿镇九龙坡第五医院附近（LT4，表 5.13）

表 5.13 梁滩河沉积物中 4 种合成麝香的浓度

（单位：μg/kg 干重）

样品	HHCB	AHTN	MX	MK	总和	HHCB：AHTN
LT1	11.94	ND	ND	ND	11.94	—
LT2	17.93	ND	ND	<LOQ	17.93	—
LT3	<LOQ	ND	ND	<LOQ	<LOQ	—
LT4	268.49	74.04	<LOQ	21.95	364.48	3.63
LT5	123.44	23.49	<LOQ	<LOQ	146.93	5.25
LT6	168.74	66.28	<LOQ	15.80	250.82	2.55
LT7	126.02	99.75	<LOQ	19.91	245.68	1.26
LT8	34.56	21.60	<LOQ	<LOQ	56.16	1.60
LT9	130.83	77.26	<LOQ	<LOQ	208.09	1.69
LT10	29.45	25.80	<LOQ	<LOQ	55.25	1.14
LT11	21.19	43.11	ND	<LOQ	64.3	0.49
LT12	44.65	19.12	<LOQ	<LOQ	63.77	2.34
LT13	6.32	40.40	<LOQ	<LOQ	76.72	0.90
LT14	33.40	49.77	<LOQ	<LOQ	83.17	0.67
LT15	25.41	58.97	<LOQ	<LOQ	84.38	0.43
LT16	<LOQ	ND	ND	<LOQ	—	—

从合成麝香的组成成分分布来看（图 5.10），在所有沉积物样品中均未检测出 MX（没有检测到，或<LOQ），除 LT1 外，其余样品中均检测出较低浓度的 MK。多数样品中均检测到了较高浓度的 HHCB 和 AHTN

（除 LT1、LT2、LT3 和 LT16 外）。从图 5.10 可以看出，样品 LT3 和 LT16 中 4 种合成麝香检测出的浓度均低于 LOQ。同时沉积物中合成麝香的主要成分是 HHCB，其次是 AHTN。在 16 个采样点的沉积物中，HHCB 占总量的 $30\%\sim100\%$，AHTN 占总量的 $16\%\sim69\%$，而 MX 和 MK 只占总量的 $0\%\sim8\%$。

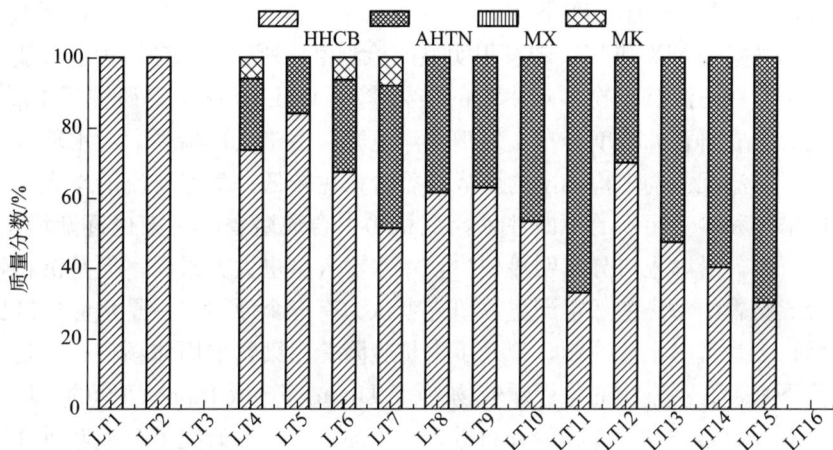

图 5.10　梁滩河沉积物中 4 种合成麝香的分布特点

　　从表 5.13 可以看出，沉积物中合成麝香的浓度分布呈现一定的地域性，从上游而下，含量先逐步增加，后逐步减少；处于白市驿镇居民集中区段的采样点（LT4-LT9），其含量均高于其他采样点。这种含量分布特点与梁滩河周边人口的居住密集程度一致。LT4-LT9 位于白市驿镇镇中心区，人口密度大，产生大量的生活污水，而上游和下游地区多为农田树林，居住人口较少，相应产生的生活污水量也比较少。据此可以初步认为，生活污水是梁滩河沉积物中合成麝香最主要的来源之一。负载的生活污水量越大，沉积物中合成麝香的总含量也就越大。可以说，多年的生活污水和少量工业废水直接排放，导致梁滩河白市驿镇镇中心段表层沉积物中富集了很高的合成麝香。因此沉积物中的合成麝香可以作为分子示踪物，指示生活污水对环境水域的污染[363, 392, 433]。

　　迄今为止，对水体颗粒物和沉积物中合成麝香污染现状的研究还不多。对德国 Berlin 地区水体沉积物分析后发现，在人口密度大和有工业污染的地方，合成麝香污染的质量比相对较高，HHCB 为 920 $\mu g/kg$ 干重，AHTN 为 1100 $\mu g/kg$ 干重；在污染较轻的沉积物中，合成麝香的含量则要低得多，这与水相中合成麝香的污染特点一致[386]。生活污水对地表水的污染影响显著, Leine 河靠近 Hannover 市污水净化厂排放口的取样点, 沉积物中合成麝香的浓度相对比较高, HHCB 的浓度达到了 54 μg/kg 干重[387]。研究发现, 虽然河流沉积物中合成麝香的主要成分是 HHCB 和 AHTN, 但是当 HHCB 和 AHTN 的含量比较低时, MX 和 MK 的含量并不一定会减少。例如, 研究者在检测 Ems 河流沉积物中合成麝香的浓度时发现, 虽然多环麝香 HHCB 和 AHTN 的含量很低 (均低于0.5μg/kg 干重), 但是硝基麝香 MX 和 MK 却有很明显的检测值。所以研究者认为这可能是硝基麝香在河流沉积物多年累积的结果[387]。Dsikowitzky 等研究了 Lippe 河流域合成麝香的浓度分布, 发现河流上游, 由于人口稀少, 污水输入量较少, 河流沉积物中检测出的合成麝香含量比较低; 随着河流沿岸人口分布的增加和生活污水的不断注入, 沉积物中合成麝香的污染也逐渐增加, 到了下游, 沿岸人口分布明显减少, 污水输入量也大大减少, 但是沉积物中合成麝香的污染依然很严重, 研究者认为有三个原因: 一是水流速度比较低; 二是沿岸水流冲刷, 带入了大量吸附着污染物的固体颗粒; 三是上游流下来带有污染物的悬浮颗粒物[388]。Heim 等选取 Lippe 河岸的一块湿地, 对合成麝香在沉积物的分布进行了纵向研究, 并研究了合成麝香在同一个点不同深度的沉积物中的含量分布, 发现在离沉积物表面 14cm 处, 合成麝香的含量达到了最高, HHCB 和 AHTN 的含量分别为 151μg/kg 干重和44μg/kg 干重[389]。美国 Ontario 湖泊沉积物中也检测出了多环麝香的污染, 而且沉积物中多环麝香的分布与美国多环麝香的产量成正相关[390]。

与国外相关研究结果相比, 梁滩河沉积物中合成麝香的污染严重, 较一般河流沉积物的污染要重。经低于 Berlin 地区受生活污水污染严重地域的水平。这是因为, 梁滩河有上百年来生活污水的直排历史, 污水中携带的合成麝香逐渐积累富集在沉积物中, 导致沉积物的严重污染。在本次试验所测定的 16 个沉积物样品中, HHCB/AHTN 变化范围不大 (0.43~5.25), 除未检测出 AHTN 的 4 个样品 (LT1、LT2、LT3 和 LT16) 外, 比值最小的是 LT15, 位于宝洪村附近。沉积物中 HHCB/AHTN 值反映了当地日化产品行业个人护理用品的使用情况[392,434]。Dsikowitzky 等[388]在 Lippe 河沉积物中检测出 HHCB/AHTN<3.1, 珠江三角洲流域沉积物中 HHCB/AHTN 为 0.72~4.33[391], 苏州河沉积物中 HHCB/AHTN 为 2.2~4.7[393], 三者差别不大; 而美国 Ontario 湖沉积物中 HHCB/AHTN 高达 16.7[390]。由此看出, 不同国家沉积物中

HHCB/AHTN 有较大的区别，折射出各国在个人护理用品、日化产品等产品结构、使用模式、消费水平的差异以及相似产品中各组分比例的区别。

综上所述，梁滩河沉积物样品中 4 种常见合成麝香的分布特征折射出重庆市民对日化产品和化妆品的大量消费，也反映出当地香精香料行业中合成麝香的使用特点。上百年的污水直排历史使梁滩河沉积物中富集了很高含量水平的合成麝香，由于沿岸居住人口分布不均匀，因此从上游到下游，河流沉积物中携带的合成麝香含量呈现先增后减的特殊分布模式。与国外报道相比，梁滩河合成麝香的污染更为严重，已经成为上覆水层合成麝香污染的一个潜在污染源，梁滩河的水质污染不仅严重影响流域内工农业生产的发展，而且极大制约着重庆市西部生态农业基地的建设，威胁着下游 10 万人民的饮用水安全，应该引起污水处理部门以及环保部门的高度重视。

5.3.2　环境中三氯生的含量及赋存特征

1. 污水处理厂三氯生的含量及赋存特征研究

污水处理厂中 TCS 的含量及去除率见表 5.14 和表 5.15。由表 5.14 和表 5.15 可知，东区和曲阳水质净化厂位于上海市区，人口相对集中，对日用品的使用也较多，因此进水中 TCS 的含量相对较高，大于 500ng/L。崇明污水处理厂位于崇明岛，收集的是县镇的生活污水，其人口分散，用水量不大，日用品的使用量相对较少，因此进水中 TCS 的含量较低，在 200ng/L 左右。

表 5.14　污水处理厂水样品中 TCS 的含量（2008 年 6 月）

取样点	东区 / （ng/L）	去除率/%	曲阳 / （ng/L）	去除率/%	崇明 / （ng/L）	去除率/%
进水	533.58	—	774.07	—	240.90	—
沉砂池	515.23	3.44	765.58	1.10	226.79	5.86
初沉池	503.35	5.67	685.74	11.41	200.12	16.93
曝气池	139.47	73.86	208.61	73.05	70.03	70.93
二沉池	199.6	62.59	249.72	67.74	79.56	66.97
砂滤池	—	—	182.35	76.44	—	—

表 5.15　污水处理厂水样品中 TCS 的含量（2008 年 11 月）

取样点	东区/（ng/L）	去除率/%	曲阳/（ng/L）	去除率/%
进水	2086.44	—	1286.97	—
沉砂池	1998.23	4.23	1193.56	7.26
初沉池	862.98	58.64	888.15	30.99
曝气池	469.04	77.52	374.17	70.93
二沉池	538.76	74.18	373.45	70.98
砂滤池	—	—	322.35	74.95

　　由表 5.14 和表 5.15 可以看出，11 月各污水处理厂的进水中 TCS 的含量明显高于 6 月的水样。其中东区进水中 TCS 的含量达到 2086ng/L，比 6 月高出三倍多；出水中 TCS 的含量也比 6 月的高。处理工艺总的去除效果变化不大，约为 75%。

　　由各单元处理工艺的去除率来看，生活污水经过沉砂池后，TCS 有少量的去除，低于 6%。在初沉池中，TCS 也有部分去除，去除率低于 11%。TCS 在这两个构筑物中的去除，可能是大体积无机颗粒黏附作用的结果。在曝气池中，主要受到活性污泥的吸附以及生物降解作用的影响，TCS 有着很好的去除，是 TCS 良好去除效果的关键阶段，有 50%~70% 的 TCS 在此单元中去除。经过二沉池后，出水中 TCS 的含量有所增加，每升水中高出 10~60ng 左右，可能是由于在沉淀过程中，吸附在污泥中的 TCS 又被释放出来。曲阳水质净化厂末段的砂滤池对污水中的 TCS 有一定的去除效果。各处理工艺对 TCS 的去除率为 63%~76%。

　　从 TCS 的浓度来看，本实验所测值与国外相比相对较低，但比深圳所测值偏高。英国的 TCS 较高，可能与其对 TCS 的消费和使用有关。从去除效果来看，文献报道活性污泥法对 TCS 总的去除率范围为 68%~95%，说明污水处理厂对 TCS 有一定的去除。

　　2. 地表水中三氯生的含量及赋存特征

　　地表水体中 TCS 的浓度见表 5.16，TCS 沿黄浦江的分布数据见表 5.17。

表 5.16　地表水中 TCS 的含量

取水点	取水时间	TCS 的浓度/（ng/L）
南横引河	2008 年 6 月	35.73
曹家湖	2008 年 6 月	74.77
黄浦江	2008 年 11 月	125.75
苏州河	2008 年 11 月	376.86

由表 5.17 可知，在上海市的地表水中 TCS 普遍存在。其中，位于崇明岛的南横引河与曹家湖，由于周围人口密度小，水样中 TCS 的浓度相对较低。苏州河附近人口密度大，商业繁荣，接纳的生活污水也较多，因此水样中 TCS 的含量偏高。黄浦江的水样中 TCS 的含量比苏州河略低。

表 5.17　黄浦江中 TCS 的沿江分布

取水点	取样时间	TCS 的浓度/（ng/L）
闵行渡口	2009 年 9 月	126.26
三林路	2009 年 9 月	98.44
董家渡	2009 年 9 月	43.71
米市渡	2009 年 9 月	94.09
东嫩线	2009 年 9 月	87.55
外滩	2009 年 9 月	48.26
吴淞口	2009 年 9 月	125.39
杨浦大桥	2009 年 6 月	94.10

将国内外地表水中 TCS 的浓度比较列于表 5.17。由表 5.17 可见，TCS 在各国家的地表水中普遍存在，浓度一般低于 $1\mu g/L$。

3. 剩余污泥和土壤中三氯生的含量及赋存特征

各污水处理厂剩余污泥中 TCS 的含量见表 5.18。剩余污泥中附着大量的 TCS，其含量与进水中 TCS 的浓度呈相关性。国内外剩余污泥和消化污泥中 TCS 的含量的比较见表 5.18。本实验所测值与国内外 TCS 的含量基本处于相同的数量级。

表 5.18　剩余污泥中 TCS 的含量

月份	东区/（μg/kg）	曲阳/（μg/kg）	崇明/（μg/kg）
2008 年 6 月	740.12	1000.01	368.24
2008 年 11 月	2563.23	1529.5	<LOD

5.4　杀菌消毒剂的污染控制技术

5.4.1　三氯生在 SBR 系统中的行为

1. SRT 对 TCS 去除的影响

SRT 对 SBR 系统中生物种群结构的优化有直接的关系，是影响 TCS 降解和去除的一个重要因素，对吸附在污泥上难降解物质的去除效果有重要影响。试验通过控制排泥量控制不同的污泥龄为 5d、10d、15d、20d 和

30d，以考察 SRT 对 TCS 去除的影响，试验结果如图 5.11 所示。

由图 5.11 可知，改变 SRT 对 TCS 的去除效果有一定的影响。对于 TCS 的去除而言，SRT 越大去除效果越好，该现象可能是由于这些物质主要是通过污泥吸附而被去除的，污泥龄越短，排泥量越多，对这些物质的去除效果越好。由吸附试验可知，由于 TCS 容易吸附在活性污泥上，因此我们认为 SRT 越大，污泥排放对 TCS 去除的贡献越小，SRT 对去除效果的影响是生物转化和吸附双重作用的结果。

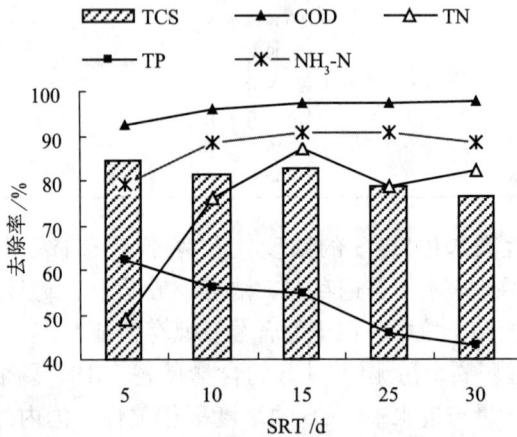

图 5.11　TCS 和常规指标在不同 SRT 下的去除率

SRT 的改变对 COD 的去除影响不大，不同 SRT 下 COD 的去除率均在 90% 以上。TN 的去除效果随着 SRT 的增大有所提高，在 15d 时为最大，在 85% 左右。NH_3-N 的去除效果变化不大，去除率在 79% 以上。TP 的去除效果随着污泥龄的增大而降低。

综上所述，对于活性污泥污水处理厂而言，在不影响常规指标达标排放的前提下，适当增加泥龄有利于 TCS 的去除，合适的泥龄为 15～25d。

2. 缺氧/好氧时间分配对 TCS 去除的影响

由于 TCS 在厌氧和缺氧活性污泥中非常难降解，因此为了提高它们在 SBR 系统中的去除效率，就必须保证一定的好氧段时间，本章以 TCS 去除率为考核指标，考察了缺氧/好氧的时间分配对 TCS 去除的影响，试验的工况条件见表 5.19。

不同缺氧/好氧时间比对 TCS 去除率的影响如图 5.12 所示。由图 5.12 可知，TCS 的去除率随着好氧时间的延长而增大，说明 TCS 去除率的增加是好氧污泥降解的结果。

表 5.19 SBR 系统不同缺氧/好氧时间比的工况

工况	HRT/h	SRT/d	进水/min	缺氧/h	好氧/h	沉淀/h	出水/min	闲置/min
1	8	15	10	4	1	30	10	130
2	8	15	10	3	2	30	10	130
3	8	15	10	2.5	2.5	30	10	130
4	8	15	10	2	3	30	10	130
5	8	15	10	1	4	30	10	130

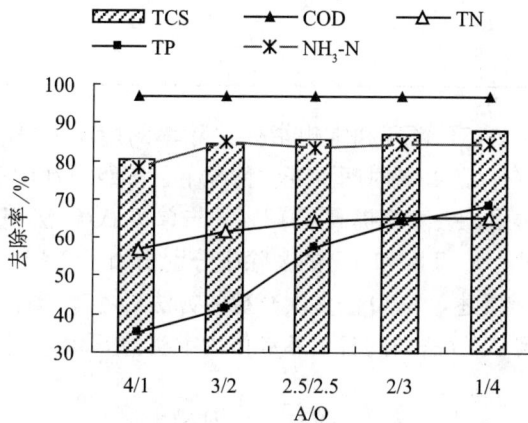

表 5.12 TCS 和常规指标在不同 A/O 时间分配比下的去除率

当缺氧好氧时间比在 1∶4 到 4∶1 内，对 COD 的去除率影响不大，去除率大于 96%；TP 的去除效果随着好氧时间的延长而提高；TN 的去除率随着好氧时间的延长略有增大；缺氧好氧时间比对 NH_3-N 的去除率影响不大，去除率均大于 80%。

综上所述，好氧时间的延长对 TCS 和 TP 的去除均有利，由于延长好氧段时间会带来相应能耗的增加，因此本实验选择好氧段时间为 2.5h，此时各项指标都有较好的去除。

3. 不同 A/O 级数对 TCS 去除的影响

从生化反应动力学分析可知，当将反应器分为多级运行时可促进生化反应及污染物质的去除。但在不改变反应器容积及反应器整体时间时采用多级 A/O 运行对的 TCS 去除效果未见文献报道。本章首次从试验的角度验证了缺氧和好氧交替运行对 TCS 的去除有利。在不增加好氧段时间（仍为 2.5h）的基础上，设计了缺氧和好氧单次和多次交替的工艺，具体工况见表 5.20，考察不同 A/O 级数对 TCS 去除的影响。

表 5.20　不同级数 A/O 法的工况表

A/O 级数	HRT /h	SRT /d	进水 /min	阶段	缺氧 /h	好氧 /h	沉淀 /h	出水 /min	静置 /min
一级 A/O	8	15	10	一	2.5	2.5	30	10	130
二级 A/O	8	15	10	一	1	1.5	30	10	130
				二	1.5	1			
三级 A/O	8	15	10	一	1	1	30	10	130
				二	0.5	1			
				三	1	0.5			

　　不同 A/O 级数对 TCS 和常规指标去除率的影响如图 5.13 所示。由图 5.13 可知，在保证好氧时间不变的情况下，多级 A/O 交替运行对 TCS 的去除有促进作用，去除率提高了 18%。与单级 A/O 法相比，三级 A/O 法对 COD、NH_3-N、TN 和 TP 的去除率分别增加了 2.7%、4.2%、13% 和 14.2%。综上所述，A/O 法多次交替的方法对各项指标的去除均有利，因此确定以三级 A/O 法中的各项参数作为本实验 SBR 工艺的工艺参数。

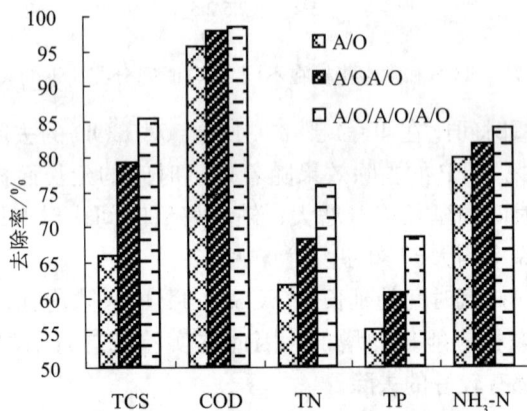

图 5.13　TCS 和常规指标在不同 A/O 级数下的去除率

4. 实际污水运行实验

　　实际污水来源广泛且成分复杂，可能会对 TCS 的去除效果有影响。本实验考察实际城市生活污水水质对 SBR 去除 TCS 效果的影响，以曲阳污水处理厂的进水为 SBR 反应器的进水，按照三级 A/O SBR 工艺运行。在 SBR 系统运行的一个周期分别采集每个反应阶段（如缺氧周期末、好氧周期末等）的污泥混合液，测定水相和污泥相中 TCS 的浓度。实际污水中 TCS 的沿程变化如图 5.14 所示。TCS 在实际废水和模拟污水情况下总的去除情况见表 5.21。

由图 5.14 可知，在反应初期，由于污泥吸附，水相中 TCS 的浓度迅速降低，与此同时污泥相中 TCS 的浓度升高，随着反应的进行，水相和污泥相中 TCS 的浓度逐渐下降，表明 TCS 在该工艺中得到了有效的去除。整个工艺对 TCS 的去除效果达到 83.94%。去除主要发生在第一级 A/O 阶段，去除了 60% 的 TCS，第二级和第三级分别去除 15% 和 6% 的 TCS。

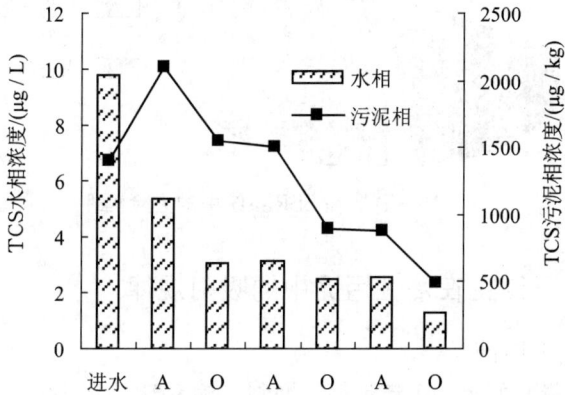

图 5.14　TCS 在 SBR 系统中水相和污泥相中的沿程变化

表 5.21　TCS 在模拟城市污水和实际污水中的去除情况

去除率/%	TCS	COD	TN	TP	NH₃-N
模拟污水	85.45	98.35	75.69	70.5	83.76
实际污水	83.94	92.98	75.51	74.03	89.69

由表 5.21 可知，在本实验确定的工艺条件下，实际污水运行对 TCS 也有较好的去除效果，与模拟污水所测定结果具有一致性，因此本研究所提出的工艺条件对 TCS 在实际废水中的去除是可行的。实际污水运行 SBR 工艺对 COD、TP、TN 和 NH_3-N 总的去除率分别为 92.98%、74.03%、75.51% 和 89.69%。该工艺不但可以有效地去除 TCS，而且能够保证常规指标的处理效果。

5. TCS 在 SBR 反应器中的去除机理探讨

一般认为，物质在生物处理系统中的去除机理主要有空气吹脱、生物转化和污泥吸附[76~77]。由于 TCS 属于不易挥发的物质，因此去除的机理主要为吸附和生物转化。经计算三级 SBR 系统对目标物质的总的去除率和生物转化率，将 TCS 在 SBR 系统中由于吸附、生物转化和其他因素所占的比例作图，如图 5.15 所示。由图 5.15 可知，在 SBR 系统中，TCS 总的去除率约为 85%。其中生物吸附对 TCS 在 SBR 中的去除起到了很重要的作用，大约占了 57% 的比例，TCS 在 SBR 系统中的生物转化率较低，仅为 15% 左右，说明 TCS 为难降解物质。

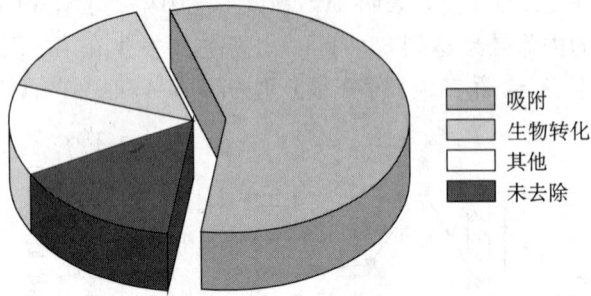

图 5.15　TCS 在 SBR 系统中的去除机理

5.4.2　三氯生在活性污泥中的吸附规律

1. 吸附平衡时间

厌氧、缺氧、好氧的灭活污泥、抑制污泥和活性污泥对 TCS 的吸附情况类似，如图 5.16 所示。以初始浓度分别为 $500\mu g/L$、$250\mu g/L$ 和 $100\mu g/L$ 的吸附平衡实验中可以看出，好氧污泥、厌氧污泥和缺氧污泥对 TCS 的吸附主要发生在前 30min，吸附 2h 后达到吸附平衡，取平衡时间为 2h。吸附平衡后，好氧灭活污泥、缺氧灭活污泥与厌氧灭活污泥对 TCS 的平均吸附率分别为 $46.7\% \sim 62.6\%$、$49.3\% \sim 64.5\%$ 与 $53.1\% \sim 67.1\%$，各种污泥对 TCS 的吸附大小顺序依次为厌氧污泥＞缺氧污泥＞好氧污泥。

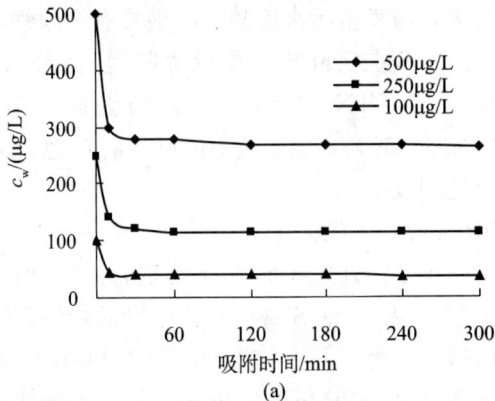

(a)

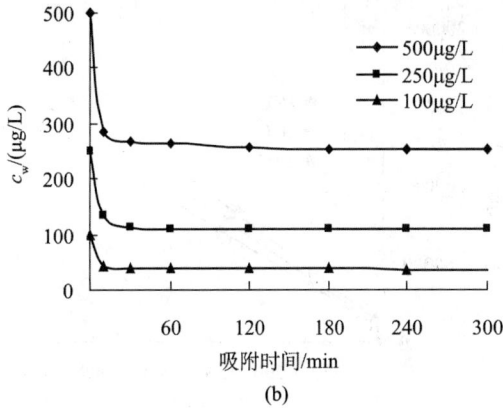

(b)

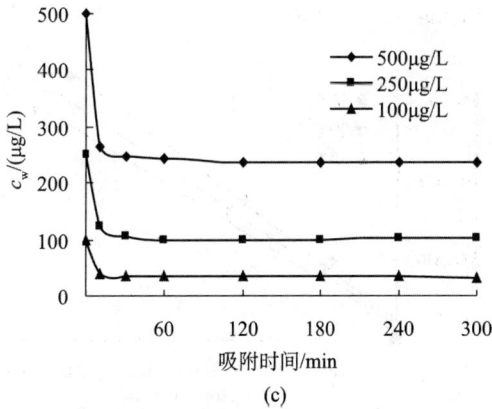

(c)

图 5.16　不同污泥对 TCS 的吸附平衡时间

（a）好氧污泥；（b）缺氧污泥；（c）厌氧污泥

2. 吸附等温线

1）Henry 等温吸附线

不同温度下，好氧污泥、缺氧污泥与厌氧污泥对 TCS 的吸附都非常符合线性吸附（图 5.17）。温度对 TCS 的吸附分配系数 K_d 有很大影响，三者分配系数均为 K_d（10℃）$>K_d$（20℃）$>K_d$（30℃），低温比高温吸附性能好，说明吸附是一个放热过程。温度对好氧污泥的吸附影响最大，其次是缺氧污泥和厌氧污泥。

2）Freundlich 等温吸附线

不同温度下，好氧污泥、缺氧污泥与厌氧污泥对 TCS 的吸附基本符合 Freundlich 吸附（图 5.18），不同温度吸附常数不同，K_F（30℃）$>K_F$（20℃）$>K_F$（10℃）。

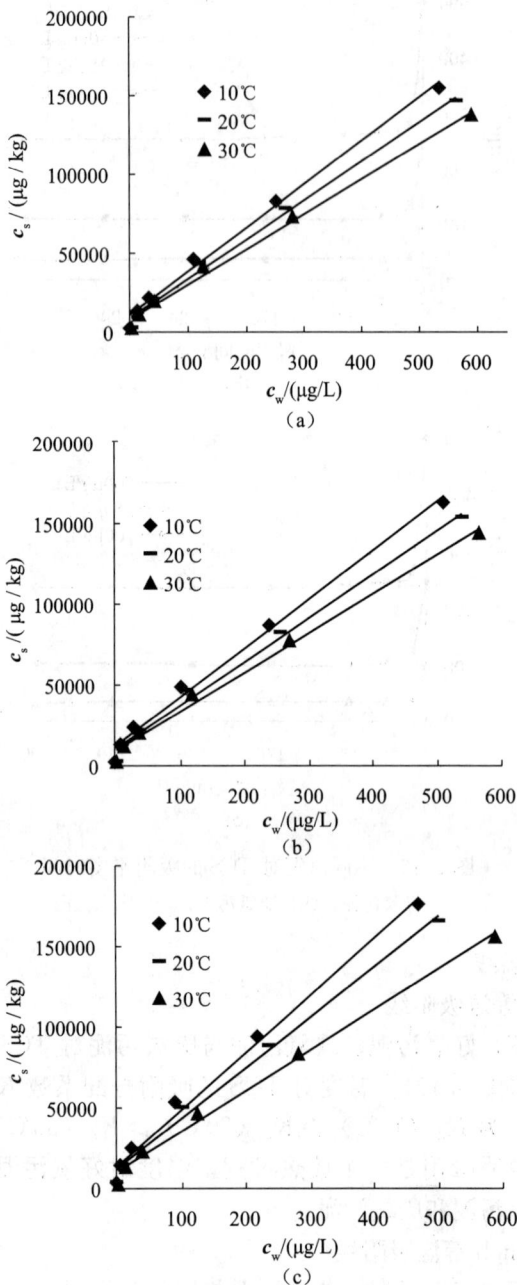

图 5.17　TCS 在不同污泥上的 Henry 线性吸附等温线

（a）好氧污泥；（b）缺氧污泥；（c）厌氧污泥

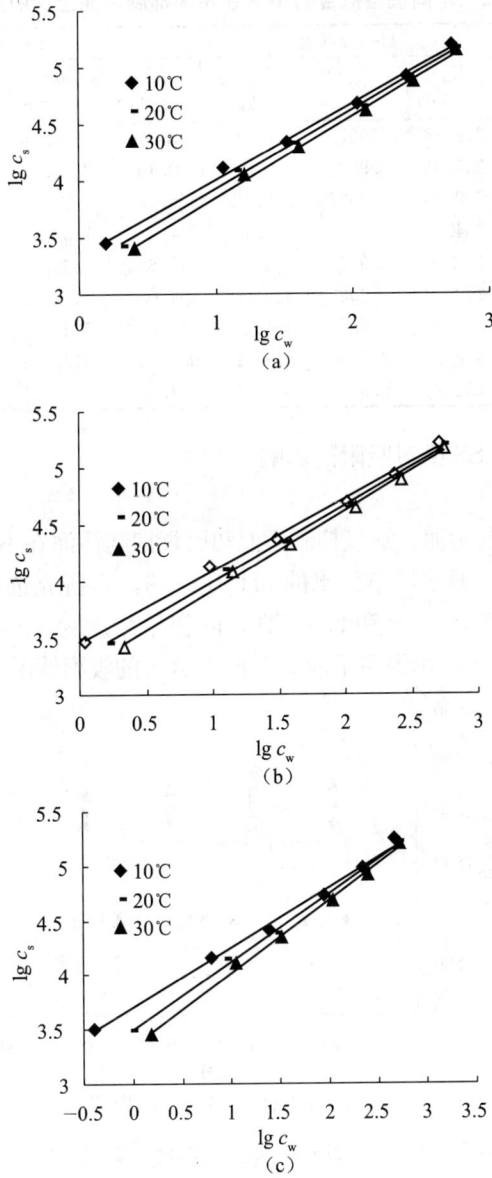

图 5.18 TCS 在不同污泥上的 Freundlich 吸附等温线

(a) 好氧污泥；(b) 缺氧污泥；(c) 厌氧污泥

不同模型拟合的三氯生在不同抑制污泥上的吸附系数见表 5.22。

表 5.22　不同模型拟合的 TCS 在不同抑制污泥上的吸附系数

污泥	温度 /℃	Henry 线性			Freundlich			
		K_d /(L/kg)	R^2	K_{om} /(L/kg)	K_{oc} /(L/kg)	K_F/($\mu g^{(1-1/n)}$·$L^{1/n}$/kg)	$1/n$	R^2
好氧污泥	10	276.36	0.9925	368.48	558.30	1366.16	0.8161	0.9794
	20	247.55	0.9932	330.07	500.10	2208.51	0.8341	0.9781
	30	222.84	0.9937	297.12	450.18	1704.12	0.8328	0.9564
缺氧污泥	10	304.07	0.9918	405.43	614.28	1637.19	0.6986	0.996
	20	271.1	0.9926	361.47	547.68	2865.50	0.6336	0.996
	30	243.06	0.9933	324.08	491.03	2105.72	0.6714	0.9965
厌氧污泥	10	353.69	0.9904	471.59	714.53	5026.90	0.5498	0.993
	20	312.74	0.9916	416.99	631.80	3122.48	0.6221	0.9958
	30	253.22	0.9937	337.63	511.56	2250.61	0.6636	0.9964

3. pH 和 MLSS 值对吸附的影响

1) pH

研究好氧抑制污泥、缺氧抑制污泥和厌氧抑制污泥在不同 pH 条件下对 TCS 吸附的影响。通常城市污水的 pH 为 6～9，本研究选择的污泥混合液 pH 分别为 6.0、7.0、8.0 和 9.0。TCS 的初始浓度为 $100\mu g/L$。吸附平衡 (2h) 取样分析。不同污泥在不同 pH 下对 TCS 的吸附情况如图 5.19 所示。

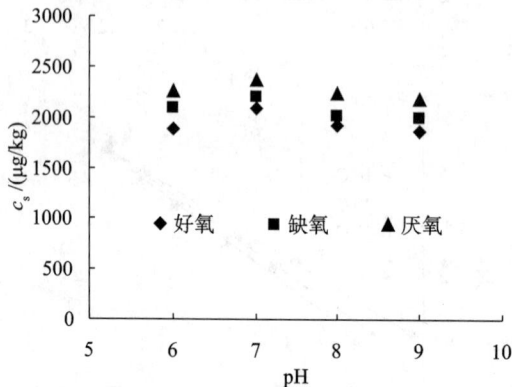

图 5.19　pH 对 TCS 吸附的影响

从图 5.19 中可以看出，当 pH 为 6～9 时，污泥对 TCS 的吸附变化不大，不同 pH 下好氧污泥、缺氧污泥和厌氧污泥对 TCS 的吸附率分别为 55.8%～62.6%、60.0%～65.9% 和 65.4%～71.1%，好氧污泥、缺氧污泥和厌氧污泥随 pH 的变化情况基本相同。

2) 污泥浓度对 TCS 吸附的影响

不同污泥浓度下好氧抑制污泥、缺氧抑制污泥、厌氧抑制污泥对 TCS

的吸附情况如图 5.20 所示。由图 5.20 可以看出，随着溶液中污泥浓度的增加，吸附率逐渐增大，但单位质量干污泥对 TCS 的吸附量减小。因此在城市污水处理系统中，可以通过适当延长污泥龄获得较高的污泥浓度来增加吸附的去除率。

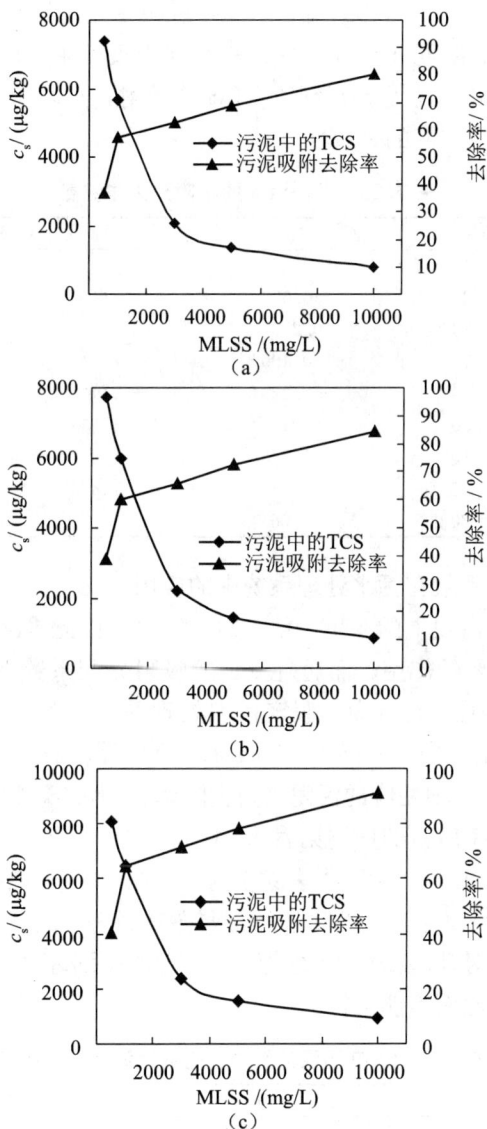

图 5.20　MLSS 对污泥吸附的影响

(a) 好氧污泥；(b) 缺氧污泥；(c) 厌氧污泥

4. 吸附热力学

从表 5.23 可以看出，TCS 在不同污泥上的吸附自由焓 $\Delta H^{\ominus}$ 均为负值，说明其吸附是一个放热过程。不同污泥在不同温度下的 $\Delta G^{\ominus}$ 基本小于 0，说明 TCS 在不同污泥上的吸附大多属于自发的反应，只有对于好氧污泥和缺氧污泥，30℃的 $\Delta G^{\ominus}$ 略大于 0，说明在此条件下污泥不易于吸附 TCS。而在同样的温度下，污泥的 $\Delta G^{\ominus}$ 呈现厌氧污泥＜缺氧污泥＜好氧污泥的规律，说明厌氧污泥更有利于 TCS 的吸附，这与吸附试验测得的吸附系数的规律具有较好的一致性。

表 5.23 不同污泥的吸附热力学参数

污泥类型	温度/℃	$\Delta G^{\ominus}/$ (kJ/mol)	$\Delta H^{\ominus}/$ (kJ/mol)	$\Delta S^{\ominus}/$ [kJ/ (mol·K)]
好氧	10	-0.265		
	20	-0.006	-7.672	-0.0262
	30	0.258		
缺氧	10	-0.490		
	20	-0.228	-7.982	-0.0265
	30	0.040		
厌氧	10	-0.846		
	20	-0.576	-11.872	-0.0388
	30	-0.064		

5. TCS 吸附系数在污水处理系统中的应用

TCS 在不同污泥上的 $\lg K_d$ 为 2.34～2.54，由此推断污泥吸附在污水处理系统中起重要的作用，而通过测定的吸附分配系数 K_d 可以预测有机物在污水处理系统中的行为。假定污泥处理系统中的 MLSS 为 3000mg/L，污水处理厂出水中 MLSS 为 30mg/L，反应器体积为 6L，每周期排放剩余污泥为 0.3L，则相应的污泥吸附去除率、污水 SS 排放去除率和反应器污泥排放去除率所占的比例见表 5.24。

由表 5.24 可知，污泥吸附去除率为 40%～51%，说明 TCS 易于吸附至污泥上。污水 SS 排放去除率和污泥排放去除率均小于 1%，因此在研究活性污泥系统对 TCS 的去除行为时，可忽略污水排放 SS 去除的比例，但是排泥去除的比例不能忽视。

表 5.24 TCS 在污泥系统中吸附到污泥上的比例预测

污泥类型	温度	K_d	$\lg K_d$	$R_S/\%$	$R_{SS}/\%$	$R_{ES}/\%$
好氧污泥	10℃	276.36	2.44	45.33	0.45	9.07
	20℃	247.55	2.39	42.62	0.43	8.52
	30℃	222.84	2.35	40.07	0.40	8.01

续表

污泥类型	温度	K_d	$\lg K_d$	$R_S/\%$	$R_{SS}/\%$	$R_{ES}/\%$
缺氧污泥	10℃	304.07	2.48	47.70	0.48	9.54
	20℃	271.1	2.43	44.85	0.45	8.97
	30℃	243.06	2.39	42.17	0.42	8.43
厌氧污泥	10℃	353.69	2.55	51.48	0.51	10.30
	20℃	312.74	2.50	48.41	0.48	9.68
	30℃	253.22	2.40	43.17	0.43	8.63

5.5　小结

本章以个人护理品中的合成麝香和三氯生为研究对象，建立了适合环境中水体和污泥的痕量物质的分析测定方法，调查了上海部分污水处理厂、地表水体、活性污泥以及重庆市梁滩河底泥中个人护理品的赋存状况，得到了模拟城市污水中 TCS 在活性污泥上的吸附模型，并研究了 TCS 在 SBR 活性污泥系统中的吸附及降解行为。

（1）建立水样和污泥样品中 TCS 的前处理方法和测定方法。水样的固相萃取以 ENVI-18 作为固相萃取小柱，以 9mL 乙酸乙酯作为洗脱液，回收率达到 90％以上。污泥样经冻干后超声萃取 3 次，用固相萃取净化，回收率达到 90％以上。GC-ECD 检测 TCS 的灵敏度高，其检出限和定量限分别为 $0.56\mu g/L$ 和 $1.22\mu g/L$；建立水样和污泥样品中合成麝香的前处理方法和测定方法。水样的固相萃取以 ENVI-18 作为固相萃取小柱，以正己烷和二氯甲烷作为洗脱液，污泥样经冻干后，用自动索式提取，回收率达到 90％以上。采用 GC-MS 法分合成麝香。本研究建立的检测方法可满足环境中痕量个人护理品的检测需要。

（2）对上海部分水体和污泥的调查表明，TCS 在环境中普遍存在。污水处理厂的进水中 TCS 的浓度范围为 241～774ng/L，出水中 TCS 的浓度范围为 80～200ng/L，地表水中 TCS 的检出浓度低于 40ng/L，剩余污泥中 TCS 的质量浓度为 368～2563$\mu g/kg$。研究结果表明，生活污水排放是污水处理厂中 TCS 的来源之一，对地表水中的 TCS 具有贡献作用。污水处理厂对 TCS 的总去除率大于 70％，去除主要发生在生化工艺阶段。

（3）上海市典型污水处理厂和重庆市梁滩河地区污水和污泥中合成麝香的浓度和分布特征的结果表明，佳乐麝香（HHCB）和吐纳麝香（AHTN）是其中的主要污染物。上海市生活污水中合成麝香的浓度与其他国家相比相对较低，污水中佳乐麝香（HHCB）、吐纳麝香（AHTN）和酮麝香（MK）在冬季和夏季没有明显变化，污水处理厂进水中的浓度比出水中的浓度高，常规的污水处理工艺对污水中合成麝香的去除有一定处理能力，由于合成麝香容易富集于污泥中，污水处理厂外排污泥的浓度范围为 $147 \sim 6839 \mu g/kg$。梁滩河沉积物中合成麝香中 HHCB 和 AHTN 的含量比较高（分别为 LOQ $\sim 268.49 \mu g/kg$ 干重和 $0 \sim 99.75 \mu g/kg$ 干重），分别占总量的 $30\% \sim 100\%$、$16\% \sim 69\%$，合成麝香的浓度分布呈现一定的地域性分布，与梁滩河周边人口的居住密集程度一致。

（4）对 TCS 在活性污泥上的吸附模型进行了研究。TCS 在不同污泥上的吸附等温线符合 Henry 和 Freundlich 模型。吸附系数（K_d、K_{om} 和 K_{oc}）从大到小依次为厌氧污泥＞缺氧污泥＞好氧污泥。TCS 在污泥上的吸附以分配为主；由 TCS 在污泥上的吸附系数可以预测城市活性污泥污水处理系统中出水颗粒物质和污泥排放对目标物质的吸附比率。

（5）通过研究 TCS 在 SBR 系统中的吸附和降解行为，提出了在保证常规指标去除的基础上 SBR 工艺去除 TCS 的优化工艺参数，确定了 SBR 的优化工艺参数为：污泥龄为 15d、缺氧/好氧时间比为 2.5/2.5、以三级 A/O 方式运行。三级 A/O SBR 工艺对 TCS 的去除率可达 85%，对实际生活污水中 TCS 的去除率可达 84%。TCS 在 SBR 系统中的去除机理主要是污泥吸附，占总去除率的 53%，生物转化仅有 15%。

第6章 技术发展与应用展望

6.1 新型污染控制技术在药物和个人护理品中的应用

6.1.1 纳米零价铁在药物和个人护理品控制中的应用

纳米科学是 20 世纪 80 年代末发展起来的新兴学科，与信息技术、生命科学并列为 21 世纪最有前途的三大新技术科学领域。著名的诺贝尔化学奖获得者理查德·费曼、Feyneman 和雷尔分别在 20 世纪 50 年代、60 年代和 70 年代对纳米技术改变现代科技的巨大作用做了大胆的预测。纳米技术已迅速成为全世界关注的热点前沿科技领域。纳米技术与信息、环境、能源、生物和空间等高新技术相结合，形成以纳米技术为主旋律的纳米产业及产业链，成为 21 世纪新的经济增长点。

纳米颗粒一般是指尺寸为 1~100 nm 的粒子，处在原子簇和宏观物体交界的过渡区域。由于纳米颗粒具有极细的晶粒并且处于晶界和晶粒内缺陷的中心原子具有量子尺寸、表面效应和宏观量子隧道效应，因此纳米材料派生出与传统体相材料在催化、光学、磁性和力学方面迥然不同的许多特殊性质，有着广泛的应用前景。纳米技术不但在近期可以改造传统工业技术（如减少原料消耗、减少污染排放、降低成本和提高性能等），而且在远期有希望给 21 世纪的科学技术、工业和农业等领域带来革命性的变化。由于纳米材料具有比表面积大、反应活性高和流动性强等特点，因此纳米材料已成功用于环境污染物的降解和去除，为解决环境污染物的控制以及环境修复等技术难题提供了新的途径，在环境污染物控制（如药物与个人护理品污染控制）方面有着十分广阔的前景。

铁是活泼金属，电极电位为 $-0.44eV$，比很多金属如 Pd、Cr、Cd、

Ni 以及有机物的电极电位都低，具有很强的还原能力，被氧化时能去除多种污染物。在 20 世纪 80 年代，零价铁就作为可渗透性反应墙（permeable reactive barrier，PRB）用于被污染地下水的原位修复，能有效避免传统地下水处理方法即抽出处理法（pump and treat）初期建设投资高、运行需长期供应能量和处理能力有限的缺点。零价铁可渗透性反应墙具有处理范围广、去除效果好、安装施工方便、性价比高等优点，在欧美一些发达国家已进行大量实验及工程技术研究，并已投入商业应用。当污染物靠自然水利传输通过填充零价铁的反应区时，难降解有机物和重金属等污染物被吸附、沉淀、降解去除。但是，零价铁可渗透性反应墙只能修复通过该反应区的污染物，而对非水相流体和零价铁可渗透性反应墙外的污染物没有作用。

零价纳米铁具有特殊晶体形状和点阵排列等微观结构，由于其颗粒粒径小，大小为 1~100nm，随着粒径的减少，比表面积急剧增加，具有较大的表面活性，因此零价纳米铁产生一些特殊的物理化学性质，具备优于零价铁的一些新性能，可有效降解多种污染物。零价纳米铁的制备总体上可分为物理法和化学法，其中物理法包括物理气相沉积法、高能球磨法和深度塑性变形法，而化学法包括化学还原法、热解羰基铁法、微乳液法和电化学法。在环境领域中，人们多选用硼氢化钠作为还原剂，以液相化学还原的方法来制备纳米铁颗粒，在反应过程中硼氢化钠一般保持过量，从而加快反应的进行以及确保铁颗粒的均衡生长。

利用零价纳米铁可以去除多种环境污染物。零价纳米铁可以将硝酸盐、亚硝酸盐等含氮化合物还原成氨氮，同时还有部分氮气生成，从而可以有效解决地下水中的硝酸盐污染的问题。零价纳米铁同样也可用于有机染料、亚硝酸基二甲胺、TNT 等含氮有机物的转化。地表水、地下水和饮用水的污染物中已检测出高氯酸盐，而零价纳米铁可以作为还原剂，将其还原为低价态氯化物。重金属在环境中不能被降解转化，只能改变其价态和存在形式，对人体有很强的毒性作用，而零价纳米铁可以通过改变有毒重金属离子的价态从而降低毒性，可以用来修复地下水中镉、铅、砷、铬等多种重金属污染。零价纳米铁也可用于放射性污染的修复。有机卤化物曾经被广泛使用并废弃，广泛分布于土壤、大气、地表水和地下水环境中，具有急性或慢性的毒性效应，是严格控制的环境污染物。目前利用零价纳米铁颗粒降解有机卤化物的研究比较广泛，最初主要用于降解氯烷烃、氯烯烃和氯芳香烃等分子结构简单的有机化合物，随着研究的深入，零价纳米铁对污染物的降解范围逐渐扩大，污染物的结构也逐渐趋于复杂化，表 6.1 总结了零价纳米铁近年应用在难降解有机物处理方面的研究。有机化合物的脱卤主要发生在零价纳米铁表面，脱卤程度取决于污染物的溶解性及零价纳米铁有效的还原性表面积。在反应体系中存在三种还原剂，即零价铁、亚铁离子和氢气。金属铁表面的电子直接转移到有机卤化物上进行脱卤，亚铁离子进一步氧化使部分有机卤化物脱卤，反应过程产生的氢气同样可以使有机卤化物脱卤。

表 6.1　近年来零价纳米铁对难降解有机污染物的降解情况

污染物类型	反应条件及去除效果	影响因素研究	参考文献
甲草胺	缺氧条件下，甲草胺在 70h 内降解 92%～96%，降解反应接近一级降解动力学，反应速率为 $35.5×10^{-3}$～$43.0×10^{-3}h^{-1}$	反应速率随着甲草胺初始浓度的增加而提高	[435]
阿特拉津	缺氧条件下没有降解；有机膨润土改性后在 pH 为 5.0 的条件下对阿特拉津的去除率为 63.5%	去除率随着溶液 pH 的升高而减小	[436]
甲硝唑（MNZ）	pH 为 5.60，零价纳米铁剂量为 0.1g/L 条件下 80mg/L MNZ 在 5min 内去除	去除效果随着零价纳米铁剂量的增加而提高，随着 MNZ 初始浓度的增加和初始 pH 的升高而下降	[437]
林丹（γ-HCH）	pH 为 6.73，25℃，10g/L 零价纳米铁剂量下 γ-HCH 快速降解成苯和氯苯，降解的准一级反应速率常数为 $0.0125min^{-1}$	γ-HCH 的脱氯速率随着反应温度的升高和零价纳米铁剂量的增加而升高，随着溶液 pH 的下降而下降	[438]
草灭达	好氧溶液中，通过氧化途径草灭达可以被有效去除	降解速率在含氧条件下高，且与初始草灭达浓度及零价纳米铁浓度呈线性关系，随 pH 升高而降低	[439]
三氯生	厌氧条件下，TCS 在零价纳米铁/Pd 作用下 20min 内能完全脱氯，产物 2-苯氧基苯酚在漆酶和丁香醛的作用下进一步完全降解。而单纯零价纳米铁对 TCS 的脱氯效果差	初始 pH 和亚铁离子的浓度对 TCS 的脱氯效果没有影响，但是会影响后续生物处理中漆酶的活性	[440]
氨苄西林（AMP）和阿莫西林（AMX）	AMX 在零价纳米铁-PEG 作用下 75min 内完全降解，而在零价纳米铁和零价纳米铁-沸石作用下只降解 30% 和 44%。而 AMP 即使在零价纳米铁-PEG 下作用 150min 后也不完全降解	零价纳米铁的负载会影响 AMX 和 AMP 的去除	[441]

随着经济的发展及生活质量的不断提高，PPCPs 这类化合物的产量和用量日趋巨大，种类日趋繁多，结构日趋复杂。很多 PPCPs 有芳香环结

构，生化性能差，尤其苯环侧链上含有氯原子时，如氯贝酸、双氯芬酸和三氯生，更加降低其生物降解性，普通生物处理工艺不能有效地降解这些物质。零价纳米铁由于其氧化还原电位低，脱卤性能良好，对这些难生物降解的 PPCPs 具有潜在的降解效果。目前关于零价纳米铁降解 PPCPs 的文献报道很少。Fang 等[437]研究了零价纳米铁对甲硝唑降解的情况，考察了影响降解的一些因素，发现零价纳米铁的浓度和甲硝唑的初始浓度越大，甲硝唑的去除率也越高；pH 越高，去除率越低；氮气/零价纳米铁系统相对于空气/零价纳米铁系统去除率低。同时比较得出商用铁粉对甲硝唑的去除率更低。Ghauch 等[441]研究比较了微米级零价铁和纳米级零价铁对氨苄西林（AMP）和阿莫西林（AMX）的降解效果，发现当用零价纳米铁处理 AMP 和 AMX 时去除效果不是很高，但是当把零价纳米铁负载在 PEG 或沸石后，去除效率提高。同样，Bokane 等[440]研究了零价纳米铁对三氯生的去除，发现只用零价纳米铁时，三氯生去除率很低，但是当在零价纳米铁上负载金属 Pd 后，三氯生在 20min 内能够完全脱氯降解成2-苄基苯酚。

目前零价纳米铁对 PPCPs 去除的文献报道虽然很少，但是从目前已有的文献报道以及零价纳米铁降解其他难降解有机物的报道可以看出，零价纳米铁能降解一些特殊结构的 PPCPs，如 β-内酰胺抗生素和侧链含氯的芳香 PPCPs，尤其是对零价纳米铁进行修饰后，其对 PPCPs 的降解能力大大提高。通常对纳米材料的修饰可分为两种，其中一种是在零价纳米铁表面负载另一种金属催化剂，即双金属，加入的金属催化剂分散在零价纳米铁的表面，部分覆盖其表面，增加其活性，其中 Pd 是一种加氢催化剂，负载在零价纳米铁表面时能够转移活化氢气，大大促进了有机氯化物的还原脱氯速率，如三氯生。另一种是将零价纳米铁颗粒负载在固体载体上，如碳、聚合树脂，可以增加颗粒的有效表面积，防止颗粒成团，增强反应活性。由此可见，零价纳米铁经改性后能大大提高降解 PPCPs 的能力，在 PPCPs 污染控制上具有很大的应用潜力。难降解 PPCPs 在零价铁处理后，其可生化性大大提高，因此可以考虑在后续处理中增加生物处理工艺，进一步去除零价纳米铁的还原产物，零价纳米铁-生物处理耦合工艺在难降解 PPCPs 的处理中有广泛的应用前景。

6.1.2　碳纳米管在药物和个人护理品控制中的应用

碳纳米管（carbon nanotubes，CNTs）是日本科学家 Iijima 在高分辨

透射电子显微镜下发现的由管状同轴纳米管组成的一维碳素材料。它由一层或多层石墨片沿轴向卷曲成圆柱状，两端由半球形的端帽封闭，石墨层片内的碳原子以碳碳键相连。由单层石墨片卷曲而成的是单壁碳纳米管（SCNTs），其直径为 0.4～2.5nm，长度可达数微米。由多层石墨片层卷曲而成的为多碳壁纳米管（MCNTs），其层数为两层到几十层之间，层与层之间以范德华力结合，距离为 0.34nm，直径可达 100nm 左右。碳纳米管由于具有比表面积大、孔隙结构丰富和导电性能独特等特性，其在水处理材料领域受到广泛关注。由于碳纳米管具有丰富的纳米孔隙结构和巨大的表面积，具有优良的吸附能力，国内外很多学者应用碳纳米管去除水体中的重金属，发现其对重金属有非常好的吸附能力。通过对碳纳米管进行改性，其吸附性能进一步提高。通过表面酸化，在纳米管的表面引入羟基、羧基等官能团，从而增强碳纳米管与重金属离子的相互作用力，也可在其表面负载金属氧化物，通过增强碳纳米管的表面电学性能来提高其对重金属离子的吸附能力。也有研究利用碳纳米管去除水体中的氟、砷、氰等非金属离子，同样取得良好的去除效果。我国率先开展碳纳米管对水中有机污染物的吸附去除研究，已成功应用于去除水中的苯胺、酚类、三卤甲烷和一些农药。

近年来，随着人们对环境中 PPCPs 的持续关注，有学者将碳纳米管应用于 PPCPs 的污染控制中。Oleszczuk 等[442]利用多管壁碳纳米管吸附水体中的卡马西平和氧四环素，研究发现其吸附能力和纳米管的表面积、中孔、微孔体积有关，200h 后，13.8％～25.2％的氧四环素和 62.7％～90.6％的卡马西平被吸附，而两者的解吸速率与水体的 pH 以及它们的初始浓度有关。胡翔等[443]研究了碳纳米管对水体中三氯生的吸附去除情况，在碳纳米管粒径小和低温时有利于三氯生的吸附，其中在 pH 6.5～7 时，三氯生的去除率高达 97％。碳纳米管经表面处理后，可以进一步提高其对 PPCPs 的去除率。Ji 等[444]利用 KOH 干法蚀刻处理后的碳纳米管吸附水中磺胺甲噁唑、四环素及泰乐菌素。经处理后的碳纳米管表面积提高，微孔体积增加，对水体中药物的吸附量提高了几倍。Zhang 等[445]分别利用羟基化、羧基化、石墨化后的碳纳米管去除水中的磺胺甲二唑，发现在 pH3.7 时，磺胺甲二唑在各种碳纳米管表面的吸附最高。碳纳米管除具有良好的吸附能力外，也具有很好的导电性。如果能复合碳纳米管与光催化活性材料制备成复合光催化材料，则碳纳米管可降低复合材料中的电子积累，从而降低空穴和电子的复合概率，提高光催化活性。目前已制备出碳纳米管-二氧化钛复合材料，并将其应用于有机磷农药和染料的去除，取得了良好的去除效果。虽然目前还没有应用碳纳米管复合光催化材料去除PPCPs的报道，但基于其高效的光催化活性，在PPCPs的去除中有着较大的应用潜力。碳纳米管具有良好的机械强度和化学稳定性，表面可负载吸附剂和催化剂，是一种理想的吸附剂和催化剂载体。如果能将对PPCPs具有高效吸附性能或者催化降解能力的材料负载在碳纳米管表面，那么该材料将在PPCPs的污染控制中有着广泛的应用前景。此外，微生物喜欢附着在固体颗粒物上，如果将微生物加载在碳纳米管上，通过碳纳米管对污染物良好的吸附能力，当微生物所处的局部环境周围的污染物浓度较高时，必然会提高其对污染物的生物降解效率。有学者利用碳纳米管加载微生物RS菌高效降解水体中的微囊藻毒素MC，可明显提高生物降解效率达20%以上，是高效去除水体中MCs的有效方法[446]。因此，如果将PPCPs的高效降解菌种加载在碳纳米管上通过生物化学协同作用，这将是PPCPs污染控制的有效方法。

目前碳纳米管应用于PPCPs控制的研究还很少，且都是在实验室条件下进行，如果应用于现场生产，还要考虑很多环境条件，如水文水质条件、水体pH、温度等因素都将限制碳纳米管的生产应用，有必要进行进一步的研究。PPCPs是一个庞大的家族，性质结构差异很大，碳纳米管不能对所有PPCPs都起到良好的去除能力，但通过碳纳米管表面改性或者负载吸附剂、催化剂、微生物等，将在PPCPs的污染控制上将有广泛的应用前景。

6.1.3 纳米过氧化钙在药物和个人护理品控制中的应用

过氧化钙是重要的无机过氧化物，它无毒无害，在常温干燥环境下非常稳定，不易分解，在水及潮湿的空气中缓慢分解释放氧气，同时生成氢氧化钙，其中有效氧的体积分数高达22%。过氧化钙有较强的杀菌、消毒、漂白、增氧性能，在农业水稻直播、种子处理、水产养殖、食品加工及保鲜、建筑涂料、冶金化工、医疗保健和环境保护中有着广阔的应用。

过氧化钙具有氧化性能，能氧化重金属离子并形成沉淀去除。过氧化钙是一种缓慢的氧释放物质（oxygen releasing compound, ORC），可用于受污染地下水的修复，这种ORC修复技术已在美国和其他一些国家得到应用推广，已应用于修复受TCE等卤化物污染的地下水以及受TNT污染的土壤，取得了良好的修复效果[447]。当过氧化钙制成纳米级后，由于其比表面积大，反应活性高，除具有过氧化钙的杀菌、消毒、漂白、增氧等性质外，还具有纳米材料特有的新性质。纳米过氧化钙可直接吸附污染物，通过缓慢反应产生过氧化氢，直接氧化环境污染物，同时也可提高好氧微生物的生物降解效率。目前关于纳米过氧化钙应用于污染物控制的研究报道几乎没有，但基于其释放氧气缓慢和良好的生物兼容性，在现有的生物处理系统中耦合纳米过氧化钙的氧化吸附性能，通过生物、化学的协同作用，在 PPCPs 污染控制中有着巨大的应用潜力。

　　然而在纳米材料广泛应用的同时，纳米材料不可避免地释放到环境中，在给环境污染修复带来重要突破的同时，也给环境和人类健康带来一定风险。2003 年以来，*Science*、*Nature* 等著名期刊先后刊登了评论员的文章，提出纳米材料和纳米技术的生物和环境安全性问题，呼吁加强纳米材料的环境行为和生态效应的研究。2005 年，美国、英国等国家环保部门制定并启动了纳米材料环境行为和生态效应的研究计划。2007 年，美国环保局就纳米技术的环境问题发表了《纳米技术白皮书》，指出不仅要研究纳米技术的环境应用，还要关注纳米材料自身对环境和人类健康带来的直接负面效应，以及纳米材料对环境中共存污染物的暴露、迁移转化等环境过程和毒性效应的影响，科学评价纳米材料的环境风险。纳米材料的环境应用、环境过程和毒性效应是当前环境研究领域的前沿和热点。因此，在将纳米材料应用于 PPCPs 等新兴污染物控制的同时，也应关注纳米材料本身的环境行为和毒性效应。

6.2　高级氧化方法在药物和个人护理品去除中的应用

6.2.1　电化学处理技术在药物和个人护理品去除中的应用

　　电化学处理技术被称为"环境友好"技术，具有反应条件温和、工艺简单、费用低和无二次污染等优点；它主要利用阳极的高电位及催化活性直接降解水中的污染物，或是利用产生无选择性的 HO·等强氧化剂降解水中的有毒污染物，具有可观的应用前景。目前，常用的电极包括石墨、铅、TiO_2、IrO_2、PbO_2 等，除此之外，还包括很多 Ti 基掺杂的电极、掺硼金刚石电极（BDD）等。电化学处理技术对物质降解的影响主要包括工作电极种类、电解质种类等，除此之外，还包括 pH、初始浓度等。相比于传统的生物处理技术而言，由于部分药物和个人护理品中有生物毒性，且大部分为较难降解的有机污染物，传统的生物处理方法难以去除。近几年，电化学氧化法在处理垃圾渗滤液[448~451]、制革废水[452]、印染废水[233, 453]、炼油废水[454]、造纸废水[455] 等领域的应用研究较多，进展较快。

国内外研究发现[456~458]，电化学方法是处理含有毒或难降解有机物废水的最有前途的方法之一，是当前世界水处理领域的研究热点。通过合理的反应条件设计，既可以利用在电解过程中产生的强氧化性物质，使有机污染物均相或异相地被彻底氧化降解成二氧化碳和水，发生电化学燃烧；又可控制反应条件，把难生物降解的有机物转化为易生物降解的有机小分子或把有毒有机物转化为无毒有机物，发生电化学转化。这些独特的优点使其成为一种很有潜力的废水处理技术，在有机废水的前处理和深度处理方面有着极其广阔的应用前景。

目前，电化学在药物和个人护理品处理上的应用也在不断地发展[459]。其中 BDD 电极应用较为广泛[459]，Sires 等使用 BDD 和 Pt 电极对 CA 进行降解，其研究结果表明，虽然 Pt 电极对 CA 的降解速率是 BDD 的 3 倍，但是 BDD 将其完全矿化的效果比 Pt 电极要好很多[460]。Murugananthan 等[461]采用 BDD 电极和 Pt 电极对 17β - estradiol 进行降解，发现 BDD 电极的效果要优于 Pt 电极。Pauwels 等[462]采用 TiO_2 负载的电极对饮用水中的 17α - ethinylestradiol 进行降解，当采用 NaCl 作电解质时，会产生含有氯的雌激素。在 Moriyama 等[463]研究中，对雌激素进行降解，在电化学氧化的过程中均会产生 4 - chloroethinylestradiol、2，4 - dichloroethinylestradiol。为了加强电化学去除有机物的效果，在电化学降解过程中常会加入 H_2O_2、芬顿试剂等以促进降解效果[460]。

6.2.2 可见光催化氧化技术在药物和个人护理品去除中的应用

目前在光催化反应中，应用较多的是芬顿试剂（photo - Fenton）[179,464~468] 和 TiO_2[162,172,468,469]。例如，在 Pérez - Estrada 等[470]的研究中采用芬顿试剂（photo - Fenton）和 TiO_2 对 DFC 进行去除，并研究 DFC 的初始浓度和 TiO_2 的关系，研究结果表明，若使 50mg/L 的 DFC 完全降解需要使用 0.2g/L 的 TiO_2 且需要 200min 的照射。而在 Calza[470] 等的研究中发现，初始浓度较低的 DFC（0.76~9.24 mg/L）需要使用的催化剂的用量约为 0.1~0.9 g/L，经过 1h 的照射才能完全去除。Rizzo

等[471]采用 TiO₂ 光催化对城市污水处理厂出水中的 DFC 进行去除，并采用一系列生物测定对其中间产物的毒性进行测定，研究结果表明，经过 120min 的照射，其产物毒性并没有完全去除。Molinari 等[472]采用 TiO₂ 中压汞灯并结合纳滤方法对 NPX、CA 等药物进行了降解研究，也取得了较好的处理效果。

近几年来，新型可见光性催化剂的开发越来越引起人们的重视[473~477]。例如，Li 等[478]将 TiCl₄ 水解后的沉降物运用 KOH 处理，在四丁烷过饱和后再进行热处理制备了 C‐TiO₂ 光催化剂，在人工太阳光源下具有显著的可见光催化降解活性。Liu 和 Chen[479]采用酸催化水解的方式合成了 S‐TiO₂ 催化剂，在可见光的照射下，该催化剂具有降解苯酚的活性，且该催化材料的活性与 S 的掺杂量有关。此外，非 TiO₂ 基的可见光响应光催化材料的开发对难降解物质具有一定程度的去除效果。Lou 等[480]运用水热法合成了尖晶石结构的 ZnSnO₄ 催化剂，对部分有机染料的降解效果达到 100%。但是，这些催化剂降解目标主要集中在印染废水中难降解的有机污染物上[481~486]，而对水体中痕量药物污染物去除的报道较少。而新型可见光型催化剂的开发对处理城市污水中药物的研究还处于空白。因此，找到一种高效的可见光催化剂处理水中的酸性药物，将大大减少其进入环境的可能性。

6.3　分析评价技术在药物和个人护理品控制中的应用

6.3.1　酶联免疫吸附测定技术

酶联免疫吸附（enzyme‐linked immunosorbent assay，ELISA）测定方法是 1971 年由 Engvall 等建立的一种生物活性物质微量测定法。该法是一种固相测定法，它利用抗原、待测抗体和酶标二抗之间的特异性反应，生成抗原‐抗体‐酶标抗体结合物。加底物显色，用酶标仪检测消光值的大小，根据标准曲线算出待测抗体的浓度。ELISA 分析法的发展经历了常规 ELISA、单克隆抗体捕获 ELISAT 和斑点 ELISA 等。由于其具有灵敏、快速及适用于分析大批样品等特点，ELISA 分析法显示出良好的发展趋势。在实际应用过程中，该技术得到不断改进，形成了多种分析方法，并且在检测灵敏度、特异性、操作简单化以及实时、高效等方面都有很大的提高，可以说 ELISA 是当前应用最广、发展最快的一项技术[487]。由于 ELISA 技术本身具有明显的优势，因此该技术在痕量污染物分析检测领域特别是在环境水体中痕量污染物的分析检测方面发挥了越来越大的作用。

ELISA 法已被应用于有机体组织或环境介质中以药物为代表的痕量污染物分析检测。陈继明等[488]建立了 ELISA 法测定抗血清中克伦特罗的方法，并用该法检测了饲料、尿样与脏器等样品，结果表明该法简便、特异和灵敏，具有实用价值。于兵等[489]比较了 ELISA 法与小鼠生物法检测贝类中的麻痹性贝毒，结果表明，ELISA 与小鼠生物法检测 PSP 的结果吻合程度很好。针对一大类毒素的研究，罗辉武等[490]制备了抗麻痹性贝毒 GTX2，3 的单克隆抗体，同时比较了间接竞争 ELISA 方法和直接竞争 ELISA 方法的灵敏度和检出限；刘帅帅等[491]采用卵清蛋白为载体，合成免疫抗原，制备多克隆抗体，建立了单一毒素石房蛤毒素间接竞争酶联免疫测定的方法。郑晶等[492]开展了采用酶联免疫法检测鳗鱼中喹诺酮类药物残留的比较研究，通过特异性评估研究了 ELISA 对喹诺酮类 5 种主要药物的交叉反应率，通过灵敏度评估研究表明酶联免疫方法对诺氟沙星的灵敏度可达到 0.3 $\mu g/kg$，对环丙沙星的灵敏度在 25 $\mu g/kg$ 达到了较低的检测限。张胜帮等[493]采用酶联免疫检测法（ELISA）测定鱼、虾类水产品中残留氯霉素的含量，结果表明，检出限为 9ng/L，变异系数为 3.0%，样品测定的相对偏差为 3.4%～7.1%，回收率为 92.5%～102.0%。郑晶等[494]对微生物抑制法与酶联免疫法检测鳗鱼中喹诺酮类药物残留进行了综合评估，采用特异性试验、灵敏度试验、在鳗鱼中加标回收试验和重复性试验比较两种方法，结果表明酶联免疫法灵敏度更高一些。卢希勤[495]对氰戊菊酯和甲氰菊酯两种农药采用酶联免疫吸附测定方法进行了研究，对环境介质中农药的有效快速检测提供了可行的分析测试方法。

ELISA 法更广泛地应用于环境水体中 PPCPs 的分析检测，是 ELISA 研究的重要方向之一。Deng 等[496]开发了 ELISA 检测水样中 DFC 的研究，纯水中 DFC 的检测限为 6ng/L，分析工作范围为 20～400ng/L。26 种药物、代谢产物和杀虫剂交叉反应的实验结果表明，除 5-羟基 DFC 的交叉反应活性达到了 100% 外，其他的均低于 4%，因此，交叉反应可以忽略。通过和 GC-MS 测试结果的对比证明了基质等对 ELISA 的影响非常有限。该法被成功地应用于饮用水、地表水以及德国和奥地利的 20 个污水处理厂水体中 DFC 的分析检测。蒲纯等[497]采用间接酶联吸附分析法

（ELISA）测定自来水和地表水中药物残留 DFC 的含量，仅通过简单的过滤作用就可消除基质的影响，DFC 在自来水中和表面水中的回收率分别为 96％和 113％。Bahlmann 等利用 ELISA 法测定了柏林地表水和污水中卡马西平的浓度，该非均质免疫测定法是基于一个可用的商业单克隆抗体和一个通过亲水肽（三甘氨酸）装置连接半抗原到山葵过氧化物酶的新型酶结合物（示踪剂），检测限达到了 24ng/L，定量范围为 0.05～50μg/L，通过对照检测的结果与经过固相萃取后 LC/MS 的结果保持一致 [498]。Terasaki 等[499]用 ELISA 法分析了 21 种苯甲酸酯类雌激素的活性以及它们的氯化衍生物。贺莉等[500]将吲哚美辛与蛋白质载体结合，制备出完全免疫抗原，经过多次动物免疫得到了性能优良的兔抗吲哚美辛抗体，在优化实验条件的基础上，建立了灵敏度高、特异性强、简便、稳定的测定水样中吲哚美辛的酶联免疫吸附分析方法（ELISA），该法最低检出限为 0.005～0.01μg/L。实际水样中，均发现含有吲哚美辛，浓度为 0.016～0.083μg/L，水样的加标回收率为 84.4％～127.0％。Brun 等[501]建立了 ELISA 分析测试水体中三氯生的方法，并将该法应用到污水处理场出水中三氯生的浓度检测。在该研究中，ELISA 分析法的检测限为 0.03μg/L，动态范围为 0.22～42.16μg/L，同时研究表明本方法对结构类似物或三氯生的代谢产物交叉反应很弱或没有交叉反应（＜10％）。该法被成功地应用于饮用水源水和污水。

6.3.2　药物和个人护理品环境污染预警系统的建立与应用

近年来，世界范围内突发性环境污染事故频频发生，对环境造成严重污染和破坏，给人民和国家财产造成了重大损失。PPCPs 生产企业、工厂或该类物质使用和存放相对集中的区域均会面对许多突发性事件，对环境造成的污染事故也与一般的污染事故有所不同。如果这种突发性环境污染事故发生，且来势凶猛，该区域环境系统中 PPCPs 类物质将突然增多。据有关报道显示[122,124,125,134,135]，这类物质只有在一定的浓度范围内，才会对生态系统中的生物等造成危害。但事故的发生还是会对环境系统造成非常严重的后果，给人民和国家财产造成重大损失。因此，建立针对 PPCPs 类物质的突发性环境污染事故预警应急系统是相当必要的。

近年来，突发性环境污染事件越来越引起世界范围内的关注。早在 1989 年，联合国环境规划署便提出了"地区级紧急事故的意识和准备"，即"阿佩尔计划"（APELL）[502]。法国于 1992 年开发出一个称为"SE-

ANS" 的软件包，为突发性水污染事故提供应急决策[503]。我国已经在黄河[504]、长江[505,506]等流域水系建成了水质预警系统。

突发性 PPCPs 类物质污染事故发生的主要途径如下：

（1）PPCPs 类物质在生产、经营、储存、运输、使用和处置过程中出现的大体积泄露；

（2）工业企业生产过程中因生产装置、污染放置设施和设备等因素发生意外事故造成的突发性环境污染事故；

（3）影响饮用水源地水质的突发性严重污染事故；

（4）因遭受自然灾害而造成的可能危及人体健康的环境污染事故。

通常情况下，当突发性环境污染事故发生时，其应急指挥系统的工作流程如图 6.1 所示[507]。

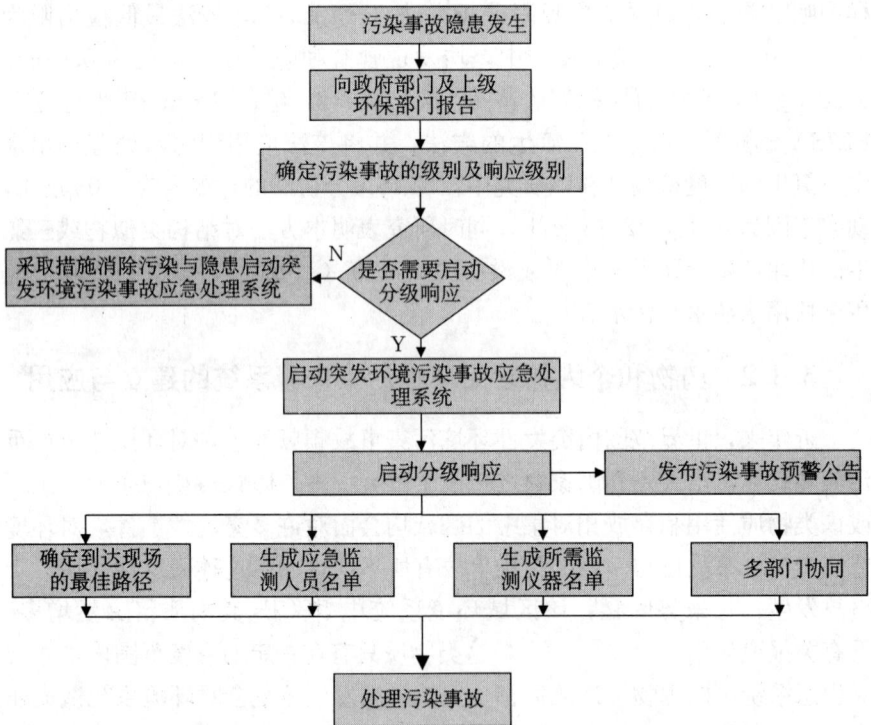

图 6.1　突发性环境污染事故应急指挥系统工作流程

鉴于 PPCPs 类物质的特殊性，因此所建立的系统与传统系统有所区别。首先，PPCPs 类物质大部分为我们日常生活中药物、护理用品等，很多类物质只有达到一定的浓度[508]才会对生物构成严重危害，因此，在建

立系统之前，应该确定该类物质所造成的危害级别，针对不同等级的危害
采取不同的预警程度。其次，由于高浓度 PPCPs 类物质的存在只局限在
一定的时空范围内[508~517]，因此除针对高浓度点源污染的危害外，还应对
某些低浓度排放的面源进行较为全面的监控。例如，牲畜突发性疾病加大
了某种药物的服用，或者某些不法分子在人类食品、禽畜饲料中非法添加
化学药剂[518~520]等，因此在集成 GIS 的污染分布时空模拟系统中都应有所
涵盖。最后，针对 PPCPs 类物质事故处理应该通过推理机制分析评价其
风险，对要采取的应急处理措施进行优化选择和评价，提出事故处理人员
和设备安排调度。

　　基于 GIS 的药物和个人护理品污染信息系统是将 PPCPs 类物质污染
源的各类信息可视化地体现在电子地图上，通过对该类物质数据资料等的
空间分布实现对空间信息及其他各类信息的结合。药物和个人护理品 GIS
系统的建立可以对该类污染源进行切实有效的管理，为进一步建立和开发
新的系统打下坚实的基础，同时也能为保护环境、合理有效的规划和评价
提供丰富的科学信息管理分析和决策手段[521,522]。在实际药物和个人护理
品环境污染预警系统的应用中，大部分系统均要基于 GIS 系统进行建立。
该系统的建立，便于在事故突发时，有关环保部门立即采取快捷、有效的
措施，能够迅速、准确地了解事故的发生地点、污染范围、可能的扩散面
积等空间信息[523,524]。

　　基于 GIS 的药物和个人护理品污染应急决策系统需要强大的数据支
持，为应急决策提供信息综合分析、预测、反馈等全面的信息处理平台。
PPCPs 类物质污染源数据库建立在大量基础信息调查之上，该数据以研究
区域的 GIS 为平台，涵盖了区域内污染源基本情况、基本环境质量信息、
环境危险隐患、重要敏感目标和社会经济状况等信息动态数据库等内容。
其主要数据库应该包括：空间数据库、污染源数据库、处置方法数据库、
专家数据库、案例数据库以及标准、法规数据库。

　　基于以上数据资源，为了能够在事故发生后，确定事故发生地的位
置，利用污染分布时空模拟模块预测受影响的区域范围，通过地理信息显
示模块提供污染区域内的敏感单位、救援单位、人口以及由事故发生地点
到指定地点的最佳路径等信息，为应急监测、应急救援工作的开展提供决
策依据。针对环境中 PPCPs 突发性环境污染事故所建立的预警应急系统
可以仿照饶清华等[525]提出的"基于 GIS 平台的环境预警系统"的模式进
行构建，如图 6.2 所示。

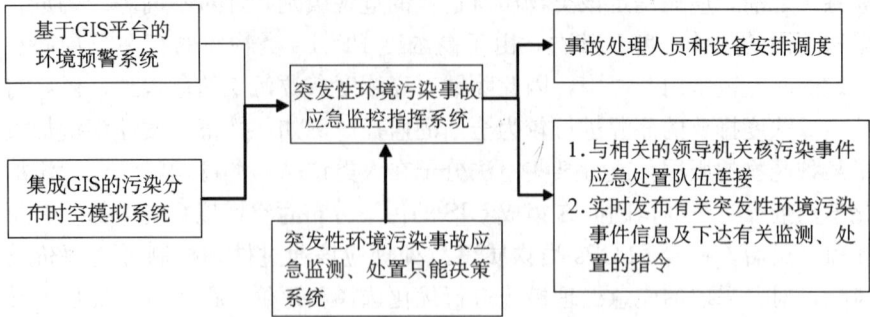

图 6.2 突发性环境污染事故预警应急系统的组成

6.3.3 毒性评价技术

近年来，越来越多的研究致力于从分子水平上探究污染物的致毒机理，在体外模拟条件下研究污染物与目标生物分子的直接相互作用。以往小分子与生物大分子间的相互作用研究主要用于新药设计、人类重大疾病的攻克治疗以及新材料的安全应用等方面。近年来，类似的研究方法已被应用到环境污染物与生物大分子的相互作用研究中，成为环境科学研究领域的新方法。研究药物与生物大分子的相互作用，从药理学角度来看，其主要目的在于研究药物对生物机体的活性作用；而从环境评价角度来说，药物被看成是一种污染物，污染物与生物大分子相互作用的研究目的在于研究其对生物体的损伤效应以及其分子致毒机理。环境污染物在进入生物体的过程中或进入后，可以小分子"配体"的形式与蛋白质、DNA 等生物大分子相互结合，影响生物分子的正常功能，从而对生物体产生毒害作用。在小分子与生物大分子相互作用的研究领域，血清蛋白（serum albumin，SA）是最常用的一种模式蛋白。它是血浆中重要的蛋白质组分，能够维持血浆渗透压以及调节血液的 pH，通过非共价作用与多种小分子物质结合而达到在生物体内输送这些物质的目的，因此 SA 也被称为多功能的血浆载体蛋白。近年来，研究者们纷纷根据上述特点研究了多种环境污染物与 SA 间的相互作用。其中，国外研究者研究了赭曲霉毒素、除草剂阿特拉津、农药甲基对硫磷、砒霜与 SA 的相互作用[526~528]。国内研究者们也采用类似的方法做了大量研究，其中包括偶氮染料类污染物、全氟辛酸类化合物和纳米材料等与 SA、溶菌酶及 DNA 的相互作用[529~533]。本研究组曾研究过 PPCPs 和 HSA 的相互作用，并建立了成熟的研究环境污染物与生物大分子相互作用的实验方法。

1. 毛细管电泳

毛细管电泳 （capillary electrophoresis，CE） 是一类以毛细管为分离通道、以高压直流电场为驱动力的新型液相分离技术。CE 实际上包含电泳、色谱及其交叉内容，它使分析化学从微升进入纳升水平，并使单细胞分析乃至单分子分析成为可能。在进行 CE 的过程中，将浓度不变的蛋白质加入运行缓冲溶液，不断改变 PPCPs 的浓度，测量由 PPCPs 浓度变化引起的蛋白质淌度变化，该法具有以下优点：分析速度快，分离效率高，用品用量少，特别适用于极性化合物的分离，可保持生物分子相互作用需要的生理条件，更接近体内行为。由于 PPCPs 与蛋白质分子相互结合的主要部位是蛋白质上的碱性氨基酸残基，相互作用力主要有氢键、静电作用、疏水作用和范德华力，通常 PPCPs 与蛋白质之间的相互作用并不是一种作用力的单独作用，而是多种作用力的协同作用。这种相互作用的量化参数就是药物与蛋白质的结合常数。研究其与蛋白质分子的相互作用可以了解 PPCPs 在体内的运输、分布、代谢、毒性情况。

2. 荧光光谱法

荧光光谱法是研究小分子有机物与蛋白质相互作用的重要手段，也是目前研究较为活跃的方法。该方法能够提供较多的荧光参数，如激发光谱、发射光谱、荧光强度、荧光寿命和荧光偏振等。这些参数从各个角度反映出分子的成键和结构情况及发光特性。通过对这些参数的测定，可得到许多关于蛋白质与小分子作用的信息，如结合常数、结合位点数、结合位置、作用力类型以及蛋白质分子在相互作用中结构的变化等相关信息。该方法具有灵敏度高、选择性强、用量少、操作简便等优点。

3. 圆二色光谱法

平面偏振光可以分解为左旋和右旋的两个圆偏振光，并且由这两个圆偏振光可以组成原来的平面偏振光。当左旋和右旋偏振光作为入射光传播到物体上时，如果物体具有旋光性，则两个偏振光被吸收的程度不相等，其光吸收的差值称为该物质的圆二色性 （circular dichroism，CD），并可用吸收系数差 $\Delta\varepsilon=\varepsilon_L-\varepsilon_R$ 表示。在一定波长范围内，记录下左旋和右旋偏振光的 $\Delta\varepsilon$ 的连续变化并对波长作图，就可以得到该物质的 CD 谱。SA 在 207nm 和 220nm 附近有两个负性 CD 谱线，这是螺旋的特征谱线。通过检查小分子与 SA 相互作用后 CD 谱线的变化，可以获得一定结构方面的信息。

4. 等温滴定微量热法

等温滴定微量热法 （isothermal titration calorimetry，ITC） 是一种通

过滴定反应直观地得到反应焓变的方法。每一次注射之后，注射器中的小分子配体就能和反应池中的大分子反应达到平衡，测得一个反应热，形成一系列不同浓度化合物所产生的反应热。由此可计算得到平衡常数 K_b 以及热力学参数如 ΔH（焓变）、ΔS（熵变）和 ΔG（吉布斯自由能变）。

这些热力学参数对研究小分子和蛋白质之间的作用非常有意义。K_b 和 ΔG 能够提供关于反应亲和力方面的信息，ΔH 表示形成和断裂非共价键的净热量。ΔS 表示次序的净改变，或是系统自由度的改变，其与反应物结合位点表面水分子的去除有关，也会因大分子物质构象的变化或者其他基于溶剂的反应而发生变化。目前，ITC 已被广泛用于配体与生物大分子相互作用的研究领域，该方法主要通过测定配体与生物大分子结合过程的热力学参数来判断配体与生物大分子间的相互作用力。

5. 平衡透析法

平衡透析法是利用具有截留相对分子质量的透析膜将自由态的污染物与生物大分子及生物大分子与污染物结合后的复合物进行分离，通过计算与生物大分子结合的污染物的量，进一步对二者的相互作用进行研究。测定过程是将一张半透膜置于蛋白质溶液和缓冲液之间并使之与两溶液接触，该膜只允许小分子配体通过，由于小分子配体在蛋白质溶液和缓冲液间存在浓度差，因此将在两种溶液之间建立平衡。

单　　位

t　吨

kg　千克

g　克

μg　微克

ng　纳克

mg/kg 干重　毫克每千克干重

ng/L　纳克每升

μg/L　微克每升

cm　厘米

g/kg 干重　克每千克干重

mL/min　毫升每分

pg/mL　皮克每毫升

mmol/L　毫摩尔每升

r/min　转每分

h　小时

℃　摄氏度

mm　毫米

μm　微米

mmol/L　毫摩尔每升

μL　微升

Arb

mTorr　毫托

V　伏

eV　电子伏

kJ/（mol·K）　千焦每摩尔开尔文

W　瓦

变量和符号

$pK_a - lgK_a$ 　氢离子解离常数

lgK_{ow} 　辛醇水分配系数

K_d 　固相-液相分配系数

c_w 　溶解物的浓度

c_s 　颗粒物表面吸附的物质浓度

c_0 　物质的初始浓度

c_e 　吸附平衡后水相物质浓度

K_{oc} 　有机碳分配系数

f_{oc} 　污泥中有机碳的含量

K_{om} 　有机质标化的分配系数

K_F 　Freundlich 吸附常数

Q 　物质的最大吸附容量

b 　Langmuir 吸附常数

$\Delta H^{\ominus}$ 　焓变

$\Delta G^{\ominus}$ 　自由能变化

$\Delta S^{\ominus}$ 　熵变

参考文献

[1] Buser H R, Müller M D, Theobald N. Occurrence of the pharmaceutical drug clofi-
bric acid and the herbicide mecoprop in various swiss lakes and in the north
sea. Environ Sci Technol, 1998, 32 (1): 188 – 192

[2] Daughton C G, Ternes T A. Pharmaceuticals and personal care products in the envi-
ronment: agents of subtle change. Environ Health Perspect, 1999,
107 (6):907 – 942

[3] Glassmeyer S T, Furlong E T, Kolpin D W, et al. Transport of chemical and micro-
bial compounds from known wastewater discharges: potential for use as indicators of
human fecal contamination. Environ Sci Technol, 2005, 39 (14): 5157 – 5169

[4] Richardson S D, Ternes T A. Water analysis: emerging contaminants and current is-
sues. Anal Chem, 2005, 77 (12): 3807 – 3838

[5] Vieno N, Tuhkanen T, Kronberg L. Elimination of pharmaceuticals in sewage
treatment plants in Finland. Water Res, 2007. 41: 1001-1012

[6] Aga D S. Fate of Pharmaceuticals in the Environment and in Water Treatment Sys-
tems. New York Taylor & Francis Group, 2008.

[7] Halling-Sørensen B, Nors Nielsen S, Lanzky P F, et al. Occurrence, fate and effects of
pharmaceutical substances in the environment-a review. Chemosphere, 1998, 36 (2):
357 – 393

[8] Heberer T. Occurrence, fate, and removal of pharmaceutical residues in the aquatic envi-
ronment: a review of recent research data. Toxicol Lett, 2002, 131 (1-2): 5 – 17

[9] Hirsch R, Ternes T A, Haberer K, et al. Determination of antibiotics in different
water components via liquid chromatography-electrospray tandem mass spectrome-
try. Journal of Chromatography A, 1998, 815: 213-223

[10] Ternes T A. Occurrence of drugs in German sewage treatment plants and riv-
ers. Water Res, 1998, 32 (11): 3245 – 3260

[11] Bound J P, Voulvoulis N. Household disposal of pharmaceuticals as a pathway for
aquatic contamination in the United Kingdom. Environ Health Perspect, 2005,
113 (12): 1705 – 1711

[12] Scheytt T J, Mersmann P, Heberer T. Mobility of pharmaceuticals carbamazepine,
diclofenac, ibuprofen, and propyphenazone in miscible-displacement experi-
ments. Journal of Contaminant Hydrology, 2006, 83 (1-2): 53 – 69

[13] Drewes J E, Heberer T, Reddersen K. Fate of pharmaceuticals during indirect po-
table reuse. Water Sci Technol, 2002, 46 (3): 73 – 80

[14] Stan H J, Heberer T, Linkerhä ner M. Occurrence of clofibric acid in the aquatic system - is the use in human medical care the source of the contamination of surface ground and drinking water? Vom Wasser, 1994, 83: 57 - 68

[15] Heberer T. Tracking persistent pharmaceutical residues from municipal sewage to drinking water. Journal of Hydrology, 2002, 266 (3-4): 175 - 189

[16] Jones O A H, Voulvoulis N, Lester J N. Aquatic environmental assessment of the top 25 English prescription pharmaceuticals. Water Res, 2002, 36 (20): 5013 - 5022

[17] Ternes T, Joss A. Human pharmaceuticals, Hormones and Fragrances: The Challenge of Micropollutants in Urban Water Management. London: IWA Publish, 2006: 121 - 288

[18] Atsuko S, Sanae F, Shigeki M. Occurrence of pharmaceuticals used in human and veterinary medicine in aquatic environments in Japan. Journal of Japan Society on Water Environment, 2004, 27 (11): 685 - 691

[19] Xia K, Bhandari A, Das K, et al. Occurrence and fate of pharmaceuticals and personal care products (PPCPs) in biosolids. Journal of Environmental Quality, 2005, 34 (1): 91 - 104

[20] Nie Y, Qiang Z, Zhang H, et al. Determination of endocrine-disrupting chemicals in the liquid and solid phases of activated sludge by solid phase extraction and gas chromatography-mass spectrometry. Journal of Chromatography A, 2009, 1216 (42): 7071 - 7080

[21] Peng X, Zhang K, Tang C, et al. Distribution pattern, behavior, and fate of antibacterials in urban aquatic environments in South China. Journal of Environmental Monitoring, 2011, 13(2): 446 - 454

[22] Huang Q, Yu Y, Tang C, et al. Determination of commonly used azole antifungals in various waters and sewage sludge using ultra-high performance liquid chromatography-tandem mass spectrometry. Journal of Chromatography A, 2010, 1217 (21): 3481 - 3488

[23] Zhao J L, Ying G G, Liu Y S, et al. Occurrence and risks of triclosan and triclocarban in the Pearl River system, South China: from source to the receiving environment. Journal of Hazardous Materials, 2010, 179 (1-3): 215 - 222

[24] Yang J F, Ying G G, Zhao J L, et al. Simultaneous determination of four classes of antibiotics in sediments of the Pearl Rivers using RRLC-MS/MS. Science of The Total Environment, 2010, 408 (16): 3424 - 3432

[25] Stan H J, Heberer T, Linkenhanger M. Vorkommen von clofibrinsaure in saquatischen system-fuhrt die therapeutische anwendung zu einer belastung von oberflachen, grund-und trinkwasser. Vom Wasser, 1994, (83): 57 - 68

[26] Mucker H, Ternes T, Hermann N, et al. Sulfamethoxazole (SMZ) in drinking

water. Pharmacol, 2004, (369): 57 - 56

[27] Ternes T A, Meisenheimer M, McDowell D, et al. Removal of pharmaceuticals during drinking water treatment. Environ Sci Technol, 2002, 36 (17): 3855 - 3863

[28] Daughton C, Jones-Lepp T. Pharmaceuticals and care products in the environment. American Chemical Society publishing, 2001: 84 - 99

[29] Barnes K K, Kolpin D W, Meyer M T, et al. Water-quality data for pharmaceuticals, hormones, and other orgaonc wastewater contaminants in U. S. streams, 1999 - 2000. US Geological Survey Open-File Report, 2002, 36 (6): 02 - 94

[30] Zhou X, Dai C, Zhang Y, et al. A preliminary study on the occurrence and behavior of carbamazepine (CBZ) in aquatic environment of Yangtze River Delta, China. Environmental Monitoring and Assessment, 2011, 173 (1): 45 - 53

[31] Blackwell P A, Kay P, Boxall A B. The dissipation and transport of veterinary antibiotics in a sandy loam soil. Chemosphere, 2007, 67: 292 - 299

[32] Yang Y, Lerner D N, Barrett M H, et al. Quantification of groundwater recharge in the city of Nottingham, UK. Environmental Geolgy, 38 (3), 183 - 198.

[33] Fenz R, Blaschke A P, Clara M, et al. Monitoring of carbamazepine concentrations in wastewater and groundwater to quantify sewer leakage. Water Sci Technol, 2005: 52 (5): 205 - 13.

[34] Ternes T A, Bonerz M, Herrmann N, et al. Determination of pharmaceuticals, iodinated contrast media and musk fragrances in sludge by LC tandem MS and GC/MS. Journal of Chromatography A, 2005, 1067 (1 - 2): 213 - 223

[35] Tong L, Li P, Wang Y, et al. Analysis of veterinary antibiotic residues in swine wastewater and environmental water samples using optimized SPE-LC/MS/MS. Chemosphere, In Press, Corrected Proof, 2009, 74 (8): 1090 - 1097.

[36] Cahill J D, Furlong E T, Burkhardt M R, et al. Determination of pharmaceutical compounds in surface-and ground-water samples by solid-phase extraction and high-performance liquid chromatography-electrospray ionization mass spectrometry. Journal of Chromatography A, 2004, 1041: 171 - 180

[37] Turiel E, Martin-Esteban A, Tadeo J L. Multiresidue analysis of quinolones and fluoroquinolones in soil by ultrasonic-assisted extraction in small columns and HPLC-UV. Analytica Chimica Acta, 2006, 562 (1): 30 - 35

[38] Golet E M, Alder A C, Hartmann A, et al. Trace determination of fluoroquinolone antibacterial agents in urban wastewater by solid-phase extraction and liquid chromatography with fluorescence detection. Analytical Chemistry, 2001, 73 (15): 3632 - 3638

[39] Golet E M, Strehler A, Alder A C, et al. Determination of fluoroquinolone antibacterial agents in sewage sludge and sludge-treated soil using accelerated solvent extraction followed by solid-phase extraction. Analytical Chemistry, 2002, 74 (21): 5455 - 5462

[40] Farre M, Petrovic M, Barcelo D. Recently developed GC/MS and LC/MS methods for determining NSAIDs in water samples. Analytical and Bioanalytical Chemistry, 2007, 387 (4): 1203 - 1214

[41] Smital T, Luckenbach T, Sauerborn R, et al. Emerging contaminants—pesticides, PPCPs, microbial degradation products and natural substances as inhibitors of multixenobiotic defense in aquatic organisms. Mutation Research/Fundamental and Molecular Mechanisms of Mutagenesis, 2004, 552 (1-2): 101 - 117

[42] Reinthaler F F, Posch J, Feierl G, et al. Antibiotic resistance of E. coli in sewage and sludge. Water Res, 2003, 37 (8): 1685 - 1690

[43] Auerbach E A, Seyfried E E, McMahon K D. Tetracycline resistance genes in activated sludge wastewater treatment plants. Water Res, 2007, 41 (5): 1143 - 1151

[44] Thomas A, Joss TA. Human Pharmaceuticals, Hormones and Frangrance: the Chanllenge of Micropollutants in Urban Water Managenment. London: IWA Publishing, 2006

[45] Samuelsen O B, Lunestad B T, Huseva B, et al. Residues of oxolinic acid in wild fauna following medication in fish farms. Dis Aquat Org, 1992, 12: 9

[46] Capone DG, Weston D P, Miller V. Antibacterial residues in marine sediments and invertebrates following chemotherapy in aquaculture. Aquaculture, 1996, 145: 3

[47] Hekton H, Berge J A, Hormazabal V. Persistence of antibacterial agents in marine sediments. Aquaculture, 1995, 133: 10

[48] Hartmann A, Alder A C, Koller T, et al. Identification of fluoroquinolone antibiotics as the main source of umkc genotoxicity in native hospital wastewater. Environmental Toxicology and Chemistry, 1998, 17 (3): 377 - 382

[49] Lindberg R, Jarnheimer P A, Olsen B, et al. Determination of antibiotic substances in hospital sewage water using solid phase extraction and liquid chromatography/mass spectrometry and group analogue internal standards. Chemosphere, 2004, 57 (10): 1479 - 1488

[50] Brown K D, Kulis J, Thomson B, et al. Occurrence of antibiotics in hospital, residential, and dairy effluent, municipal wastewater, and the Rio Grande in New Mexico. Science of The Total Environment, 2006, 366 (2-3): 772 - 783

[51] Seifrtová M, Pena A, Lino C, et al. Determination of fluoroquinolone antibiotics in hospital and municipal wastewaters in Coimbra by liquid chromatography with a monolithic column and fluorescence detection. Analytical and Bioanalytical Chemistry, 2008, 391 (3): 799 -805

[52] Lindberg R H, Wennberg P, Johansson M I, et al. Screening of human antibiotic substances and determination of weekly mass flows in five sewage treatment plants

in sweden. Environ Sci Technol, 2005, 39 (10): 3421 – 3429

[53] Karthikeyan K G, Meyer M T. Occurrence of antibiotics in wastewater treatment facilities in Wisconsin, USA. Science of The Total Environment, 2006, 361 (1-3): 196 – 207

[54] Miao X S, Bishay F, Chen M, et al. Occurrence of antimicrobials in the final effluents of wastewater treatment plants in canada. Environ Sci Technol, 2004, 38 (13): 3533 –3541

[55] Lee H B, Peart T E, Svoboda M L. Determination of ofloxacin, norfloxacin, and ciprofloxacin in sewage by selective solid-phase extraction, liquid chromatography with fluorescence detection, and liquid chromatography-tandem mass spectrometry. Journal of Chromatography A, 2007, 1139 (1): 45 – 52

[56] Andreozzi R, Raffaele M, Nicklas P. Pharmaceuticals in STP effluents and their solar photodegradation in aquatic environment. Chemosphere, 2003, 50 (10): 1319 – 1330

[57] Matthias F, Agnieszka K, Wolfgang B. Improved liquid chromatographic determination of nine currently used (fluoro) quinolones with fluorescence and mass spectrometric detection for environmental samples. Journal of Separation Seience, 2005, 28 (13): 1448 – 1456

[58] Lindberg R H, Olofsson U, Rendahl P, et al. Behavior of fluoroquinolones and trimethoprim during mechanical, chemical, and active sludge treatment of sewage water and digestion of sludge. Environ Sci Technol, 2006, 40 (3): 1042 – 1048

[59] Golet E M, Alder A C, Giger W. Environmental exposure and risk assessment of fluoroquinolone antibacterial agents in wastewater and river water of the glatt valley watershed, switzerland. Environ Sci Technol, 2002, 36 (17): 3645 – 3651

[60] Revert S, Borrull F, Pocurull E, et al. Determination of antibiotic compounds in water by solid-phase extraction-high-performance liquid chromatography- (electrospray) mass spectrometry. Journal of Chromatography A, 2003, 1010 (2): 225 – 232

[61] Vieno N M, Tuhkanen T, Kronberg L. Analysis of neutral and basic pharmaceuticals in sewage treatment plants and in recipient rivers using solid phase extraction and liquid chromatography-tandem mass spectrometry detection. Journal of Chromatography A, 2006, 1134 (1-2): 101 – 111

[62] Xiao Y, Chang H, Jia A, et al. Trace analysis of quinolone and fluoroquinolone antibiotics from wastewaters by liquid chromatography-electrospray tandem mass spectrometry. Journal of Chromatography A, 2008, 1214 (1-2): 100 – 108

[63] Gulkowska A, Leung H W, So M K, et al. Removal of antibiotics from wastewater by sewage treatment facilities in Hong Kong and Shenzhen, China. Water Research, 2008, 42 (1-2): 395 – 403

[64] Xu W, Zhang G, Li X, et al. Occurrence and elimination of antibiotics at four sewage treatment plants in the Pearl River Delta (PRD), South China. Water Research, 2007, 41 (19): 4526 - 4534

[65] Peng X, Tan J, Tang C, et al. Multiresidue determination of fluoroquinolone, sulfonamide, trimethoprim, and chloramphenicol antibiotics in urban waters in china. Environmental Toxicology and Chemistry / SETAC, 2008, 27 (1): 73 - 79

[66] Peng X, Wang Z, Kuang W, et al. A preliminary study on the occurrence and behavior of sulfonamides, ofloxacin and chloramphenicol antimicrobials in wastewaters of two sewage treatment plants in Guangzhou, China. Science of The Total Environment, 2006, 371 (1-3): 314 - 322

[67] Hirsch R, Ternes T, Haberer K, et al. Occurrence of antibiotics in the aquatic environment. The Science of The Total Environment, 1999, 225 (1-2): 109 - 118

[68] Hirsch R, Ternes T A, Haberer K, et al. Determination of antibiotics in different water compartments via liquid chromatography-electrospray tandem mass spectrometry. Journal of Chromatography A, 1998, 815 (2): 213 - 223

[69] Picó Y, Andreu V. Fluoroquinolones in soil—risks and challenges. Analytical and Bioanalytical Chemistry, 2007, 387 (4): 1287 - 1299

[70] Andreu V, Blasco C, Pic Y. Analytical strategies to determine quinolone residues in food and the environment. TrAC Trends in Analytical Chemistry, 2007, 26 (6): 534 - 556

[71] Sukul P, Spiteller M. Fluoroquinolone antibiotics in the environment. Reviews of Environmental Contamination and Toxicology, 2007, 191: 131 - 162

[72] Hermo M P, Barron D, Barbosa J. Determination of multiresidue quinolones regulated by the European Union in pig liver samples: high-resolution time-of-flight mass spectrometry versus tandem mass spectrometry detection. Journal of Chromatography A, 2008, 1201 (1): 1 - 14.

[73] Backhaus T, Scholze M, Grimme L H. The single substance and mixture toxicity of quinolones to the bioluminescent bacterium Vibrio fischeri. Aquatic Toxicology, 2000, 49 (1-2): 49 - 61

[74] Nakata H, Kannan K, Jones P D, et al. Determination of fluoroquinolone antibiotics in wastewater effluents by liquid chromatography-mass spectrometry and fluorescence detection. Chemosphere, 2005, 58 (6): 759 - 766

[75] Turiel E, Bordin G, Rodrguez A R. Trace enrichment of (fluoro) quinolone antibiotics in surface waters by solid-phase extraction and their determination by liquid chromatography-ultraviolet detection. Journal of Chromatography A, 2003, 1008 (2): 145 - 155

[76] Carballa M, Omil F, Lema J M. Removal of cosmetic ingredients and pharmaceuticals in sewage primary treatment. Water Research, 2005, 39 (19): 4790 - 4796

[77] Carballa M, Omil F, Lema J M, et al. Behavior of pharmaceuticals, cosmetics and

hormones in a sewage treatment plant. Water Research, 2004, 38 (12): 2918 - 2926

[78] Ning Z, Kennedy K J, Fernandes L. Anaerobic degradation kinetics of 2, 4-dichlo-rophenol (2, 4-DCP) with linear sorption. Water Sci Technol, 1997, 35 (2-3): 67 - 75

[79] Clara M, Strenn B, Saracevic E, et al. Adsorption of bisphenol-A, 17β-estradiole and 17α-ethinylestradiole to sewage sludge. Chemosphere, 2004, 56 (9): 843 - 851

[80] Zhang H, Huang C H. Adsorption and oxidation of fluoroquinolone antibacterial agents and structurally related amines with goethite. Chemosphere, 2007, 66 (8): 1502 - 1512

[81] Lorphensri O, Intravijit J, Sabatini D A, et al. Sorption of acetaminophen, 17 al-pha-ethynyl estradiol, nalidixic acid, and norfloxacin to silica, alumina, and a hy-drophobic medium. Water Research, 2006, 40 (7): 1481 - 1491

[82] 董振海, 隋明秀, 董华军. 非甾体抗炎镇痛药的研究和应用进展. 中国医刊, 2004, 39 (2): 50 - 52

[83] Khan S J, Ongerth J E. Modelling of pharmaceutical residues in Australian sewage by quantities of use and fugacity calculations. Chemosphere, 2004, 54 (3): 355 - 367

[84] Kreuzinger N, Clara M, Strenn B, et al. Relevance of the sludge retention time (SRT) as design criteria for wastewater treatment plants for the removal of endo-crine disruptors and pharmaceuticals from wastewater. Water Science and Tech-nology: A Journal of the International Association on Water Pollution Research, 2004, 50 (5): 149

[85] Carballa M, Omil F, Lema J M, et al. Behavior of pharmaceuticals, cosmetics and hor-mones in a sewage treatment plant. Water research, 2004, 38 (12): 2918 2926

[86] Ternes T, Joss A. Human pharmaceuticals, Hormones and Fragrances: The Chal-lenge of Micropollutants in Urban Water Management. London: IWA Pub-lish. 2006: 131 - 135

[87] 张芦燕, 王坤, 马玲, 等. 不同生产厂家的试剂对双氯芬酸钠缓释胶囊释放度的影响. 宁夏医学院学报, 2008, 30 (2): 231 - 232

[88] 张伦. 双氯芬酸市场浅析. 中国药房, 2004, 15 (7): 394 - 396

[89] Poiger T, Miiller M D, Buerge I J, et al. Occurrence and environmental behavior of chiral compounds: enantioselective processes and source apportioning. Elsevier Science, 2004: 59

[90] Buser H R, Poiger T, Müller M D. Occurrence and environmental behavior of the chiral pharmaceutical drug ibuprofen in surface waters and in wastewater. Environ Sci Techn-ol, 1999, 33 (15): 2529 - 2535

[91] Inotai A, Hankó B, Mészáros Á. Trends in the non-steroidal anti-inflammatory drug market in six Central·CEastern European countries based on retail informa-

tion. Pharmacoepidemiology and Drug Safety, 2010, 19 (2): 183-190

[92] Buser H R, Müller M D, Theobald N. Occurrence of the pharmaceutical drug clofibric acid and the herbicide mecoprop in various Swiss lakes and in the North Sea. Environmental Science & Technology, 1998, 32 (1): 188-192

[93] Heberer T, Schmidt-Bumler K, Stan H. Occurrence and distribution of organic contaminants in the aquatic system in Berlin. Part I: Drug residues and other polar contaminants in Berlin surface and groundwater. Acta Hydrochim Hydrobiol, 1998, 26 (5): 272-278

[94] Jrgensen S E, Halling-Srensen B. Drugs in the environment. Chemosphere, 2000, 40 (7): 691

[95] Khan S, Ongerth J. Estimation of pharmaceutical residues in primary and secondary sewage sludge based on quantities of use and fugacity modelling. Water Science and Technology: A Journal of the International Association on Water Pollution Research, 2002, 46 (3): 105

[96] Sanderson H, Johnson D J, Reitsma T, et al. Ranking and prioritization of environmental risks of pharmaceuticals in surface waters. Regulatory Toxicology and Pharmacology, 2004, 39 (2): 158-183

[97] Buser H R, Poiger T, Müller M D. Occurrence and fate of the pharmaceutical drug diclofenac in surface waters: rapid photodegradation in a lake. Environ Sci Technol, 1998, 32 (22): 3449-3456

[98] Hutt A J, Caldwell J. The metabolic chiral inversion of 2-arylpropionic acids-anovel route with pharmacological consequences. Journal of Pharmacy and Pharmacology, 1983, 35 (11): 693-704

[99] Mills R, Adams S, Cliffe E, et al. The metabolism of ibuprofen. Xenobiotica, 1973, 3 (9): 589-598

[100] Skordi E, Wilson I, Lindon J, et al. Characterization and quantification of metabolites of racemic ketoprofen excreted in urine following oral administration to man by 1H-NMR spectroscopy, directly coupled HPLC-MS and HPLC-NMR, and circular dichroism. Xenobiotica, 2004, 34 (11-12): 1075-1089

[101] Hilton M J, Thomas K V. Determination of selected human pharmaceutical compounds in effluent and surface water samples by high-performance liquid chromatography-electrospray tandem mass spectrometry. Journal of Chromatography A, 2003, 1015 (1-2): 129-141

[102] Roberts P H, Thomas K V. The occurrence of selected pharmaceuticals in wastewater effluent and surface waters of the lower Tyne catchment. Science of The Total Environment, 2006, 356 (1-3): 143-153

[103] Kim S D, Cho J, Kim I S, et al. Occurrence and removal of pharmaceuticals and

endocrine disruptors in South Korean surface, drinking, and waste waters. Water Research, 2007, 41 (5): 1013-1021

[104] Tixier C, Singer H P, Oellers S, et al. Occurrence and fate of carbamazepine, clofibric acid, diclofenac, ibuprofen, ketoprofen, and naproxen in surface waters. Environ Sci Technol, 2003, 37 (6): 1061-1068

[105] Thomas P M, Foster G D. Tracking acidic pharmaceuticals, caffeine, and triclosan through the wastewater treatment process. Environmental Toxicology and Chemistry, 2005, 24 (1): 25-30

[106] Garcia-Ac A, Segura P A, Gagnon C, et al. Determination of bezafibrate, methotrexate, cyclophosphamide, orlistat and enalapril in waste and surface waters using on-line solid-phase extraction liquid chromatography coupled to polarity-switching electrospray tandem mass spectrometry. Journal of Environmental Monitoring, 2009. 11: 830-838. 2009

[107] Ashton D, Hilton M, Thomas K. Investigating the environmental transport of human pharmaceuticals to streams in the United Kingdom. Science of the Total Environment, 2004, 333 (1-3): 167-184

[108] Brun G L, Bernier M, Losier R, et al. Pharmaceutically active compounds in Atlantic Canadian sewage treatment plant effluents and receiving waters, and potential for environmental effects as measured by acute and chronic aquatic toxicity. Environmental Toxicology and Chemistry, 2006, 25 (8): 2163-2176

[109] Vieno N M, Hrkki H, Tuhkanen T, et al. Occurrence of pharmaceuticals in river water and their elimination in a pilot-scale drinking water treatment plant. Environ Sci Technol, 2007, 41 (14): 5077-5084

[110] Vasanits-Zsigrai A. The role of the acquisition methods in the analysis of the nonsteroidal anti-inflammatory drugs in Danube River by gas chromatography-mass spectrometry. Talanta, 2010, 82 (2): 600-607.

[111] Kolpin D W, Furlong E T, Meyer M T, et al. Pharmaceuticals, hormones, and other organic wastewater contaminants in US streams, 1999-2000: a national reconnaissance. Environ Sci Technol, 2002, 36 (6): 1202-1211

[112] Stumpf M, Ternes T A, Wilken R D. Polar drug residues in sewage and natural waters in the state of Rio de Janeiro, Brazil. The Science of the Total Environment, 1999, 225 (1-2): 135-141

[113] Comoretto L, Chiron S. Comparing pharmaceutical and pesticide loads into a small Mediterranean river. Science of the total environment, 2005, 349 (1-3): 201-210

[114] Kim I H, Yamashita N, Kato Y, et al. Discussion on the application of UV/H_2O_2, O-3 and O-3/UV processes as technologies for sewage reuse considering the removal of pharmaceuticals and personal care products. Water Sci Technol,

2009, 59 (5): 945 - 955

[115] Cao J L, Shi J H, Han R, et al. Seasonal variations in the occurrence and distribution of estrogens and pharmaceuticals in the Zhangweinanyun River system. Chinese Science Bulletin, 2010, 55 (27): 3138 - 3144

[116] Heberer T, Reddersen K, Mechlinski A. From municipal sewage to drinking water: fate and removal of pharmaceutical residues in the aquatic environment in urban areas. Water Science and Technology: A Journal of the International Association on Water Pollution Research, 2002, 46 (3): 81

[117] Diaz-Cruz M S, Barcelo D. Trace organic chemicals contamination in ground water recharge. Chemosphere, 2008, 72 (3): 333 - 342

[118] Loos R, Locoro G, Comero S, et al. Pan-European survey on the occurrence of selected polar organic persistent pollutants in ground water. Water Research, 2010, 44 (14): 4115 - 4126

[119] Drewes J E, Heberer T, Rauch T, et al. Fate of pharmaceuticals during ground water recharge. Ground Water Monitoring & Remediation, 2003, 23 (3): 64 - 72

[120] Benotti M, Fisher S, Terracciano S, et al. Occurrence of Pharmaceuticals in Shallow Ground Water of Suffolk County, New York, 2002-2005. United States Geological Survey, 2006: 1 - 5.

[121] Ternes T A, Stumpf M, Mueller J, et al. Behavior and occurrence of estrogens in municipal sewage treatment plants—I. Investigations in Germany, Canada and Brazil. The Science of the Total Environment, 1999, 225 (1-2): 81 - 90

[122] 蒲纯, 邓安平. 酶联免疫吸附分析法测定水中双氯芬酸钠. 化学研究与应用, 2008, 20 (5): 548 - 551.

[123] Sanderson H, Johnson D J, Wilson C J, et al. Probabilistic hazard assessment of environmentally occurring pharmaceuticals toxicity to fish, daphnids and algae by ECOSAR screening. Toxicology Letters, 2003, 144 (3): 383 - 395

[124] Schwaiger J, Ferling H, Mallow U, et al. Toxic effects of the non-steroidal anti-inflammatory drug diclofenac: Part I: histopathological alterations and bioaccumulation in rainbow trout. Aquat Toxicol, 2004, 68 (2): 141 - 150

[125] Li W, Lu S, Qiu Z, et al. Clofibric acid degradation in UV_{254}/H_2O_2 process: effect of temperature. J Hazard Mater, 2010, 176 (1-3): 1051 - 7.

[126] Schwaiger J, Ferling H, Mallow U, et al. Toxic effects of the non-steroidal anti-inflammatory drug diclofenac* 1: Part I: histopathological alterations and bioaccumulation in rainbow trout. Aquatic Toxicology, 2004, 68 (2): 141 - 150

[127] Triebskorn R, Casper H, Heyd A, et al. Toxic effects of the non-steroidal anti-inflammatory drug diclofenac: Part II. Cytological effects in liver, kidney, gills and intestine of rainbow trout (Oncorhynchus mykiss). Aquat Toxicol, 2004, 68 (2): 151 - 166

[128] Flippin J L, Huggett D, Foran C M. Changes in the timing of reproduction following chronic exposure to ibuprofen in Japanese medaka, Oryzias latipes. Aquatic Toxicology, 2007, 81 (1): 73 - 78

[129] Brozinski J M, Lahti M, Oikari A, et al. Detection of naproxen and its metabolites in fish bile following intraperitoneal and aqueous exposure. Environmental Science and Pollution Research, 2011: 18 (5): 811 - 818.

[130] Haasch M. Induction of anti-trout lauric acid hydroxylase immunoreactive proteins by peroxisome proliferators in bluegill and catfish. Marine Environ Res, 1996, 42 (1-4): 287 - 291

[131] Cleuvers M. Mixture toxicity of the anti-inflammatory drugs diclofenac, ibuprofen, naproxen, and acetylsalicylic acid. Ecotoxicology and Environmental Safety, 2004, 59 (3): 309 - 315

[132] Haap T, Triebskorn R, Kohler H R. Acute effects of diclofenac and DMSO to Daphnia magna: immobilisation and hsp70-induction. Chemosphere, 2008, 73 (3): 353 - 359

[133] Kümmerer, Klaus. Pharmaceuticals in the Environment: Sources, Fate, Effects and Risks. Berlin Springer-berlag Berlin Heidelberg, 2008: 277 - 284.

[134] Quinn B, Gagné F, Blaise C. An investigation into the acute and chronic toxicity of eleven pharmaceuticals (and their solvents) found in wastewater effluent on the cnidarian, Hydra attenuata. Science of the Total Environment, 2008, 389 (2-3): 306 - 314

[135] Ferrari B, Paxéus N, Giudice R L, et al. Ecotoxicological impact of pharmaceuticals found in treated wastewaters: study of carbamazepine, clofibric acid, and diclofenac. Ecotoxicol Environ Saf, 2003, 55 (3): 359 - 370

[136] Henschel K P, Wenzel A, Diedrich M, et al. Environmental hazard assessment of pharmaceuticals* 1. Regulatory Toxicology and Pharmacology, 1997, 25 (3): 220 - 225

[137] Kalbfus, W, Kopf, K. First attemps for the ecotoxicological assessment of drugs in surface water proceeding of the 51st meeting of the Bavarian Ministry of Water Economy. Munich. 1997 (conference proceedings)

[138] Daughton C G, Ternes T A. Pharmaceuticals and personal care products in the environment: agents of subtle change? Environmental Health Perspectives, 1999, 107: 907 - 938

[139] Hui X, Hewitt P G, Poblete N, et al. In vivo bioavailability and metabolism of topical diclofenac lotion in human volunteers. Pharm Res, 1998, 15 (10): 1589 - 1595

[140] Oaks J, Gilbert M, Virani M, et al. Diclofenac residues as the cause of vulture population decline in Pakistan. Nature, 2004, 427 (6975): 630 - 633

[141] Murray M, Brater D. Renal toxicity of the nonsteroidal anti-inflammatory

drugs. Annual Review of Pharmacology and Toxicology, 1993, 33 (1): 435 – 465

[142] Oh E, Ban E, Woo J S, et al. Analysis of carbamazepine and its active metabolite, carbamazepine-10, 11-epoxide, in human plasma using high-performance liquid chromatography. Anal Bioanal Chem, 2006, 386 (6): 1931 – 1936

[143] Hao C, Lissemore L, Nguyen B, et al. Determination of pharmaceuticals in environmental waters by liquid chromatography/electrospray ionization/tandem mass spectrometry. Anal Bioanal Chem, 2006, 384 (2): 505 – 513

[144] Vader J S, van Ginkel C G, Sperling F, et al. Degradation of ethinyl estradiol by nitrifying activated sludge. Chemosphere, 2000, 41 (8): 1239 – 1243

[145] Zwiener C, Glauner T, Frimmel F H. Biodegradation of pharmaceutical residues investigated by SPE-GC/ITD-MS and on-line derivatization. Hrc-Journal of High Resolution Chromatography, 2000, 23 (7-8): 474 – 478

[146] Goel A, Muller M B, Sharma M, et al. Biodegradation of nonylphenol ethoxylate surfactants in biofilm reactors. Acta Hydrochimica Et Hydrobiologica, 2003, 31 (2): 108 – 119

[147] Drewes J E, Fox P, Jekel M. Occurrence of iodinated X-ray contrast media in domestic effluents and their fate during indirect potable reuse. Journal of Environmental Science and Health Part a-Toxic/Hazardous Substances & Environmental Engineering, 2001, 36 (9): 1633 – 1645

[148] Keener W K, Arp D J. Transformations of aromatic-compounds by nitrosomonas-europaea. Applied and Environmental Microbiology, 1994, 60 (6): 1914 – 1920

[149] Zwiener C, Frimmel F H. Short-term tests with a pilot sewage plant and biofilm reactors for the biological degradation of the pharmaceutical compounds clofibric acid, ibuprofen, and diclofenac. Science of the Total Environment, 2003, 309 (1-3): 201 – 211

[150] Stumpf M, Ternes T A, Wilken R D, et al. Polar drug residues in sewage and natural waters in the state of Rio de Janeiro, Brazil. Science of the Total Environment, 1999, 225 (1-2): 135 – 141

[151] Carballa M, Omil F, Alder A C, et al. Comparison between the conventional anaerobic digestion of sewage sludge and its combination with a chemical or thermal pre-treatment concerning the removal of pharmaceuticals and personal care products. Water Sci Technol, 2006, 53 (8): 109 – 117

[152] Castiglioni S, Bagnati R, Fanelli R, et al. Removal of pharmaceuticals in sewage treatment plants in Italy. Environ Sci Technol, 2006, 40 (1): 357 – 363

[153] Bernhard M, Muller J, Knepper T R. Biodegradation of persistent polar pollutants in wastewater: comparison of an optimised lab-scale membrane bioreactor and activated sludge treatment. Water Research, 2006, 40 (18): 3419 – 3428

[154] Bendz D, Paxeus N A, Ginn T R, et al. Occurrence and fate of pharmaceutically active compounds in the environment, a case study: Hoje River in Sweden. Journal of Hazardous Materials, 2005, 122 (3): 195 – 204

[155] Zorita S, Martensson L, Mathiasson L. Occurrence and removal of pharmaceuticals in a municipal sewage treatment system in the south of Sweden. Sci Total Environ, 2009, 407 (8): 2760 – 2770

[156] Carballa M, Omil F, Lema J M, et al. Behaviour of pharmaceuticals and personal care products in a sewage treatment plant of northwest Spain. Water Sci Technol, 2005, 52 (8): 29 – 35

[157] Joss A, Zabczynski S, Göbel A, et al. Biological degradation of pharmaceuticals in municipal wastewater treatment: proposing a classification scheme. Water Research, 2006, 40 (8): 1686 – 1696

[158] Xu J, Liu C. Optimization of parameters on photocatalytic degradation of chloramphenicol using TiO$_2$ as photocatalyist by response surface methodology Journal of Enviromeutal Science, 2010, 22 (8): 1281 – 1289

[159] Yang H, Li G, An T, et al. Photocatalytic degradation kinetics and mechanism of environmental pharmaceuticals in aqueous suspension of TiO$_2$: a case of sulfa drugs. Catalysis Today, 2010, 153 (3-4): 200 – 207

[160] Yang S, Doong R. Preparation of potassium ferrate for the degradation of tetracycline. USA: ACS Publications, 2008: 404 – 419

[161] Zhang J, Fu D, Xu Y, et al. Optimization of parameters on photocatalytic degradation of chloramphenicol using TiO$_2$ as photocatalyist by response surface methodology. Journal of Environmental Sciences, 2010, 22 (8): 1281 – 1289

[162] Zhang X, Wu F, Wu X, et al. Photodegradation of acetaminophen in TiO$_2$ suspended solution. Journal of Hazardous Materials, 2008, 157 (2-3): 300 – 307

[163] Ternes, T A, Meisenheimer M, Mcdowell D, et al. Removal of pharmaceuticals during drinking water treatment. Environ Sci Technol, 2002, 36 (17): 3855 – 3863

[164] Beltran F J, Aguinaco A, Garcia-Araya J F, et al. Ozone and photocatalytic processes to remove the antibiotic sulfamethoxazole from water. Water Research, 2008, 42 (14): 3799 – 3808

[165] Rosal R, Rodríguez A, Perdigón-Melón J A, et al. Removal of pharmaceuticals and kinetics ofmineralization by O (3) /H (2) O (2) in a biotreated municipal wastewater. Water Res, 2008, 42 (14): 3719

[166] Mendez-Arriaga F, Torres-Palma R A, Petrier C, et al. Mineralization enhancement of a recalcitrant pharmaceutical pollutant in water by advanced oxidation hybrid processes. Water Res, 2009, 43 (16): 3984 – 3991

[167] Naddeo V, Belgiorno V, Kassinos D, et al. Ultrasonic degradation, mineraliza-

tion and detoxification of diclofenac in water: optimization of operating parameters. Ultrason Sonochem, 17 (1): 179 - 185

[168] Vasconcelos T, Kümmerer K, Henriques D, et al. Ciprofloxacin in hospital effluent: degradation by ozone and photoprocesses. Journal of Hazardous Materials, 2009, 169 (1-3): 1154 - 1158

[169] Jianxian J, Jiachen S. Pharmaceuticals and personal care products (PPCPs) in environment. Progress in Chemistry, 2009, 1: 907 - 938

[170] Deng C, Ren C, Wu F, et al. Montmorillonite KSF as catalyst for degradation of acetaminophen with heterogeneous fenton reactions. Reaction Kinetics, Mechanisms and Catalysis, 2010, 100 (2): 277 - 288

[171] Llorens E, Matamoros V, Domingo V, et al. Water quality improvement in a full-scale tertiary constructed wetland: effects on conventional and specific organic contaminants. Science of The Total Environment, 2009, 407 (8): 2517 - 2524

[172] Álvarez P, Jaramillo J, López-Piñero F, et al. Preparation and characterization of magnetic TiO_2 nanoparticles and their utilisation for the degradation of emerging pollutants in water. Applied Catalysis B: Environmental, 2010, 100 (1): 338 - 345

[173] An J, Zhou Q. Review on the residue levels of PPCPs in the sewage treatment and the corresponding intensified technologies. Journal of Safety and Environment, 2009, 9 (3): 24 - 28

[174] Belgiorno V, Rizzo L, Fatta D, et al. Review on endocrine disrupting-emerging compounds in urban wastewater: occurrence and removal by photocatalysis and ultrasonic irradiation for wastewater reuse. Desalination, 2007, 215 (1 - 3): 166 - 176

[175] Calza P, Sakkas V, Villioti A, et al. Multivariate experimental design for the photocatalytic degradation of imipramine: determination of the reaction pathway and identification of intermediate products. Applied Catalysis B: Environmental, 2008, 84 (3 - 4): 379 - 388

[176] Calza P, Sakkas V, Medana C, et al. Efficiency of TiO_2 photocatalytic degradation of HHCB (1, 3, 4, 6, 7, 8-hexahydro-4, 6, 6, 7, 8, 8-hexamethylcyclopenta [[gamma]] - 2 - benzopyran) in natural aqueous solutions by nested experimental design and mechanism of degradation. Applied Catalysis B: Environmental, 2010, 99 (1): 314 - 320

[177] Duran J. Development of a CFD-based model for the simulation of immobilized photocatalytic reactors for water treatment. University of British Golunbia. 2001.

[178] Duran J, Taghipour F, Mohseni M. Simulation of immobilized photocatalytic reactors using cfd, https: //docs. google. com/viewer? a = v&q: cache: blvbd8Jkc_ wJ: arehivos labcontrol. cl/wcce8/offline/techsched/manuscripts/37 czntpdf 2009 - 10 - 20

[179] Esplugas S, Bila D, Krause L, et al. Ozonation and advanced oxidation technolo-

gies to remove endocrine disrupting chemicals (EDCs) and pharmaceuticals and personal care products (PPCPs) in water effluents. Journal of Hazardous Materials, 2007, 149 (3): 631 - 642

[180] Giraldo A, Peuela G, Torres-Palma R, et al. Degradation of the antibiotic oxolinic acid by photocatalysis with TiO$_2$ in suspension. Water Research, 2010, 44 (18): 5158 - 5167.

[181] Henze M, Harremoes P. Anaerobic treatment of wastewater in fixed-film reactors- a literature review. Water Sci Technol, 1983, 15 (184): 1 - 101

[182] Kabra K, chaudhary R, Sawhney R L. Treatment of hazardous organic and inorganic compounds through aqueous-phase photocatalysis: A review. Industrial &. engineering chemistry res, 2004, 43 (24): 7683 - 7696

[183] Kambo Mj. Studies on the degradation of industrial waste water using heterogeneous photocatalysis. Master of Technology in Environmental Sciences and Technology. A dissertation from Thapar University.

[184] Ohko Y, Ando I, Niwa C, et al. Degradation of Bisphenol A in Water by TiO$_2$ Photocatalyst. Environ Sci Technol, 2001, 35 (11), 2365 - 2368

[185] Konstantinou I, Lambropoulou D, Albanis T. Photochemical transformation of pharmaceuticals in the aquatic environment: reaction pathways and intermediates. Xenobiotics in the Urban Water Cycle, 2010: 179 - 194

[186] Méndez-Arriaga F, Maldonado M, Gimenez J, et al. Abatement of ibuprofen by solar photocatalysis process: enhancement and scale up. Catalysis Today, 2009, 144 (1 - 2): 112 - 116

[187] Rosenfeldt E, Linden K. Degradation of endocrine disrupting chemicals bisphenol A, ethinyl estradiol, and estradiol during UV photolysis and advanced oxidation processes. Environ Sci Technol, 2004, 38 (20): 5476 - 5483

[188] Sakkas V, Islam M. Photocatalytic degradation using design of experiments: a review and example of the Congo red degradation. Journal of Hazardous Materials, 2010, 175 (1-3): 33 - 44

[189] Shih-Fen Y, Ruey-An D. Preparation of potassium ferrate for the degradation of tetracycline. ACS Symposiwn Series, 2008, 985: 404 - 419

[190] Simoni M. Advanced technologies for micro-pollutants removal from wastewater. Pharmaceuticals and their degradation products in the environment, Oralpresent atim 2009

[191] Sugihara M. Uv-TiO$_2$ photocatalytic degradation of the X-ray contrast agent diatrizoate: kinetics and mechanisms in oxic and anoxic solutions. University of at Urbana-Champaign USA. 2010

[192] Tungudomwongsa H, Leckie J, Mill T. Photocatalytic oxidation of emerging con-

taminants: kinetics and pathways for photocatalytic oxidation of pharmaceutical compounds. Journal of Advanced Oxidation Technologies, 2006, 9 (1): 59 - 64

[193] Mendez-Arriaga F, Esplugas S, Gimenez J. Photocatalytic degradation of non-steroidal anti-inflammatory drugs with TiO_2 and simulated solar irradiation. Water Res, 2008, 42 (3): 585 - 594

[194] Rizzo L, Meric S, Kassinos D, et al. Degradation of diclofenac by TiO_2 photocatalysis: UV absorbance kinetics and process evaluation through a set of toxicity bioassays. Water Res, 2009, 43 (4): 979 - 988

[195] Pereira V J, Linden K G, Weinberg H S. Evaluation of UV irradiation for photolytic and oxidative degradation of pharmaceutical compounds in water. Water Res, 2007, 41 (19): 4413 - 4423

[196] Kim I, Tanaka H. Photodegradation characteristics of PPCPs in water with UV treatment. Environment International, 2009, 35 (5): 793 - 802

[197] Kim J H, Kim S J, Lee C H, et al. Removal of toxic organic micropollutants with FeTsPc-immobilized amberlite/H_2O_2: effect of physicochemical properties of toxic chemicals. Industrial & Engineering Chemistry Research, 2009, 48 (3): 1586 - 1592

[198] Andreozzi R, Campanella L, Fraysse B, et al. Effects of advanced oxidation processes (AOPs) on the toxicity of a mixture of pharmaceuticals. Water Sci Technol, 2004, 50 (5): 23 - 28

[199] Yuan F, Hu C, Hu X X, et al. Degradation of selected pharmaceuticals in aqueous solution with UV and UV/H_2O_2. Water Res, 2009, 43 (6): 1766 - 1774

[200] Doll T E, Frimmel F H. Fate of pharmaceuticals-photodegradation by simulated solar UV-light. Chemosphere, 2003, 52 (10): 1757 - 1769

[201] Yalap K S, Balcioglu I A. Effects of inorganic anions and humic acid on the photocatalytic and ozone oxidation of oxytetracycline in aqueous solution. J Adv Oxid Technol, 2009, 12 (1): 134 - 143

[202] Mouamfon M V N, Li W Z, Lu S G, et al. Photodegradation of sulphamethoxazole under UV-light irradiation at 254 nm. Environ Technol, 2010, 31 (5): 489 - 494

[203] Stangroom S J, Macleod C L, Lester J N. Photosensitized transformation of the herbicide 4-chloro-2-methylphenoxy acetic acid (MCPA) in water. Water Res, 1998, 32 (3): 623 - 632

[204] Garbin J R, Milori D, SimesmM L, et al. Influence of humic substances on the photolysis of aqueous pesticide residues. Chemosphere, 2007, 66 (9): 1692 - 1698

[205] Zalazar C S, Labas M D, Brandi R J, et al. Dichloroacetic acid degradation employing hydrogen peroxide and UV radiation. Chemosphere, 2007, 66 (5): 808 - 815

[206] Buxton G V, Greenstock C L, Helman W P, et al. Critical review of rate constants for reactions of hydrated electrons, hydrogen atoms and hydroxyl radi-

cals. Phys Chem Ref Data, 1988, 17: 513 - 886

[207] Liao C H, Kang S F, Wu F A. Hydroxyl radical scavenging role of chloride and bicarbonate ions in the H_2O_2/UV process. Chemosphere, 2001, 44 (5): 1193 - 1200

[208] Jayson G G, Parsons B J, Swallow A J. Some simple, highly reactive, inorganic chlorine derivatives in aqueous solution. Their formation using pulses of radiation and their role in the mechanism of the Fricke dosimeter. Journal of the Chemical Society, Faraday Transactions 1, 1973, 69: 1597 - 1607

[209] Srensen M, Frimmel F H. Photochemical degradation of hydrophilic xenobiotics in the UV/H_2O_2 process: influence of nitrate on the degradation rate of EDTA, 2-amino-1-naphthalenesulfonate, diphenyl-4-sulfonate and 4, 4'-diaminostilbene-2, 2'-disulfonate. Water Res, 1997, 31 (11): 2885 - 2891

[210] Liao C H, Gurol M D. Chemical oxidation by photolytic decomposition of hydrogen peroxide. Environmental Science & Technology, 1995, 29 (12): 3007 - 3014

[211] Xu J, Wu L S, Chang A C. Degradation and adsorption of selected pharmaceuticals and personal care products (PPCPs) in agricultural soils. Chemosphere, 2009, 77 (10): 1299 - 1305

[212] Kunkel U, Radke M. Biodegradation of acidic pharmaceuticals in bed sediments: insight from a laboratory experiment. Environmental Science & Technology, 2008, 42 (19): 7273 - 7279

[213] Lindqvist N, Tuhkanen T, Kronberg L. Occurrence of acidic pharmaceuticals in raw and treated sewages and in receiving waters. Water Res, 2005, 39 (11): 2219 - 2228

[214] Tixier C, Singer H P, Oellers S, et al. Occurrence and fate of carbamazepine, clo fibric acid, diclofenac, ibuprofen, ketoprofen, and naproxen in surface waters. Environmental Science & Technology, 2003, 37 (6): 1061 - 1068

[215] Metcalfe C D, Koenig B G, Bennie D T, et al. Occurrence of neutral and acidic drugs in the effluents of Canadian sewage treatment plants. Environ Toxicol Chem, 2003, 22 (12): 2872 - 2880

[216] Razavi B, Song W H, Cooper W J, et al. Free-radical-induced oxidative and reductive degradation of fibrate pharmaceuticals: kinetic studies and degradation mechanisms. J Phys Chem A, 2009, 113 (7): 1287 - 1294

[217] Joss A, Zabczynski S, Gobel A, et al. Biological degradation of pharmaceuticals in municipal wastewater treatment: proposing a classification scheme. Water Res, 2006, 40 (8): 1686 - 1696

[218] Trovo A G, Melo S A S, Nogueira R F P. Photodegradation of the pharmaceuticals amoxicillin, bezafibrate and paracetamol by the photo-fenton process-application to sewage treatment plant effluent. Journal of Photochemistry and Photobiolo-

gy a-Chemistry, 2008, 198 (2-3): 215 - 220

[219] Pereira V J, Weinberg H S, Linden K G, et al. UV degradation kinetics and modeling of pharmaceutical compounds in laboratory grade and surface water via direct and indirect photolysis at 254 nm. Environ Sci Technol, 2007, 41 (5): 1682 -1688

[220] Isidori M, Bellotta M, Cangiano M, et al. Estrogenic activity of pharmaceuticals in the aquatic environment. Environ Int, 2009, 35 (5): 826 - 829

[221] Abshagen U, Bablok W, Koch K, et al. Disposition pharmacokinetics of bezafibrate in man. European Journal of Clinical Pharmacology, 1979, 16 (1): 31 - 38

[222] Alhnan M A, Basit A W. In-process crystallization of acidic drugs in acrylic microparticle systems: influence of physical factors and drug-polymer Interactions. Journal of Pharmaceutical Sciences, 2011, 100 (8): 3284 - 3293

[223] Miao X S, Koenig B G, Metcalfe C D. Analysis of acidic drugs in the effluents of sewage treatment plants using liquid chromatography-electrospray ionization tandem mass spectrometry. Journal of Chromatography A, 2002, 952 (1-2): 139 - 147

[224] Stumpf M, Ternes T, Wilken R. Polar drug residues in sewage and natural waters in the state of Rio de Janeiro, Brazil. The Science of the Total Environment, 1999, 225 (1-2): 135 - 141

[225] Kasprzyk-Hordern B, Dinsdale R, Guwy A. The occurrence of pharmaceuticals, personal care products, endocrine disruptors and illicit drugs in surface water in South Wales, UK. Water Research, 2008, 42 (13): 3498 - 3518

[226] Ternes T A, Meisenheimer M, McDowell D, et al. Removal of pharmaceuticals during drinking water treatment. Environ Sci Technol, 2002, 36 (17): 3855 - 3863

[227] Dantas R F, Canterino M, Marotta R, et al. Bezafibrate removal by means of ozonation: primary intermediates, kinetics, and toxicity assessment. Water Research, 2007, 41 (12): 2525 - 2532

[228] Cermola M, DellaGreca M, Iesce M R, et al. Phototransformation of fibrate drugs in aqueous media. Environmental Chemistry Letters, 2005, 3 (1): 43 - 47

[229] Lambropoulou D A, Hemando M D, Konstantinou I K, et al. Identification of photocatalytic degradation products of bezafibrate in TiO_2 aqueous suspensions by liquid and gas chromatography. Journal of Chromatography A, 2008, 1183 (1-2): 38 - 48

[230] Kim I, Yamashita N, Tanaka H. Performance of UV and UV/H_2O_2 processes for the removal of pharmaceuticals detected in secondary effluent of a sewage treatment plant in Japan. Journal of Hazardous Materials, 2009, 166 (2-3): 1134 - 1140

[231] Gao N Y, Deng Y, Zhao D. Ametryn degradation in the ultraviolet (UV) irradiation/hydrogen peroxide (H_2O_2) treatment. J Hazard Mater, 2009, 164 (2-3): 640 - 645

[232] Sun Z, Schüssler W, Sengl M, et al. Selective trace analysis of diclofenac in sur-

face and wastewater samples using solid-phase extraction with a new molecularly imprinted polymer. Anal Chim Acta, 2008, 620 (1-2): 73 - 81

[233] Del Rio A, Molina J, Bonastre J, et al. Study of the electrochemical oxidation and reduction of CI reactive orange 4 in sodium sulphate alkaline solutions. Journal of Hazardous Materials, 2009, 172 (1): 187 - 195

[234] Meng Z, Chen W, Mulchandani A. Removal of estrogenic pollutants from contaminated water using molecularly imprinted polymers. Environ Sci Technol, 2005, 39 (22): 8958 - 8962

[235] Beltran E C A, Marcé R M, Cormack, P A G , et al. Synthesis by precipitation polymerisation of molecularly imprinted polymer microspheres for the selective extraction of carbamazepine and oxcarbazepine from human urine. J Chromatogr, 2009, 1216: 2248 - 2253

[236] Li P, Rong F, Yuan C. Morphologies and binding characteristics of molecularly imprinted polymers prepared by precipitation polymerization. Polym Int, 2003, 52 (12): 1799 - 1806

[237] Liu Y, Hoshina K, Haginaka J. Monodispersed, molecularly imprinted polymers for cinchonidine by precipitation polymerization. Talanta, 2010, 80 (5): 1713 - 1718

[238] Zhang Y, Geißen S-U, Gal C. Carbamazepine and diclofenac: removal in wastewater treatment plants and occurrence in water bodies. Chemosphere, 2008, 73 (8): 1151 - 1161

[239] Gaulke L S. Estrogen nitration kinetics and implications for wastewater treatment. water Environment Research, 2009, 81 (18): 772 - 778

[240] Turner NW, Piletska EV, Karim K, et al. Effect of the solvent on recognition properties of molecularly imprinted polymer specific for ochratoxin A. Biosensors Bioelectron, 2004, 20 (6): 1060 - 1067

[241] Liu Y, Wang F, Tan T, et al. Study of the properties of molecularly imprinted polymers by computational and conformational analysis. Anal Chim Acta, 2007, 581 (1): 137 - 146

[242] Zhang Y, Zhou J L. Removal of estrone and 17 P-estradiol from water by adsorption. Water Res, 2005, 39 (16): 3991 - 4003

[243] Ramstr M O, Ye L, Gustavsson P. Chiral recognition by molecularly imprinted polymers in aqueous media. Chromatographia, 1998, 48 (3): 197 - 202

[244] Sellergren B, Lepistoe M, Mosbach K. Highly enantioselective and substrate-selective polymers obtained by molecular imprinting utilizing noncovalent interactions. NMR and chromatographic studies on the nature of recognition. J Am Chem Soc, 1988, 110 (17): 5853 - 5860

[245] Karlsson J, Andersson L, Nicholls I. Probing the molecular basis for ligand-selec-

tive recognition in molecularly imprinted polymers selective for the local anaesthetic bupivacaine. Anal Chim Acta, 2001, 435 (1): 57 - 64

[246] Haupt K, Dzgoev A, Mosbach K. Assay system for the herbicide 2, 4-dichlorophenoxyacetic acid using a molecularly imprinted polymer as an artificial recognition element. Anal Chem, 1998, 70 (3): 628 - 631

[247] Chen Y, Kele M, Qui O I, et al. Influence of the pH on the behavior of an imprinted polymeric stationary phase—supporting evidence for a binding site model. J Chromatogr, 2001, 927 (1-2): 1 - 17

[248] Cousins I, Staples C, Kle K G, et al. A multimedia assessment of the environmental fate of bisphenol A. Human and Ecological Risk Assessment: An International Journal, 2002, 8 (5): 1107 - 1135

[249] Chapuis F, Mullot J, Pichon V, et al. Molecularly imprinted polymers for the clean-up of a basic drug from environmental and biological samples. J Chromatogr, 2006, 1135 (2): 127 - 134

[250] De Paolis F, Kukkonen J. Binding of organic pollutants to humic and fulvic acids: influence of pH and the structure of humic material. Chemosphere, 1997, 34 (8): 1693 - 1704

[251] Lin Y, Shi Y, Jiang M, et al. Removal of phenolic estrogen pollutants from different sources of water using molecularly imprinted polymeric microspheres. Environ Pollut, 2008, 153 (2): 483 - 491

[252] Fukuhara T, Iwasaki S, Kawashima M, et al. Absorbability of estrone and 17beta-estradiol in water onto activated carbon. Water Res, 2006, 40 (2): 241 - 248

[253] Kubo T, Hosoya K, Watabe Y, et al. On-column concentration of bisphenol a with one - step removal of humic acids in water. J Chromatogr, 2003, 987 (1-2): 389 - 394

[254] Le Noir M, Lepeuple AS, Guieysse B, et al. Selective removal of 17β-estradiol at trace concentration using a molecularly imprinted polymer. Water Res, 2007, 41 (12): 2825 - 2831

[255] Beltrán F J, Pocostales P, Alvarez P, et al. Diclofenac removal from water with ozone and activated carbon. J Hazard Mater, 2009, 163 (2-3): 768 - 776

[256] Fukuhara T, Iwasaki S, Kawashima M, et al. Adsorbability of estrone and 17 [beta] - estradiol in water onto activated carbon. Water Res, 2006, 40 (2): 241 - 248

[257] Oetken M, Nentwig G, Löffler D, et al. Effects of pharmaceuticals on aquatic invertebrates. Part I. The antiepileptic drug carbamazepine. Arch Environ Contam Toxicol, 2005, 49 (3): 353 - 361

[258] Thacker P D. Pharmaceutical data elude researchers. Environ Sci Technol, 2005, 39 (9): 193A - 194A

［259］ Strenn B, Clara M, Gans O, et al. Carbamazepine, diclofenac, ibuprofen and bez-
afibrate—investigations on the behaviour of selected pharmaceuticals during
wastewater treatment. Water Sci Technol, 2004, 50 (5): 269 - 276

［260］ Miao XS, Yang JJ, Metcalfe C D. Carbamazepine and its metabolites in
wastewater and in biosolids in a municipal wastewater treatment plant. Environ Sci
Technol, 2005, 39 (19): 7469 - 7475

［261］ Vieno N, Tuhkanen T, Kronberg L. Elimination of pharmaceuticals in sewage
treatment plants in Finland. Water Res, 2007, 41 (5): 1001 - 1012

［262］ Rxlist. The Internet Drug Index, http: //www. Txlist. com. 2006.

［263］ Wishart D S, Knox C, Guo A C, et al. DrugBank: a comprehensive resource for
in silico drug discovery and exploration. Nucleic Acids Res, 2006, 34 (Database
issue): 668 - 672

［264］ Reith D M, Appleton D B, Hooper W, et al. The effect of body size on the metabolic
clearance of carbamazepine. Biopharm Drug Disposition, 2000, 21 (3): 103 - 111

［265］ Theisohn M, Heimann G. Disposition of the antiepileptic oxcarbazepine and its
metabolites in healthy volunteers. Eur J Clin Pharmacol, 1982, 22 (6): 545 - 551

［266］ Miao X S, Metcalfe C D. Determination of carbamazepine and its metabolites in
aqueous samples using liquid chromatography－electrospray tandem mass spec-
trometry. Analytical Chemistry, 2003, 75 (15): 3731 - 3738

［267］ Bernus I, Dickinson R G, Hooper W D, et al. Early stage autoinduction of car-
bamazepine metabolism in humans. Eur J Clin Pharmacol, 1994, 47 (4): 355 - 360

［268］ Bernus I, Hooper W D, Dickinson R G, et al. Metabolism of carbamazepine and co-ad-
ministered anticonvulsants during pregnancy. Epilepsy Research, 1995, 21 (1):
65 - 75

［269］ Zhang Z B, Hu J Y. Selective removal of estrogenic compounds by molecular im-
printed polymer (MIP) .Water Research, 2008, 42 (15): 4101 - 4108

［270］ Bendz D, Paxéus N A, Ginn T R, et al. Occurrence and fate of pharmaceutically
active compounds in the environment, a case study: Höje River in Swe-
den. Journal of Hazardous Materials, 2005, 122 (3): 195 - 204

［271］ Gros M, Petrovic M, Barcelo D. Development of a multi-residue analytical meth-
odology based on liquid chromatography-tandem mass spectrometry (LC-MS/
MS) for screening and trace level determination of pharmaceuticals in surface and
wastewaters. Talanta, 2006, 70 (4): 678 - 690

［272］ Zuehlke S, Duennbier U, Heberer T. Determination of polar drug residues in sew-
age and surface water applying liquid chromatography－tandem mass spectrome-
try. Analytical Chemistry, 2004, 76 (22): 6548 - 6554

［273］ Clara M, Strenn B, Gans O, et al. Removal of selected pharmaceuticals, fragrances and endocrine disrupting compounds in a membrane bioreactor and conventional wastewater treatment plants. Water Research, 2005, 39 (19): 4797 - 4807

[274] Zhou X F, Dai C M, Zhang Y L, et al. A preliminary study on the occurrence and behavior of carbamazepine (CBZ) in aquatic environment of Yangtze River Delta, China. Environ Monit Assess, 2011, 173 (1): 45 - 53 dio: 10.1007/s10661 - 010 - 1369 - 8

[275] Brun G L, Bernier M, Losier R, et al. Pharmaceutically active compounds in atlantic canadian sewage treatment plant effluents and receiving waters, and potential for environmental effects as measured by acute and chronic aquatic toxicity. Environ Toxicol Chem, 2006, 25 (8): 2163 - 2176

[276] Zuccato E, Castiglioni S, Fanelli R. Identification of the pharmaceuticals for human use contaminating the Italian aquatic environment. Journal of Hazardous Materials, 2005, 122 (3): 205 - 209

[277] Moldovan Z. Occurrences of pharmaceutical and personal care products as micropollutants in rivers from Romania. Chemosphere, 2006, 64 (11): 1808 - 1817

[278] Wiegel S, Aulinger A, Brockmeyer R, et al. Pharmaceuticals in the river Elbe and its tributaries. Chemosphere, 2004, 57 (2): 107 - 126

[279] Bruchet A, Hochereau C, Picard C, et al. Analysis of drugs and personal care products in French source and drinking waters: the analytical challenge and examples of application. Water Sci Technol, 2005, 52 (8): 53 - 61

[280] Heberer T, Feldmann D. Contribution of effluents from hospitals and private households to the total loads of diclofenac and carbamazepine in municipal sewage effluents—modeling versus measurements. J Hazard Mater, 2005, 122 (3): 211 - 218

[281] Fitzke B, Geissen S U, Vogelpohl A. Pharmaceutical pollution in hospital wastewater - new applications for AOP's. In: Vogelpohl A. Proceedings of Third International Conference on Oxidation Technologies for Water and Wastewater Treatment, 2003, Goslar (pp): 369 - 373

[282] Wen X, Ding H, Huang X, et al. Treatment of hospital wastewater using a submerged membrane bioreactor. Process Biochem, 2004, 39 (11): 1427 - 1431

[283] Pauwels B, Fru Ngwa F, Deconinck S, et al. Effluent quality of a conventional activated sludge and a membrane bioreactor system treating hospital wastewater. Environ Technol, 2006, 27 (4): 395 - 402

[284] HuberM M GÖbel A, Joss A, et al. Oxidation of pharmaceuticals during ozonation of municipal wastewater effluents: a pilot study. Environ Sci Technol, 2005, 39 (11): 4290 - 4299

[285] Westerhoff P, Yoon Y, Snyder S, et al. Fate of endocrine-disruptor, pharmaceutical, and personal care product chemicals during simulated drinking water treat-

ment processes. Environ Sci Technol, 2005, 39 (17): 6649 - 6663

[286] Weigel S, Bester K, Hühnerfuss H. New method for rapid solid-phase extraction of large-volume water samples and its application to non-target screening of North Sea water for organic contaminants by gas chromatography-mass spectrometry. J Chromatogr, 2001, 912 (1): 151 - 161

[287] Tixier C, Singer H P, Oellers S, et al. Occurrence and fate of carbamazepine, clofibric acid, diclofenac, ibuprofen, ketoprofen, and naproxen in surface waters. Environ Sci Technol, 2003, 37 (6): 1061 - 1068

[288] Löffler D, Römbke J, Meller M, et al. Environmental fate of pharmaceuticals in water/sediment systems. Environ Sci Technol, 2005, 39 (14): 5209 - 5218

[289] Clara M, Strenn B, Kreuzinger N. carbamazepine as a possible anthropogenic marker in the aquatic environment: investigations on the behaviour of carbamazepine in wastewater treatment and during groundwater infiltration. Water Res, 2004, 38 (4): 947 - 954

[290] Mersmann P, Scheytt T, Heberer T. Sälenversuche zum transportverhalten von arzneimittelwirkstoffen in der wassergesätigten zone (Column experiments on the transport behavior of pharmaceutically active compounds in the saturated zone) . Acta Hydrochim Hydrobiol, 2002, 30: 275 - 284

[291] Stamatelatou K, FroudaC, Fountoulakis M S, et al. Pharmaceuticals and health care products in wastewater effluents: the example of carbamazepine. Water Sci Technol, 2003, 3 (4): 131 - 137

[292] Heberer T, Verstraeten I M, Meyer M T, et al. Occurrence and fate of pharmaceuticals during bank filtration -preliminary results from investigations in germany and the united states. Water Resour, 2001, 120: 4 - 17

[293] Rabiet M, Togola A, Brissaud F, et al. Consequences of treated water recycling as regards pharmaceuticals and drugs in surface and ground waters of a mmedium-sized mediterranean catchment. Environ Sci Technol, 2006, 40 (17): 5282 - 5288

[294] Osenbrück K, Gläser H R, Knöller K, et al. Sources and transport of selected organic micropollutants in urban groundwater underlying the city of Halle (Saale), Germany. Water Res, 2007, 41 (15): 3259 - 3270

[295] Vieno N M, Tuhkanen T, Kronberg L. Analysis of neutral and basic pharmaceuticals in sewage treatment plants and in recipient rivers using solid phase extraction and liquid chromatography-tandem mass spectrometry detection. J Chromatogr A, 2006, 1134 (1 - 2): 101 - 111

[296] Skadsen J M, Rice B L, Meyering D J. The occurrence and fate of pharmaceuticals, personal care products and endocrine disrupting compounds in a municipal water use cycle: a case study in the city of Ann Arbor. Water Utilities and Fleis &-

VandenBrink Engineering, Inc, www. azgov. org

[297] Benotti M J, Brownawell B J. Distributions of pharmaceuticals in an urban estuary during both dry-and wet-weather conditions. Environ Sci Technol, 2007, 41 (16): 5795 - 5802

[298] Hua W, Bennett E R, Letcher R J. Ozone treatment and the depletion of detectable pharmaceuticals and atrazine herbicide in drinking water sourced from the upper Detroit River, Ontario, Canada. Water Res, 2006, 40 (12): 2259 - 2266

[299] Clara M, Strenn B, Ausserleitner M, et al. Comparison of the behaviour of selected micropollutants in a membrane bioreactor and a conventional wastewater treatment plant. Water Sci Technol, 2004, 50 (5): 29 - 36

[300] Joss A, Keller E, Alder A C, et al. Removal of pharmaceuticals and fragrances in biological wastewater treatment. Water Res, 2005, 39 (14): 3139 - 3152

[301] Maggs J L, Pirmohamed M, Kitteringham N R, et al. Characterization of the metabolites of carbamazepine in patient urine by liquid chromatography/mass spectrometry. Drug Metab Dispos, 1997, 25 (3): 275 - 280

[302] Goodman L, Gilman A. The pharmacological basis of theraputics. Anesthesia& Analgesia. 1941, 20 (1 - 6): 232 - 234

[303] Ternes T A, Stumpf M, Mueller J, et al. Behavior and occurrence of estrogens in municipal sewage treatment plants—I. Investigations in Germany, Canada and Brazil. Sci Total Environ, 1999, 225 (1 - 2): 81 - 90

[304] Andreozzi R, Marotta R, Pinto G, et al. Carbamazepine in water: persistence in the environment, ozonation treatment and preliminary assessment on algal toxicity. Water Res, 2002, 36 (11): 2869 - 2877

[305] Oetken M, Nentwig G, Löffler D, et al. Effects of pharmaceuticals on aquatic invertebrates. Part I. The antiepileptic drug carbamazepine. Arch Environ Contam Toxicol, 2005, 49: 353 - 361

[306] Joss A, Zabczynski S, Göbel A, et al. Biological degradation of pharmaceuticals in municipal wastewater treatment: proposing a classification scheme. Water Res, 2006, 40 (8): 1686 - 1696

[307] Rosenfeldt E J, Linden K G, Canonica S, et al. Comparison of the efficiency of OH radical formation during ozonation and the advanced oxidation processes O_3/H_2O_2 and UV/H_2O_2. Water Res, 2006, 40 (20): 3695 - 3704

[308] Ravichandran L, Selvam K, Swaminathan M. Photo-Fenton defluoridation of pentafluorobenzoic acid with UV-C light. J Photochem Photobiol A: Chem, 2007, 188 (2-3): 392 - 398

[309] 汪力, 高乃云, 魏宏斌, 等. UV 及 $UV-H_2O_2$ 工艺降解阿特拉津的研究. 同济大学学报 (自然科学版), 2006, 34 (11): 1500 - 1504

[310] Doll T E, Frimmel F H. Fate of pharmaceuticals—photodegradation by simulated solar UV-light. Chemosphere, 2003, 52 (10): 1757-1769

[311] Yu X Y, Barker J R. Hydrogen peroxide photolysis in acidic aqueous solutions containing chloride ions. I. Chemical mechanism. J Phys Chem A, 2003, 107 (9): 1313-1324

[312] Schrank S G, José H J, Moreira R F P M, et al. Applicability of Fenton and H_2O_2/UV reactions in the treatment of tannery wastewaters. Chemosphere, 2005, 60 (5): 644-655

[313] Shemer H, Kunukcu Y K, Linden K G. Degradation of the pharmaceutical metronidazole via UV, fenton and photo-fenton processes. Chemosphere, 2006, 63 (2): 269-276

[314] Gogate P R, Pandit A B. A review of imperative technologies for wastewater treatment I: oxidation technologies at ambient conditions. Adv Environ Res, 2004, 8 (3-4): 501-551

[315] Bandara J, Morrison C, Kiwi J, et al. Degradation/decoloration of concentrated solutions of Orange II. Kinetics and quantum yield for sunlight induced reactions via fenton type reagents. J Photochem Photobiol A: Chem, 1996, 99 (1): 57-66

[316] Zepp R G, Faust B C, Hoigne J. Hydroxyl radical formation in aqueous reactions (pH 3-8) of iron (II) with hydrogen peroxide: the photo-fenton reaction. Environ Sci Technol, 1992, 26 (2): 313-319

[317] Faust B C, Hoigné J. Photolysis of Fe (III) -hydroxy complexes as sources of OH radicals in clouds, fog and rain. Atmospheric Environment Part A General Topics, 1990, 24 (1): 79-89

[318] Malhotra S, Pandit M, Kapoor J, et al. Photo-oxidation of cyanide in aqueous solution by the UV/H_2O_2 process. Journal of Chemical Technology & Biotechnology, 2005, 80 (1): 13-19

[319] 赵学坤. 有机污染物的光助 Fenton 法氧化降解及其在海洋沉积物上的吸附行为研究. 上海：中国海洋大学博士学位论文, 2004

[320] Pera-Titus M, García-Molina V, Baños M A, et al. Degradation of chlorophenols by means of advanced oxidation processes: a general review. Appl Catal, B, 2004, 47 (4): 219-256

[321] Saritha P, Aparna C, Himabindu V, et al. Comparison of various advanced oxidation processes for the degradation of 4-chloro-2 nitrophenol. J Hazard Mater, 2007, 149 (3): 609-614

[322] Saquib M, Abu Tariq M, Haque M M, et al. Photocatalytic degradation of disperse blue 1 using UV/TiO_2/H_2O_2 process. J Environ Manage, 2008, 88 (2): 300-306

[323] González L F, Sarria V, Sánchez O F. Degradation of chlorophenols by sequential biological-advanced oxidative process using Trametes pubescens and TiO_2/UV. Bioresour Technol, 2010, 101 (10): 3493 - 3499

[324] Sobczynski A, Duczmal L, Zmudzinski W. Phenol destruction by photocatalysis on TiO2: an attempt to solve the reaction mechanism. J Mol Catal A: Chem, 2004, 213 (2): 225 - 230

[325] Malato S, Blanco J, Vidal A, et al. Photocatalysis with solar energy at a pilot-plant scale: an overview. Appl Catal, B, 2002, 37 (1): 1 - 15

[326] Doll T E, Frimmel F H. Kinetic study of photocatalytic degradation of carbamazepine, clofibric acid, iomeprol and iopromide assisted by different TiO_2 materials-determination of intermediates and reaction pathways. Water Res, 2004, 38 (4): 955 - 964

[327] Zwiener C, Frimmel F H. Oxidative treatment of pharmaceuticals in water. Water Res, 2000, 34: 1881 - 1885

[328] Doll T E, Frimmel F H. Photocatalytic degradation of carbamazepine, clofibric acid and iomeprol with P25 and hombikat UV100 in the presence of natural organic matter (NOM) and other organic water constituents. Water Res, 2005, 39 (2-3): 403 - 411

[329] Widstrand C. Evaluation of MISPE for the multi-esidue extraction of-agonists from calves urine. Journal of Chromatography B, , 2004, 804: 85 - 91

[330] Li Y, Li X, Li Y, et al. Selective removal of 2, 4-dichlorophenol from contaminated water using non - covalent imprinted microspheres. Environ Pollut, 2009, 157 (6): 1879 - 1885

[331] Beltran A, Caro E, Marce R M, et al. Borrull synthesis and application of a carbamazepine-imprinted polymer for solid-phase extraction from urine and wastewater. Anal Chim Acta, 2007, 597 (6 - 11)

[332] 张朝晖，张华斌，罗丽娟，等. 多壁碳纳米管表面过氧化苯甲酰印迹复合材料的制备及固相萃取应用. 化学学报, 2009, 67 (24): 2833 - 2839

[333] Beltran A, Marce R M, Cormack P A G, et al. Synthesis by precipitation polymerisation of molecularly imprinted polymer microspheres for the selective extraction of carbamazepine and oxcarbazepine from human urine. Journal of Chromatography A, 2009, 1216 (12): 2248 - 2253

[334] Prasad B B, Srivastava S, Tiwari K, et al. A new zwitterionic imprinted polymer sensor using ethylenediamine tetraacetic acid and chloranil precursors for the trace analysis of L - histidine. Materials Science & Engineering C-Materials for Biological Applications, 2009, 29 (6): 1781 - 1789

[335] Liu R, Li X, Li Y, et al. Effective removal of rhodamine B from contaminated water using non-covalent imprinted microspheres designed by computational approach. Biosensors and Bioelectronics, 2009, 25 (3): 629 - 634

[336] Simon R, Collins M E, Spivak D A. Shape selectivity versus functional group pre-organization in molecularly imprinted polymers. Analytica Chimica Acta, 2007, 591 (1): 7 - 16

[337] Bielicka-Daszkiewicz K, Voelkel A. Theoretical and experimental methods of determination of the breakthrough volume of SPE sorbents. Talanta, 2009, 80 (2): 614 - 621

[338] Celiz M D, Aga D S, Colón L A. Evaluation of a molecularly imprinted polymer for the isolation/enrichment of [beta] -estradiol. Microchemical Journal, 2009, 92 (2): 174 - 179

[339] 齐晶瑶，李欣，姚俊海. 分子印迹聚合物去除水中微量苯胺的研究. 中国给水排水, 2008, 24 (1): 69 - 72

[340] Piletsky S A, Guerreiro A, Piletska E V, et al. Polymer cookery. 2. Influence of polymerization pressure and polymer swelling on the performance of molecularly imprinted polymers. Macromolecules, 2004, 37 (13): 5018 - 5022

[341] Zhang Z. Selective removal of estrogenic compounds by molecular imprinted polymer (MIP) water research. 2008, 42 (15): 4101 - 4108

[342] Osenbruck K, Glaser H R, Knoller K, et al. Sources and transport of selected organic micropollutants in urban groundwater underlying the city of Halle (Saale), Germany. Water Research, 2007, 41: 3259 - 3270

[343] Sajonz P, Kele M, Zhong G, et al. Study of the thermodynamics and mass transfer kinetics of two enantiomers on a polymeric imprinted stationary phase. Journal of Chromatography A, 1998, 810 (1 - 2): 1 - 17

[344] Umpleby R J, Baxter S C, Rampey A M, et al. Characterization of the heterogeneous binding site affinity distributions in molecularly imprinted polymers. Journal of Chromatography B, 2004, 804 (1): 141 - 149

[345] Djozan D, Mahkam M, Ebrahimi B. Preparation and binding study of solid-phase microextraction fiber on the basis of ametryn-imprinted polymer application to the selective extraction of persistent triazine herbicides in tap water, rice, maize and onion. Journal of Chromatography A, 2009, 1216 (12): 2211 - 2219

[346] 梁金虎，罗林，唐英. 分子印迹技术的原理与研究进展. 重庆文理学院学报（自然科学版），2009, 28 (5): 38 - 43

[347] Bravo J C, Fernandez P, Durand J S. Flow injection fluorimetric determination of beta-estradiol using a molecularly imprinted polymer. Analyst, 2005, 130 (10): 1404 - 1409

[348] Davies M P, De Biasi V, Perrett D. Approaches to the rational design of molecularly imprinted polymers. Analytica Chimica Acta, 2004, 504 (1): 7 - 14

[349] Wang D, Hong S P, Row K H. Solid extraction of caffeine and theophylline from green tea by molecular imprinted polymers. Korean Journal of Chemical Engineer-

ing, 2004, 21 (4): 853 - 857

[350] Wulff G. Molecular recognition in polymers prepared by imprinting with templates. Polymeric Reagents and Catalysts: American Chemical Society, 1986P (308): 186 - 230

[351] Heberer T, Reddersen K, Mechlinski A. From municipal sewage to drinking water: fate and removal of pharmaceutical residues in the aquatic environment in urban areas. Water Sci Technol, 2002, 46 (3): 81 - 88

[352] 朱秀媛, 高益民, 李世芬. 人工麝香的研制. 中成药, 1996, 16 (7): 38 - 41

[353] Sommer C. Risk Evaluation of Dietary and Dermal Exposure to Musk Fragrances. Berlin: Springer Berlin / Heidelberg, 2004

[354] 桑文静, 周雪飞, 张亚雷. 城市污水厂污泥中合成麝香分析方法的研究进展. 中国给水排水, 2009, 25 (8): 16 - 21

[355] Sommer C. The Role of Musk and Musk Compounds in the Fragrance Industry. Berlin: Springer Berlin / Heidelberg, 2004

[356] Ternes T A, Bonerz M, Herrmann N, et al. Determination of pharmaceuticals, iodinated contrast media and musk fragrances in sludge by LC/tandem MS and GC/MS. J Chromatogr A, 2005, 1067 (1-2): 213 - 223

[357] Ternes T A, Joss A. Human Pharmaceuticals, Hormones and Fragrances. London & New York: IWA Publishing, 2006

[358] 曾祥英, 桂红艳, 陈多宏, 等. 环境中合成麝香污染现状研究. 环境监测管理与技术, 2007, 19 (2): 10 - 14

[359] Daughton C G, Ternes T A. Pharmaceuticals and personal care products in the environment: agents of subtle change? Environ Health Perspect, 1999, 107 (Supplement 6): 907 - 938

[360] Singer H, Muller S, Tixier C, et al. Triclosan: occurrence and fate of a widely used biocide in the aquatic environment: field measurements in wastewater treatment plants, surface waters, and lake sediments. Environmental Science & Technology, 2002, 36 (23): 4998 - 5004

[361] Piccoli A, Fiori J, Andrisano V, et al. Determination of triclosan in personal health care products by liquid chromatography (HPLC). Farmaco, 2002, 57 (5): 369 - 372

[362] 曾祥英. 污水处理厂多环麝香污染物的分布特征及去除途径的初步研究. 广州: 中国科学院研究生院博士学位论文, 2005

[363] Buerge I J, Buser H R, Muller M D, et al. Behavior of the polycyclic musks HHCB and AHTN in lakes, two potential anthropogenic markers for domestic wastewater in surface waters. Environmental Science & Technology, 2003, 37 (24): 5636 - 5644

[364] Standley L J, Kaplan L A, Smith D. Molecular tracers of organic matter sources to

surface water resources. Environmental Science & Technology, 2000, 34 (15):
3124 – 3130

[365] Yamagishi T, Miyazaki T, Horii S, et al. Identification of musk xylene and musk
ketone in fresh-water fish collected from the Tama River, Tokyo. Bulletin of Envi-
ronmental Contamination and Toxicology, 1981, 26 (5): 656 – 662

[366] Hutter H P, Wallner P, Moshammer H, et al. Blood concentrations of polycyclic
musks in healthy young adults. Chemosphere, 2005, 59 (4): 487 – 492

[367] Reiner J L, Wong C M, Arcaro K F, et al. Synthetic musk fragrances in human milk
from the United States. Environmental Science & Technology, 2007, 41 (11):
3815 – 3820

[368] Reiner J L, Kannan K. A survey of polycyclic musks in selected household com-
modities from the United States. Chemosphere, 2006, 62 (6): 867 – 873

[369] Kannan K, Reiner J L, Yun S H, et al. Polycyclic musk compounds in higher
trophic level aquatic organisms and humans from the United States. Chemosphere,
2005, 61 (5): 693 – 700

[370] Nakata H. Occurrence of synthetic musk fragrances in marine mammals and
sharks from Japanese coastal waters. Environmental Science & Technology,
2005, 39 (10): 3430 – 3434

[371] Heberer T. Occurrence, fate, and assessment of polycyclic musk residues in the
aquatic environment of urban areas-a review. Acta Hydrochimica Et Hydrobiologi-
ca, 2003, 30 (5 – 6): 227 – 243

[372] Liebl B, Mayer R, Ommer S, et al. Transition of nitro musks and polycyclic
musks into human milk. Short and Long Term Effects of Breast Feeding on Child
Health, 2000, 478: 289 – 305

[373] Heberer T, Gramer S, Stan H J. Occurrence and distribution of organic contami-
nants in the aquatic system in Berlin. Part III: Determination of synthetic musks in
Berlin surface water applying solid-phase microextraction (SPME) and gas chro-
matography-mass spectrometry (GC – MS) . Acta Hydrochimica Et Hydrobio-
logica, 1999, 27 (3): 150 – 156

[374] Kafferlein H U, Goen T, Angerer J. Musk xylene: analysis, occurrence, kinet-
ics, and toxicology. Critical Reviews in Toxicology, 1998, 28 (5): 431 – 476

[375] Gatermann R, Huhnerfuss H, Rimkus G, et al. Occurrence of musk xylene and musk
ketone metabolites in the aquatic environment. Chemosphere, 1998, 36 (11):
2535 – 2547

[376] Mueller J, Boehmer W, Litz N T. Occurrence of polycyclic musks in sewage
sludge and their behaviour in soils and plants. J Soils Sediments, 2006, 6 (4):
231 – 235

[377] Muller S, Schmid P, Schlatter C. Occurrence of nitro and non-nitro benzenoid musk compounds in human adipose tissue. Chemosphere, 1996, 33 (1): 17 - 28

[378] Bester K. Retention characteristics and balance assessment for two polycyclic musk fragrances (HHCB and AHTN) in a typical German sewage treatment plant. Chemosphere, 2004, 57 (8): 863 - 870

[379] Kupper T, Berset J D, Etter-Holzer R, et al. Concentration and specific loads of polycyclic musks in sewage sludge originating from a monitoring network in Switzerland. Chemosphere, 2004, 54 (8): 1111 - 1120

[380] Lee H B, Peart T E, Sarafin K. Occurrence of polycyclic and nitro musk compounds in Canadian sludge and wastewater samples. Water Quality Research Journal of Canada, 2003, 38 (4): 683 - 702

[381] Llompart M, Garcia-Jares C, Salgado C, et al. Determination of musk compounds in sewage treatment plant sludge samples by solid-phase microextraction. Journal of Chromatography A, 2003, 999 (1-2): 185 - 193

[382] Draisci R, Marchiafava C, Ferretti E, et al. Evaluation of musk contamination of freshwater fish in Italy by accelerated solvent extraction and gas chromatography with mass spectrometric detection. Journal of Chromatography A, 1998, 814 (1 - 2): 187 - 197

[383] Simonich S L, Federle T W, Eckhoff W S, et al. Removal of fragrance materials during US and European wastewater treatment. Environmental Science & Technology, 2002, 36 (13): 2839 - 2847

[384] Ricking M, Schwarzbauer J, Hellou J, et al. Polycyclic aromatic musk compounds in sewage treatment plant effluents of Canada and Sweden—first results. Marine Pollution Bulletin, 2003, 46 (4): 410 - 417

[385] Stevens J L, Northcott G L, Stern G A, et al. PAHs, PCBs, PCNs, organochlorine pesticides, synthetic musks, and polychlorinated n-alkanes in UK sewage sludge: survey results and implications. Environmental Science & Technology, 2003, 37 (3): 462 - 467

[386] Fromme H, Otto T, Pilz K. Polycyclic musk fragrances in different environmental compartments in Berlin (Germany). Water Research, 2001, 35 (1): 121 - 128

[387] Rimkus G G, Gatermann R, Huhnerfuss H. Musk xylene and musk ketone amino metabolites in the aquatic environment. Toxicology Letters, 1999, 111 (1 - 2): 5 - 15

[388] Dsikowitzky L, Schwarzbauer J, Littke R. Distribution of polycyclic musks in water and particulate matter of the Lippe River (Germany). Organic Geochemistry, 2002, 33 (12): 1747 - 1758

[389] Heim S, Schwaubauer J, Kronimus A, et al. Geochronology of anthropogenic pollutants in riparian wetland sediments of the Lippe River (Germany). Organic

Geochemistry, 2004, 35 (11-12): 1409-1425

[390] Peck A M. Analytical methods for the determination of persistent ingredients of personal care products in environmental matrices. Analytical and Bioanalytical Chemistry, 2006, 386 (4): 907-939

[391] Zeng X Y, Mai B X, Sheng G Y, et al. Distribution of polycyclic musks in surface sediments from the Pearl River Delta and Macao coastal region, South China. Environmental Toxicology and Chemistry, 2008, 27 (1): 18-23

[392] Zhang X L, Yao Y, Zeng X Y, et al. Synthetic musks in the aquatic environment and personal care products in Shanghai, China. Chemosphere, 2008, 72 (10): 1553-1558

[393] 曾祥英, 张晓岚, 钱光人, 等. 苏州河沉积物中多环麝香分布特点的初步研究. 环境科学学报, 2008, 28 (1): 180-184

[394] Sang W J, Zhang Y L, Zhou X F, et al. Occurrence and distribution of synthetic musks in surface sediments of Liangtan River, West China. Environmental Engineering Science, 2012, 29 (1): 19-25

[395] Ying G G, Kookana R S. Triclosan in wastewaters and biosolids from Australian wastewater treatment plants. Environment International, 2007, 33 (2): 199-205

[396] Heidler J, Halden R U. Mass balance assessment of triclosan removal during conventional sewage treatment. Chemosphere. 2007 Jan; 66 (2): 362-9.

[397] Carballa M, Omil F, Ternes T, et al. Fate of pharmaceutical and personal care products (PPCPs) during anaerobic digestion of sewage sludge. Water Research, 2007, 41 (10): 2139-2150

[398] Sabaliunas D, Webb S F, Hauk A, et al. Environmental fate of Triclosan in the River Aire Basin. UK Water Res, 2003, 37 (13): 3145-54

[399] Hua W Y, Bennett E R, Letcher R J. Triclosan in waste and surface waters from the upper Detroit River by liquid chromatography-electrospray-tandem quadrupole mass spectrometry. Environment International, 2005, 31 (5): 621-630

[400] Kinney C A, Furlong E T, Kolpin D W, et al. Bioaccumulation of pharmaceuticals and other anthropogenic waste indicators in earthworms from agricultural soil amended with biosolid or swine manure. Environmental Science & Technology, 2008, 42 (6): 1863-1870

[401] Agüera A, Fernández-Alba A R, Piedra L, et al. Evaluation of triclosan and biphenylol in marine sediments and urban wastewaters by pressurized liquid extraction and solid phase extraction followed by gas chromatography mass spectrometry and liquid chromatography mass spectrometry. Analytica Chimica Acta, 2003, 480 (2): 193-205

[402] Yu J T, Bouwer E J, Coelhan M. Occurrence and biodegradability studies of selected pharmaceuticals and personal care products in sewage effluent. Agricultural

Water Management, 2006, 86 (1-2): 72-80

[403] Canosa P, Rodriguez I, Rub E, et al. Optimization of solid-phase microextraction conditions for the determination of triclosan and possible related compounds in water samples. Journal of Chromatography A, 2005, 1072 (1): 107-115

[404] Wu J L, Lam N P, Martens D, et al. Triclosan determination in water related to wastewater treatment. Talanta, 2007, 72 (5): 1650-1654

[405] Lishman L, Smyth S A, Sarafin K, et al. Occurrence and reductions of pharmaceuticals and personal care products and estrogens by municipal wastewater treatment plants in Ontario, Canada. Science of the Total Environment, 2006, 367 (2-3): 544-558

[406] Winkler G, Fischer R, Krebs P, et al. Mass flow balances of triclosan in rural wastewater treatment plants and the impact of biomass parameters on the removal. Engineering in Life Sciences, 2007, 7 (1): 42-51

[407] Xiea Z, Ebinghaus R, Flöser G, et al. Occurrence and distribution of triclosan in the German Bight (North Sea), 2008, 156 (3): 1190-1195

[408] McAvoy D C, Schatowitz B, Jacob M H A, et al. Measurement of triclosan in wastewater treatment systems. Environ Toxicol Chem, 2002, 21 (7): 1323-1329

[409] Morales S, Canosa P, Rodriguez I, et al. Microwave assisted extraction followed by gas chromatography with tandem mass spectrometry for the determination of triclosan and two related chlorophenols in sludge and sediments. Journal of Chromatography A, 2005, 1082 (2): 128-135

[410] Bester K. Triclosan in a sewage treatment process—balances and monitoring data. Water Research, 2003, 37 (16): 3891-3896

[411] Sabaliunas D, Webb S F, Hauk A, et al. Environmental fate of triclosan in the River Aire Basin, UK. Water Research, 2003, 37 (13): 3145-3154

[412] Morrall D, McAvoy D, Schatowitz B, et al. A field study of triclosan loss rates in river water (Cibolo Creek, TX). Chemosphere, 2004, 54 (5): 653-660

[413] Peng X, Yu Y, Tang C, et al. Occurrence of steroid estrogens, endocrine-disrupting phenols, and acid pharmaceutical residues in urban riverine water of the Pearl River Delta, South China. Science of The Total Environment, 2008, 397 (1): 1016-1025

[414] Nishi I, Kawakami T, Onodera S. Monitoring of triclosan in the surface water of the Tone Canal, Japan. Bulletin of Environmental Contamination and Toxicology, 2008, 80: 163-166

[415] Sang W J, Zhou X F, Zhang Y L. Optimization of solid phase extraction (SPE) for the determination of synthetic musks in water by gas chromatography-mass spectrometry (GC-MS). 3rd International Conference on Bioinformatics and Biomedical Engineering, iCBBE 2009. Beijing, China, 2009

［416］ Ternes T A, Bonerz M, Herrmann N, et al. Determination of pharmaceuticals, iodinated contrast media and musk fragrances in sludge by LC tandem MS and GC/MS. Journal of Chromatography A, 2005, 1067 (1-2): 213－223

［417］ 刘相超, 周政辉, 宋献方, 等. 梁滩河地表水与地下水水化学及硝酸盐污染. 重庆交通大学学报（自然科学版）, 2009, 28 (5): 942－947

［418］ 赵俊丽, 傅瓦利, 袁红, 等. 梁滩河小流域非点源污染对溪流水质的影响. 人民长江, 2008, 39 (5): 61－62

［419］ 魏志琴, 李旭光. 重庆市梁滩河流域的畜禽污染现状及综合治理对策. 遵义师范学院学报, 2003, 5 (3): 65－67

［420］ 王晓军. 14.08 亿元整治次级河流——梁滩河等 8 条河流整治列入示范项目. www. investcq. gov. cn/contart. asp? id＝1321. 2010－12－21

［421］ Balk F, Ford R A. Environmental risk assessment for the polycyclic musks, AHTN and HHCB-II. Effect assessment and risk characterisation. Toxicol Lett, 1999, 111 (1-2): 81－94

［422］ Horii Y, Reiner J L, Loganathan B G, et al. Occurrence and fate of polycyclic musks in wastewater treatment plants in Kentucky and Georgia, USA. Chemosphere, 2007, 68: 2011－2020

［423］ Simonich S L, Begley W M, Debaere G, et al. Trace analysis of fragrance materials in wastewater and treated wastewater. Environmental Science & Technology, 2000, 34 (6): 959－965

［424］ Simonich S L, Federle T W, Eckhoff W S, et al. Removal of fragrance materials during US and European wastewater treatment. Environ Sci Technol, 2002, 36 (13): 2839－2847

［425］ Artola-Garicano E, Borkent I, Hermens J L M, et al. Removal of two polycyclic musks in sewage treatment plants: freely dissolved and total concentrations. Environmental Science & Technology, 2003, 37 (14): 3111－3116

［426］ Berset J D, Kupper T, Etter R, et al. Considerations about the enantio selective transformation of polycyclic musks in wastewater, treated wastewater and sewage sludge and analysis of their fate in a sequencing batch reactor plant. Chemosphere, 2004, 57 (8): 987－996

［427］ Smyth S A, Lishman L, Alaee M, et al. Sample storage and extraction efficiencies in determination of polycyclic and nitro musks in sewage sludge. Chemosphere, 2007, 67 (2): 267－275

［428］ Yang J J, Metcalfe C D. Fate of synthetic musks in a domestic wastewater treatment plant and in an agricultural field amended with biosolids. Science of the Total Environment, 2006, 363 (1－3): 149－165

［429］ Paxeus N. Organic pollutants in the effluents of large wastewater treatment plants in Sweden. Water Res, 1996, 30 (5): 1115 - 1122

[430] Herren D, Berset J D. Nitro musks, nitro musk amino metabolites and polycyclic musks in sewage sludges-Quantitative determination by HRGC-ion-trap-MS/MS and mass spectral characterization of the amino metabolites. Chemosphere, 2000, 40 (5): 565 - 574

[431] Shek W M, Murphy M B, Lam J C W, et al. Synthetic polycyclic musks in Hong Kong sewage sludge. Chemosphere, 2008, 71 (7): 1241 - 1250

[432] Zeng X Y, Sheng G Y, Xiong Y, et al. Determination of polycyclic musks in sewage sludge from Guangdong, China using GC-EI-MS. Chemosphere, 2005, 60 (6): 817 - 823

[433] Kronimus A, Schwarzbauer J, Dsikowitzky L, et al. Anthropogenic organic contaminants in sediments of the Lippe river, Germany. Water Research, 2004, 38 (16): 3473 - 3484

[434] Moldovan Z. Occurrences of pharmaceutical and personal care products as micropollutants in rivers from Romania. Chemosphere, 2006, 64 (11): 1808 - 1817

[435] Bezbaruah A N, Thompson J M, Chisholm B J. Remediation of alachlor and atrazine contaminated water with zero-valent iron nanoparticles. Journal of Environmental Science and Health Part B-Pesticides Food Contaminants and Agricultural Wastes, 2009, 44 (6): 518 - 524

[436] Zhang Y, Li Y M, Zheng X M. Removal of atrazine by nanoscale zero valent iron supported on organobentonite. Science of the Total Environment, 2010, 409 (3): 625 - 630

[437] Fang Z Q, Chen J H, Qiu X H, et al. Effective removal of antibiotic metronidazole from water by nanoscale zero-valent iron particles. Desalination, 2010, 268 (1-3): 60 - 67

[438] Wang Z Y, Peng P A, Huang W L. Dechlorination of gamma-hexachlorocyclohexane by zero-valent metallic iron. Journal of Hazardous Materials, 2009, 166 (2-3): 992 - 997

[439] Joo S H, Feitz A J, Waite T D. Oxidative degradation of the carbothioate herbicide, molinate, using nanoscale zero-valent iron. Environmental Science & Technology, 2004, 38 (7): 2242 - 2247

[440] Bokare V, Murugesan K, Kim Y, et al. Degradation of triclosan by an integratednano-bioredoxprocess. Bioresource Technology, 2010, 101 (16): 6354 - 6360.

[441] Ghauch A, Tuqan A, Assia H A. Antibiotic removal from water: elimination of amoxicillin and ampicillin by microscale and nanoscale iron particles. Environmental Pollution, 2009, 157 (5): 1626 - 1635

[442] Oleszczuk P, Pan B, Xing B S. Adsorption and desorption of oxytetracycline and car-

bamazepine by multiwalled carbon nanotubes. Environmental Science & Technology, 2009, 43 (24): 9167-9173

[443] 胡翔，赵娜，魏杰. 三氯生在碳纳米管上的吸附. 环境工程学报，2009，3 (8): 1462-1464

[444] Ji L L, Shao Y, Xu Z Y, et al. Adsorption of monoaromatic compounds and pharmaceutical antibiotics on carbon nanotubes activated by KOH etching. Environmental Science & Technology, 2010, 44 (16): 6429-6436

[445] Zhang D, Pan B, Zhang H, et al. Contribution of different sulfamethoxazole species to their overall adsorption on functionalized carbon nanotubes. Environmental Science & Technology, 2010, 44 (10): 3806-3811

[446] 闫海，潘纲，邹华，等. 碳纳米管加载微生物高效去除微囊藻毒素研究. 科学通报，2004，49 (13): 1244-1248

[447] Goi A, Viisimaa M, Trapido M, et al. Polychlorinated biphenyls-containing electrical insulating oil contaminated soil treatment with calcium and magnesium peroxides. Chemosphere, 2010, 82 (8): 1196-1201

[448] Zhao G, Pang Y, Liu L, et al. Highly efficient and energy-saving sectional treatment of landfill leachate with a synergistic system of biochemical treatment and electrochemical oxidation on a boron-doped diamond electrode. Journal of Hazardous Materials, 2010, 179 (1-3): 1078-1083

[449] Moraes P B, Bertazzoli R. Electrodegradation of landfill leachate in a flow electrochemical reactor. Chemosphere, 2005, 58 (1): 41-46

[450] Lei Y, Shen Z, Huang R, et al. Treatment of landfill leachate by combined aged-refuse bioreactor and electro-oxidation. Water research, 2007, 41 (11): 2417-2426

[451] Nageswara Rao N, Rohit M, Nitin G, et al. Kinetics of electrooxidation of landfill leachate in a three-dimensional carbon bed electrochemical reactor. Chemosphere, 2009, 76 (9): 1206-1212

[452] Cabeza A, Primo O, Urtiaga A M, et al. Definition of a clean process for the treatment of landfill leachates integration of electrooxidation and ion exchange technologies. Separation Science and Technology, 2007, 42 (7): 1585-1596

[453] Parsa J B, Rezaei M, Soleymani A. Electrochemical oxidation of an azo dye in aqueous media investigation of operational parameters and kinetics. Journal of Hazardous Materials, 2009, 168 (2-3): 997-1003

[454] Faouzi Elahmadi M, Bensalah N, Gadri A. Treatment of aqueous wastes contaminated with congo red dye by electrochemical oxidation and ozonation processes. Journal of Hazardous Materials, 2009, 168 (2-3): 1163-1169

[455] Feki F, Aloui F, Feki M, et al. Electrochemical oxidation post-treatment of landfill leachates treated with membrane bioreactor. Chemosphere, 2009, 75 (2):

256 - 260

[456] Sires I, Low C, Ponce de Leor C, et al. The deposition of nanostructured [beta] - PbO₂ coatings from aqueous methanesulfonic acid for the electrochemical oxidation of organic pollutants. Electrochemistry Communications, 2010, 12 (1): 70 - 74

[457] Villanueva-Rodríguez M, Hernandez-Ramírez A, Peratta-Hernández J, et al. Enhancing the electrochemical oxidation of acid-yellow 36 azo dye using boron-doped diamond electrodes by addition of ferrous ion. Journal of Hazardous Materials, 2009, 167 (1-3): 1226 - 1230

[458] Scialdone O, Guarisco C, Galia A, et al. Anodic abatement of organic pollutants in water in micro reactors. Journal of Electroanalytical Chemistry, 2010, 638 (2): 293 - 296

[459] Comninellis C, Kapalka A, Malato S, et al. Advanced oxidation processes for water treatment: advances and trends for RD. Journal of Chemical Technology &. # 38; Biotechnology, 2008, 83 (6): 769 - 776

[460] Sires I, Arias C, Cabot P L, et al. Degradation of clofibric acid in acidic aqueous medium by electro-fenton and photoelectro-fenton. Chemosphere, 2007, 66 (9): 1660 - 1669

[461] Murugananthan M, Yoshihara S, Rakuma T, et al. Electrochemical degradation of 17 P-estradiol (E2) at boron-doped diamond (Si/BDD) thin film electrode. Electrochimica Acta, 2007, 52 (9): 3242 - 3249

[462] Pauwels B, Deconinck S, Verstraete W. Electrolytic removal of 17α-ethinylestradid (EE2) in water streams. Journal of Chemical Technology &. Biotechnology, 2006, 81 (8): 1338 - 1343

[463] Moriyama K, Matsufuji H, Chino M, et al. Identification and behavior of reaction products formed by chlorination of ethynylestradiol. Chemosphere, 2004, 55 (6): 839 - 847

[464] Zhao Y, Hu J, Jin W. Transformation of oxidation products and reduction of estrogenic activity of 17α-estradiol by a heterogeneous photo-fenton reaction. Environmental Science &. Technology, 2008, 42 (14): 5277 - 5284

[465] Packer J, Werner J, Latch D, et al. Photochemical fate of pharmaceuticals in the environment: naproxen, diclofenac, clofibric acid, and ibuprofen. Aquatic Sciences - Research Across Boundaries, 2003, 65 (4): 342 - 351

[466] Trovó A, Nogueira R, Agüera A, et al. Degradation of sulfamethoxazole in water by solar photo-fenton. Chemical and toxicological evaluation. Water Research, 2009, 43 (16): 3922 - 3931

[467] Nakada N, Kiri K, Shinohara H, et al. Evaluation of pharmaceuticals and personal care products as water-soluble molecular markers of sewage. Environmental Science &. Technology, 2008, 42 (17): 6347 - 6353

[468] Klamerth N, Rizzo L, Malato S, et al. Degradation of fifteen emerging contaminants at [mu] g L-1 initial concentrations by mild solar photo-fenton in MWTP effluents. Water Research, 2010, 44 (2): 545 – 554

[469] Sakkas V, Calza P, Islam M, et al. TiO$_2$/H$_2$O$_2$ mediated photocatalytic transformation of UV filter 4-methylbenzylidene camphor (4-MBC) in aqueous phase: statistical optimization and photoproduct analysis. Applied Catalysis B: Environmental, 2009, 90 (3-4): 526 – 534

[470] Pérez-Estrada L, Maldonado M, Gernjak W, et al. Decomposition of diclofenac by solar driven photocatalysis at pilot plant scale. Catalysis Today, 2005, 101 (3-4): 219 – 226

[471] Rizzo L, Meric S, Guida M, et al. Heterogenous photocatalytic degradation kinetics and detoxification of an urban wastewater treatment plant effluent contaminated with pharmaceuticals. Water Research, 2009, 43 (16): 4070 – 4078

[472] Molinari R, Pirillo F, Loddo V, et al. Heterogeneous photocatalytic degradation of pharmaceuticals in water by using polycrystalline TiO$_2$ and a nanofiltration membrane reactor. Catalysis Today, 2006, 118 (1-2): 205 – 213

[473] Choi W, Termin A, Hoffmann M. The role of metal ion dopants in quantum-sized TiO$_2$: correlation between photoreactivity and charge carrier recombination dynamics. The Journal of Physical Chemistry, 1994, 98 (51): 13669 – 13679

[474] Di Paola A, Garcia-Lopez E, Ikeda S, et al. Photocatalytic degradation of organic compounds in aqueous systems by transition metal doped polycrystalline TiO$_2$. Catalysis Today, 2002, 75 (1-4): 87 – 93

[475] Yamashita H, Harada M, Misaka J, et al. Degradation of propanol diluted in water under visible light irradiation using metal ion-implanted titanium dioxide photocatalysts. Journal of Photochemistry and Photobiology A: Chemistry, 2002, 148 (1-3): 257 – 261

[476] Ranjit K, Willner I, Bossmann S, et al. Lanthanide oxide doped titanium dioxide photocatalysts: effective photocatalysts for the enhanced degradation of salicylic acid and t-cinnamic acid. Journal of Catalysis, 2001, 204 (2): 305 – 313

[477] Ohno T, Akiyoshi M, Umebayashi T, et al. Preparation of S-doped TiO$_2$ photocatalysts and their photocatalytic activities under visible light. Applied Catalysis A: General, 2004, 265 (1): 115 – 121

[478] Li Y, Hwang D, Lee N, et al. Synthesis and characterization of carbon-doped titania as an artificial solar light sensitive photocatalyst. Chemical Physics Letters, 2005, 404 (1-3): 25 – 29

[479] Liu S, Chen X. A visible light response TiO$_2$ photocatalyst realized by cationic S-doping and its application for phenol degradation. Journal of Hazardous Materi-

als，2008，152 (1)：48 – 55

[480] Lou X，Jia X，Xu J，et al. Hydrothermal synthesis，characterization and photocatalytic properties of Zn_2SnO_4 nanocrystal. Materials Science and Engineering：A，2006，432 (1-2)：221 – 225

[481] Zhao W，Ma W，Chen C，et al. Efficient degradation of toxic organic pollutants with Ni_2O_3/TiO_2-xBx under visible irradiation. J Am Chem Soc，2004，126 (15)：4782 – 4783

[482] Liu H，Gao L. Synthesis and Properties of CdSe © \ Sensitized Rutile TiO_2 Nanocrystals as a visible light © \ responsive photocatalyst. Journal of the American Ceramic Society，2005，88 (4)：1020 –1022

[483] Ye J，Zou Z，Oshikiri M，et al. A novel hydrogen-evolving photocatalyst $InVO_4$ active under visible light irradiation. Chemical Physics Letters，2002，356 (3-4)：221 – 226

[484] Lin H，Chen Y，Chen Y. Water splitting reaction on $NiO/InVO_4$ under visible light irradiation. International Journal of Hydrogen Energy，2007，32 (1)：86 – 92

[485] Cho I，Lee S，Noh J，et al. Visible-light-induced photocatalytic activity in $FeNbO_4$ nanoparticles. The Journal of Physical Chemistry C，2008，112 (47)：18393 – 18398

[486] Shang M，Wang W，Sun S，et al. Bi_2WO_6 nanocrystals with high photocatalytic activities under visible light. The Journal of Physical Chemistry C，2008，112 (28)：10407 –10411

[487] 刘国霞，曾宪垠. 酶联免疫吸附测定技术新进展. 河南畜牧兽医，2001，22 (7)：13 – 14

[488] 陈继明，黄士新，周光宏，等. 酶联免疫吸附测定法检测克伦特罗. 中国兽药杂志，1999，33 (2)：19 – 22

[489] 于兵，曹际娟，尤永莉，等. ELISA 与小白鼠生物法检测贝类中麻痹性贝毒的比较. 检验检疫科学，2005，15 (1)：32 – 35

[490] 罗辉武，向军俭，唐勇，等. 麻痹性贝类毒素 GTX2，3 间接与直接竞争酶免疫学检测方法的比较研究. 中国卫生检验杂志，2006，26 (6)：663 – 664

[491] 刘帅帅，朱兰兰，周德庆. 石房蛤毒素酶联免疫吸附测定方法的研究. 农产品加工·学报，2011，(9)：1671 – 9646

[492] 郑晶，黄晓蓉，郑俊超，等. 微生物抑制法与酶联免疫法检测鳗鱼中喹诺酮类药物残留的比较研究. 中国卫生检验杂志，2006，16 (1)：79 – 80

[493] 张胜帮，董士华，刘继东，等. 酶联免疫检测法测定水产品中残留氯霉素的研究. 中国食品学报，2006，6 (5)：5 – 10

[494] 郑晶，黄晓蓉，郑俊超，等. 微生物抑制法与酶联免疫法检测鳗鱼中喹诺酮类药物残留的比较研究. 中国卫生检验杂志，2006，16 (1)：79 – 81

[495] 卢希勤. 氰戊菊酯和甲氰菊酯酶联免疫吸附测定方法的研究. 南京：南京农业

大学硕士学位论文，2008

[496] Deng A，Himmelsbach M，Zhu Q Z，et al. Residue analysis of the pharmaceutical diclofenac in different water types using ELISA and GC-MS. Environ Sci Technol，2003，37（15）：3422 - 3429

[497] 蒲纯，邓安平. 酶联免疫吸附分析法测定水中双氯芬酸钠. 化学研究与应用，2008，20（5）：548 - 551

[498] Bahlmann A，Weller M，Panne U，et al. Monitoring carbamazepine in surface and wastewaters by an immunoassay based on a monoclonal antibody. Anal Bioanal Chem，2009，395（6）：1809 - 1820

[499] Terasaki M，Kamata R，Shiraishi F，et al. Evaluation of estrogenic activity of parabens and their chlorinated derivatives by using the yeast two-hybrid assay and the enzyme-linked immunosorbent assay. Environ Toxicol Chem，2009，28（1）：204 - 208

[500] 贺莉，霍松岷，杨红，等. 酶联免疫吸附分析法测定环境水样中痕量药物吲哚美辛. 化学研究与应用，2008，20（8）：984 - 987

[501] Brun E M，Bonet E，Puchades R，et al. Selective enzyme-linked immunosorbent assay for triclosan. Environ Sci Technol，2008，42（5）：1665 - 1672

[502] Botterweg T，Rodda D. Danube river basin：progress with the environmental programme. Water Sci Technol，1999，40（10）：1 - 8

[503] Bildstein O，Van On J. Development of a propagation model to determine the spread of accidental pollution in rivers. Water Sci Technol，1994，29（3）：181 - 188

[504] 司毅铭，李玉洪. 建立应对黄河重大水污染事件的快速反应机制. 人民黄河，2004，26（4）：28 - 29

[505] 郭利勇，赵书平. 长江上游滑坡泥石流预警系统中陇南陕南片防灾减灾效益评价. 水土保持通报，1999，19（4）：37 - 40

[506] 夏晶，吴海锁，尹大强，等. 长江（江苏段）沿江开发水质监控预警系统建设. 四川环境，2006，25（1）：96 - 99

[507] 葛文生. 突发性环境污染事故应急处理系统设计与应用. 安徽建筑工业学院学报（自然科学版）2009，17（2）：52 - 55

[508] 张浩，罗义，周启星. 四环素类抗生素生态毒性研究进展. 农业环境科学学报，2008，27（2）：407 - 413

[509] 郭关婷，胡洪营，王超. 城市污水中的 PPCPs 及其去除特性. 中国给水排水，2005，21（10）：25 - 27

[510] 郭瑾，彭永臻. 城市污水处理过程中微量有机物的去除转化研究进展. 现代化工，2007，27（s1）：65 - 69

[511] 黄满红，陈亮，陈东辉. 污水处理系统中 PPCPs 的迁移转化研究. 工业水处理，2009，7：15 - 17

[512] 刘晓玲，罗义，周启星. 环境中两种沐浴露污染对大型蚤的生态毒性效应. 环

境科学学报，2008，28（6）：1173-1177

[513] 王朋华，袁涛，李荣，等. 水环境中优先控制药物筛选体系的建立与应用. 中国环境监测，2008，24（4）：7-12

[514] 张宁，周启星，李婷，等. 氧化型染发剂对沙蚕的毒性效应及对部分酶活性的影响. 生态毒理学报，2008，3（1）：65-71

[515] 周海东，黄霞，文湘华. 城市污水中有关新型微污染物 PPCPs 归趋研究的进展. 环境工程学报，2007，1（12）：1-9

[516] 周启星，王美娥，范飞，等. 人工合成麝香的环境污染、生态行为与毒理效应研究进展. 环境科学学报，2008，1：1-11

[517] 周雪飞，张亚雷，代朝猛. 城市污水处理系统去除药物和个人护理用品（PPCPs）的机理研究. 环境保护科学，2009，35（2）：15-17

[518] 陈宗元，陈余良，王存谦. 瘦肉精的检测与监管. 科技信息，2011，14：I0382-I0382

[519] 刘云. 从"瘦肉精"事件看河南省农业产业化的现实选择. 农村. 农业. 农民：下半月，2011，5：8-9

[520] 张海峰，娄淑芳，海士坤. "瘦肉精"事件的思考. 商业文化（学术版），2011，5：314-314

[521] 肖伟. 基于 GIS 的环境污染源信息系统的设计. 甘肃科技，2010，14：25-27

[522] 张会，刘茂. 突发环境污染事故管理中 gis 的应用. 中国公共安全（学术版），2010，4：1-5

[523] Pepyne D L, Cassandras C G. Design and implementation of an adaptive dispatching controller for elevator systems during uppeak traffic. Control Systems Technology, IEEE Transactions On, 1998, 6（5）：635-650

[524] Niederreiter H. Random number generation and quasi-Monte Carlo methods. Society for Industrial Mathematics. Society for zndustrial mathematics, 1992

[525] 饶清华，曾雨，张江山，等. 突发性环境污染事故预警应急系统研究. 环境污染与防治，2010，10：97-101

[526] Il'ichev Y V, Perry JL, Simon J D. Interaction of ochratoxin a with human serum albumin. Journal of Physical Chemistry B, 2002, 106（2）：460-465

[527] Purcell M, Neault J F, Malonga H, et al. Interactions of atrazine and 2，4-D with human serum albumin studied by gel and capillary electrophoresis, and FTIR spectroscopy. Biochimica Et Biophysica Acta-Protein Structure and Molecular Enzymology, 2001, 1548（1）：129-138

[528] Silva D, Cortez C M, Cunha-Bastos J, et al. Methyl parathion interaction with human and bovine serum albumin. Toxicology Letters, 2004, 147（1）：53-61

[529] Chen F F, Tang Y N, Wang S L, et al. Binding of brilliant red compound to lysozyme: insights into the enzyme toxicity of water-soluble aromatic chemicals. Amino Acids, 2009, 36（3）：399-407

[530] Chen F F, Wang S L, Liu X H, et al. Interaction of brilliant red X-3B with bovine serum albumin and application to protein assay. Analytica Chimica Acta, 2007, 596 (1): 55 - 61

[531] Xu Z, Liu X W, Ma Y S, et al. Interaction of nano-TiO$_2$ with lysozyme: insights into the enzyme toxicity of nanosized particles. Environmental Science and Pollution Research, 2010, 17 (3): 798 - 806

[532] Wu L L, Chen L, Song C, et al. Potential enzyme toxicity of perfluorooctanoic acid. Amino Acids, 2010, 38 (1): 113 - 120

[533] Gao H W, Xu Q, Chen L, et al. Potential protein toxicity of synthetic pigments: binding of poncean S to human serum albumin. Biophysical Journal, 2008, 94 (3): 906 - 917

附　　录

2-VP　2-vinylpyridine　2-乙烯基吡啶

A/A/O　anaerobic/anoxic/oxic　厌氧/缺氧/好氧工艺

A/O　anaerobic/oxic　厌氧/好氧工艺

AAMA　acrylamide　丙烯酰胺

AHTN　Tonalide　吐纳麝香

AIBN　2, 2-azobisisobutyronitrile　2, 2-偶氮二异丁腈

AMO　ammonia monooxygenase　氨单氧化酶

AMP　ampicillin penicillin　氨苄西林

AMX　hydroxyl ampicillin　阿莫西林

AOPs　advanced oxidation processes　高级氧化技术

APCI　atmospheric pressure chemical ionization　大气压化学电离

APPI　atmospheric pressure photospray Ionization　大气压光离子化

ATU　acrylic base thiourea　丙烯基硫脲

BEZ　bezafibrate　苯扎贝特

BOD5　biochemical oxygen demand after 5 days　5 日生化需氧量

BSTFA　BSA N, O-Bis（trimethylsilyl）acetamide N, O　（一种
衍生化试剂）

CA　clofibric acid　氯贝酸

CAGR　compound average growth rate　复合年增长率

CAS　conventional activated sludge process　传统活性污泥处理或处理厂

CAS　conventional activated sludge　传统活性污泥法

CBZ　Carbamazepine　卡马西平

CE　capillary electrophoresis　毛细管电泳

CIP　ciprofloxacin　环丙沙星（氟喹诺酮类药物）

CNTs　carbon nanotubes　碳纳米管

COD　chemical oxygen demand　化学需氧量

DAD　siodearray detector　二极管阵列检测器

DANO　Danofloxacin　单诺沙星（氟喹诺酮类药物）

DDT　dichloro-diphenyl-tricgloroethane　滴滴涕

DFC　diclofenac　双氯芬酸

DIF　double pefloxacin　双氟沙星（氟喹诺酮类药物）

DVB-80　divinylbenzene 80　二乙烯基苯 80

ECD　electron capture detector　电子捕获检测器

EDS　energy dispersive X-ray spectrometer　能量扩散 X 射线谱仪

EDTA　ethylene diamine tetraacetic acid　乙二胺四乙酸

EGDMA　ethylene glycol dimethacrylate　乙二醇二甲基丙烯酸酯

ELISA　enzyme-linked immunosorbent assay　酶联免疫吸附测定

ENRO　grace's resistant　恩诺沙星（氟喹诺酮类药物）

ESI　electrospray ionization　电喷雾电离源

ESI　electrospray ionization　电喷雾离子化

ESI　electronic spray ionization　电子喷雾电离

FID　flame ionization detector　火焰离子化检测仪

FLD　fluorescence detector　荧光检测器

FQs　fluoroquinolones　氟喹诺酮类药物

FTIR　Fourier transform infrared spectrometer　傅里叶变换红外光谱仪

GC　gas chromatography　气相色谱法

GC/MS　gas chromatography-mass spectrometry　气相色谱质谱联用

GIS　geographic information system　地理信息系统

HAO　hydroxylamine oxidoreductase　羟胺被羟胺氧化还原酶

HHCB　Galaxolide　佳乐麝香

HPLC　(high performance) liquid chromatography　（高效）液相色谱

HPLC/LC　(high performance) liquid chromatography　（高效）液相色谱法

IBP　Ibuprofen　布洛芬

IDL　instrument detection limit　仪器检出限

IF　imprinted factor　印迹因子

IQL　instrument quantity limit　仪器定量限

ITC　isothermal titration calorimetry　等温滴定微量热法

KT　Ketoprofen　酮洛芬

LC/MS/MS　liquid chromatography coupled with tandem mass spectrometry 液相双质谱

LOD　limit of detection　检出限

LOM　Lomefloxacin　洛美沙星（氟喹诺酮类药物）

LOQ　limit of quantitation　定量限

MAA　methacrylic acid　甲基丙烯酸

MALs　macrolides　大环内酯类

max　maximum　最大

MBR　membrane bioreactor　膜生物反应器

MCNTs　more carbon nanotubes　多壁碳纳米管

MIP　molecularly imprinted polymer　分子印迹聚合物

MISPE　molecular imprinting solid phase extraction　分子印迹固相萃取法

MIT　molecular imprinting technique　分子印迹技术

MK　musk ketone　酮麝香

MLSS　mixed liquor suspended solids　混合液悬浮固体

MLVSS　mixed Liquor Volatile Suspended Solids　指挥发性悬浮固体

MRL　maximum residue limit　最高残留水平

MS　mass spectrum　质谱

MSBR　modified sequencing batch reactor　改良式序列间歇反应器

MSTFA　N, O-bis（trimethylsily）trifluoroacetamide　N, O-双（三甲基硅基）三氟乙酰胺，衍生化试剂

MX　musk xylene　二甲苯麝香

MXR　multixenobiotic resistance　多组分异生物素抗性

n. a. No　aquire　未获得

n. d. No　dection　未检出

n. r. No　reports　未有报道

NIP　Non-imprinted polymer　非印迹聚合物

NOR　Norfloxacin　诺氟沙星（氟喹诺酮类药物）

NPX　Naproxen　萘普生

NSAID　Non-steroidal antiinflammatory　非甾体抗炎药

ORC　oxygen releasing compound　氧释放物质

PAC　powder activated carbon　粉末活性炭

PAHs　polycyclic aromatic hydrocarbons　多环芳烃

PBT persistence，bioaccumulation and ecotoxicity 持久性、生物富集性、毒性

PCBs polychlorinated biphenyls 多氯联苯

PEF Pefloxacin 培氟沙星（氟喹诺酮类药物）

PLE pressurized liquid extraction 加压液体萃取

PLE pressurized liquid extraction 加压液相萃取

PPCPs pharmaceuticals and personal care products 药物和个人护理品

PRB permeable reactive barrier 可渗透性反应墙

QNs Quinolones 喹诺酮类

RSD relative standard deviation 相对标准偏差

S/N signal/noice 性噪比

SA serum albumin 血清蛋白

SAR Salad resistant 沙拉沙星（氟喹诺酮类药物）

SAs sulfonamides 磺胺类

SBR sequencing batch reactor 序批式反应器

SCNTs single-walled carbon nanotubes 单壁碳纳米管

SD standard deviation 标准偏差

SEM scanning electronmicroscopy 扫描电子显微镜检

SPE solid phase extraction 固相萃取

SPE solid phase extraction 固相萃取法

SRM selective reaction monitoring 选择反应检测

SRT sludge residence time 污泥停留时间

SS suspended solid 悬浮固体

STP sewage treatment plant 污水处理厂

TCS triclosan 三氯生（杀菌消毒剂）

TCs tetracyclines 四环素类

TIC total ion chromatogram 总离子色谱

TN total nitrogen 总氮

TNT trinitrotoluene 三硝基甲苯

TP total phosphorus 总磷

TRIM trimethylolpropane trimethacrylate 三羟甲基丙烷三甲基丙烯酸酯

UNITANK　integrated activated sludge processing　一体化活性污泥法
USE　ultrasonic solvent extraction　超声波溶剂萃取
USGS　United States Geological Surve　美国地质勘探局
UV　ultraviolet　紫外光辐射
UV　ultraviolet　紫外检测或紫外光
WHO　World Health Organization　世界卫生组织